# 图解西门子S7-200 SMART PLC快速入门与提高（第2版）

蔡杏山 主编

電子工業出版社
Publishing House of Electronics Industry
北京·BEIJING

## 内容简介

本书介绍了西门子 S7-200 SMART PLC 的硬件与软件编程，主要内容有 PLC 入门、西门子 S7-200 SMART PLC 介绍、编程软件的使用、基本指令的使用及应用实例、顺序控制指令的使用及应用实例、功能指令的使用及应用实例、PLC 通信。

本书内容在讲解时由浅入深，语言通俗易懂，结构安排符合学习认知规律，适合作为初学者学习 PLC 技术的自学图书，也适合作为职业院校电类专业的 PLC 技术教材。



**图书在版编目（CIP）数据**

图解西门子 S7-200 SMART PLC 快速入门与提高 / 蔡杏山主编 . —2 版 . —北京：电子工业出版社，2024.6

ISBN 978-7-121-47557-3

Ⅰ . ①图…　Ⅱ . ①蔡…　Ⅲ . ① PLC 技术－图解　Ⅳ . ① TM571.61-64

中国国家版本馆 CIP 数据核字（2024）第 062322 号

责任编辑：张　楠
印　　刷：涿州市般润文化传播有限公司
装　　订：涿州市般润文化传播有限公司
出版发行：电子工业出版社
　　　　　北京市海淀区万寿路 173 信箱　邮编　100036
开　　本：787×1 092　1/16　印张：16.25　字数：416 千字
版　　次：2018 年 2 月第 1 版
　　　　　2024 年 6 月第 2 版
印　　次：2024 年 9 月第 2 次印刷
定　　价：65.00 元

凡所购买电子工业出版社图书有缺损问题，请向购买书店调换。若书店售缺，请与本社发行部联系，联系及邮购电话：（010）88254888，88258888。

质量投诉请发邮件至 zlts@phei.com.cn，盗版侵权举报请发邮件至 dbqq@phei.com.cn。

本书咨询联系方式：（010）88254579。

# 前言

Preface

S7-200 SMART PLC 是在 S7-200 PLC 之后推出的整体式 PLC，软、硬件都有所增强，价格更加实惠。西门子 S7-200 SMART PLC 的主要特点如下：

（1）机型丰富。CPU 模块的 I/O 点数最多可达 60 点（S7-200 PLC 的 CPU 模块 I/O 点数最多为 40 点）。CPU 模块分为经济型（CR 系列）和标准型（SR、ST 系列），产品配置更灵活，可最大限度地为用户节省成本。

（2）编程指令绝大多数与 S7-200 PLC 相同，只有少数指令不同，已掌握 S7-200 PLC 指令的用户几乎不用怎么学习，就可以通过 S7-200 SMART PLC 编写程序。

（3）CPU 模块除了可以连接扩展模块，还可以通过直接安装信号板增加更多的通信端口或少量的 I/O 点数。

（4）CPU 模块除了有 RS485 端口，还增加了以太网端口（俗称网线端口），既可通过普通的网线连接计算机的网线端口来下载或上传程序，也可通过以太网端口与西门子触摸屏、其他带有以太网端口的西门子 PLC 等进行通信。

（5）CPU 模块集成了 Micro SD 卡槽，用户采用市面上的 Micro SD 卡（常用的手机存储卡），就可以更新内部程序，升级 CPU 固件（类似手机的刷机）。

（6）STEP 7-Micro/WIN SMART 编程软件的安装包不到 200MB，可免费安装使用，不需要序列号，界面友好，操作更人性化。

**本书主要有以下特点：**

◆**基础起点低**。读者只需要具有初中文化程度即可阅读本书。

◆**语言通俗易懂**。书中的专业化术语较少，尽量避免复杂的理论分析和烦琐的公式推导，阅读起来十分顺畅。

◆**内容解说详细**。考虑到读者自学时一般无人指导，因此在编写过程中对知识技能进行了详细解说，让读者能轻松理解知识技能。

◆**采用图文并茂的表现方式**。书中内容的讲述大量采用直观形象的图表方式，使阅读变得非常轻松，不易疲劳。

◆**内容安排符合认知规律**。本书按照循序渐进、由浅入深的原则安排章节顺序。读者只需从前往后阅读，便会水到渠成。

◆**突出显示知识要点**。为了帮助读者掌握知识要点，书中用阴影和文字加粗的方式突出显示知识要点。

本版图书修正了第 1 版中的个别错误，同时增加了很多教学视频，可扫描右侧二维码进行观看，配套的教学资源可登录华信教育资源网下载。本书在编写过程中得到了许多教师的帮助，在此一并表示感谢。由于水平有限，书中的错误和疏漏在所难免，望广大读者和同仁予以批评指正。

编　者

2024 年 1 月

Contents

# PLC 入门

## 1.1 概　述

### 1.1.1 PLC 的定义

PLC 是英文 Programmable Logic Controller 的缩写，意为可编程序逻辑控制器。世界上第一台 PLC 于 1969 年由美国数字设备公司（DEC）研制成功。随着技术的发展，PLC 的功能大大增强，因此美国电气制造协会 NEMA 于 1980 年对它进行了重命名，称它为可编程控制器（Programmable Controller），简称 PC。由于 PC 容易与个人计算机（Personal Computer，PC）混淆，故人们仍习惯将 PLC 当作可编程控制器的缩写。

由于 PLC 一直处于发展中，因此这里仅给出国际电工学会（IEC）对 PLC 的最新定义要点：

（1）一种专为工业环境下应用而设计的数字电子设备；

（2）内部采用了可编程序的存储器，可进行逻辑运算、顺序控制、定时、计数和算术运算等操作；

（3）通过数字量或模拟量输入端接收外部信号或操作指令，内部程序运行后从数字量或模拟量输出端输出需要的信号；

（4）既可以通过扩展接口连接扩展单元，增强和扩展功能，还可以通过通信接口与其他设备通信。

### 1.1.2 PLC 的分类

PLC 的种类很多，下面按结构形式、控制规模和实现功能对 PLC 进行分类。

#### 1. 按结构形式分类

按硬件的结构形式不同，PLC 可分为整体式 PLC 和模块式 PLC。

整体式 PLC 又称箱式 PLC。图 1-1 是一种常见的整体式 PLC。其外形像一个长方形的箱体。这种 PLC 的 CPU、存储器、I/O 接口等都安装在一个箱体内。整体式 PLC 的结构简单、体积小、价格低。小型 PLC 一般采用整体式结构。

模块式 PLC 又称组合式 PLC。其外形如图 1-2 所示。它有一个总线基板，基板上有很多总线插槽，其中由 CPU、存储器和电源构成的一个模块通常固定安装在某个插槽中，其他功能模块安装在其他不同的插槽中。模块式 PLC 配置灵活，可通过增减模块组成不同规模的系统，安装维修方便，价格较贵。大、中型 PLC 一般采用模块式结构。

图 1-1 整体式 PLC

图 1-2 模块式 PLC（组合式 PLC）

**2．按控制规模分类**

**I/O 点数（输入 / 输出端子数量）是衡量 PLC 控制规模的重要参数。根据 I/O 点数，PLC 可分为小型 PLC、中型 PLC 和大型 PLC。**

（1）小型 PLC：I/O 点数小于 256 点，采用 8 位或 16 位单 CPU，用户存储器容量小。

（2）中型 PLC：I/O 点数在 256 ～ 2048 点之间，采用双 CPU，用户存储器容量较大。

（3）大型 PLC：I/O 点数大于 2048 点，采用 16 位、32 位多 CPU，用户存储器容量很大。

**3．按实现功能分类**

**根据 PLC 的功能强弱不同，PLC 可分为低档 PLC、中档 PLC、高档 PLC。**

（1）低档 PLC：具有逻辑运算、定时、计数、移位以及自诊断、监控等基本功能，有些还有少量模拟量输入/输出、算术运算、数据传送和比较、通信等功能，主要用于逻辑控制、顺序控制或少量模拟量控制的单机控制系统。

（2）中档 PLC：除了具有低档 PLC 的功能，还具有较强的模拟量输入/输出、算术运算、数据传送和比较、数制转换、远程 I/O、子程序、通信联网等功能，有些还增设有中断控制、PID 控制等功能，适用于比较复杂的控制系统。

（3）高档 PLC：除了具有中档 PLC 的功能，还增加了带符号算术运算、矩阵运算、位逻辑运算、平方根运算及其他特殊功能函数的运算、制表及表格传送功能等，具有很强的通信联网功能，一般用于大规模过程控制或构成分布式网络控制系统，实现工厂控制自动化。

### 1.1.3 PLC 的特点

PLC 是一种专为工业应用而设计的控制器，主要有以下特点。

**（1）可靠性高，抗干扰能力强**

为了适应工业应用要求，PLC 从硬件和软件方面采用了大量的技术措施，以便能在恶劣环境下长时间可靠运行，现在大多数 PLC 的平均无故障运行时间可达几十万小时。

**（2）通用性强，控制程序可变，使用方便**

PLC 可利用齐全的各种硬件装置来组成各种控制系统，用户不必自己再设计和制作硬件装置。用户在确定硬件以后，在生产工艺流程改变或生产设备更新的情况下，不需要大量改变 PLC 的硬件，只需要更改程序就可以满足要求。

**（3）功能强，适应范围广**

现代 PLC 不仅具有逻辑运算、计时、计数、顺序控制等功能，还具有数字量和模拟量的输入 / 输出、功率驱动、通信、人机对话、自检、记录显示等功能，既可控制一台生产机械、一条生产线，又可控制一个生产过程。

**（4）编程简单，易用易学**

目前大多数 PLC 采用梯形图编程方式，梯形图语言的编程元件符号和表达方式与继电器控制电路原理图非常接近，使大多数企业电气技术人员非常容易接受和掌握。

**（5）系统设计、调试和维修方便**

PLC 用软件来取代继电器控制系统中大量的中间继电器、时间继电器、计数器等，使控制柜的设计安装接线工作量大为减少。另外，PLC 的用户程序可以通过计算机在实验室仿真调试，减少了现场的调试工作量。由于 PLC 结构模块化及很强的自我诊断能力，因此维修也极为方便。

## 1.2 PLC 控制与继电器控制比较

PLC 控制是在继电器控制基础上发展起来的，为了让读者能初步了解 PLC 控制方式，本节以电动机正转控制为例对两种控制系统进行比较。

### 1.2.1 继电器正转控制线路

图 1-3 所示是一种常见的继电器正转控制线路，可以对电动机进行正转和停转控制，右图为主电路，左图为控制电路。

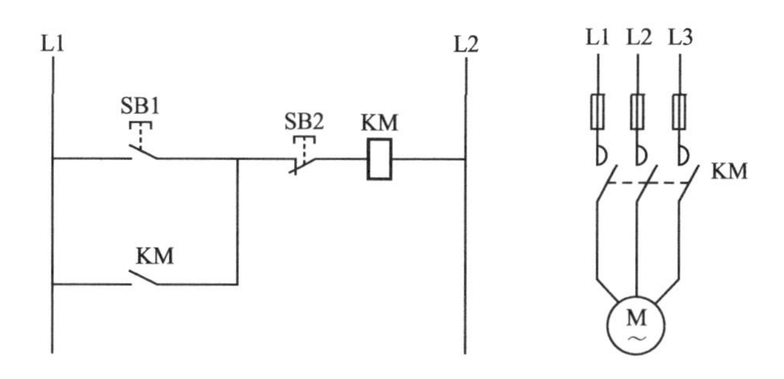


图 1-3　继电器正转控制线路

电路原理说明如下：

按下启动按钮 SB1，接触器 KM 线圈得电，主电路中的 KM 主触点闭合，电动机得电运转，与此同时，控制电路中的 KM 常开自锁触点也闭合，锁定 KM 线圈得电（SB1 断开后，KM 线圈仍可得电）。

按下停止按钮 SB2，接触器 KM 线圈失电，KM 主触点断开，电动机失电停转，同时

KM 常开自锁触点也断开，解除自锁（SB2 闭合后，KM 线圈无法得电）。

### 1.2.2 PLC 正转控制线路

图 1-4 所示是一种采用 S7-200 SMART PLC 的正转控制线路，该 PLC 的型号为 CPU SR20（AC/DC/ 继电器），采用 220V 交流电源（AC）供电，输入端使用 24V 直流电源（DC），输出端内部采用继电器输出（R），PLC 的点数为 20 点（12 个输入端、8 个输出端）。图 1-4 所示线路可以实现与图 1-3 所示的继电器正转控制线路相同的功能。PLC 正转控制线路也可分为主电路和控制电路两部分，PLC 与外接的输入、输出部件构成控制电路，主电路与继电器正转控制主线路相同。

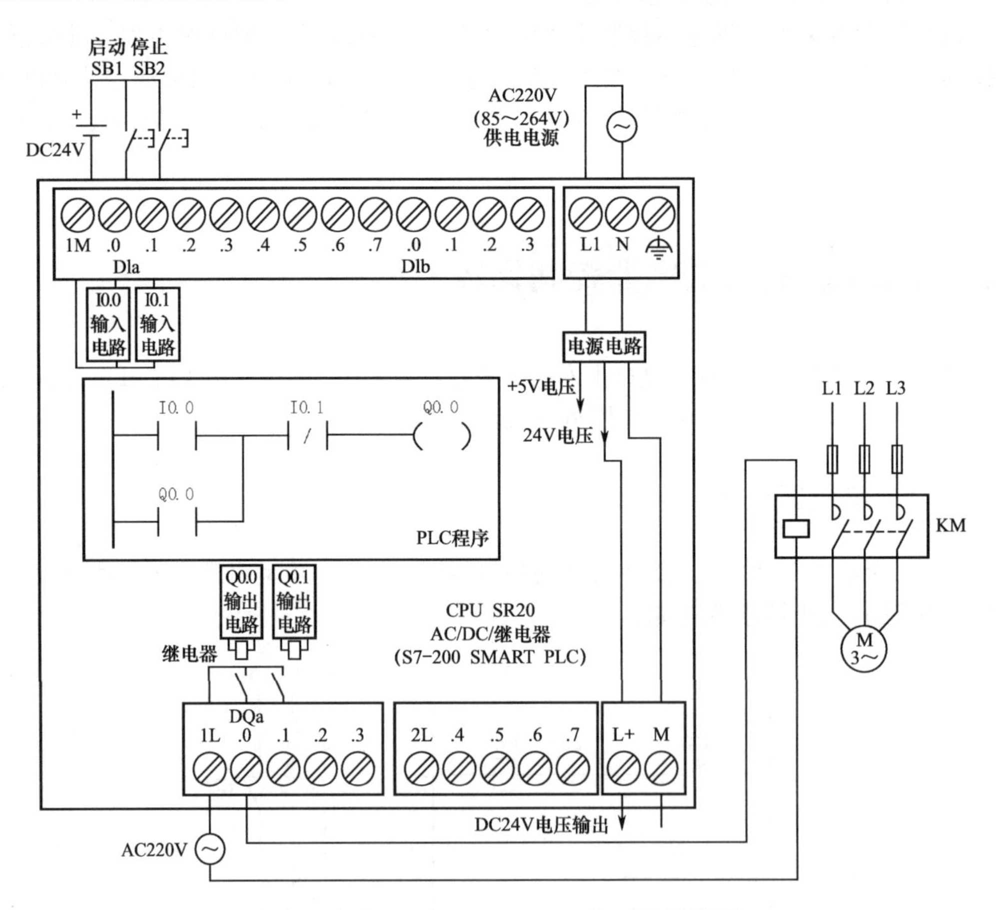


图 1-4　采用 S7-200 SMART PLC 的正转控制线路

在组建 PLC 控制系统时，要给 PLC 输入端子连接输入部件（如开关），给输出端子连接输出部件，并给 PLC 提供电源。在图 1-4 中，PLC 输入端子连接 SB1（启动）、SB2（停止）按钮和 24V 直流电源（DC24V），输出端子连接接触器 KM 线圈和 220V 交流电源（AC220V），电源端子连接 220V 交流电源，在内部由电源电路转换成 5V 和 24V 的直流电压，5V 供给内部电路使用，24V 会送到 L+、M 端子输出，可以提供给输入端子使用。PLC 硬件连接完成后，在计算机中使用 PLC 编程软件编写图 1-4 所示的 PLC 程序，并用通信电缆将计算机与 PLC 连接起来，再将程序写入 PLC。

图 1-4 所示的 PLC 正转控制线路的硬、软件工作过程说明如下：

当按下启动按钮 SB1 时，有电流流过 I0.0 端子（DIa.0 端子）内部的输入电路，电流途径是 24V+ → SB1 → I0.0 端子入→ I0.0 输入电路→ 1M 端子出→ 24V−。I0.0 输入电路有电流流过，会使程序中的 I0.0 常开触点闭合，程序中左母线的模拟电流（也称能流）经闭合的 I0.0 常开触点、I0.1 常闭触点流经 Q0.0 线圈到达右母线（程序中的右母线通常不显示出来），程序中的 Q0.0 线圈得电，一方面会使程序中的 Q0.0 常开自锁触点闭合，另一方面会控制 Q0.0 输出电路，使之输出电流流过 Q0.0 硬件继电器的线圈。该继电器触点被吸合，有电流流过主电路中的接触器 KM 线圈，电流途径是交流 220V 一端→ 1L 端子入→内部 Q0.0 硬件继电器触点→ Q0.0 端子（即 DQa.0 端子）出→接触器 KM 线圈→交流 220V 另一端，接触器 KM 线圈通电产生磁场使 KM 主触点闭合，电动机得电运转。

当按下停止按钮 SB2 时，有电流流过 I0.1 端子（即 DIa.1 端子）内部的 I0.1 输入电路，程序中的 I0.1 常闭触点断开，Q0.0 线圈失电，一方面会使程序中的 Q0.0 常开自锁触点断开解除通电自锁，另一方面会控制 Q0.0 输出电路，使之停止输出电流，Q0.0 硬件继电器线圈无电流流过，其触点断开，主电路中的接触器 KM 线圈失电，KM 主触点断开，电动机停转。

### 1.2.3 PLC 控制、继电器控制和单片机控制的比较

**PLC 控制与继电器控制相比，具有改变程序就能变换控制功能的优点，但在简单控制时成本较高**，另外，利用单片机也可以实现控制。PLC、继电器和单片机控制系统的比较见表 1-1。

表 1-1 PLC、继电器和单片机控制系统的比较

| 比较内容 | PLC 控制系统 | 继电器控制系统 | 单片机控制系统 |
| --- | --- | --- | --- |
| 功 能 | 用程序可以实现各种复杂控制 | 用大量继电器布线逻辑实现循序控制 | 用程序实现各种复杂控制，功能最强 |
| 改变控制内容 | 修改程序较简单容易 | 改变硬件接线，工作量大 | 修改程序，技术难度大 |
| 可靠性 | 平均无故障工作时间长 | 受机械触点寿命限制 | 一般比 PLC 差 |
| 工作方式 | 顺序扫描 | 顺序控制 | 中断处理，响应最快 |
| 接 口 | 直接与生产设备相连 | 直接与生产设备相连 | 要设计专门的接口 |
| 环境适应性 | 可适应一般工业生产现场环境 | 环境差，会降低可靠性和寿命 | 要求有较好的环境，如机房、实验室、办公室 |
| 抗干扰 | 一般不用专门考虑抗干扰问题 | 能抗一般电磁干扰 | 要专门设计抗干扰措施，否则易受干扰影响 |
| 维 护 | 现场检查、维修方便 | 定期更换继电器，维修费时 | 技术难度较高 |
| 系统开发 | 设计容易、安装简单、调试周期短 | 图样多，安装接线工作量大，调试周期长 | 系统设计复杂，调试计算难度大，需要有系统的计算机知识 |
| 通用性 | 较好，适用面广 | 一般是专用 | 要进行软、硬件技术改造才能作其他用 |
| 硬件成本 | 比单片机控制系统高 | 少于 30 个继电器时成本较低 | 一般比 PLC 低 |

# 1.3 PLC 的组成与工作原理

## 1.3.1 PLC 的组成方框图

PLC 种类很多，但结构大同小异，典型的 PLC 控制系统组成方框图如图 1-5 所示。在组建 PLC 控制系统时，需要给 PLC 的输入端子连接有关的输入设备（如按钮、触点和行程开关等），给输出端子接有关的输出设备（如指示灯、电磁线圈和电磁阀等）。如果需要 PLC 与其他设备通信，可在 PLC 的通信接口连接其他设备；如果希望增强 PLC 的功能，可给 PLC 的扩展接口接上扩展单元。

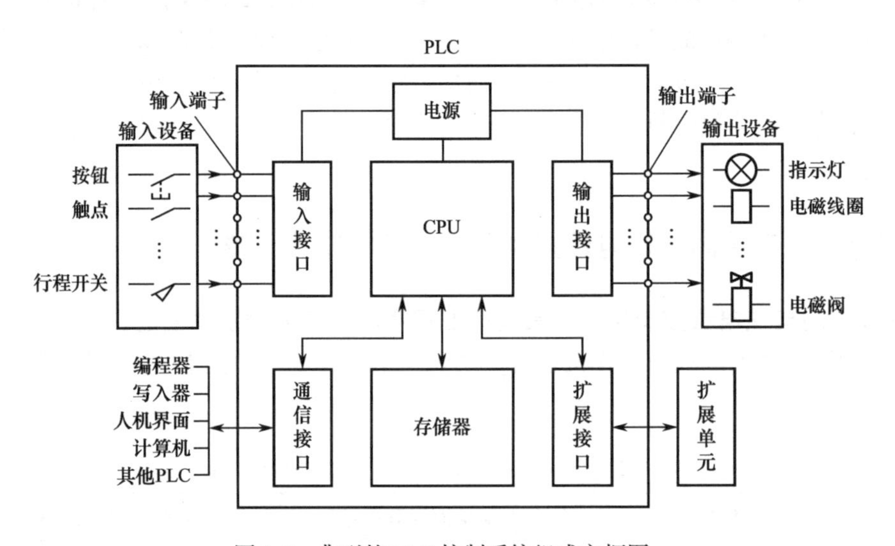


图 1-5　典型的 PLC 控制系统组成方框图

## 1.3.2 PLC 内部组成单元说明

从图 1-5 可以看出，**PLC 内部主要由 CPU、存储器、输入接口、输出接口、通信接口和扩展接口等组成。**

### 1. CPU

**CPU 又称中央处理器，是 PLC 的控制中心，通过总线（包括数据总线、地址总线和控制总线）与存储器和各种接口连接，以控制它们有条不紊地工作。**CPU 的性能对 PLC 工作速度和效率有很大的影响，故大型 PLC 通常采用高性能的 CPU。

CPU 的主要功能有：

① 接收通信接口送来的程序和信息，并将它们存入存储器。

② 采用循环检测（即扫描检测）方式不断检测输入接口送来的状态信息，以判断输入设备的输入状态。

③ 逐条运行存储器中的程序，并进行各种运算，将运算结果存储下来后通过输出接

口输出，以对输出设备进行有关控制。

④ 监测和诊断内部各电路的工作状态。

### 2. 存储器

**存储器的功能是存储程序和数据。PLC 通常配有 ROM（只读存储器）和 RAM（随机存储器）两种存储器，ROM 用来存储系统程序，RAM 用来存储用户程序和程序运行时产生的数据。**

系统程序由厂家编写并固化在 ROM 存储器中，用户无法访问和修改系统程序。系统程序主要包括系统管理程序和指令解释程序。系统管理程序的功能是管理整个 PLC，让内部各个电路能有条不紊地工作。指令解释程序的功能是将用户编写的程序翻译成 CPU 可以识别和执行的程序。

用户程序是由用户编写并输入存储器的程序，为了方便调试和修改，用户程序通常存放在 RAM 中，由于断电后 RAM 中的程序会丢失，所以 RAM 专门配有后备电池供电。有些 PLC 采用 EEPROM（电可擦写只读存储器）来存储用户程序，由于 EEPROM 存储器中的信息可使用电信号擦写，并且掉电后内容不会丢失，因此采用这种存储器后可不要备用电池。

### 3. 输入 / 输出接口电路

**输入 / 输出接口电路（即输入 / 输出电路）又称 I/O 接口电路或 I/O 模块，是 PLC 与外围设备之间的连接桥梁。**PLC 通过输入接口电路检测输入设备的状态，以此作为对输出设备控制的依据，同时 PLC 又通过输出接口电路对输出设备进行控制。

**PLC 的 I/O 接口能接收的输入和输出信号个数称为 PLC 的 I/O 点数。**I/O 点数是选择 PLC 的重要依据之一。

PLC 外围设备提供或需要的信号电平是多种多样的，而 PLC 内部 CPU 只能处理标准电平信号，所以 I/O 接口要能进行电平转换。另外，为了提高 PLC 的抗干扰能力，I/O 接口一般采用光电隔离和滤波功能。为了便于了解 I/O 接口的工作状态，I/O 接口还带有状态指示灯。

（1）输入接口电路

**PLC 的输入接口电路分为数字量输入接口电路和模拟量输入接口电路。数字量输入接口用于接收“1、0”数字信号或开关通断信号，又称开关量输入接口；模拟量输入接口用于接收模拟量信号（连续变化的电压或电流）。**模拟量输入接口通常采用 A/D 转换电路，将模拟量信号转换成数字信号。数字量输入接口电路如图 1-6 所示。

当闭合按钮 SB 后，24V 直流电源产生的电流流过 I0.0 端子内部电路，电流途径是：24V 正极→按钮 SB → I0.0 端子入→ R1 →发光二极管 VD1 →光电耦合器中的一个发光二极管→ 1M 端子出→ 24V 负极，光电耦合器的光敏管受光导通，这样给内部电路输入一个 ON 信号，即 I0.0 端子输入为 ON（或称输入为 1）。由于光电耦合器内部是通过光线传递的，故可以将外部电路与内部电路进行有效的电气隔离。

输入指示灯 VD1、VD2 用于指示输入端子是否有输入。R2、C 为滤波电路，用于滤除输入端子窜入的干扰信号，R1 为限流电阻。1M 端为同一组数字量（如 I0.0 ～ I0.7）的公共端。从图 1-6 中不难看出，DC24V 电源的极性可以改变（即 24V 也可以正极接 1M 端）。

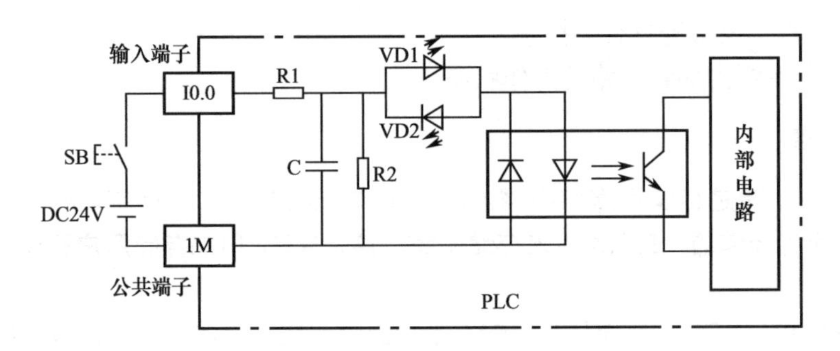


图 1-6　数字量输入接口电路

（2）输出接口电路

**PLC 的输出接口电路也分为数字量输出接口电路和模拟量输出接口电路。模拟量输出接口电路通常采用 D/A 转换电路，将数字量信号转换成模拟量信号；数字量输出接口电路采用的电路形式较多，根据使用的输出开关器件不同可分为：继电器输出型接口电路、晶体管输出型接口电路和双向晶闸管输出型接口电路。**

图 1-7 所示为继电器输出型接口电路。当 PLC 内部电路输出 ON 信号（或称输出为 ON）时，输出电流流经继电器 KA 线圈，继电器常开触点 KA 闭合，负载有电流通过，电流途径是：DC 电源（或 AC 电源）的一端→负载→ Q0.1 端子入→内部闭合的继电器 KA 触点→ 1L 端子出→ DC 电源（或 AC 电源）的另一端。R2、C 和压敏电阻 RV 用来吸收继电器触点断开时负载线圈产生的瞬间反峰电压。由于继电器触点无极性，所以输出端外部电源可以是直流电源，也可以是交流电源。

**继电器输出型接口电路的特点是可驱动交流或直流负载，允许通过的电流大，但其响应时间长，通断变化频率低。**

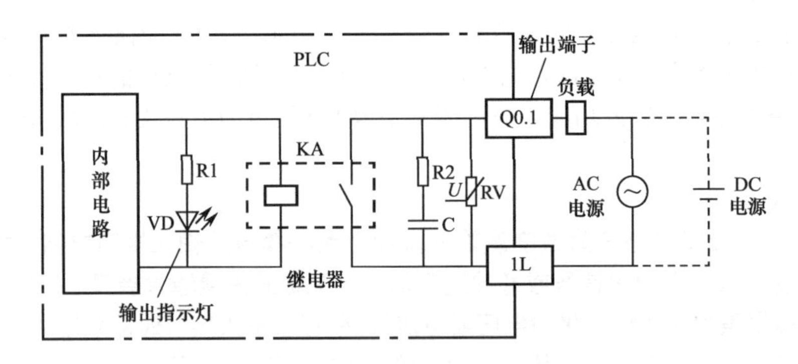


图 1-7　继电器输出型接口电路

图 1-8 所示为晶体管输出型接口电路，它采用光电耦合器与晶体管配合使用。当 PLC 内部电路输出 ON 信号（或称输出为 ON）时，输出电流流过光电耦合器的发光管使之发光，光敏管受光导通，晶体管 VT 的 G 极电压下降。由于 VT 为耗尽型 P 沟道晶体管，当 G 极为高电压时截止，为低电压时导通，因此光电耦合器导通时 VT 也导通，相当于 1L+、Q0.2 端子内部接通，有电流流过负载，电流途径是：DC 电源正极→负载→ 1L+ 端子入→导通的晶体管 VT → Q0.2 端子出→ DC 电源负极。由于晶体管有极性，所以输出端外部只能接直流电源，并且晶体管的漏极只能接电源正极，源极接电源负极。

**晶体管输出型接口电路的特点是反应速度快，通断频率高（可达 20 ～ 200kHz），但只能用于驱动直流负载，且过流能力差。**

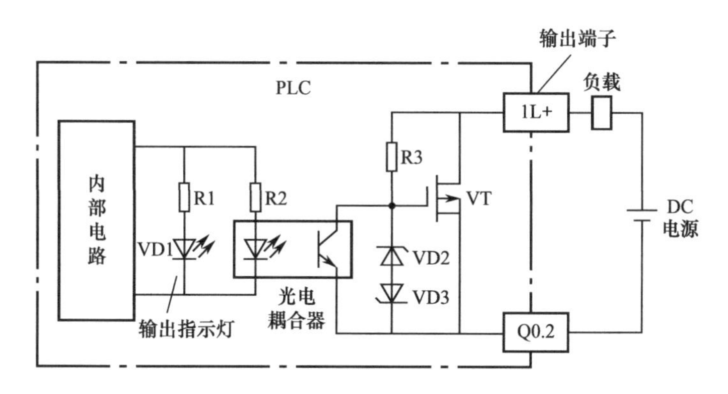


图 1-8　晶体管输出型接口电路

图 1-9 所示为双向晶闸管输出型接口电路，它采用双向晶闸管型光电耦合器。当 PLC 内部电路输出 ON 信号（或称输出为 ON）时，输出电流流过光电双向晶闸管内部的发光管，内部的发光管受光导通，电流可以从上往下流过晶闸管，也可以从下往上流过晶闸管。由于交流电源的极性是周期性变化的，所以晶闸管的输出接口电路外部通常接交流电源。

**双向晶闸管输出型接口电路的特点是响应速度快，动作频率高，一般用于驱动交流负载。**

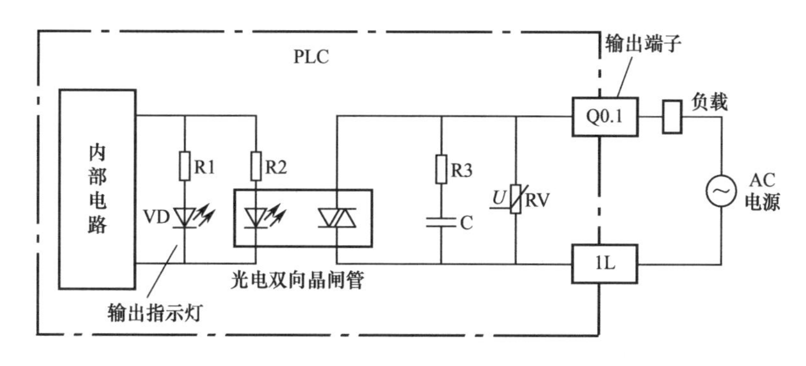


图 1-9　双向晶闸管输出型接口电路

### 4．通信接口

**PLC 配有通信接口，可通过通信接口与编程器、打印机、其他 PLC、计算机等设备实现通信**：PLC 与编程器或写入器连接，可以接收编程器或写入器输入的程序；PLC 与打印机连接，可将过程信息、系统参数等打印出来；PLC 与人机界面（如触摸屏）连接，可以在人机界面直接操作 PLC 或监视 PLC 工作状态；PLC 与其他 PLC 连接，可组成多机系统或连成网络，实现更大规模控制；PLC 与计算机连接，可组成多级分布式控制系统，实现控制与管理相结合。

### 5．扩展接口

**为了提升 PLC 的性能，增强 PLC 的控制功能，可以通过扩展接口给 PLC 增加一些**

**专用功能模块**，如高速计数模块、闭环控制模块、运动控制模块、中断控制模块等。

**6．电源**

PLC 一般采用开关电源供电，与普通电源相比，PLC 电源的稳定性好、抗干扰能力强。PLC 的电源对电网提供的电源稳定度要求不高，一般允许电源电压在其额定值 ±15% 的范围内波动。有些 PLC 还可以通过端子向外提供直流 24V 稳压电源。

### 1.3.3 PLC 的工作方式

PLC 是一种由程序控制运行的设备，其工作方式与微型计算机不同：微型计算机运行到结束指令时，程序运行结束；**PLC 运行程序时，会按顺序依次逐条执行存储器中的程序指令，当执行完最后的指令后，并不会马上停止，而是又从头开始再次执行存储器中的程序，如此周而复始，PLC 的这种工作方式称为循环扫描方式。**

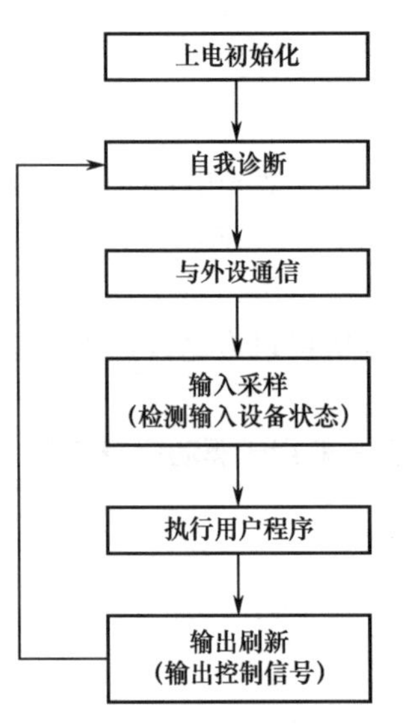

图1-10　PLC的一般工作过程

PLC 的一般工作过程如图 1-10 所示。

**PLC 有两个工作状态：RUN（运行）状态和 STOP（停止）状态：**当 PLC 工作在 RUN 状态时，系统会执行用户程序；当 PLC 工作在 STOP 状态时，系统不执行用户程序。PLC 正常工作时应处于 RUN 状态，而在向 PLC 写入程序时，应让 PLC 处于 STOP 状态。PLC 的两种工作状态可通过面板上的开关切换。

**PLC 处于 RUN 状态时，从自我诊断至输出刷新的过程会反复循环执行，执行一次所需要的时间称为扫描周期，一般为 1 ～ 100ms。**扫描周期与用户程序的长短、指令的种类和 CPU 执行指令的速度有很大的关系。

## 1.4 PLC 的编程语言

**PLC 是一种由软件驱动的控制设备，PLC 软件由系统程序和用户程序组成。**系统程序由 PLC 制造厂商设计编制，并写入 PLC 内部的 ROM 中，用户无法修改。用户程序是由用户根据控制需要编制的程序，并写入 PLC 存储器中。

写一篇相同内容的文章，既可以采用中文，也可以采用英文，还可以使用法文。同样地，编制 PLC 用户程序也可以使用多种语言。**PLC 常用的编程语言主要有梯形图（LAD）、功能块图（FBD）和指令语句表（STL）等，其中梯形图最为常用。**

### 1.4.1 梯形图（LAD）

**梯形图采用类似传统继电器控制电路的符号来编程**，具有形象、直观、实用的特点。下面对相同功能的继电器控制电路与梯形图程序进行比较，如图 1-11 所示。

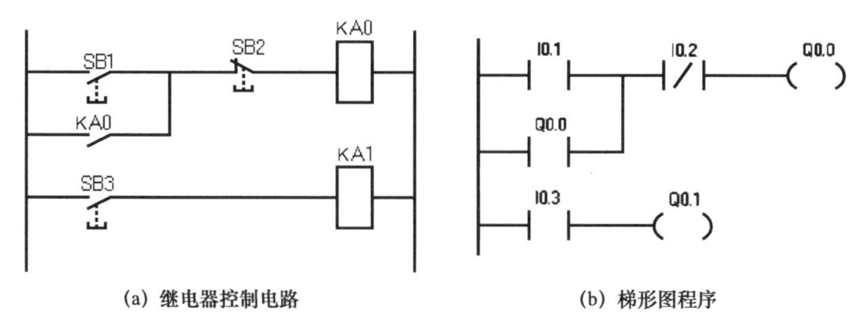


(a) 继电器控制电路　　(b) 梯形图程序

图 1-11　继电器控制电路与梯形图程序的比较

图 1-11（a）：当 SB1 闭合时，继电器 KA0 线圈得电，KA0 自锁触点闭合，锁定 KA0 线圈得电；当 SB2 断开时，KA0 线圈失电，KA0 自锁触点断开，解除锁定；当 SB3 闭合时，继电器 KA1 线圈得电。

图 1-11（b）：当常开触点 I0.1 闭合时，左母线产生的能流（可理解为电流）经 I0.1 和常闭触点 I0.2 流经输出继电器 Q0.0 线圈到达右母线（西门子 PLC 梯形图程序省去右母线），Q0.0 自锁触点闭合，锁定 Q0.0 线圈得电；当常闭触点 I0.2 断开时，Q0.0 线圈失电，Q0.0 自锁触点断开，解除锁定；当常开触点 I0.3 闭合时，继电器 Q0.1 线圈得电。

不难看出，两种图的表达方式很相似，**不过梯形图使用的继电器由软件实现，使用和修改时灵活方便，而继电器控制电路采用实际元件实现，拆换元件、更改线路时比较麻烦**。

### 1.4.2　功能块图（FBD）

**功能块图采用了类似数字逻辑电路的符号来编程**，对于有数字电路基础的人而言很容易掌握。图 1-12 所示为功能相同的梯形图程序与功能块图程序。在功能块图程序中，左端为输入端，右端为输出端，输入、输出端的小圆圈表示“非运算”。

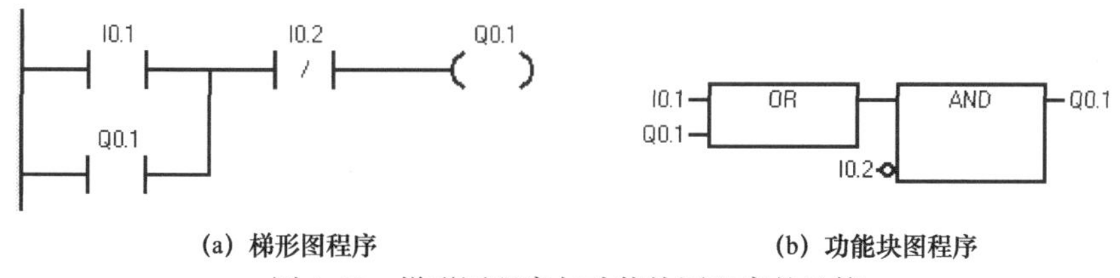


(a) 梯形图程序　　(b) 功能块图程序

图 1-12　梯形图程序与功能块图程序的比较

### 1.4.3　指令语句表（STL）

**指令语句表语言与微型计算机采用的汇编语言类似，也采用助记符形式编程**。在使用简易编程器对 PLC 进行编程时，一般采用指令语句表语言，这主要是因为简易编程器的显示屏很小，难以采用梯形图语言编程。图 1-13 所示为功能相同的梯形图程序与指令语句表程序。不难看出，指令语句表就像是描述绘制梯形图的文字，主要由指令助记符和操作数组成。

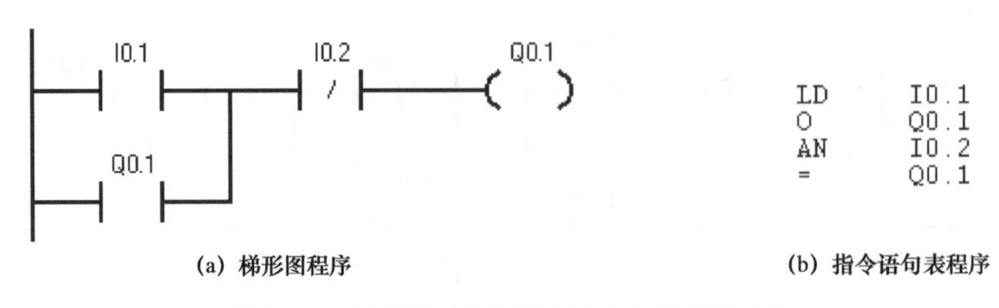


(a) 梯形图程序　　(b) 指令语句表程序

图 1-13　梯形图程序与指令语句表程序的比较

## 1.5 PLC 应用系统开发举例

### 1.5.1　PLC 应用系统开发的一般流程

PLC 应用系统开发的一般流程如图 1-14 所示。

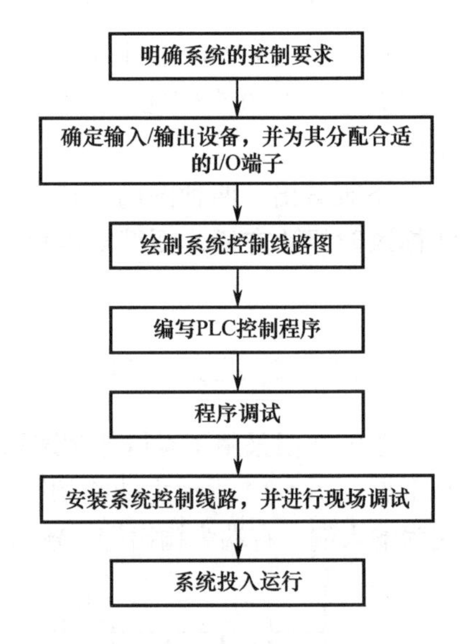


图 1-14　PLC 应用系统开发的一般流程

### 1.5.2　PLC 控制电动机正、反转的开发实例

下面通过开发一个电动机正、反转控制线路为例，来说明 PLC 应用系统的开发过程。

#### 1．明确系统的控制要求

系统控制要求如下：

（1）通过 3 个按钮分别控制电动机连续正转、反转和停转；

（2）采用热继电器对电动机进行过载保护；

（3）正、反转控制时能进行联锁控制保护。

#### 2．确定输入 / 输出设备，并为其分配合适的 I/O 端子

这里选用 S7-200 SMART PLC 作为控制中心，具体采用的 PLC 型号为 CPU-SR20，PLC 有关端子连接的输入 / 输出设备及功能见表 1-2。

表 1-2　PLC 有关端子连接的输入 / 输出设备及功能

| 输　入 | | | 输　出 | | |
|---|---|---|---|---|---|
| 输入设备 | 对应 PLC 端子 | 功能说明 | 输出设备 | 对应 PLC 端子 | 功能说明 |
| SB1 | I0.0 | 正转控制 | KM1 线圈 | Q0.0 | 驱动电动机正转 |
| SB2 | I0.1 | 反转控制 | KM2 线圈 | Q0.1 | 驱动电动机反转 |
| SB3 | I0.2 | 停转控制 | | | |
| FR 常开触点 | I0.3 | 过热保护 | | | |

### 3．绘制系统控制线路图

绘制 PLC 控制电动机正、反转线路图，如图 1-15 所示。

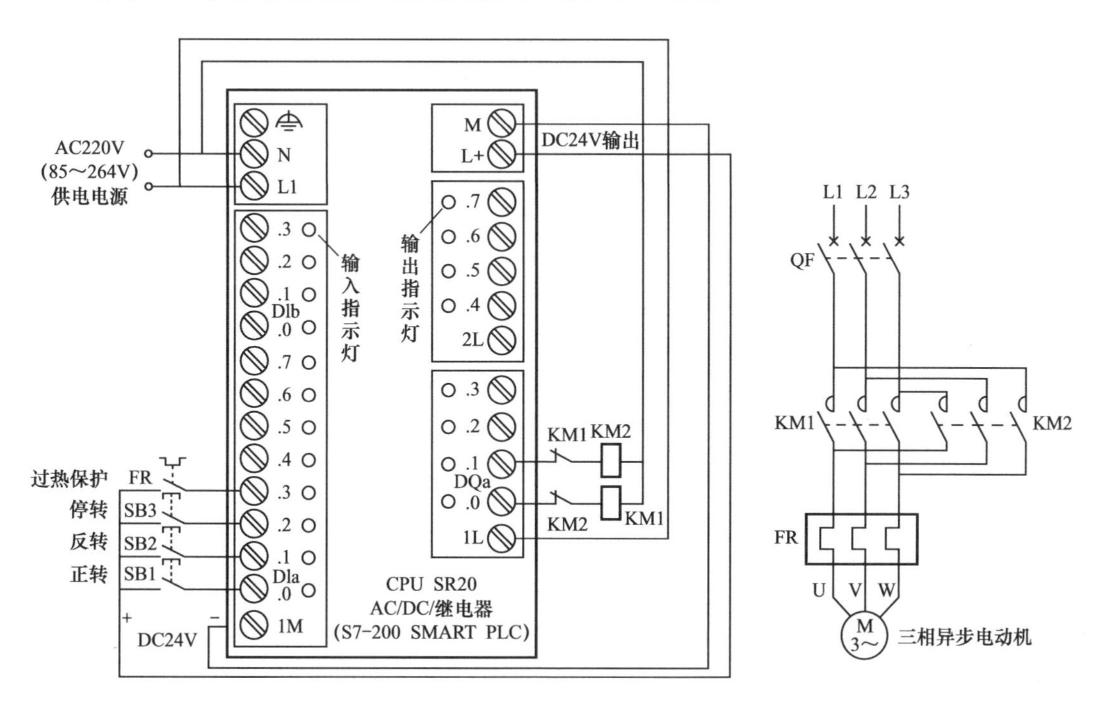


图 1-15　PLC 控制电动机正、反转线路图

### 4．编写 PLC 控制程序

在计算机中安装 STEP 7-Micro/WIN SMART 软件（S7-200 SMART PLC 的编程软件），并使用 STEP 7-Micro/WIN SMART 软件编写图 1-16 所示的梯形图程序。

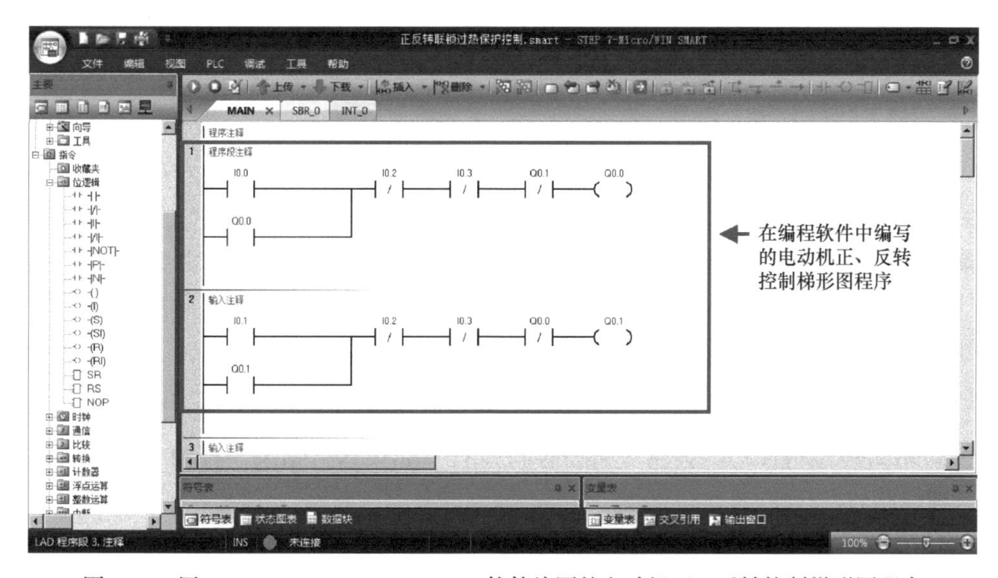


图 1-16　用 STEP 7-Micro/WIN SMART 软件编写的电动机正、反转控制梯形图程序

下面对照图 1-15 所示线路图来说明图 1-16 所示梯形图程序的工作原理。

（1）正转控制

当按下 PLC 的 I0.0 端子外接按钮 SB1 时，该端子对应的内部输入继电器 I0.0 得电，程序中的 I0.0 常开触点闭合，输出继电器 Q0.0 线圈得电：一方面使程序中的 Q0.0 常开自锁触点闭合，锁定 Q0.0 线圈供电；另一方面使程序段 2 中的 Q0.0 常闭触点断开，Q0.1 线圈无法得电。此外，还使 Q0.0 端子内部的硬触点闭合，Q0.0 端子外接的 KM1 线圈得电：一方面使 KM1 常闭联锁触点断开，KM2 线圈无法得电；另一方面使 KM1 主触点闭合，电动机得电正向运转。

（2）反转控制

当按下 I0.1 端子外接按钮 SB2 时，该端子对应的内部输入继电器 I0.1 得电，程序中的 I0.1 常开触点闭合，输出继电器 Q0.1 线圈得电：一方面使程序中的 Q0.1 常开自锁触点闭合，锁定 Q0.1 线圈供电；另一方面使程序段 1 中的 Q0.1 常闭触点断开，Q0.0 线圈无法得电。此外，还使 Q0.1 端子内部的硬触点闭合，Q0.1 端子外接的 KM2 线圈得电：一方面使 KM2 常闭联锁触点断开，KM1 线圈无法得电；另一方面使 KM2 主触点闭合，电动机两相供电切换，反向运转。

（3）停转控制

当按下 I0.2 端子外接按钮 SB3 时，该端子对应的内部输入继电器 I0.2 得电，程序段 1、2 中的两个 I0.2 常闭触点断开，Q0.0、Q0.1 线圈无法得电，Q0.0、Q0.1 端子内部的硬触点断开，KM1、KM2 线圈无法得电，KM1、KM2 主触点断开，电动机失电停转。

（4）过热保护

当电动机过热运行时，热继电器 FR 发热元件使 I0.3 端子外接的 FR 常开触点闭合，该端子对应的内部输入继电器 I0.3 得电，程序段 1、2 中的两个 I0.3 常闭触点断开，Q0.0、Q0.1 线圈均无法得电，Q0.0、Q0.1 端子内部的硬触点断开，KM1、KM2 线圈无法得电，KM1、KM2 主触点断开，电动机失电停转。

电动机正、反转控制梯形图程序写好后，需要对该程序进行编译，具体的编译操作过程见 3.2 节的相应内容。

### 5. 连接 PC 与 PLC

S7-200 SMART PLC 具有以太网通信功能，当需要将计算机中编写好的程序下载到 PLC 时，可以使用网线将计算机与 PLC 连接起来：网线的一端插入 PLC 的以太网端口，另一端插入编程计算机的以太网端口。另外，给 PLC 的 L1、N 端接上 220V 交流电源，再在计算机的 STEP 7-Micro/WIN SMART 软件中执行下载程序操作，就可以将编写好的程序写入 PLC，具体下载操作过程将在后续章节进行介绍。

### 6. 模拟测试运行

PLC 写入控制程序后，通常先进行模拟运行，如果运行结果与预期一致，则将 PLC 接入系统线路。

PLC 的模拟运行操作如图 1-17 所示。在 PLC、L1、N 端连接 220V 交流电源，为整个 PLC 供电；将 PLC 的 DC24V 电压输出的 M 端与输入的 1M 端连接在一起，并把一根导线的一端固定接在 DC24V 电压输出的 L+ 端，另一端接在输入的 I0.0 端（即 DIa.0 端），相当于将 I0.0 端的外接按钮 SB1 闭合（见图 1-15 所示线路），I0.0 端对应的输入指示灯变亮，表示 I0.0 端有输入，PLC 内部的程序运行，若运行结果正常，则 Q0.0 端（即 DQa.0 端）会产生输出，Q0.0 端对应的输出指示灯会变亮。再用同样的方法测试 SB2、SB3、FR 触点闭合时，PLC 输出端的输出情况（查看相应输出端对应的指示灯的亮灭状态）。若运行结果正常，则输出结果与预期一致。如果不一致，应检查编写的程序是否有问题，改正并重新下载到 PLC 后再进行测试。另外，导线接触不良或 PLC 本身硬件有问题也会导致测试不正常。

大多数 PLC 面板上有 RUN/STOP 切换开关，测试时应将切换开关置于 RUN 处，这样 PLC 接通电源启动后就会运行内部的程序。S7-200 SMART PLC 面板上没有 RUN/STOP 切换开关，需要在编程软件中将 PLC 上电启动后的模式设为 RUN，具体设置方法见后面的章节介绍。

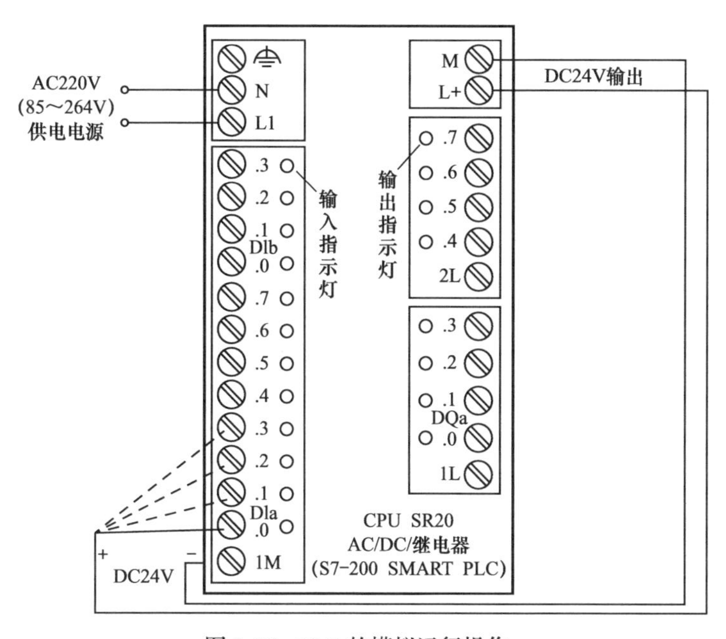


图 1-17　PLC 的模拟运行操作

### 7. 安装系统控制线路，并进行现场调试

模拟测试运行通过后，就可以按照绘制的系统控制线路图将 PLC 及外围设备安装在现场。线路安装完成后，还要进行现场调试，观察是否达到控制要求。若达不到要求，则需检查是硬件问题还是软件问题，并解决这些问题。

### 8. 系统投入运行

现场调试通过后，可试运行一段时间，若无问题发生，则可正式投入运行。

# 西门子 S7-200 SMART PLC 介绍

S7-200 SMART PLC 是在 S7-200 PLC 之后推出的整体式 PLC，其软、硬件都有所增强和改进，主要特点如下：

（1）机型丰富。CPU 模块的 I/O 点最多可达 60 点（S7-200 PLC 的 CPU 模块 I/O 点最多为 40 点），另外，CPU 模块分为经济型（CR 系列）和标准型（SR、ST 系列），产品配置更灵活，可最大限度地为用户节省成本。

（2）编程指令绝大多数与 S7-200 PLC 相同，只有少数几条指令不同，已掌握 S7-200 PLC 指令的用户几乎不用额外学习，就可以为 S7-200 SMART PLC 编写程序。

（3）CPU 模块除了可以连接扩展模块外，还可以直接安装信号板，从而增加更多的通信端口或少量的 I/O 点数。

（4）CPU 模块除了有 RS485 端口外，还增加了以太网端口（俗称网线端口），可以用普通的网线连接计算机的网线端口来下载或上传程序。CPU 模块也可以通过以太网端口与西门子触摸屏、其他带有以太网端口的西门子 PLC 等进行通信。

（5）CPU 模块集成了 Micro SD 卡槽，用户用市面上的 Micro SD 卡（常用的手机存储卡）就可以更新内部程序和升级 CPU 固件（类似于手机的刷机）。

（6）采用 STEP 7-Micro/WIN SMART 编程软件，软件体积小（安装包不到 200MB），可免费安装使用，无须序列号，且软件界面友好，操作更人性化。

## 2.1 PLC 硬件介绍

S7-200 SMART PLC 是一种类型的 PLC 的统称，其既可以是一台 CPU 模块（又称主机单元、基本单元等），也可以是由 CPU 模块、信号板和扩展模块组成的系统，如图 2-1 所示。CPU 模块可以单独使用，而信号板和扩展模块不能独立使用，必须与 CPU 模块连接在一起才可使用。

### 2.1.1 两种类型的 CPU 模块

S7-200 SMART PLC 的 CPU 模块分为标准型和经济型两类，标准型 CPU 模块的具体型号有 SR20/SR30/SR40/SR60（继电器输出型）和 ST20/ST30/ST40/ST60（晶体管输出型）；

经济型 CPU 模块只有继电器输出型（CR40/CR60），没有晶体管输出型。**S7-200 SMART 经济型 CPU 模块价格便宜，但只能单机使用，不能安装信号板，也不能连接扩展模块，由于只有继电器输出型，故无法实现高速脉冲输出。**

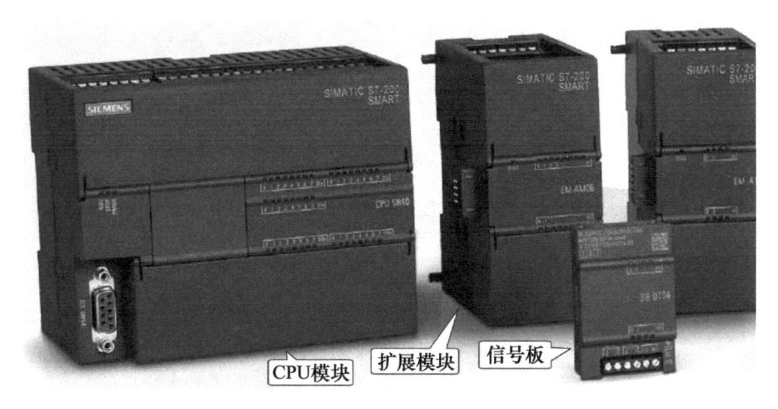


图 2-1　S7-200 SMART PLC 的 CPU 模块、信号板和扩展模块

S7-200 SMART 两种类型 CPU 模块的主要功能比较见表 2-1。

**表 2-1　S7-200 SMART 两种类型 CPU 模块的主要功能比较**

| 主要功能 | 经济型 | | 标准型 | | | | | | | |
|---|---|---|---|---|---|---|---|---|---|---|
| | CR40 | CR60 | SR20 | SR30 | SR40 | SR60 | ST20 | ST30 | ST40 | ST60 |
| 高速计数 | 4 路 100kHz | | 4 路 200kHz | | | | | | | |
| 高速脉冲输出 | 不支持 | | 不支持 | | | | 2 路 100kHz | 3 路 100kHz | | |
| 通信端口数量 | 2 | | 2～4 | | | | | | | |
| 扩展模块数量 | 不支持扩展模块 | | 6 | | | | | | | |
| 最大开关量 I/O | 40 | 60 | 216 | 226 | 236 | 256 | 216 | 226 | 236 | 256 |
| 最大模拟量 I/O | 无 | | 49 | | | | | | | |

## 2.1.2　CPU 模块面板各部件说明

S7-200 SMART CPU 模块面板大同小异，图 2-2 所示为 ST20 标准型晶体管输出型 CPU 模块，该模块上有输入 / 输出端子、输入 / 输出指示灯、运行状态指示灯、通信状态指示灯、RS485 和以太网通信端口、信号板安装插孔、扩展模块连接插口等。

## 2.1.3　CPU 模块的接线

### 1．输入 / 输出端的接线方式

（1）输入端的接线方式

**S7-200 SMART PLC 的数字量（或称开关量）输入采用 24V 直流电压输入，由于内**

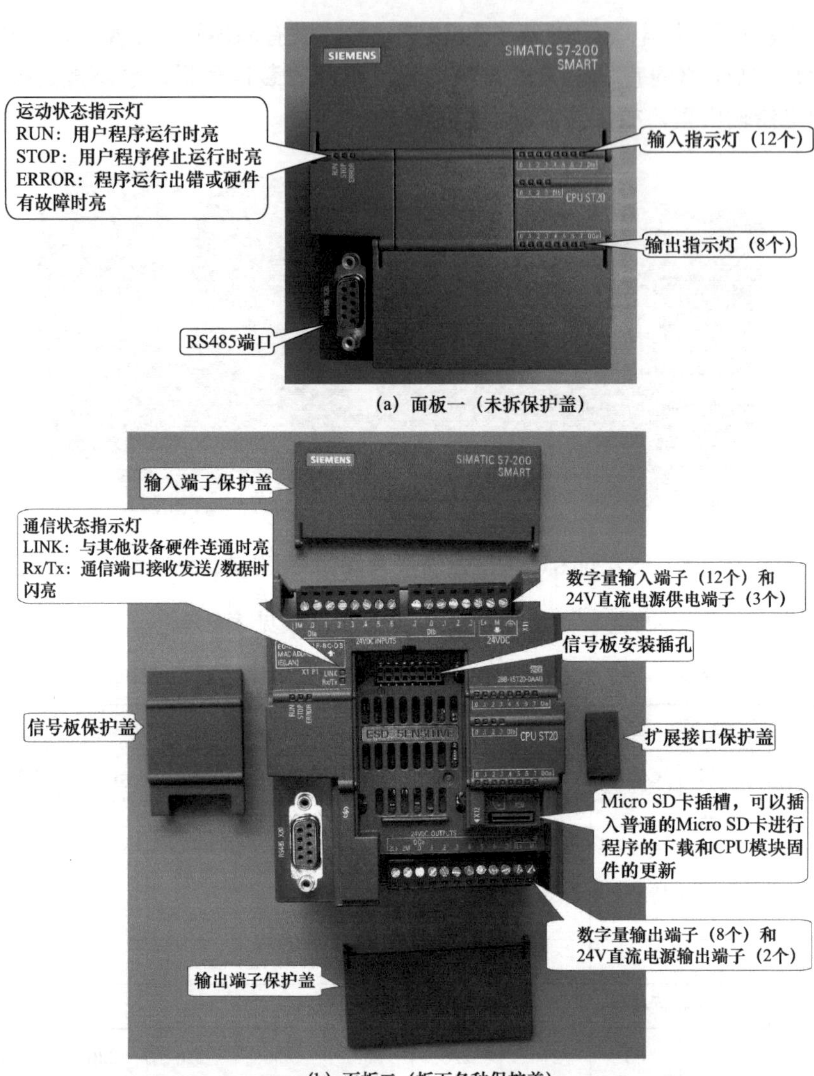


(a) 面板一（未拆保护盖）

(b) 面板二（拆下各种保护盖）

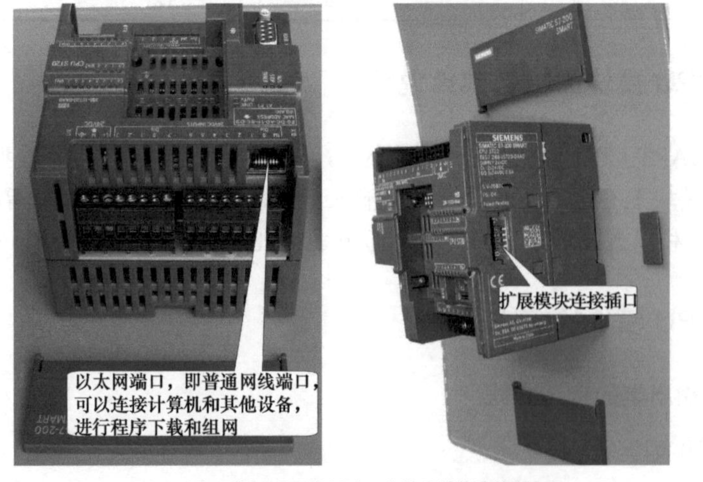


(c) 面板三（以太网端口和扩展模块连接插口）

图 2-2　ST20 标准型晶体管输出型 CPU 模块面板各部件说明

部输入电路使用了双向发光管的光电耦合器，故外部可采用两种接线方式，如图 2-3 所示。接线时可任意选择一种方式，实际接线时多采用图 2-3（a）所示的漏型输入接线方式。

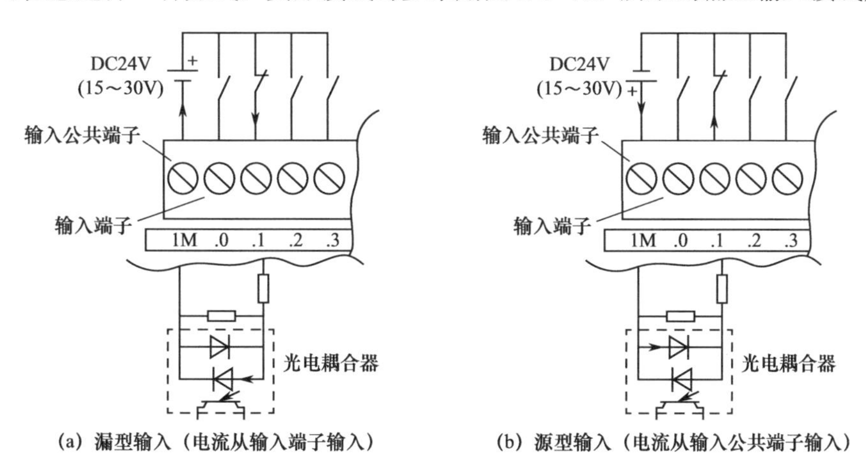


图 2-3　PLC 输入端的两种接线方式

（2）输出端的接线方式

**S7-200 SMART PLC 的数字量（或称开关量）输出有两种类型：继电器输出型和晶体管输出型**。对于继电器输出型 PLC，外部负载电源既可以是交流电源（5 ～ 250V），也可以是直流电源（5 ～ 30V）；对于晶体管输出型 PLC，外部负载电源必须是直流电源（20.4 ～ 28.8V），由于晶体管有极性，故电源正极必须接到输出公共端（1L+ 端，内部接到晶体管的漏极）。输出端的两种接线方式如图 2-4 所示。

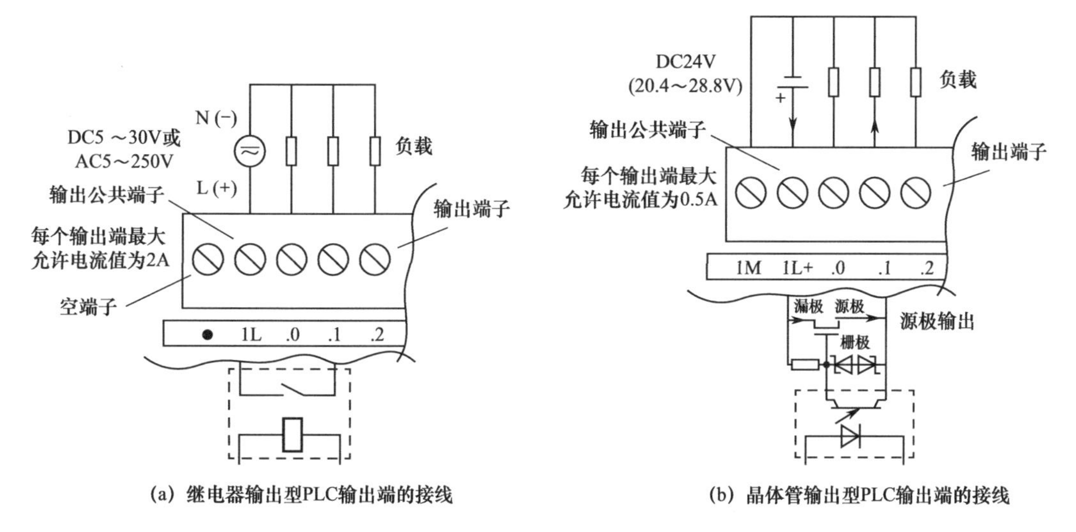


图 2-4　输出端的两种接线方式

### 2. CPU 模块的接线实例

S7-200 SMART PLC 的 CPU 模块型号很多，这里以 SR30 CPU 模块（继电器输出型）和 ST30 CPU 模块（晶体管输出型）为例进行说明，两者接线如图 2-5 所示。

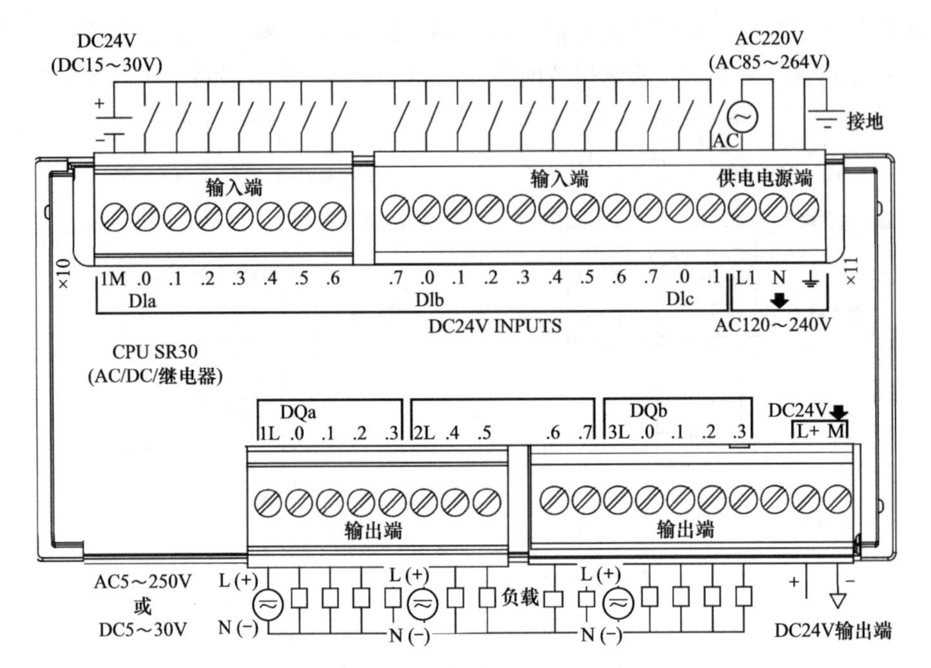

(a) 继电器输出型CPU模块接线（以SR30为例）

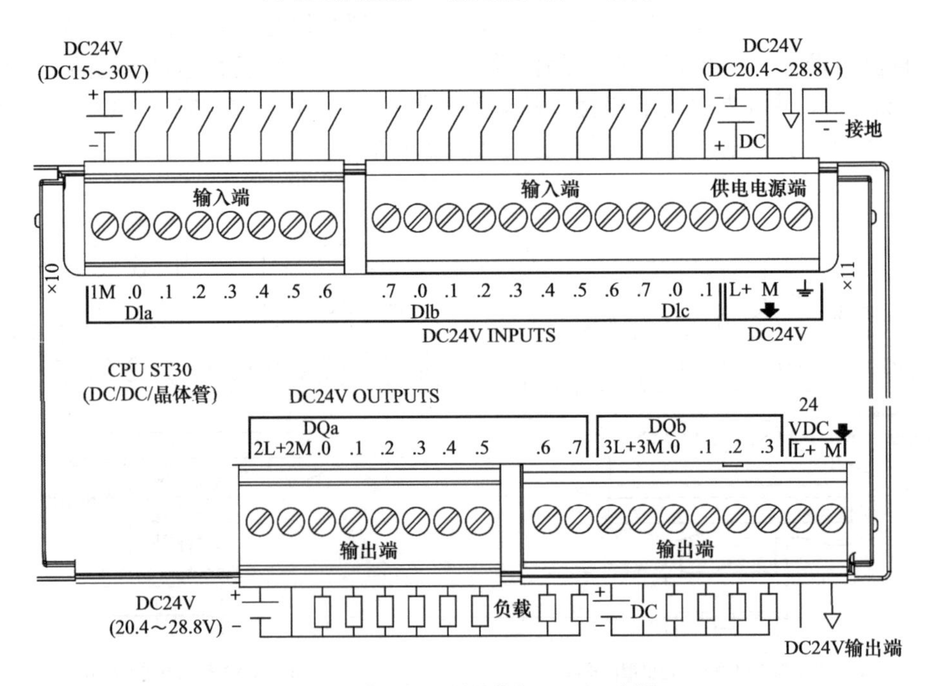

(b) 晶体管输出型CPU模块接线（以ST30为例）

图 2-5　S7-200 SMART CPU 模块的接线

### 2.1.4　信号板的安装使用与地址分配

S7-200 SMART CPU 模块上可以安装信号板，不会占用多余空间，且安装、拆卸方便。安装信号板可以给 CPU 模块扩展少量的 I/O 点数或扩展更多的通信端口。

### 1. 信号板的安装

S7-200 SMART CPU 模块上有一个专门安装信号板的位置，在安装信号板时先将该位置的保护盖取下来，可以看见信号板的安装插孔，将信号板的插针对好插孔插入即可将信号板安装在 CPU 模块上。信号板的安装如图 2-6 所示。

(a) 拆下输入、输出端子的保护盖

(b) 用一字螺丝刀插入信号板保护盖旁的缺口，撬出信号板保护盖

(c) 将信号板的插针对好CPU模块上的信号板安装插孔并压入

(d) 信号板安装完成

图 2-6　信号板的安装

### 2. 信号板的型号

S7-200 SMART PLC 常用信号板型号及说明如表 2-2 所示。

表 2-2　S7-200 SMART PLC 常用信号板型号及说明

| 型　号 | 规　格 | 说　明 |
|---|---|---|
| SB DT04 | 2DI/2DO 晶体管输出 | 提供额外的数字量 I/O 扩展，支持 2 路数字量输入和 2 路数字量晶体管输出 |
| SB AE01 | 1AI | 提供额外的模拟量 I/O 扩展，支持 1 路模拟量输入，精度为 12 位 |
| SB AQ01 | 1AO | 提供额外的模拟量 I/O 扩展，支持 1 路模拟量输出，精度为 12 位 |
| SB CM01 | RS232/RS485 | 提供额外的 RS232 或 RS485 串行通信接口，在软件中简单设置即可实现转换 |
| SB BA01 | 实时时钟保持 | 支持普通的 CR1025 纽扣电池，能保持时钟运行约 1 年 |

### 3．信号板的使用与地址分配

**在 CPU 模块上安装信号板后，还需要在 STEP 7-Micro/WIN SMART 编程软件中进行设置（又称组态）。**信号板的使用设置（组态）与自动地址分配如图 2-7 所示。在编程软件左侧的项目树区域双击“系统块”，弹出“系统块”对话框，选择“SB”项，并单击其右侧的下拉按钮，会出现 5 个信号板选项，这里选择“SB DT04（2DI/2DQ Transis）”信号板，系统自动将 I7.0、I7.1 分配给信号板的两个输入端，将 Q7.0、Q7.1 分配给信号板的两个输出端。单击“确定”按钮即可完成信号板组态，之后就可以在编程时使用 I7.0、I7.1、Q7.0、Q7.1 了。

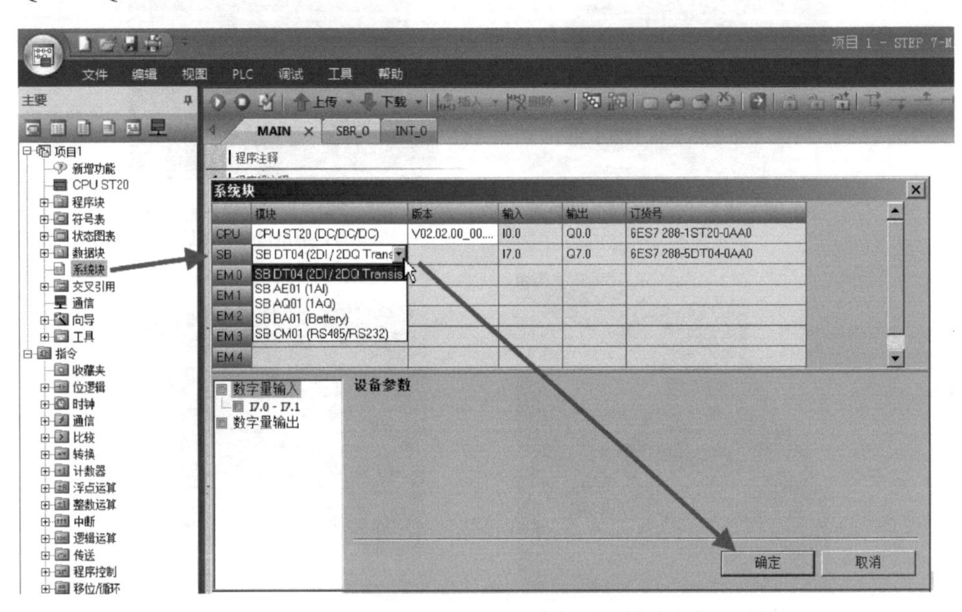


图 2-7　信号板的使用设置（组态）与自动地址分配

## 2.1.5　S7-200 SMART 常用模块与订货号含义

### 1．常用模块

S7-200 SMART 常用模块包括 CPU 模块、扩展模块和信号板等，具体见表 2-3。

**表 2-3　S7-200 SMART 常用模块及附件**

| S7-200 SMART 常用模块 | | 规　格 | 订　货　号 |
|---|---|---|---|
| CPU 模块 | CPU SR20 | 标准型 CPU 模块，继电器输出，AC220V 供电，12 输入 /8 输出 | 6ES7 288-1SR20-0AA0 |
| | CPU ST20 | 标准型 CPU 模块，晶体管输出，DC24V 供电，12 输入 /8 输出 | 6ES7 288-1ST20-0AA0 |
| | CPU SR30 | 标准型 CPU 模块，继电器输出，AC220V 供电，18 输入 /12 输出 | 6ES7 288-1SR30-0AA0 |
| | CPU ST30 | 标准型 CPU 模块，晶体管输出，DC24V 供电，18 输入 /12 输出 | 6ES7 288-1ST30-0AA0 |
| | CPU SR40 | 标准型 CPU 模块，继电器输出，AC220V 供电，24 输入 /16 输出 | 6ES7 288-1SR40-0AA0 |
| | CPU ST40 | 标准型 CPU 模块，晶体管输出，DC24V 供电，24 输入 /16 输出 | 6ES7 288-1ST40-0AA0 |
| | CPU SR60 | 标准型 CPU 模块，继电器输出，AC220V 供电，36 输入 /24 输出 | 6ES7 288-1SR60-0AA0 |

（续表）

| S7-200 SMART 常用模块 | | 规　格 | 订 货 号 |
|---|---|---|---|
| CPU 模块 | CPU ST60 | 标准型 CPU 模块，晶体管输出，DC24V 供电，36 输入 /24 输出 | 6ES7 288-1ST60-0AA0 |
| | CPU CR40 | 标准型 CPU 模块，继电器输出，AC220V 供电，24 输入 /16 输出 | 6ES7 288-1CR40-0AA0 |
| | CPU CR60 | 标准型 CPU 模块，继电器输出，AC220V 供电，36 输入 /24 输出 | 6ES7 288-1CR60-0AA0 |
| 扩展模块 | EM DE08 | 数字量输入模块，8×DC24V 输入 | 6ES7 288-2DE08-0AA0 |
| | EM DE16 | 数字量输入模块，16×DC24V 输入 | 6ES7 288-2DE16-0AA0 |
| | EM DR08 | 数字量输出模块，8× 继电器输出 | 6ES7 288-2DR08-0AA0 |
| | EM DT08 | 数字量输出模块，8×DC24V 输出 | 6ES7 288-2DT08-0AA0 |
| | EM QT16 | 数字量输出模块，16×DC24V 输出 | 6ES7 288-2QT16-0AA0 |
| | EM QR16 | 数字量输出模块，16× 继电器输出 | 6ES7 288-2QR16-0AA0 |
| | EM DR16 | 数字量输入 / 输出模块，8×DC24V 输入 /8× 继电器输出 | 6ES7 288-2DR16-0AA0 |
| | EM DR32 | 数字量输入 / 输出模块，16×DC24V 输入 /16× 继电器输出 | 6ES7 288-2DR32-0AA0 |
| | EM DT16 | 数字量输入 / 输出模块，8×DC24V 输入 /8×DC24V 输出 | 6ES7 288-2DT16-0AA0 |
| | EM DT32 | 数字量输入 / 输出模块，16×DC24V 输入 16×DC24V 输出 | 6ES7 288-2DT32-0AA0 |
| | EM AE04 | 模拟量输入模块，4 输入 | 6ES7 288-3AE04-0AA0 |
| | EM AE08 | 模拟量输入模块，8 输入 | 6ES7 288-3AE08-0AA0 |
| | EM AQ02 | 模拟量输出模块，2 输出 | 6ES7 288-3AQ02-0AA0 |
| | EM AQ04 | 模拟量输出模块，4 输出 | 6ES7 288-3AQ04-0AA0 |
| | EM AM03 | 模拟量输入 / 输出模块，2 输入 /1 输出 | 6ES7 288-3AM03-0AA0 |
| | EM AM06 | 模拟量输入 / 输出模块，4 输入 /2 输出 | 6ES7 288-3AM06-0AA0 |
| | EM AR02 | 热电阻输入模块，2 通道 | 6ES7 288-3AR02-0AA0 |
| | EM AR04 | 热电阻输入模块，4 输入 | 6ES7 288-3AR04-0AA0 |
| | EM AT04 | 热电阻输入模块，4 通道 | 6ES7 288-3AT04-0AA0 |
| | EM DP01 | PROFIBUS-DP 从站模块 | 6ES7 288-7DP01-0AA0 |
| 信号板 | SB CM01 | 通信信号板，RS485/RS232 | 6ES7 288-5CM01-0AA0 |
| | SB DT04 | 数字量扩展信号板，2×DC24V 输入 /2×DC24V 输出 | 6ES7 288-5DT04-0AA0 |
| | SB AE01 | 模拟量扩展信号板，1×12 位模拟量输入 | 6ES7 288-5AE01-0AA0 |
| | SB AQ01 | 模拟量扩展信号板，1×12 位模拟量输出 | 6ES7 288-5AQ01-0AA0 |
| | SB BA01 | 电池信号板，支持 CR1025 纽扣电池（电池单独购买） | 6ES7 288-5BA01-0AA0 |
| 附件 | I/O 扩展电缆 | S7-200 SMART I/O 扩展电缆，长度 1m | 6ES7 288-6EC01-0AA0 |
| | PM207 | S7-200 SMART 配套电源，DC24V/3A | 6ES7 288-0CD10-0AA0 |
| | PM207 | S7-200 SMART 配套电源，DC24V/5A | 6ES7 288-0ED10-0AA0 |
| | CSM1277 | 以太网交换机，4 端口 | 6GK7 277-1AA00-0AA0 |
| | SCALANCE XB005 | 以太网交换机，5 端口 | 6GK5 005-0BA00-1AB2 |

### 2. 订货号含义

西门子 PLC 一般会在设备上标注型号和订货号等内容，如图 2-8 所示，根据这些内容可以了解一些设备信息。

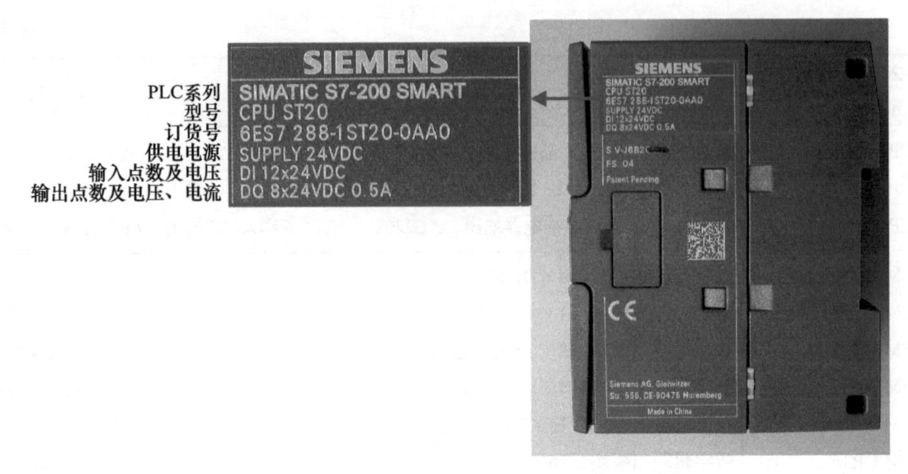


图 2-8　西门子 PLC 上标注的型号和订货号等内容

**西门子 PLC 型号标识比较简单，反映出来的信息量少，更多的设备信息可以从 PLC 上标注的订货号来了解。**西门子 S7-200 PLC 的订货号含义如下：

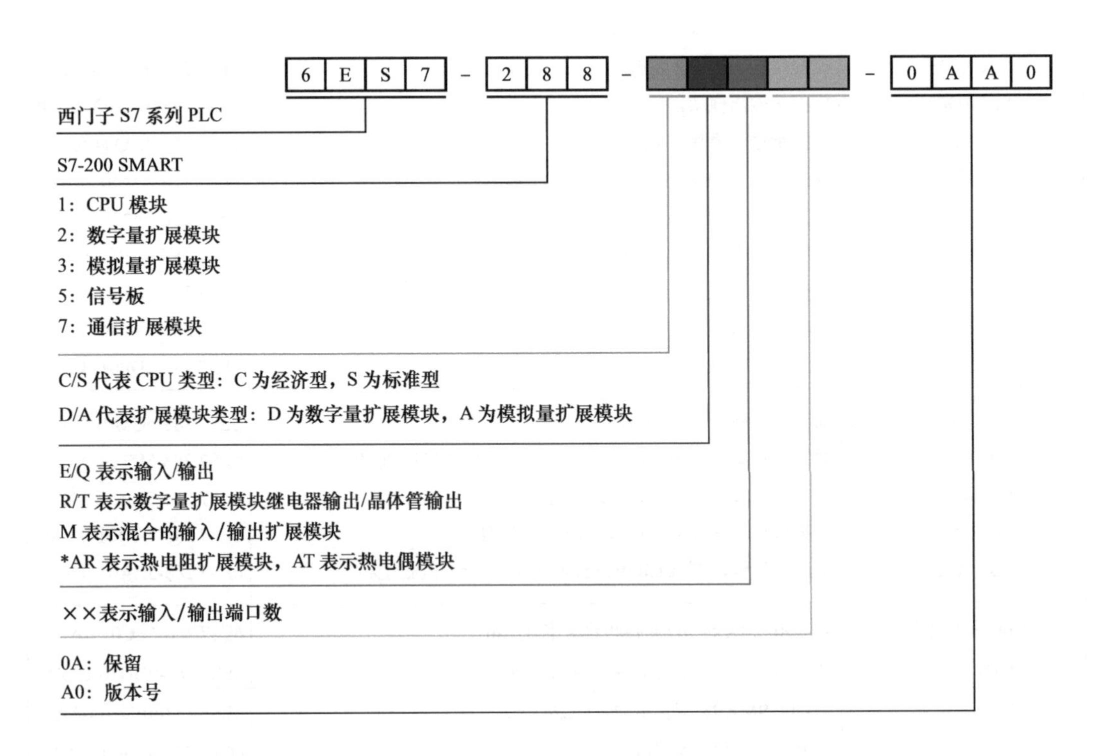


## 2.2 PLC 的软元件

**PLC 软元件主要有输入继电器、输出继电器、辅助继电器、定时器、计数器、模拟量输入寄存器和模拟量输出寄存器等。**

### 2.2.1　输入继电器（I）和输出继电器（Q）

**输入继电器又称输入过程映像寄存器，其状态与 PLC 输入端子的输入状态有关，**当输入端子外接开关接通时，该端子内部对应的输入继电器状态为 ON（或称 1 状态），反之为 OFF（或称 0 状态）。一个输入继电器可以有很多常闭触点和常开触点。输入继电器的表示符号为 I，按八进制方式编址（或称编号），如 I0.0 ～ I0.7，S7-200 SMART PLC 有 256 个输入继电器。

**输出继电器又称输出过程映像寄存器，通过输出电路来驱动输出端子的外接负载。**一个输出继电器只有一个硬件触点（与输出端子连接的物理常开触点），而内部软常开、常闭触点可以有很多个。当输出继电器为 ON 时，其硬件触点闭合，软常开触点闭合，软常闭触点则断开。输出继电器的表示符号为 Q，按八进制方式编址（或称编号），如 Q0.0 ～ Q0.7，S7-200 SMART PLC 有 256 个输出继电器。

### 2.2.2　辅助继电器（M）和状态继电器（S）

**辅助继电器（M）又称标志存储器或位存储器，它类似于继电器控制线路中的中间继电器。**与输入 / 输出继电器不同，辅助继电器不能接收输入端子送来的信号，也不能驱动输出端子。辅助继电器的表示符号为 M，按八进制方式编址（或称编号），如 M0.0 ～ M0.7、M1.0 ～ M1.7……S7-200 SMART PLC 有 256 个辅助继电器。**特殊辅助继电器（SM）是一种具有特殊功能的继电器，用来显示某些状态、选择某些功能、进行某些控制或产生一些信号等。**特殊辅助继电器的表示符号为 SM。一些常用特殊辅助继电器的功能见表 2-4。

**表 2-4　一些常用特殊辅助继电器的功能**

| 特殊辅助继电器 | 功　能 |
| --- | --- |
| SM0.0 | PLC 运行时该位状态始终为 ON，该位对应的触点始终闭合 |
| SM0.1 | PLC 首次扫描循环时该位为 ON，用途之一是初始化程序 |
| SM0.2 | 如果保留性数据丢失，则该位表示一次扫描循环打开。该位可表示错误内存位或激活特殊启动顺序的机制 |
| SM0.3 | 在电源开启进入 RUN（运行）模式时，该位表示一次扫描循环打开。该位可用于在启动操作之前提供机器预热时间 |
| SM0.4 | 该位提供时钟脉冲，该脉冲在 1min 的周期时间内关闭 30s，打开 30s。该位提供便于使用的延迟或 1min 时钟脉冲 |
| SM0.5 | 该位提供时钟脉冲，该脉冲在 1s 的周期时间内关闭 0.5s，打开 0.5s。该位提供便于使用的延迟或 1s 时钟脉冲 |
| SM0.6 | 该位是扫描循环时钟，本次扫描打开，下一次扫描关闭。该位可用作扫描计数器输入 |
| SM0.7 | 该位表示“模式”开关的当前位置（关闭 =“终止”位置，打开 =“运行”位置）。开关位于 RUN（运行）位置时，可以使用该位启用自由端口模式，可使用转换至“终止”位置的方法重新启用带 PC/ 编程设备的正常通信 |
| SM1.0 | 执行某些指令，操作结果为零时，该位为 ON |
| SM1.1 | 执行某些指令，出现溢出结果或检测到非法数字数值时，该位为 ON |
| SM1.2 | 执行某些指令，数学操作产生负结果时，该位为 ON |

**状态继电器又称顺序控制继电器，是编制顺序控制程序的重要器件，它通常与顺序控制指令（又称步进指令）一起使用以实现顺序控制功能。**状态继电器的表示符号为 S。

### 2.2.3　定时器（T）和计数器（C）

**定时器是一种按时间执行动作的继电器，相当于继电器控制系统中的时间继电器。**一个定时器可以有很多常开触点和常闭触点，其定时单位有 1ms、10ms、100ms 三种。定时器的表示符号为 T。S7-200 SMART PLC 有 256 个定时器，其中断电保持型定时器有 64 个。

**计数器是一种用来计算输入脉冲个数并执行动作的继电器，**一个计数器可以有很多常开触点和常闭触点。计数器可分为递加计数器、递减计数器和双向计数器（又称递加 / 递减计数器）。计数器的表示符号为 C。S7-200 SMART PLC 有 256 个计数器。一般计数器的计数速度受 PLC 扫描周期的影响，不能太快。而**高速计数器可以对较 PLC 扫描速度更快的事件进行计数**。高速计数器的当前值是一个双字（32 位）的整数，且为只读值。高速计数器的表示符号为 HC。S7-200 SMART PLC 有 4 个高速计数器。

### 2.2.4　累加器（AC）、变量存储器（V）和局部变量存储器（L）

**累加器是用来暂时存储数据的寄存器，可以存储运算数据、中间数据和结果。**累加器的表示符号为 AC。S7-200 SMART PLC 有 4 个 32 位累加器（AC0 ～ AC3）。

**变量存储器主要用于存储变量。**它可以存储程序执行过程中的中间运算结果和设置参数。变量存储器的表示符号为 V。

**局部变量存储器主要用来存储局部变量。**局部变量存储器与变量存储器很相似，主要区别在于后者存储的变量全局有效，即全局变量可以被任何程序（主程序、子程序和中断程序）访问，而局部变量只局部有效，局部变量存储器一般用在子程序中。局部变量存储器的表示符号为 L。S7-200 SMART PLC 有 64 字节（1 字节由 8 位组成）的局部变量存储器。

### 2.2.5　模拟量输入寄存器（AI）和模拟量输出寄存器（AQ）

**模拟量输入端子送入的模拟信号经模 / 数转换电路转换成 1 个字（1 个字由 16 位组成，可用 W 表示）的数字量，该数字量存入一个模拟量输入寄存器。**模拟量输入寄存器的表示符号为 AI，其编号以字（W）为单位，故必须采用偶数形式，如 AIW0、AIW2、AIW4 等。

**一个模拟量输出寄存器可以存储 1 个字的数字量，该数字量经数 / 模转换电路转换成模拟信号从模拟量输出端子输出。**模拟量输出寄存器的表示符号为 AQ，其编号以字（W）为单位，采用偶数形式，如 AQW0、AQW2、AQW4 等。

S7-200 SMART PLC 有 56 个字的 AI 和 56 个字的 AQ。

# 编程软件的使用

STEP 7- Micro/WIN SMART 是 S7-200 SMART PLC 的编程软件，可在 Windows XP SP3、Windows 7 操作系统上运行，支持梯形图（LAD）、语句表（STL）、功能块图（FBD）等编程语言，部分语言程序之间可自由转换。该软件的安装文件不到 200MB，在继承 STEP 7- Micro/WIN 软件（S7-200 PLC 的编程软件）优点的同时，增加了更多的人性化设计，使编程容易上手，项目开发更加高效。本章介绍常用的 STEP 7-Micro/WIN SMART V2.2 版本。

## 3.1 软件的安装、卸载与软件窗口介绍

### 3.1.1 软件的安装与启动

#### 1．软件的安装

STEP 7- Micro/WIN SMART 软件在安装时不需要序列号。**为了使软件安装能顺利进行，建议在安装软件前关闭计算机的安全防护软件（如 360 安全卫士）。**

在安装时，打开 STEP 7- Micro/WIN SMART 软件的安装文件夹，如图 3-1（a）所示。双击其中的“setup.exe”文件，在弹出的对话框中选择“中文（简体）”；单击“确定”按钮，开始安装软件，安装时会弹出图 3-1（b）所示的对话框，选择“我接受许可证协定和有关安全的信息的所有条件”；单击“下一步”按钮，出现图 3-1（c）所示的对话框，单击“浏览”按钮可以更改安装路径，这里保持默认路径；单击“下一步”按钮，软件开始正式安装，如果计算机安装过 STEP 7- Micro/WIN SMART 软件（或未卸载干净），可能会弹出图 3-1（d）所示的对话框，提示无法继续安装，单击“确定”按钮继续安装（如果不能继续安装，则要按对话框中的说明将先前安装的软件卸载干净）。软件安装需要一定的时间，最后会出现图 3-1（e）所示的安装完成对话框，有两个选项，可根据自己的需要选择。这里两项都不选，单击“完成”按钮，即完成 STEP 7- Micro/WIN SMART 软件的安装。

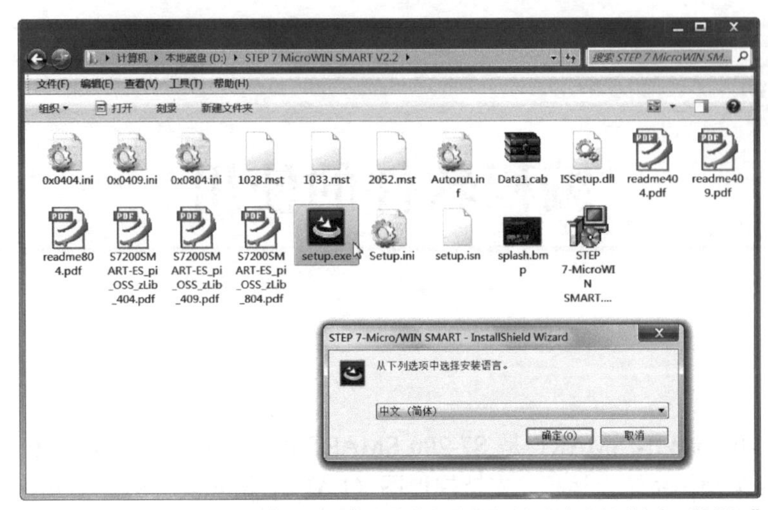


(a) 在软件安装文件中双击“setup.exe”文件并在弹出的对话框中选择“中文（简体）”

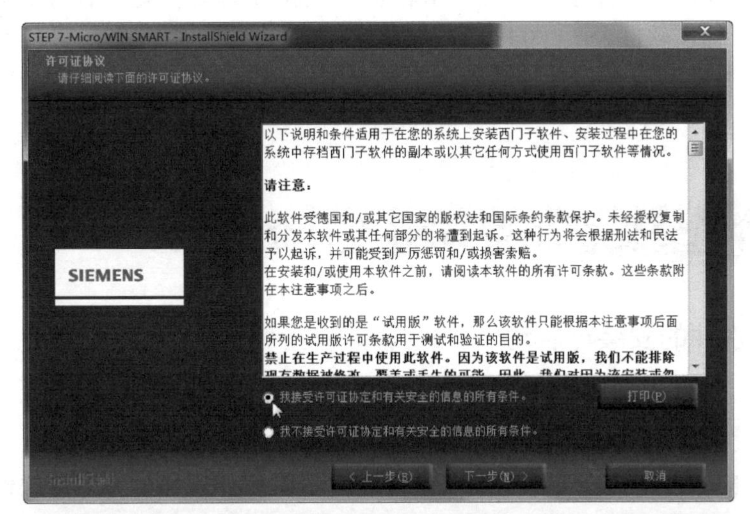


(b) 选择“我接受许可证协定和有关安全的信息的所有条件”后单击“下一步”按钮

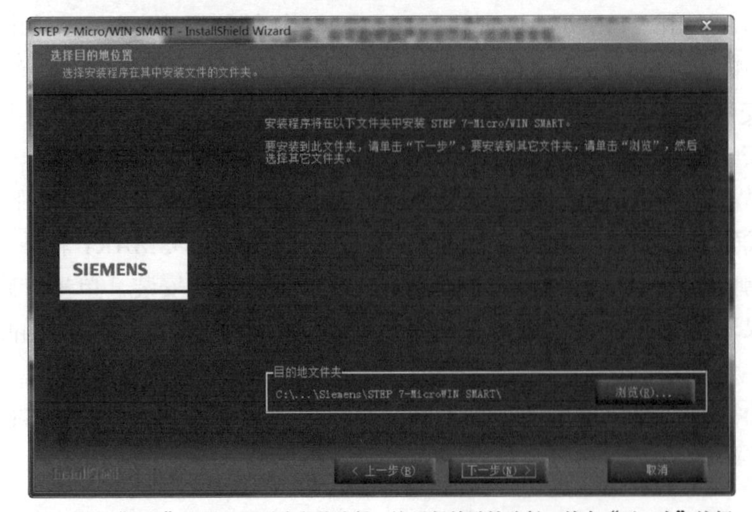


(c) 单击“浏览”按钮可以更改安装路径，这里保持默认路径，单击“下一步”按钮

图 3-1　STEP 7- Micro/WIN SMART 软件的安装

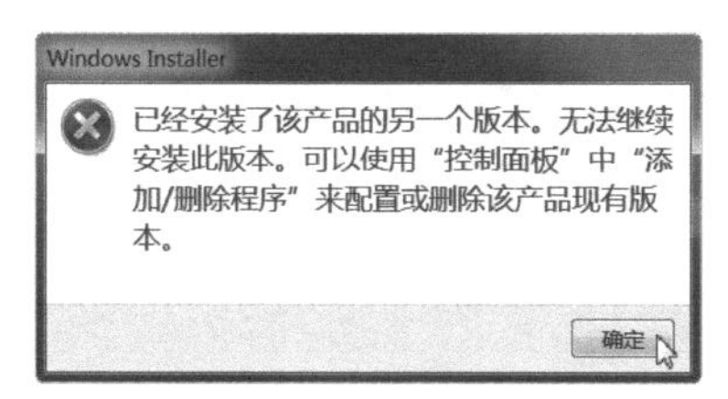


(d) 如果先前安装过本软件但未卸载干净，会出现图示对话框

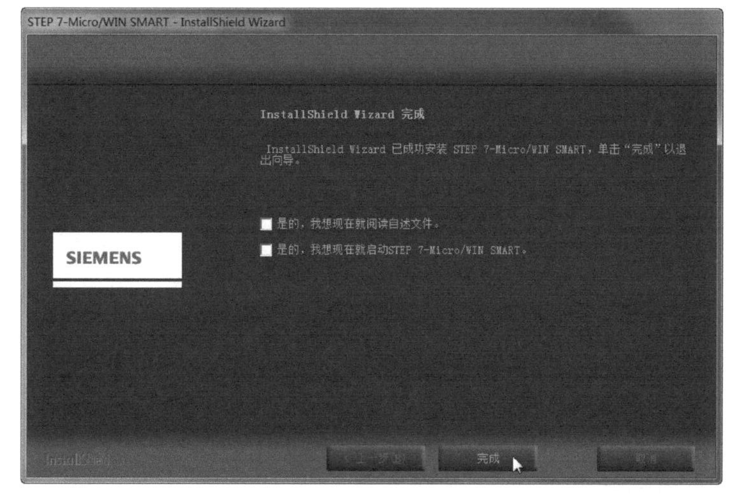


(e) 提示软件安装完成

图 3-1 STEP 7- Micro/WIN SMART 软件的安装（续）

## 2. 软件的启动

STEP 7- Micro/WIN SMART 软件可采用两种方法启动：一是直接双击计算机桌面上的"STEP 7- Micro/WIN SMART"图标，如图 3-2（a）所示；二是从"开始"菜单启动，如图 3-2（b）所示。STEP 7- Micro/WIN SMART 软件启动后，其软件窗口如图 3-3 所示。

(a) 双击计算机桌面上的软件图标启动软件

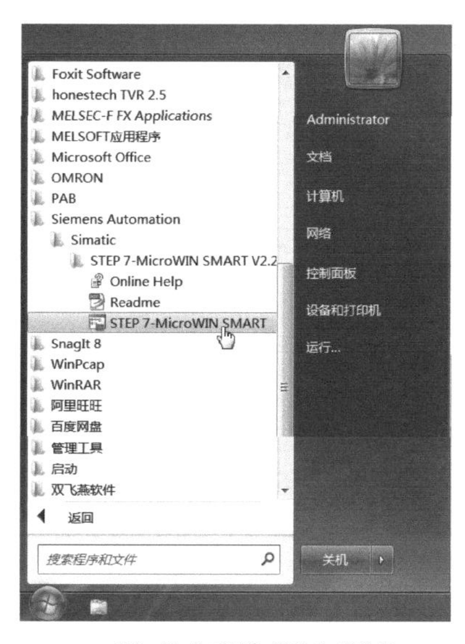


(b) 从"开始"菜单启动软件

图 3-2 STEP 7- Micro/WIN SMART 软件的启动

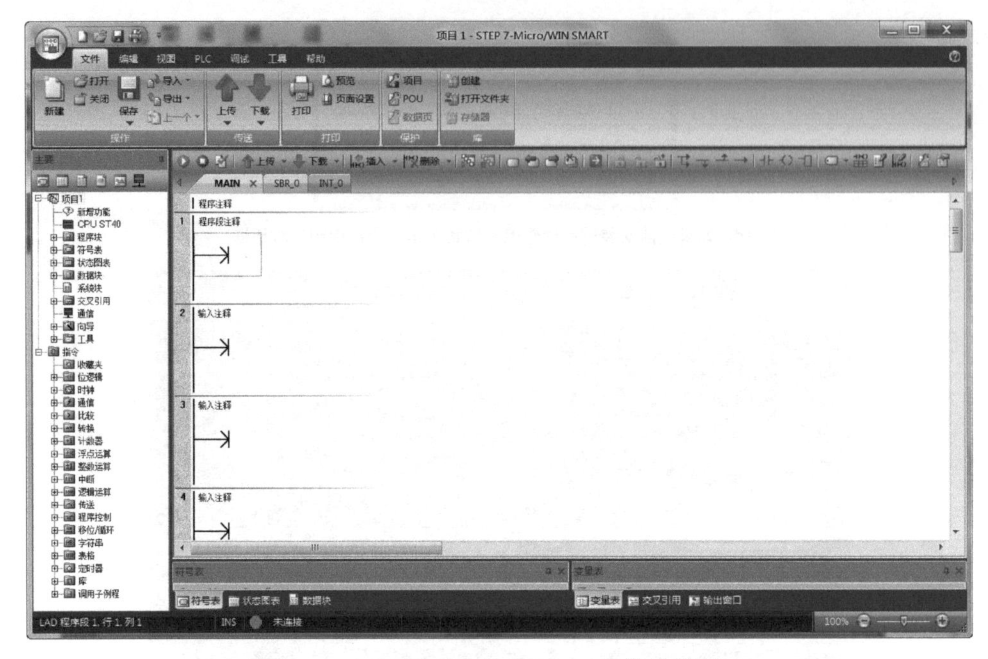

图 3-3　STEP 7- Micro/WIN SMART 软件的窗口

## 3.1.2　软件的卸载

STEP 7- Micro/WIN SMART 软件的卸载可使用计算机的控制面板实现。以 Windows 7 操作系统为例，从“开始”菜单打开控制面板，在控制面板中双击“程序和功能”，打开图 3-4 所示的“程序和功能”窗口，在“卸载或更改程序”栏中双击“STEP 7- Micro/WIN SMART V2.2”项，会弹出询问是否卸载的对话框。单击“是”按钮开始卸载软件，最后会出现“卸载完成”对话框，单击“完成”按钮结束软件的卸载。

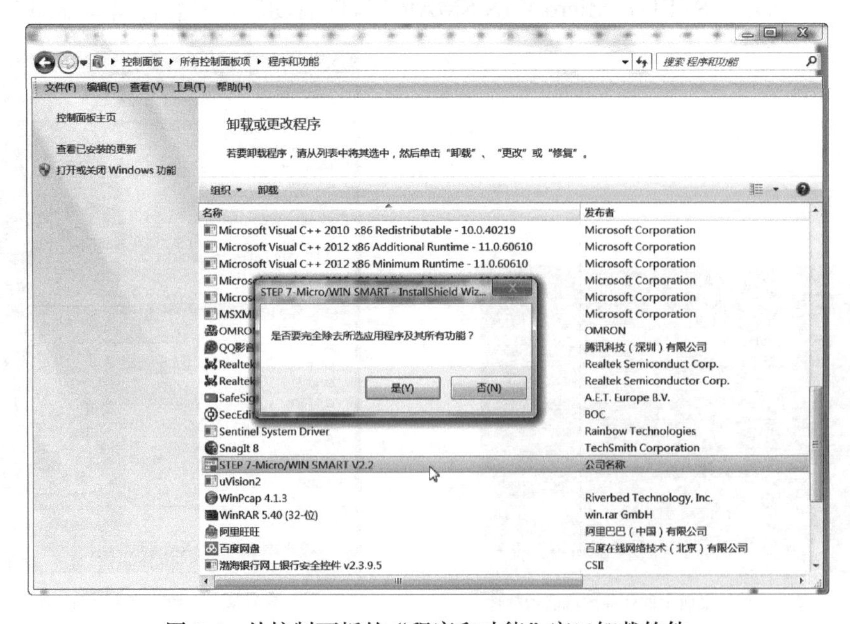

图 3-4　从控制面板的“程序和功能”窗口卸载软件

### 3.1.3 软件窗口组件说明

图3-5所示的是STEP 7- Micro/WIN SMART软件窗口，下面对软件窗口各组件进行说明。

图 3-5 STEP 7- Micro/WIN SMART 软件窗口组件

（1）文件工具：是“文件”菜单的快捷按钮，单击后会出现纵向文件菜单，提供最常用的新建、打开、另存为、关闭等选项。

（2）快速访问工具栏：有 4 个图标按钮，分别为新建、打开、保存和打印工具。单击右边的倒三角小按钮会弹出菜单，可以进行定义更多的工具、更改工具栏的显示位置、最小化功能区（即最小化下方的横条形菜单）等操作。

（3）菜单栏：由“文件”“编辑”“视图”“PLC”“调试”“工具”“帮助”7 个菜单组成，单击某个菜单，该菜单所有的选项会在下方的横向条形菜单区显示出来。

（4）条形菜单：以横向条形方式显示菜单选项，当前内容为“文件”菜单的选项。在菜单栏单击不同的菜单项，条形菜单内容会发生变化。在条形菜单上右击会弹出快捷菜单，选择“最小化功能区”即可隐藏条形菜单以节省显示空间，单击菜单栏的某个菜单项，条形菜单会显示出来，之后又会自动隐藏。

（5）标题栏：用于显示当前项目的文件名称。

（6）程序编辑器：用于编写 PLC 程序。单击左上方的“MAIN”“SBR_0”“INT_0”可以切换到主程序编辑器、子程序编辑器和中断程序编辑器。默认打开主程序编辑器（MAIN），编程语言为梯形图（LAD）。若先单击菜单栏的“视图”，再单击条形菜单中的“STL”，则将编程语言设为指令语句表（STL）；若单击条形菜单区的“FBD”，则将编程语言设为功能块图（FBD）。

（7）工具栏：提供了一些常用的工具，使操作更快捷。程序编辑器处于不同编程语言时，工具栏上的工具会有一些不同。当光标移到某工具上时，会出现提示框，说明该工具的名称及功能，如图 3-6 所示（编程语言为梯形图 LAD 时）。

图 3-6　工具栏的各个工具（编程语言为梯形图 LAD 时）

（8）自动隐藏按钮：用于隐藏 / 显示窗口。当按钮图标为纵向纺锤形时，单击按钮会使图标变成横向纺锤形，同时该按钮控制的窗口会移到软件窗口的边缘隐藏起来，光标移到边缘隐藏部位时，窗口又会移出来。

（9）导航栏：位于项目树上方，由符号表、状态图表、数据块、系统块、交叉引用和通信 6 个按钮组成，单击图标时可以打开相应图表或对话框。利用导航栏可快速访问项目树中的对象，单击一个导航栏按钮相当于展开项目树的某项并双击该项中的相应内容。

（10）项目指令树：用于显示所有项目对象和编程指令。在编程时，先单击某个指令包前的 + 号，可以看到该指令包内的所有指令，之后既可以采用拖放的方式将指令移到程序编辑器中，也可以双击指令将其插入程序编辑器当前光标所在位置。可采用双击方式选择操作项目对象，也可采用右键快捷菜单对项目对象进行更多的操作。

（11）状态栏：用于显示光标在窗口的行列位置、当前编辑模式（INS 为插入，OVR 为覆盖）和计算机与 PLC 的连接状态等。在状态栏上右击，在弹出的快捷菜单中可设置状态栏的显示内容。

（12）符号表 / 状态图表 / 数据块窗口：以重叠的方式显示符号表、状态图表和数据块窗口，单击窗口下方的选项卡可切换不同的显示内容。单击该窗口右上角的纺锤形按钮，可以将窗口隐藏到左下角。

（13）变量表 / 交叉引用 / 输出窗口：以重叠的方式显示变量表、交叉引用和输出窗口，单击窗口下方的选项卡可切换不同的显示内容。单击该窗口右上角的纺锤形按钮，可以将窗口隐藏到左下角。

（14）梯形图缩放工具：用于调节程序编辑器中的梯形图显示大小。既可以通过单击“+”“−”按钮来调节大小，每单击一次，显示大小改变 5%，调节范围为 50% ～ 150%，也可以通过拖动滑块来调节大小。

在使用 STEP 7- Micro/WIN SMART 软件的过程中，可能会使窗口组件排列混乱，这时可进行视图复位操作，将各窗口组件恢复到安装时的状态。视图恢复操作如图 3-7 所示，先执行菜单栏中的“视图”→“组件”→“复位视图”，然后关闭软件并重新启动，即可将各窗口组件恢复到初始状态。符号表 / 状态图表 / 数据块窗口和变量表 / 交叉引用 / 输出窗口处于初始状态时只显示选项卡部分，需要用光标向上拖动程序编辑器的边框才能使之显示出来，如图 3-8 所示。

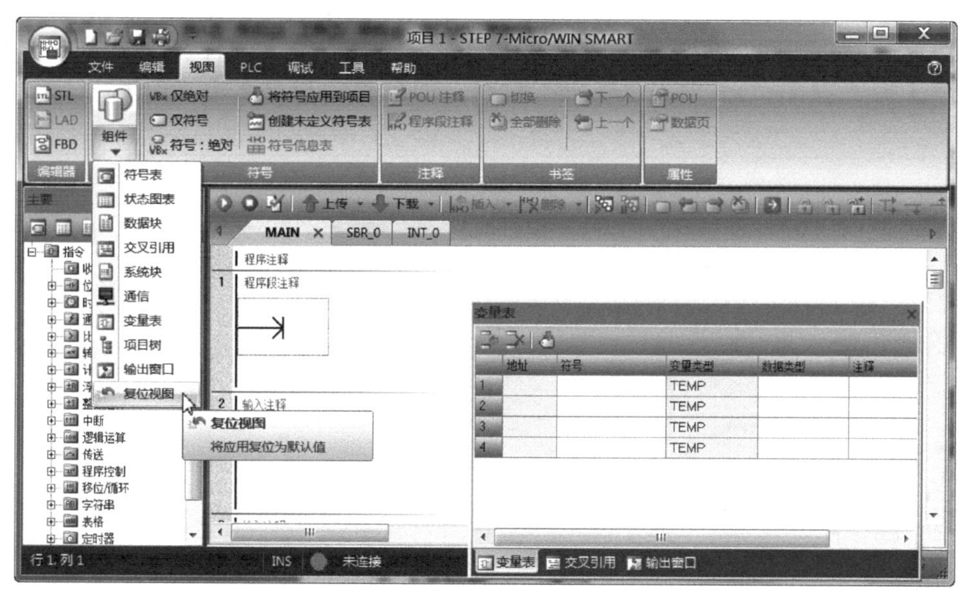

图 3-7 执行视图复位操作使窗口各组件恢复到初始状态

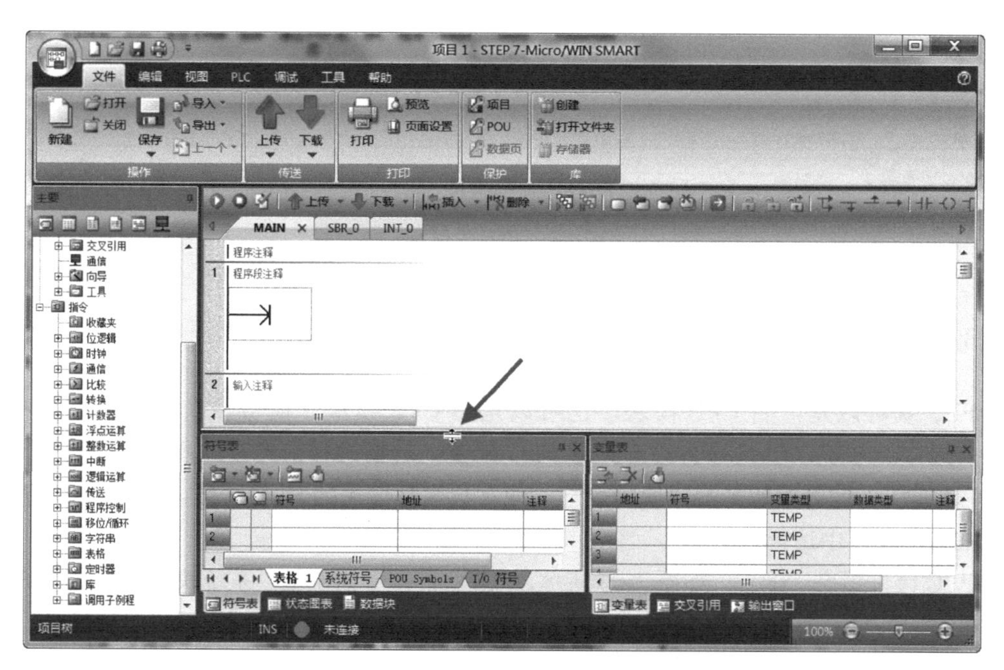

图 3-8 拖动窗口边框来调节显示区域

## 3.2 程序的编写与下载

### 3.2.1 项目创建与保存

STEP 7- Micro/WIN SMART 软件启动后会自动建立一个名为“项目 1”的文件，

如果需要更改文件名并保存下来，则可单击“文件”菜单下的“保存”按钮，弹出“另存为”对话框，如图 3-9 所示，选择文件的保存路径，输入文件名“例 1”（文件扩展名默认为“.smart”），单击“保存”按钮，即可将项目更名为“例 1.smart”并保存下来。

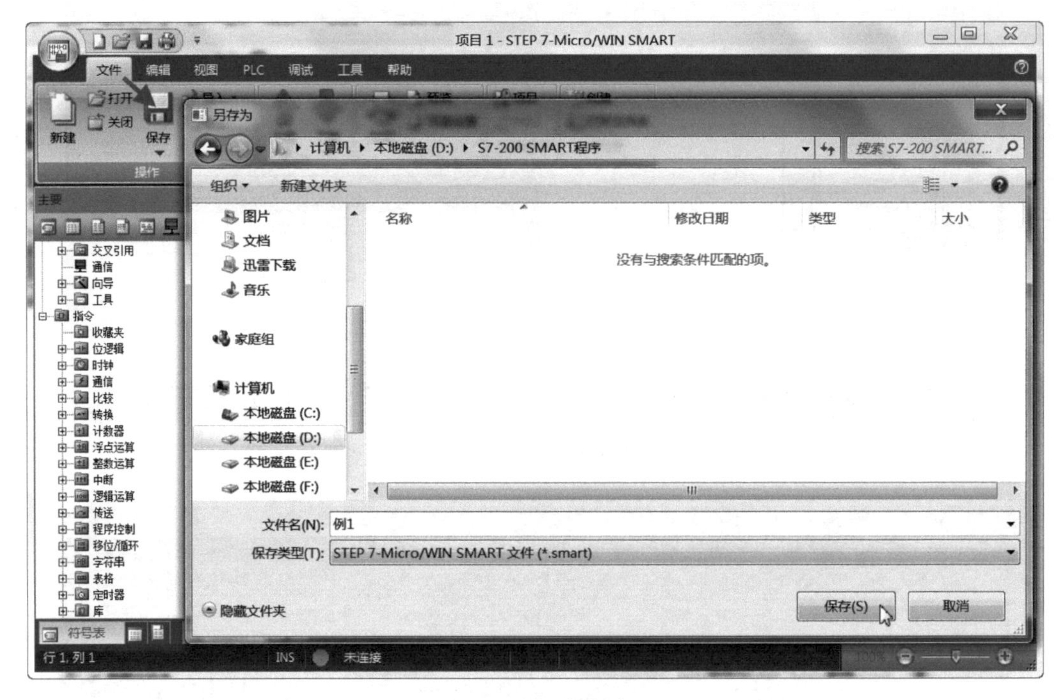


图 3-9　项目的保存

### 3.2.2　PLC 硬件组态（配置）

PLC 既可以是一台 CPU 模块，也可以是由 CPU 模块、信号板（SB）和扩展模块（EM）组成的系统。**PLC 硬件组态又称 PLC 配置，是指编程前先在编程软件中设置 PLC 的 CPU 模块、信号板和扩展模块的型号，使之与实际使用的 PLC 一致，以确保编写的程序能在实际硬件中运行。**

PLC 硬件组态（配置）如图 3-10 所示，双击项目指令树中的“系统块”，弹出“系统块”对话框，由于当前使用的 PLC 是一台 ST20 型的 CPU 模块，故在对话框的“CPU”行的“模块”列中单击下拉按钮，出现所有 CPU 模块型号，从中选择“CPU ST20（DC/DC/DC）”；在“版本”列中选择 CPU 模块的版本号（实际模块上有版本号标注），如果不知道版本号，可选择最低版本号；模块型号选定后，“输入”（起始地址）、“输出”（起始地址）和“订货号”列的内容会自动生成，单击“确定”按钮即可完成 PLC 硬件组态。

如果 CPU 模块上安装了信号板，则还需要设置信号板的型号。在“SB”行的“模块”列空白处单击，会出现下拉按钮，单击下拉按钮，会出现所有信号板型号，从中选择正确的型号；再在“SB”行的“版本”列选择信号板的版本号，“输入”“输出”“订货号”列的内容也会自动生成。如果 CPU 模块还连接了多台扩展模块（EM），可根据连接的顺序用同样的方法在“EM0”“EM1”……行设置各扩展模块。选中某行的“模块”列，按键盘上的“Delete”键，可以将该行“模块”列的设置内容删掉。

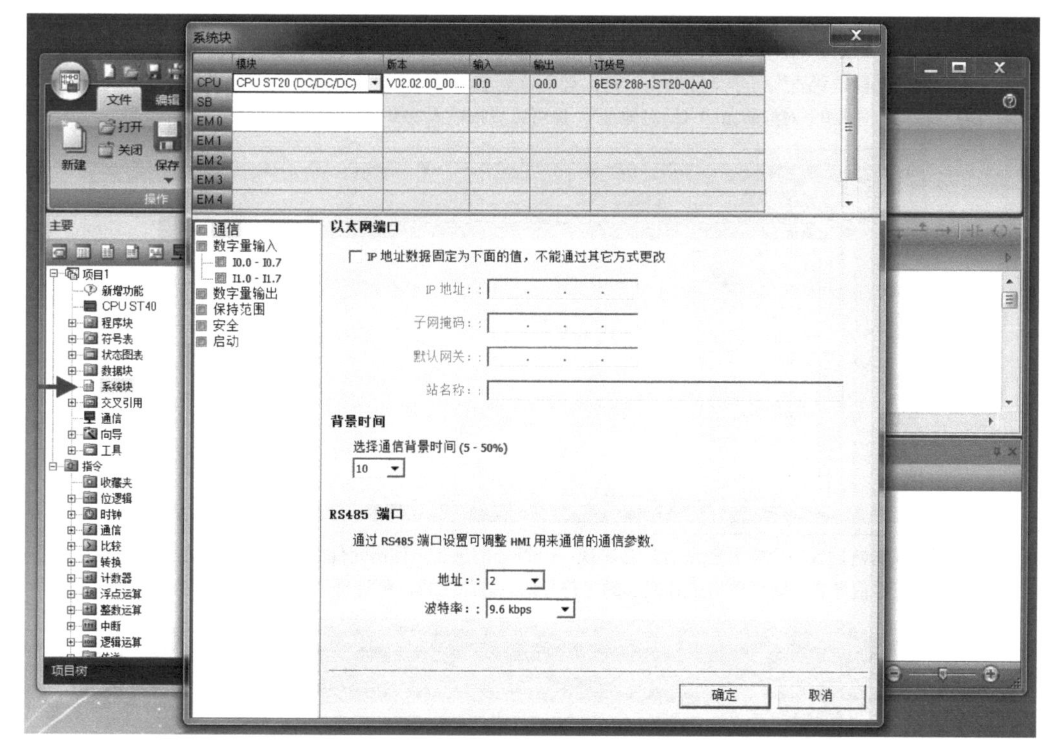


图 3-10　PLC 硬件组态（配置）

## 3.2.3　程序的编写

下面以编写图 3-11 所示的程序为例来说明如何在 STEP 7- Micro/WIN SMART 软件中编写梯形图程序。梯形图程序的编写过程见表 3-1。

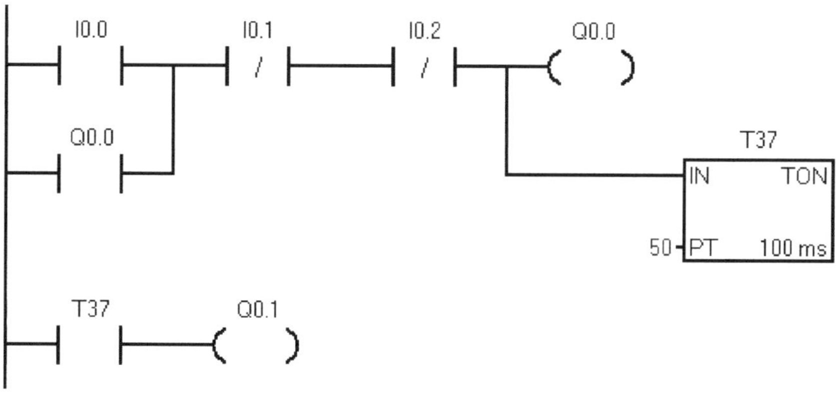

I0.0　I0.1　I0.2　Q0.0

Q0.0

T37

IN　TON

50 PT　100 ms

T37　Q0.1

图 3-11　待编写的梯形图程序

表 3-1　梯形图程序的编写

| 序号 | 操作说明 |
| --- | --- |
| 1 | 在 STEP 7- Micro/WIN SMART 软件的项目指令树中，展开位逻辑指令，双击其中的常开触点，即可在程序编辑器的光标位置插入一个常开触点，并出现下拉菜单，可以从中选择触点的符号“CPU_输入 0”，其中符号“CPU_输入 0”对应着 I0.0（绝对地址），也可以直接输入 I0.0<br>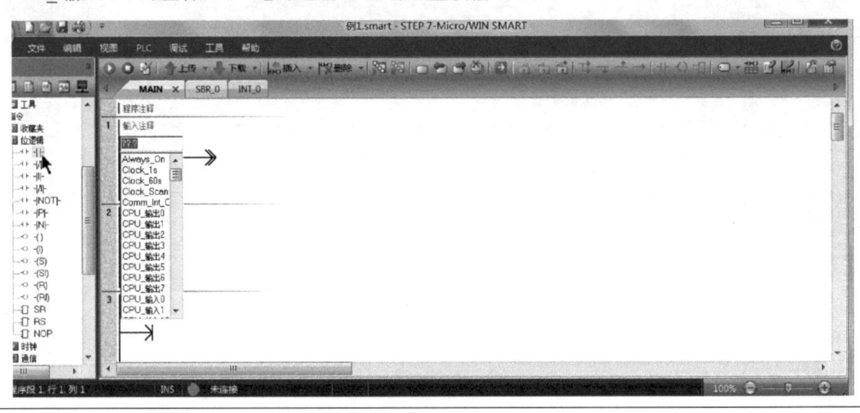  |
| 2 | 在程序编辑器插入一个常开触点后，会出现一个符号信息表，列出元件的符号与对应的绝对地址。如果不希望显示符号信息表，则可单击工具栏上的“符号信息表”工具，将符号信息表隐藏起来<br>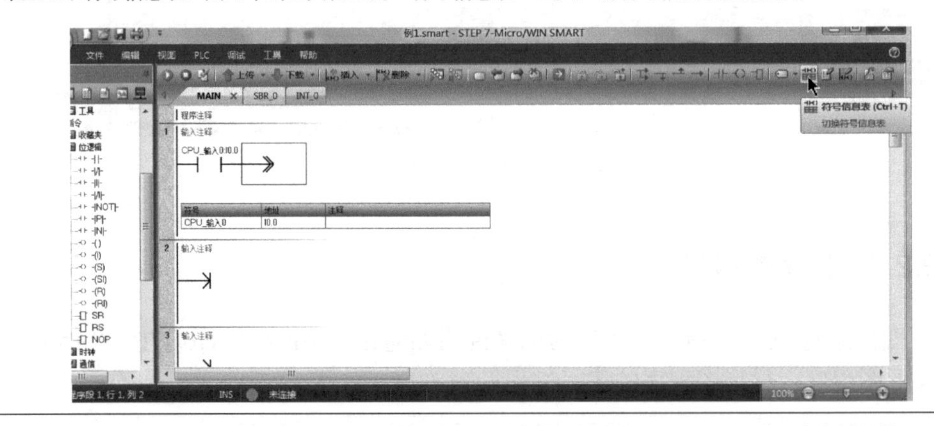  |
| 3 | 梯形图程序的元件默认会同时显示符号和绝对地址。如果仅希望显示绝对地址，则可单击工具栏上“切换寻址”工具旁边的下拉按钮，在下拉菜单中选择“仅绝对”，这样常开触点旁只显示“I0.0”，“CPU_输入 0”不会显示 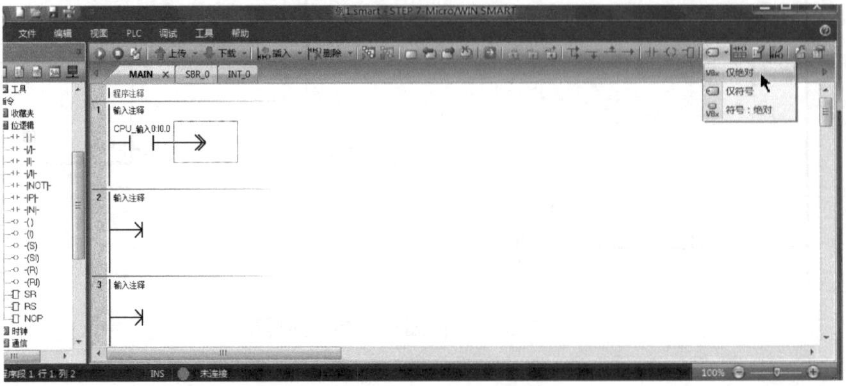 |

（续表）

| 序号 | 操 作 说 明 |
|---|---|
| 4 | 在项目指令树中双击位逻辑指令的常闭触点，在 I0.0 常开触点之后插入一个常闭触点，并输入触点的绝对地址 I0.1，或在下拉菜单中选择触点的符号“CPU_ 输入 1”<br>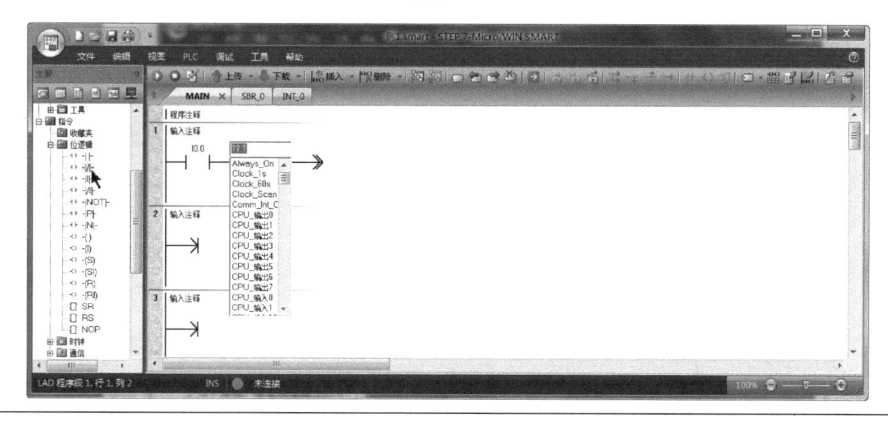 |
| 5 | 用同样的方法先在 I0.1 常闭触点之后插入一个 I0.2 常闭触点，然后在项目指令树中双击位逻辑指令的输出线圈，即可在 I0.2 常闭触点之后插入一个线圈，并输入触点的绝对地址 Q0.0，或在下拉菜单中选择线圈的符号“CPU_ 输出 0”<br>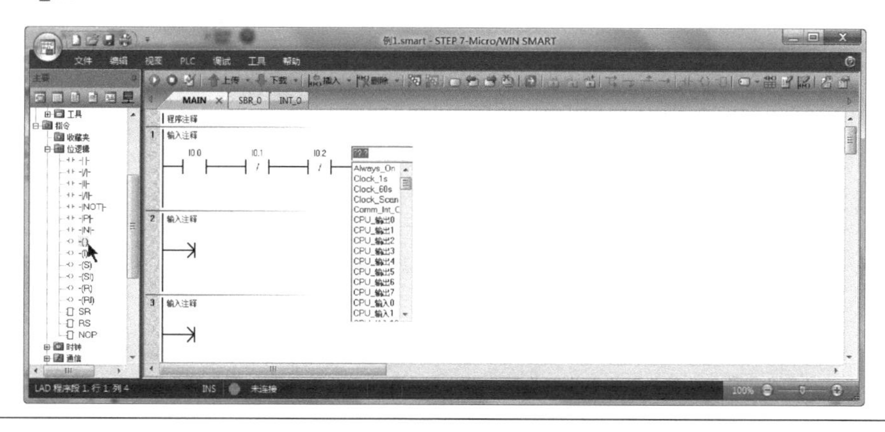 |
| 6 | 在 I0.0 常开触点下方插入一个 Q0.0 常开触点，之后单击工具栏上的“插入向上垂直线”，就会在 Q0.0 触点右边插入一根向上垂直线，与 I0.0 触点右边的线连接起来<br>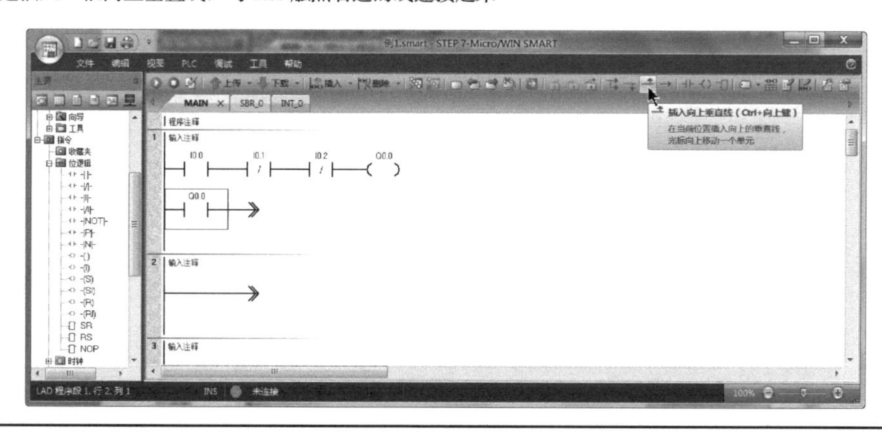 |

（续表）

| 序号 | 操作说明 |
| --- | --- |
| 7 | 将光标定位在 I0.2 常闭触点上，之后单击工具栏上的“插入分支”，会在 I0.2 触点右边向下插入一根向下分支线<br>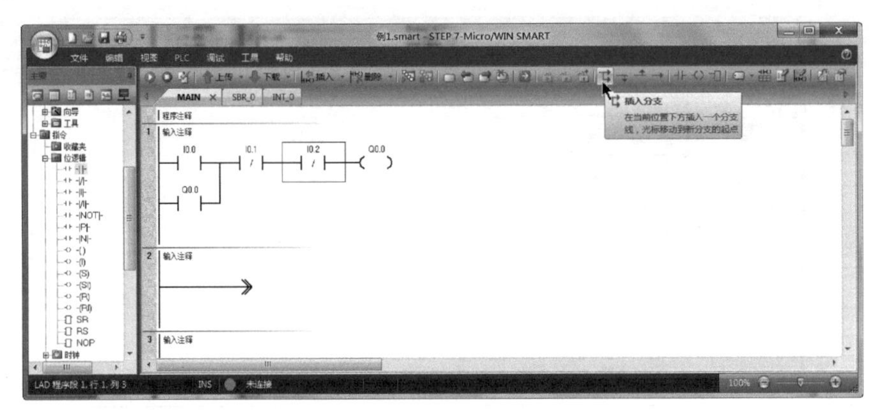 |
| 8 | 将光标定位在向下分支线箭头处，之后在项目指令树中展开定时器，双击其中的 TON（接通延时定时器），即可在向下分支线右边插入一个定时器元件<br>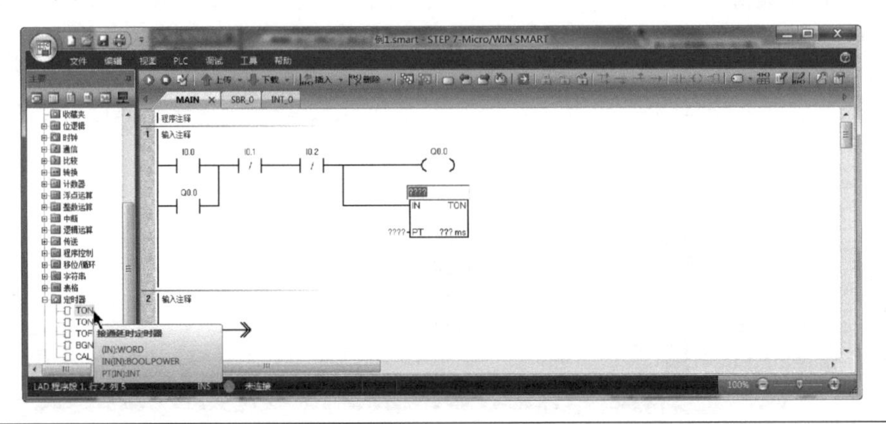 |
| 9 | 在定时器元件上方输入定时器地址 T37，在定时器元件左下角输入计时值 50，T37 是一个 100ms 的定时器，其定时时间为 50×100ms=5000ms=5s<br>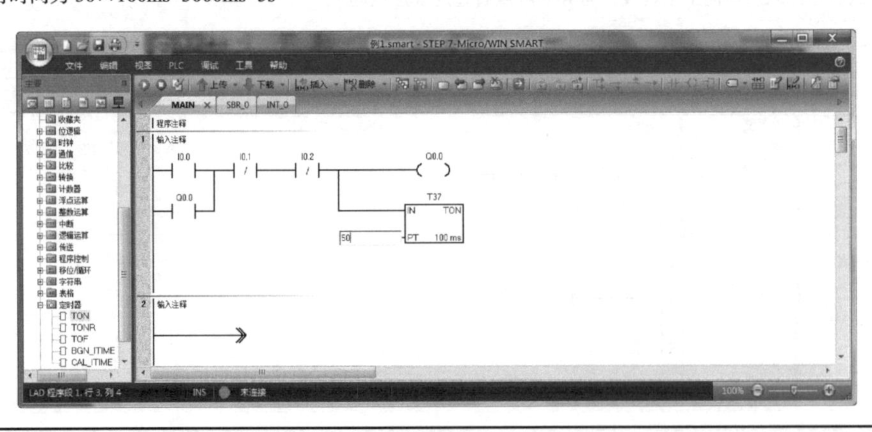 |

（续表）

| 序号 | 操作说明 |
| --- | --- |
| 10 | 在程序段 2 中插入一个 T37 常开触点和一个 Q0.1 线圈<br>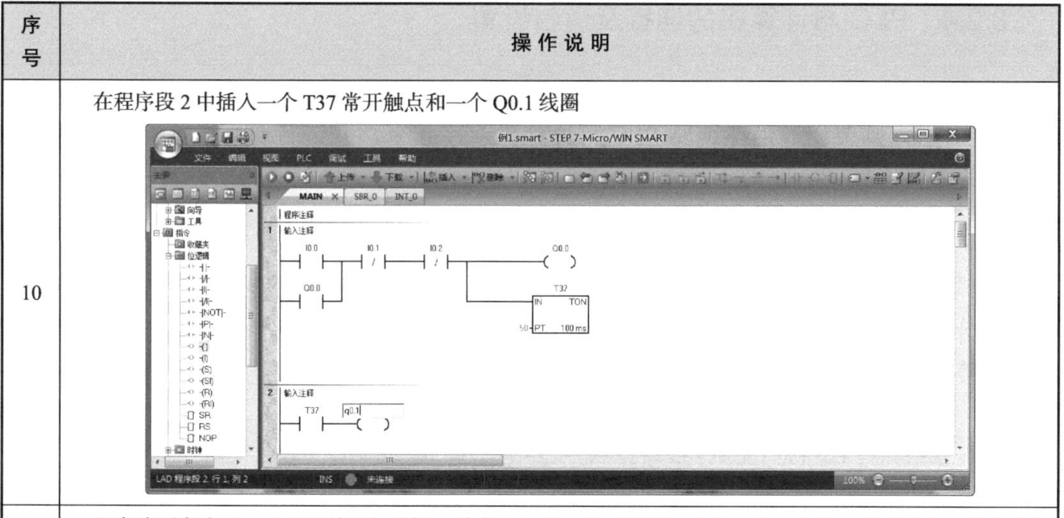 |
| 11 | 程序编写完成后，可以对其进行编译：单击工具栏上的“编译”工具，编程软件立即对梯形图程序进行编译<br>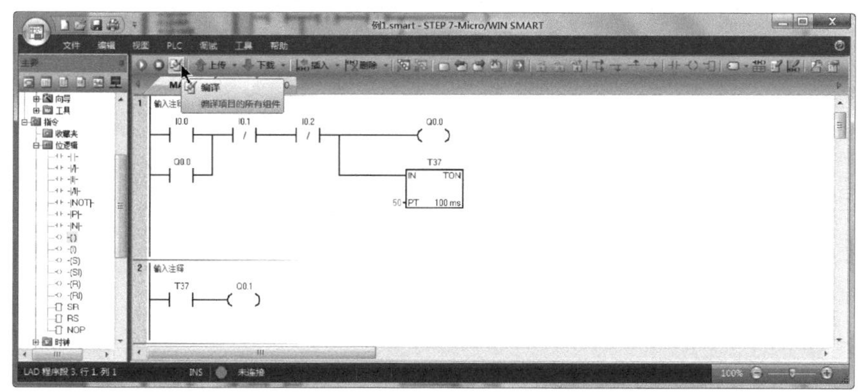 |
| 12 | 程序编译时，在编程软件窗口下方会出现一个输出窗口，窗口中会有一些编译信息。如果窗口显示“0 个错误，0 个警告”，则表明编写的程序在语法上没有错误；如果提示有错误，则通常会有出错位置信息显示，找到错误并改正后，重新编译，直到无错误和警告为止 |

### 3.2.4 PLC 与计算机的连接及通信设置

在用 STEP 7- Micro/WIN SMART 软件编写好 PLC 程序后，如果要将程序写入 PLC（又称下载程序），则要用通信电缆将 PLC 与计算机连接起来，并进行通信设置，让两者建立软件上的通信连接。

#### 1. PLC 与计算机的硬件通信连接

**西门子 S7-200 SMART CPU 模块上有以太网端口（俗称网线接口、RJ45 接口），该端口与计算机上的网线端口相同，两者可使用普通网线连接。另外，PLC 与计算机通信时需要接通电源。**西门子 S7-200 SMART PLC 与计算机的硬件通信连接如图 3-12 所示。

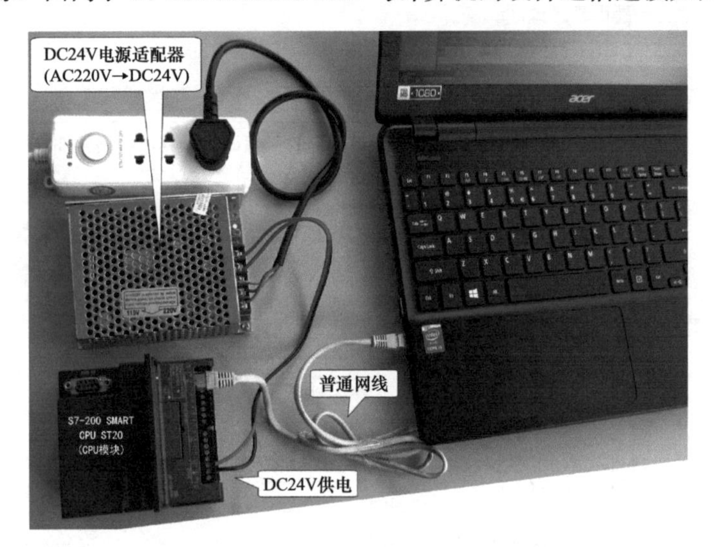


图 3-12　西门子 S7-200 SMART PLC 与计算机的硬件通信连接

#### 2. 通信设置

将西门子 S7-200 SMART PLC 与计算机的硬件通信连接好后，还需要在计算机中进行通信设置才能让二者进行通信。

在 STEP 7- Micro/WIN SMART 软件的项目指令树中双击“通信”图标，弹出“通信”对话框，如图 3-13（a）所示；在对话框的“网络接口卡”项中选择与 PLC 连接的计算机网络接口卡（网卡），如图 3-13（b）所示。如果不知道与 PLC 连接的网卡名称，则可打开控制面板内的“网络和共享中心”（以操作系统为 Windows 7 为例），在“网络和共享中心”窗口的左边单击“更改适配器设置”，会出现图 3-13（c）所示窗口，显示当前计算机的各种网络连接。这里选择“本地连接”，查看并记下该图标显示的网卡名称。

在 STEP 7- Micro/WIN SMART 软件中重新打开“通信”对话框，在“网络接口卡”项中可看到有两个与“本地连接”名称相同的网卡，如图 3-13（b）所示，一般选带“Auto”（自动）的那个。选择后系统会自动搜索该网卡连接的 PLC，搜到 PLC 后，在对话框左边的“找到 CPU”中会显示与计算机连接的 CPU 模块的 IP 地址，如图 3-13（d）所示；在对话框右边会显示 CPU 模块的 MAC 地址（物理地址）、IP 地址、子网掩码和默认网关信息。

如果系统未自动搜索，则可单击对话框下方的“查找 CPU”按钮进行搜索，搜到 PLC 后单击对话框右下方的“确定”按钮即可完成通信设置。

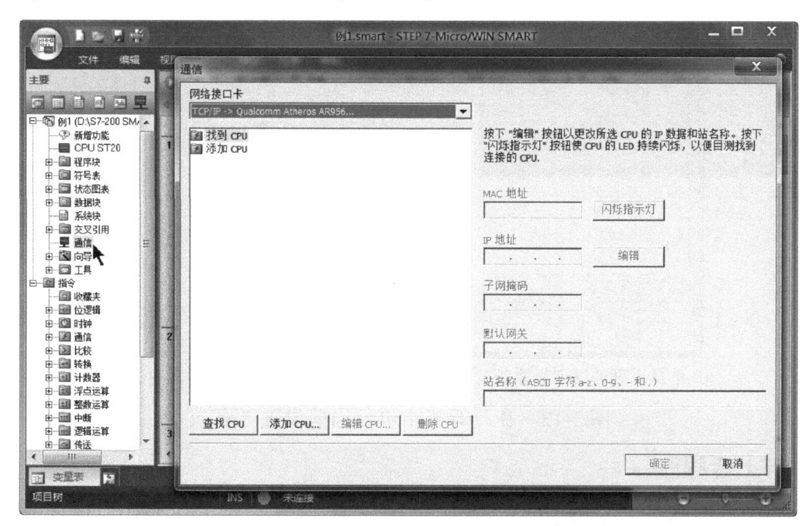


(a) 双击项目指令树中的“通信”图标弹出“通信”对话框

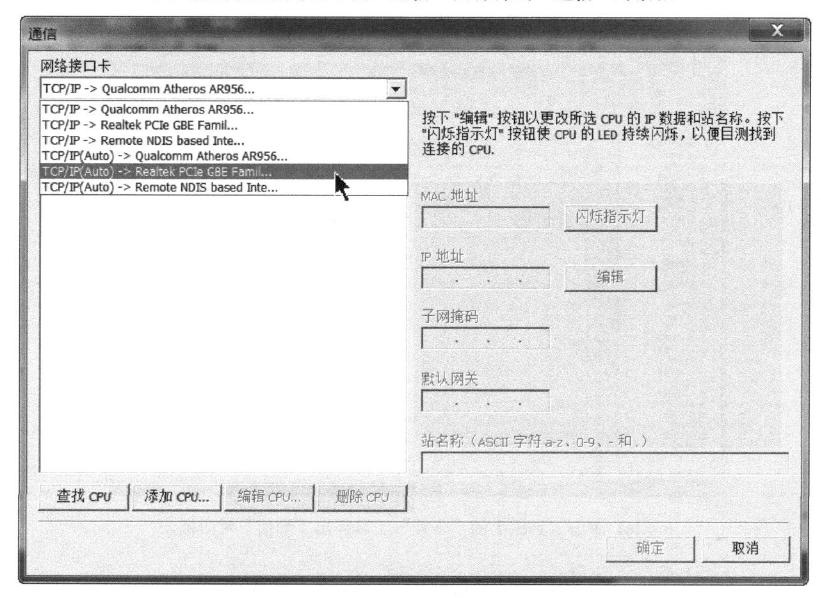


(b) 在“网络接口卡”项中选择与PLC连接的计算机网卡

(c) 在“本地连接”中查看与PLC连接的网卡名称

图 3-13　在计算机中进行通信设置

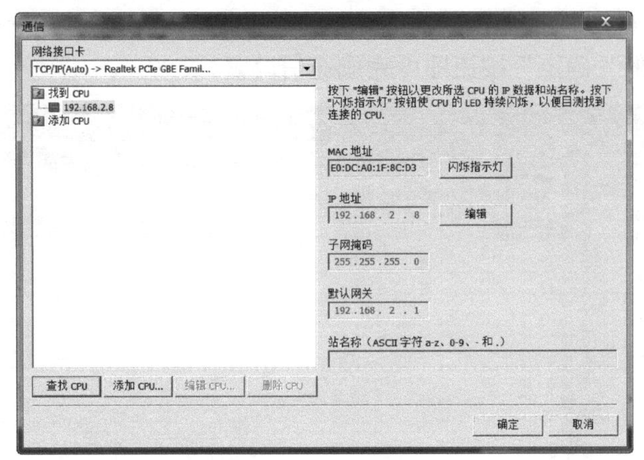


（d）选择正确的网卡后系统会搜索网卡连接的PLC并显示该设备的有关信息

图 3-13　在计算机中进行通信设置（续）

### 3. 下载与上传程序

**将计算机中的程序传送到 PLC 的过程称为下载程序，将 PLC 中的程序传送到计算机的过程称为上传程序。**下载程序的操作过程如图 3-14 所示。

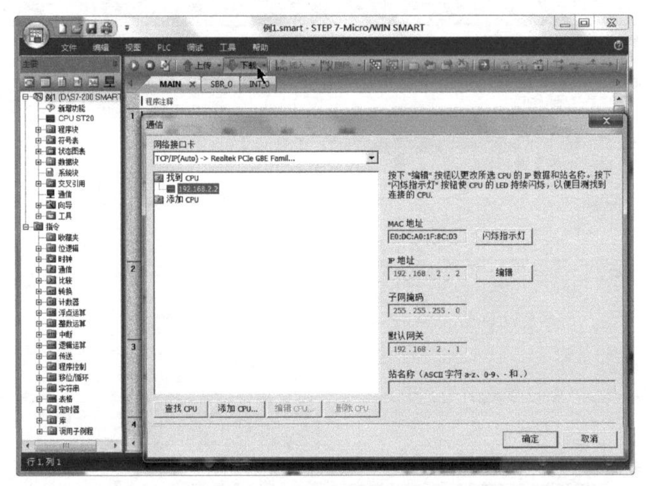


（a）单击工具栏上的“下载”工具弹出“通信”对话框

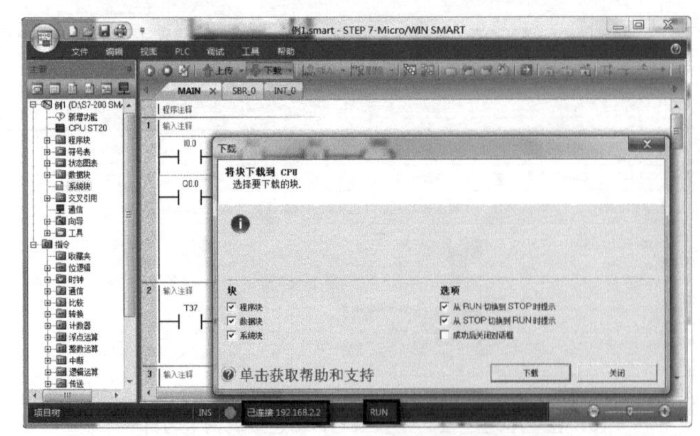


（b）软件窗口状态栏显示已连接PLC的IP地址和运行模式并弹出“下载”对话框

图 3-14　下载程序

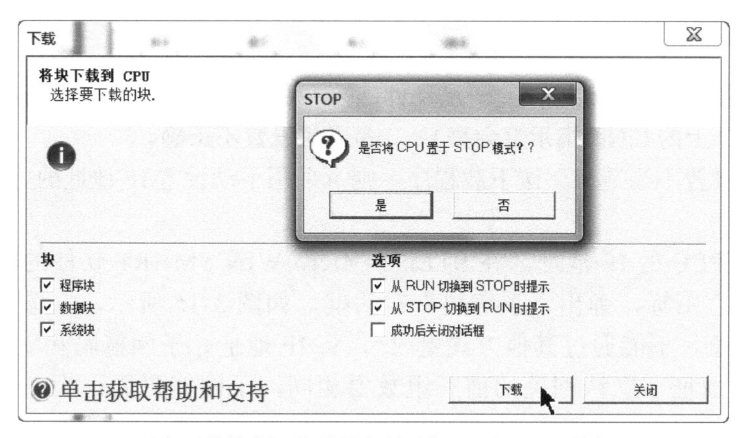


(c) 下载前弹出对话框询问是否将CPU置于STOP模式

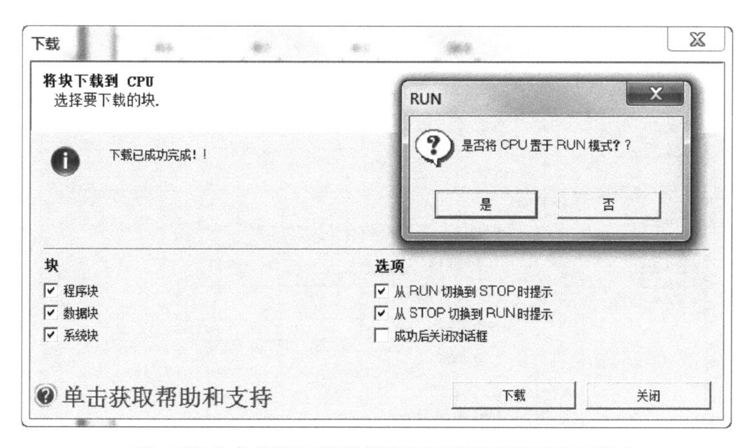


(d) 下载完成后弹出对话框询问是否将CPU置于RUN模式

图 3-14　下载程序（续）

在 STEP 7- Micro/WIN SMART 软件中编写好程序（或者打开先前编写的程序）后，单击工具栏上的“下载”工具，弹出“通信”对话框，如图 3-14（a）所示，在“找到 CPU”项中选择要下载程序的 CPU（IP 地址），单击“确定”按钮，软件窗口下方的状态栏立刻显示出已连接 PLC 的 IP 地址（192.168.2.2）和 PLC 当前运行模式（RUN），同时弹出“下载”对话框，如图 3-14（b）所示；在左侧“块”区域可选择要下载的内容，在右侧的“选项”区域可选择下载过程中出现的一些提示框，这里保持默认选择；单击“下载”按钮，如果下载时 PLC 处于 RUN（运行）模式，则会弹出图 3-14（c）所示的对话框，询问是否将 PLC 置于 STOP 模式（只有在 STOP 模式下才能下载程序）；单击“是”按钮开始下载程序，程序下载完成后，弹出图 3-14（d）所示的对话框，询问是否将 PLC 置于 RUN 模式，单击“是”按钮即可完成程序的下载。

上传程序的操作过程：在上传程序前先新建一个空项目文件，用于存放从 PLC 上传来的程序，然后单击工具栏上的“上传”工具，后续操作与下载程序类似，这里不再赘述。

#### 4．无法下载程序的解决方法

**无法下载程序的可能原因有：一是硬件连接不正常（如果 PLC 和计算机之间的硬件连接正常，PLC 上的 LINK 指示灯会亮）；二是通信设置不正确。**

若因通信设置不当造成无法下载程序，则可采用手动设置 IP 地址的方法来解决，具体操作过程如下。

（1）设置 PLC 的 IP 地址。在 STEP 7-Micro/WIN SMART 软件的项目指令树中双击“系统块”图标，弹出“系统块”对话框，如图 3-15 所示，勾选“IP 地址数据固定为下面的值，不能通过其他方式更改”，将 IP 地址、子网掩码和默认网关按图示进行设置，IP 地址和默认网关的前三组数要相同，子网掩码固定为 255.255.255.0。单击“确定”按钮完成 PLC 的 IP 地址设置，之后将系统块下载到 PLC，即可使 IP 地址设置生效。

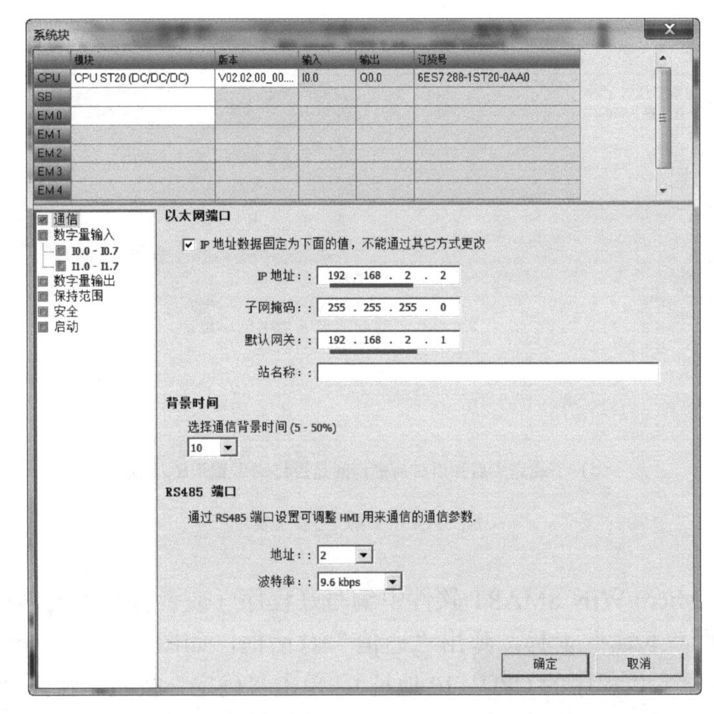


图 3-15　在“系统块”对话框中设置 PLC 的 IP 地址

（2）设置计算机的 IP 地址。打开控制面板内的“网络和共享中心”（以操作系统为 Windows 7 为例），在“网络和共享中心”窗口的左边单击“更改适配器设置”，双击“本地连接”，弹出“本地连接 状态”对话框，会出现如图 3-16（a）所示窗口；单击“属性”按钮，弹出“本地连接 属性”对话框，如图 3-16（b）所示；从中选择“Internet 协议版本 4（TCP/IPv4）”，再单击“属性”按钮，弹出如图 3-16（c）所示对话框；选择“使用下面的 IP 地址”项，并按图示设置计算机的 IP 地址、子网掩码和默认网关，计算机与 PLC 的网关应相同，两者的 IP 地址不能相同（前三组数要相同，最后一组数不能相同），子网掩码固定为 255.255.255.0，单击“确定”按钮完成计算机的 IP 地址设置。

有关 IP 地址、子网掩码和默认网关等内容的说明请见 7.2.2 节。

(a) 双击“本地连接”弹出“本地连接 状态”对话框

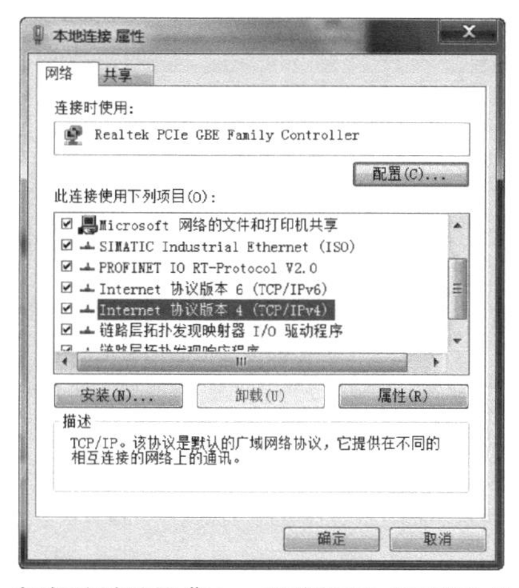


(b) 在对话框中选择“Internet协议版本4（TCP/ IPv4）”

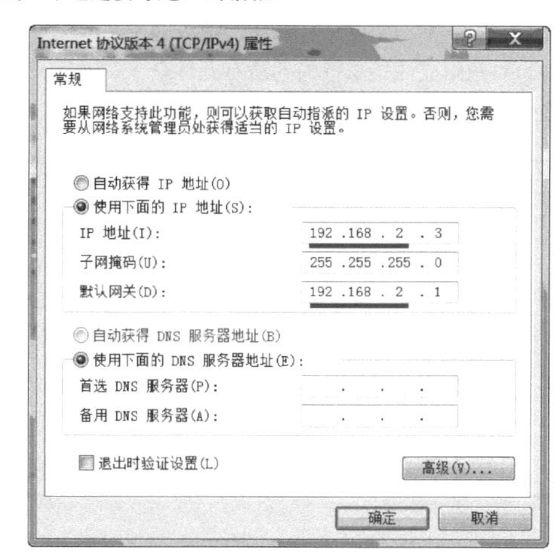


(c) 选择“使用下面的IP地址”项

图 3-16　设置计算机的 IP 地址

# 3.3　程序的编辑与注释

## 3.3.1　程序的编辑

### 1. 选择操作

在对程序进行编辑时，需要先选择编辑的对象，再进行复制、粘贴、删除和插入等操作。STEP 7- Micro/WIN SMART 软件的一些常用选择操作见表 3-2。

表 3-2　一些常用的选择操作

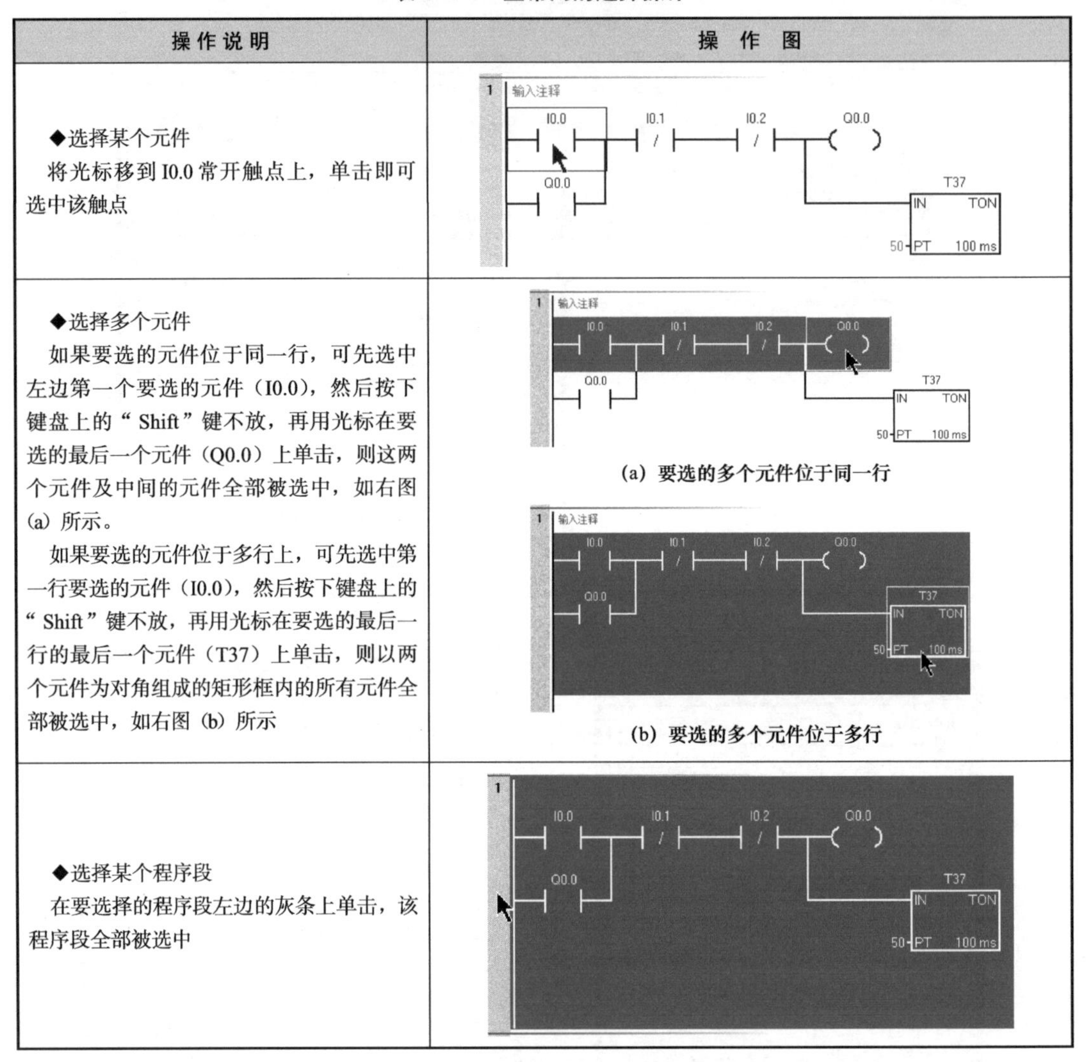

| 操作说明 | 操作图 |
| --- | --- |
| ◆选择某个元件<br>将光标移到 I0.0 常开触点上，单击即可选中该触点 | |
| ◆选择多个元件<br>如果要选的元件位于同一行，可先选中左边第一个要选的元件（I0.0），然后按下键盘上的“Shift”键不放，再用光标在要选的最后一个元件（Q0.0）上单击，则这两个元件及中间的元件全部被选中，如右图 (a) 所示。<br>如果要选的元件位于多行上，可先选中第一行要选的元件（I0.0），然后按下键盘上的“Shift”键不放，再用光标在要选的最后一行的最后一个元件（T37）上单击，则以两个元件为对角组成的矩形框内的所有元件全部被选中，如右图 (b) 所示 | (a) 要选的多个元件位于同一行<br>(b) 要选的多个元件位于多行 |
| ◆选择某个程序段<br>在要选择的程序段左边的灰条上单击，该程序段全部被选中 | |

## 2. 删除操作

STEP 7- Micro/WIN SMART 软件的一些常用删除操作见表 3-3。

表 3-3　一些常用删除操作

| 操作说明 | 操作图 |
| --- | --- |
| ◆删除某个元件<br>选中某个元件，按下键盘上的“Delete”键即可将选中的对象删除 | 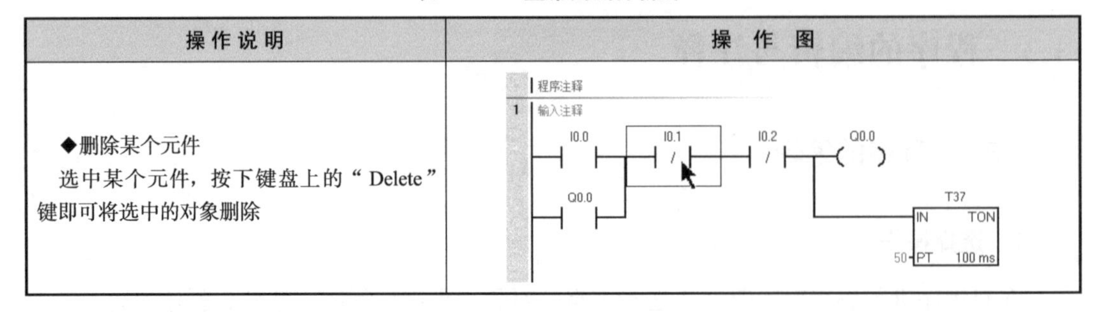 |

（续表）

| 操作说明 | 操 作 图 |
|---|---|
| ◆删除某行元件<br>在 Q0.0 触点上右击，在弹出的快捷菜单中执行“删除”→“行”命令，则 Q0.0 触点所在行（水平方向）的所有元件均会被删除（即 Q0.0 触点和 T37 定时器都会被删除）。<br>◆删除某列元件<br>在 Q0.0 触点上右击，在弹出的快捷菜单中执行“删除”→“列”命令，则 Q0.0 触点所在列（垂直方向）的所有元件均会被删除（即 I0.0、Q0.0 和 T37 触点都会被删除）。<br>◆删除垂直线<br>在 Q0.0 触点上右击，在弹出的快捷菜单中执行“删除”→“垂直”命令，则 Q0.0 触点右边的垂直线会被删除 | 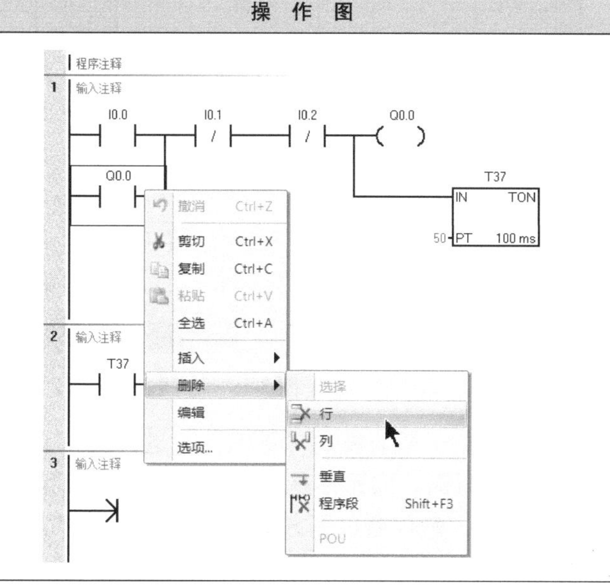 |
| ◆删除程序段<br>在要删除的程序段左边的灰条上单击，该程序段被全部选中，按下键盘上的“Delete”键即可将该程序段内容全部删除。<br>另外，在要删除的程序段区域右击，在弹出的快捷菜单中执行“删除”→“程序段”命令，也可以将该程序段所有内容删除 | 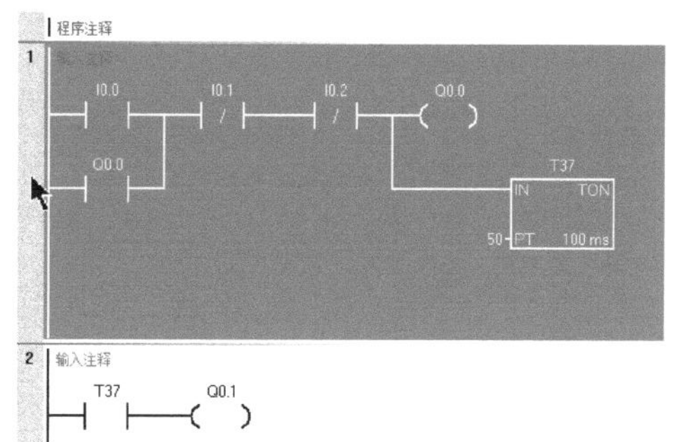 |

### 3．插入与覆盖操作

STEP 7- Micro/WIN SMART 软件有插入（INS）和覆盖（OVR）两种编辑模式，在软件窗口的状态栏可以查看当前的编辑模式，如图 3-17 所示。按键盘上的“Insert”键可以切换当前的编辑模式，默认处于插入模式。

图 3-17　状态栏在两种编辑模式下的显示

**在软件处于插入模式（INS）时进行插入元件操作，会在光标所在的元件之前插入一个新元件。**如图 3-18 所示，软件窗口下方的状态栏出现“INS”表示当前处于插入模式，右击 I0.0 常开触点，在弹出的快捷菜单中执行“插入”→“触点”命令，会在 I0.0 常开触点之前插入一个新的常开触点。

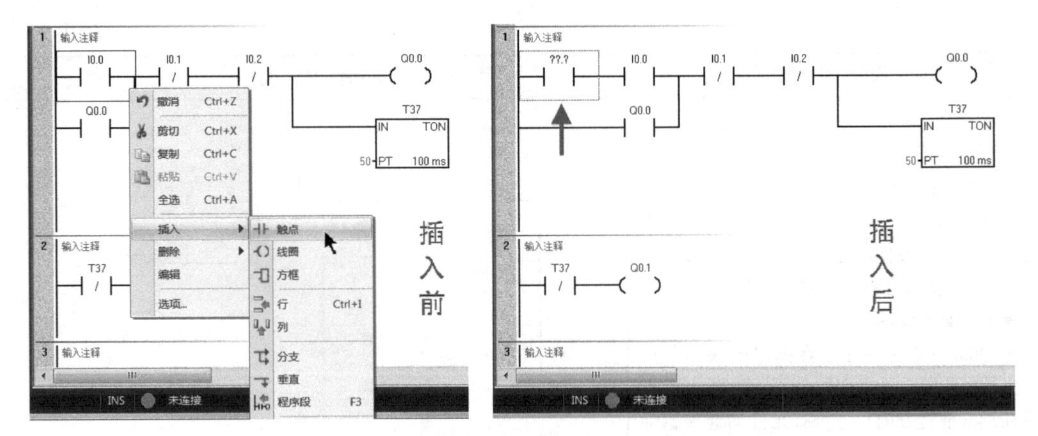


图 3-18　在插入模式时进行插入元件操作

**在软件处于覆盖模式（OVR）时进行插入元件操作，插入的新元件会替换光标处的旧元件，如果新、旧元件是同一类元件，则旧元件的地址和参数会自动赋给新元件。**如图 3-19 所示，软件窗口下方的状态栏出现“OVR”表示当前处于覆盖模式，右击 I0.0 常开触点，在弹出的快捷菜单中选择“插入”→“触点”命令，光标处的 I0.0 常开触点会被替换成一个常闭触点，其默认地址仍为 I0.0。

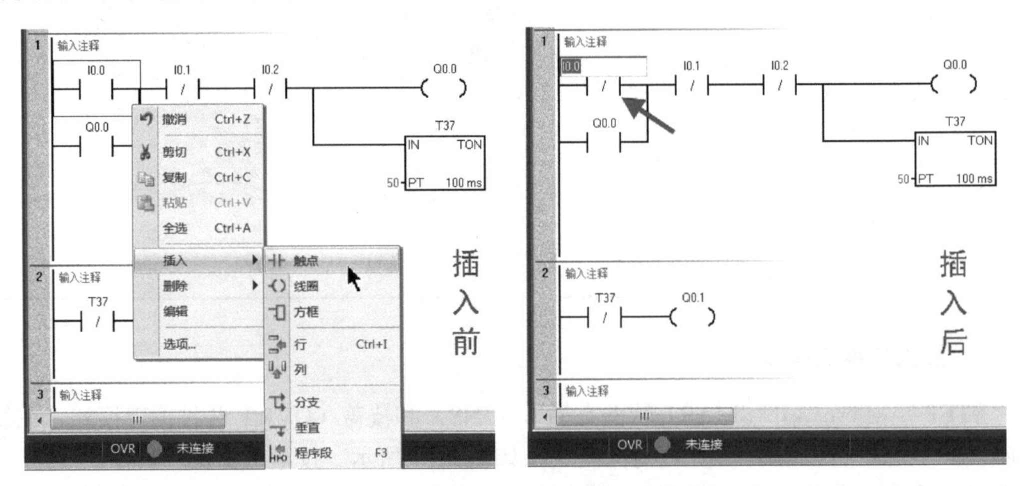


图 3-19　在覆盖模式时进行插入元件操作

## 3.3.2　程序的注释

为了让程序阅读起来直观易懂，可以对程序进行注释。

### 1．程序与程序段的注释

程序与程序段的注释如图 3-20 所示，可在整个程序的注释处输入整个程序的说明文字，在本段程序的注释处输入本程序段的说明文字。单击工具栏上的“POU 注释”工具可以隐藏或显示程序注释，单击工具栏上的“程序段注释”工具可以隐藏或显示程序段注释，如图 3-21 所示。

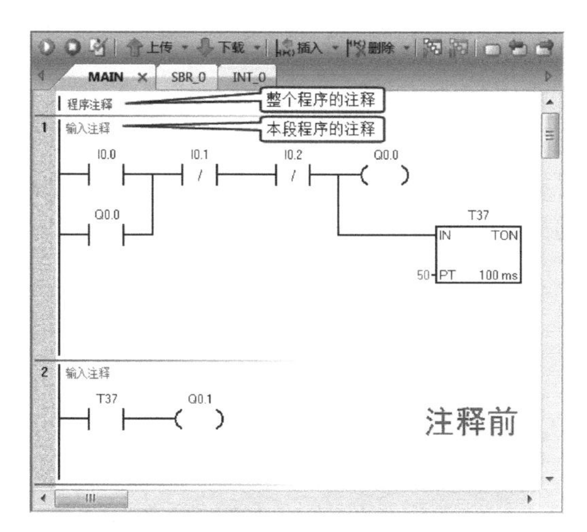


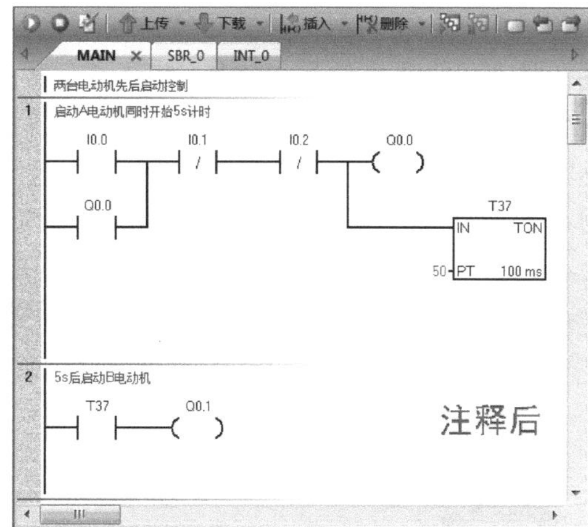


图 3-20　程序与程序段的注释

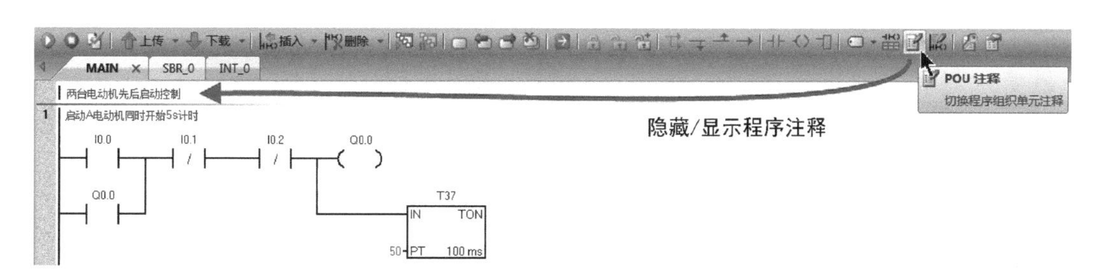


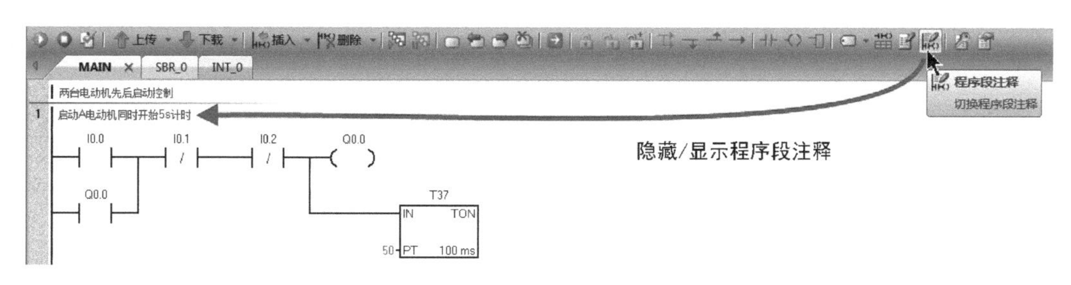


图 3-21　程序与程序段注释的隐藏 / 显示

## 2. 指令元件注释

梯形图程序是由一个个指令元件连接起来组成的，对指令元件进行注释有助于读懂程序段和整个程序，指令元件注释可使用符号表。

用符号表对指令元件进行注释如图 3-22 所示。在项目指令树区域展开“符号表”，再双击其中的“I/O 符号”，打开符号表且显示 I/O 符号表，如图 3-22（a）所示；在 I/O 符号表中将地址 I0.0、I0.1、I0.2、Q0.0、Q0.1 默认的符号按图 3-22（b）进行更改，比如地址 I0.0 默认的符号是“CPU_ 输入 0”，现将其改为“启动”，之后单击符号表下方的“表格 1”选项卡，切换到表格 1，如图 3-22（c）所示；在“地址”栏输入“T37”，在“符号”栏输入“定时 5s”，注意不能输入“5s 定时”，因为符号不能以数字开头，如果输入的符号为带下波浪线的红色文字，则表示该符号有语法错误。在符号表中给需要注释的元件输入符号后，单击符号表上方的“将符号应用到项目”按钮，如图 3-22（d）所示，程序中的元件旁马上出现符号。比如，I0.0 常开触点显示“启动:I0.0”，其中“启动”为符号（即元件注释），“I0.0”为触点的绝对地址（或称元件编号）。如果元件旁未显示符号，则可单击菜单栏的“视图”，在横向条形菜单中选择“符号 : 绝对地址”，即可使程序中元件旁同时显示绝对地址和符号；如果选择“符号”，则只显示符号，不会显示绝对地址。

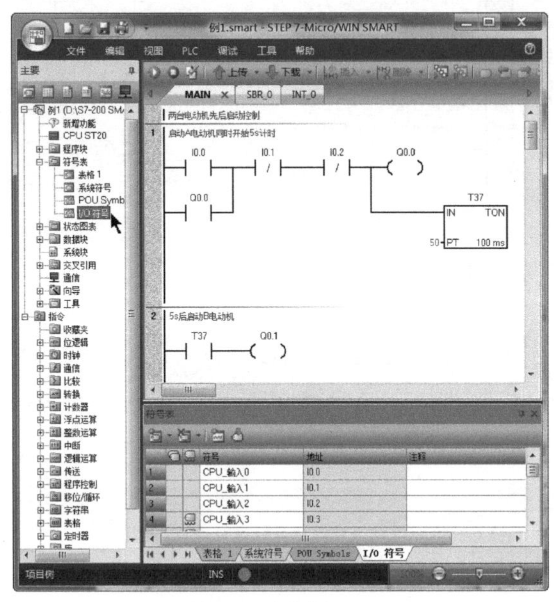


(a) 打开符号表

(b) 在I/O表中输入I/O元件的符号

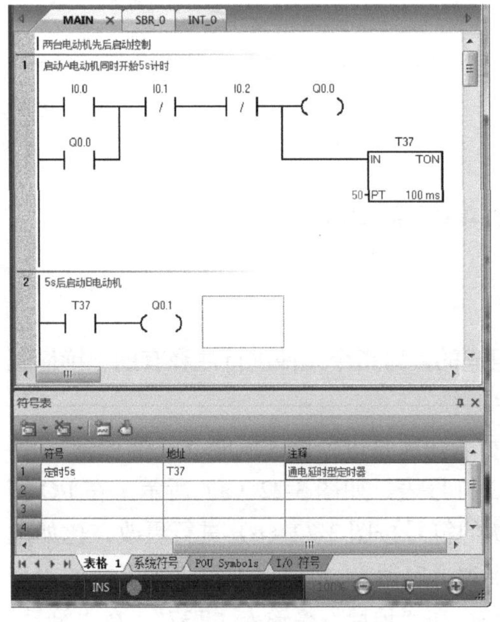


(c) 在表格1中输入其他元件的符号

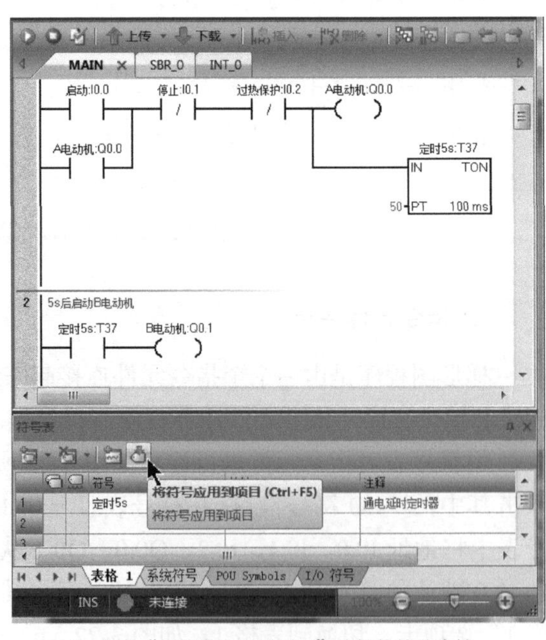


(d) 单击“将符号应用到项目”按钮使符号生效

图 3-22　用符号表对指令元件进行注释

## 3.4 程序的监控与调试

程序编写完成后，需要检查程序能否达到控制要求。检查方法主要有：一是从头到尾对程序进行分析，以此判断程序是否正确，这种方法最简单，但要求编程人员有较高的 PLC 理论水平和分析能力；二是将程序写入 PLC，再给 PLC 接上电源和输入 / 输出设备，通过实际操作来观察程序是否正确，这种方法最直观，但需要用到很多硬件设备并对其接线，工作量大；三是用软件方式来模拟实际操作，同时观察程序的运行情况，以此判断程序是否正确，这种方法不用实际接线又能观察程序运行效果，适合大多数人使用，本节就介绍这种方法。

### 3.4.1 用梯形图监控调试程序

**在监控调试程序前，需要先将程序下载到 PLC，让编程软件中打开的程序与 PLC 中的程序保持一致，否则无法进入监控调试模式。**进入监控调试模式后，PLC 中的程序运行情况会在编程软件中以多种方式同步显示出来。

用梯形图监控调试程序的操作过程如下。

（1）进入程序监控调试模式。单击“调试”菜单下的“程序状态”工具，如图 3-23（a）所示，梯形图编辑器中的梯形图程序马上进入监控状态，编辑器中的梯形图运行情况与 PLC 内的程序运行保持一致。图 3-23（a）所示梯形图中的元件都处于 OFF 状态，常闭触点 I0.1、I0.2 中有蓝色的方块，表示程序运行时这两个触点处于闭合状态。

（2）强制 I0.0 常开触点闭合（模拟 I0.0 端子外接启动开关闭合）。在 I0.0 常开触点的符号上右击，在弹出的快捷菜单中选择“强制”，会弹出“强制”对话框，将 I0.0 的值强制为 ON，如图 3-23（b）所示；这样 I0.0 常开触点闭合，Q0.0 线圈马上得电（线圈中出现蓝色方块，并且显示 Q0.0 = ON，同时可观察到 PLC 上的 Q0.0 指示灯变亮），如图 3-23（c）所示，定时器上方显示“+20 = T37”表示定时器当前计时为 20×100ms = 2s，由于还未到设定的计时值（50×100ms = 5s），故 T37 定时器状态仍为 OFF，T37 常开触点也为 OFF，仍处于断开状态。计时时间到达 5s 后，定时器 T37 状态值马上变为 ON，T37 常开触点状态也因变为 ON 而闭合，Q0.1 线圈得电（状态值为 ON），如图 3-23（d）所示。定时器 T37 计到设定值 50（设定时间为 5s）时仍会继续增大，直至计到 32767 时停止，在此期间状态值一直为 ON。I0.0 触点旁出现的锁形图表示 I0.0 处于强制状态。

（3）强制 I0.0 常开触点断开（模拟 I0.0 端子外接启动开关断开）。选中 I0.0 常开触点，单击工具栏上的“取消强制”工具，如图 3-23（e）所示，I0.0 常开触点中间的蓝色方块消失，表示 I0.0 常开触点已断开，由于 Q0.0 常开自锁触点闭合，因此 Q0.0 线圈、定时器 T37、Q0.1 线圈状态仍为 ON。

（4）强制 I0.1 常闭触点断开（模拟 I0.1 端子外接停止开关闭合）。在 I0.1 常闭触点的符号上右击，在弹出的快捷菜单中选择“强制”，会弹出“强制”对话框，将 I0.1 的值强制为 ON，如图 3-23（f）所示，这样 I0.1 常闭触点断开，触点中间的蓝色方块消失，Q0.0 线圈和定时器 T37 状态马上变为 OFF，定时器计时值变为 0，T37 常开触点因状态变为 OFF 而断开，Q0.1 线圈状态也变为 OFF，如图 3-23（g）所示。在监控程序运行时，若发现程序存在问题，则可停止监控（再次单击“程序状态”工具），对程序进行修改，之后将修改的程序下载到 PLC，再进行程序监控运行，如此反复进行，直到程序符合要求。

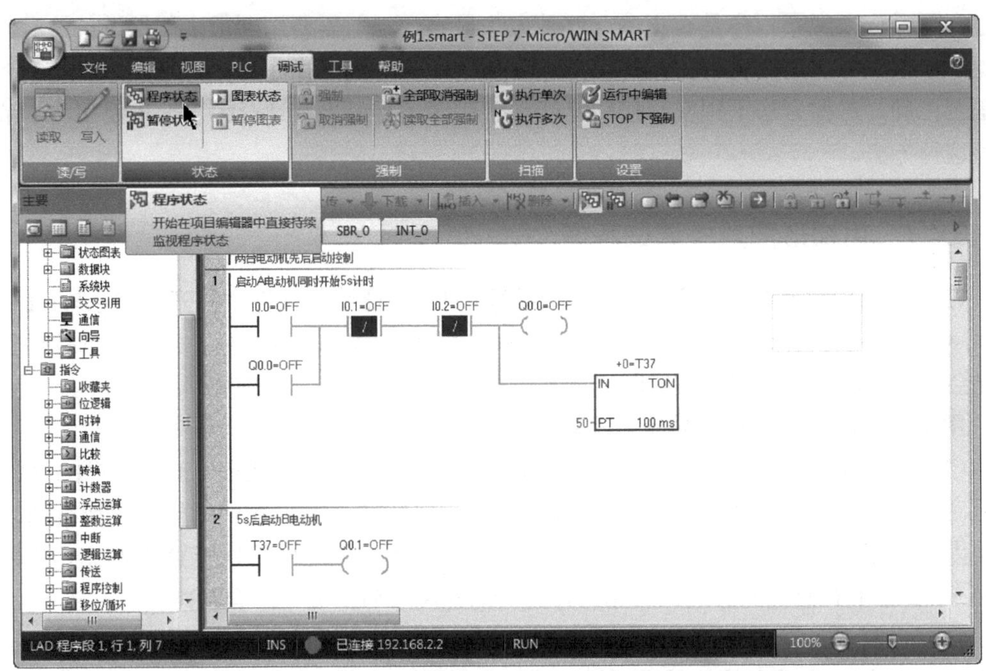


(a) 单击“调试”菜单下“程序状态”工具后梯形图程序会进入监控状态

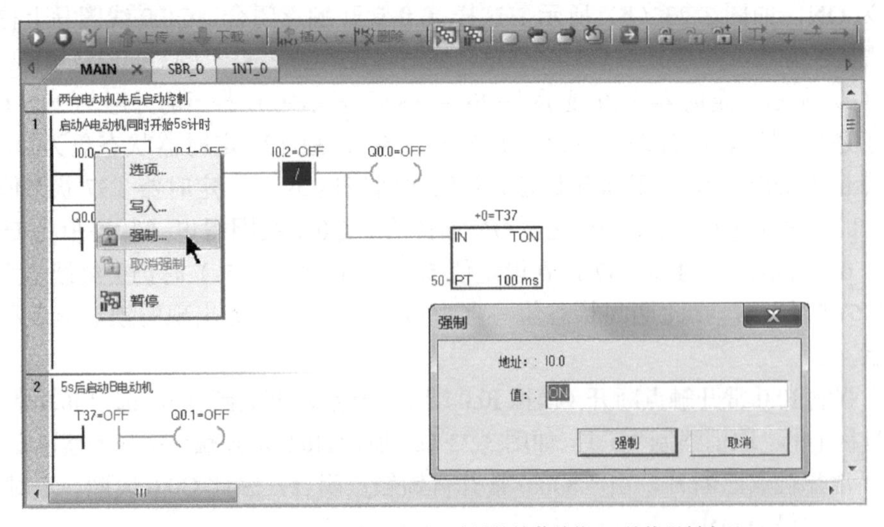


(b) 在I0.0常开触点的符号上右击并用右键快捷菜单将I0.0的值强制为ON

图 3-23　梯形图的运行监控调试

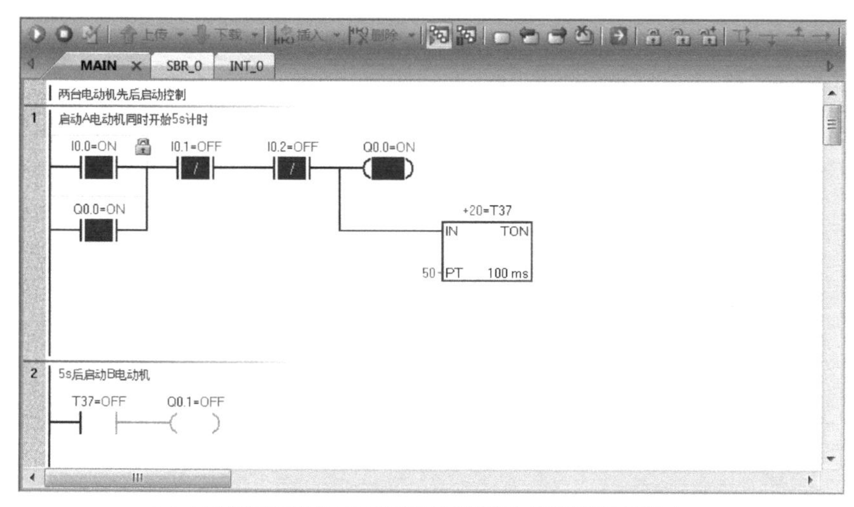


(c) 将I0.0的值强制为ON时的程序运行情况（计时时间未到5s）

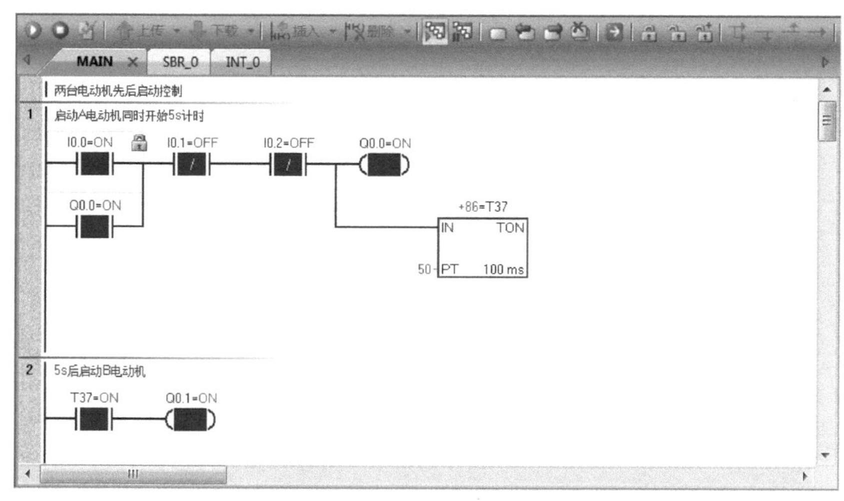


(d) 将I0.0的值强制为ON时的程序运行情况（计时时间已到5s）

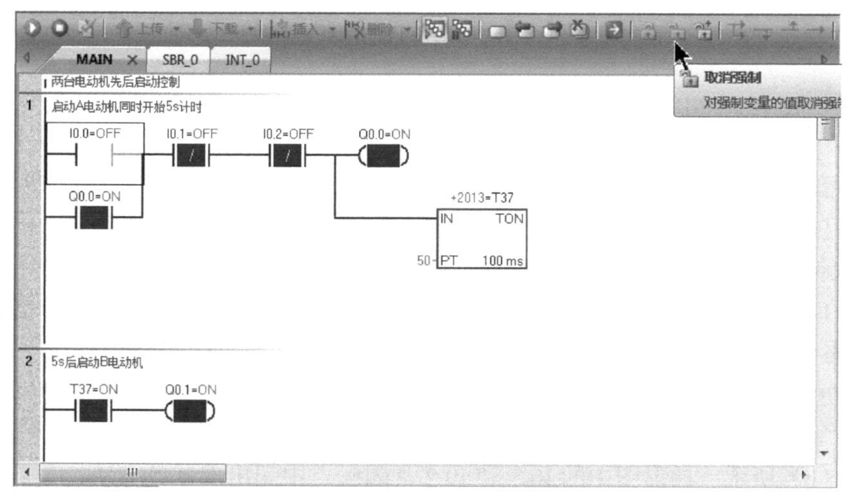


(e) 取消I0.0值的强制（I0.0恢复到OFF）

图 3-23　梯形图的运行监控调试（续）

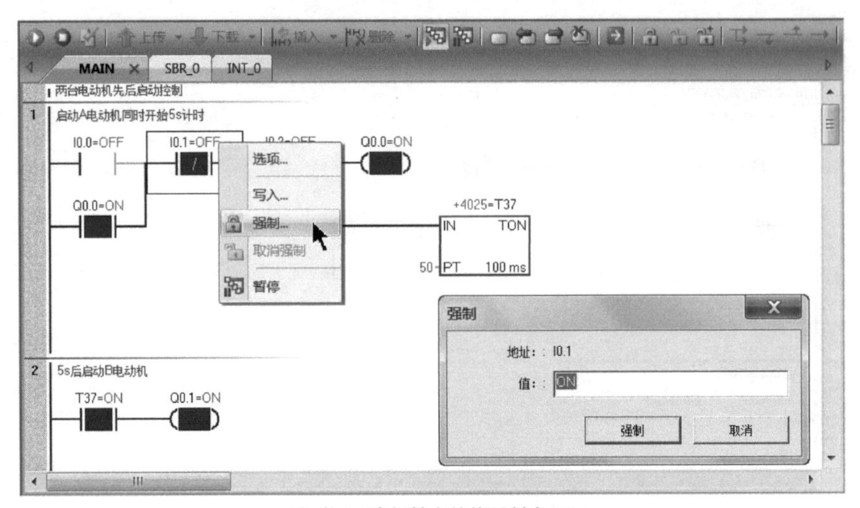


（f）将I0.1常闭触点的值强制为ON

（g）I0.1常闭触点的值为ON时的程序运行情况

图 3-23　梯形图的运行监控调试（续）

## 3.4.2　用状态图表的表格监控调试程序

除了可以用梯形图监控调试程序外，还可以使用状态图表的表格来监控调试程序。

在项目指令树区域展开“状态图表”，双击其中的“图表 1”，打开状态图表。在图表 1 的“地址”栏输入梯形图中要监控调试的元件地址（I0.0、I0.1……），在“格式”栏选择各元件的“数据类型”：I、Q 元件都是位元件，只有 1 位状态位；定时器有状态位和计数值两种数据类型，状态位为 1 位，计数值为 16 位（1 位符号位、15 位数据位），如图 3-24（a）所示。

为了更好地理解状态图表的监控调试，可以让梯形图和状态图表的监控同时进行：先后单击“调试”菜单中的“程序状态”和“图表状态”，启动梯形图和状态图表监控，如图 3-24（b）所示，梯形图中的 I0.1 和 I0.2 常闭触点中间出现蓝色方块，与此同时，状态图表的“当前值”栏显示出梯形图元件的当前值。比如，I0.0 的当前值为 2#0（表示二进制数 0，即状态值为 OFF），T37 的状态位值为 2#0，计数值为 +0（表示十进制数 0）。

在状态图表 I0.0 的“新值”栏输入 2#1，再单击状态图表工具栏上的“强制”工具，如图 3-24（c）所示，将 I0.0 值强制为 ON，梯形图中的 I0.0 常开触点强制闭合，Q0.0 线圈得电（状态图表中的 Q0.0 当前值由 2#0 变为 2#1），T37 定时器开始计时（状态图表中的 T37 计数值的当前值不断增大，计到 50 时，T37 的状态位值由 2#0 变为 2#1），Q0.1 线圈马上得电（Q0.0 当前值由 2#0 变为 2#1），如图 3-24（d）所示。在状态图表 T37 计数值的“新值”栏输入 +10，再单击状态图表工具栏上的“写入”，如图 3-24（e）所示，将新值 +10 写入覆盖 T37 的当前计数值，T37 从 10 开始计时，由于 10 小于设定计数值 50，故 T37 状态位当前值由 2#1 变为 2#0，T37 常开触点又断开，Q0.1 线圈失电，如图 3-24（f）所示。

**注意**：I、AI 元件只能用硬件（如闭合 I 端子外接开关）方式或强制方式赋新值，而 Q、T 等元件既可用强制方式赋新值，也可用写入方式赋新值。

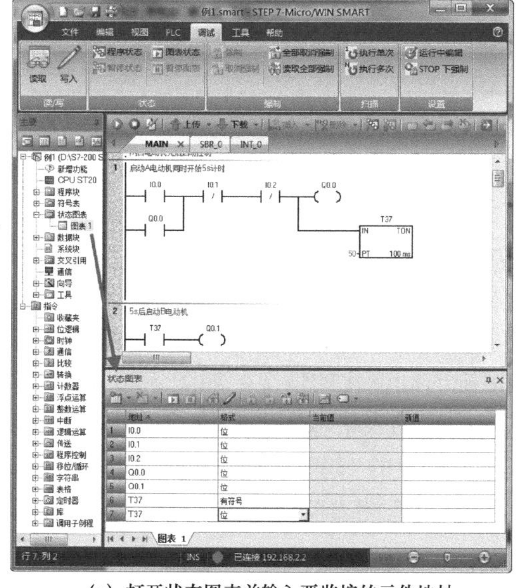


（a）打开状态图表并输入要监控的元件地址

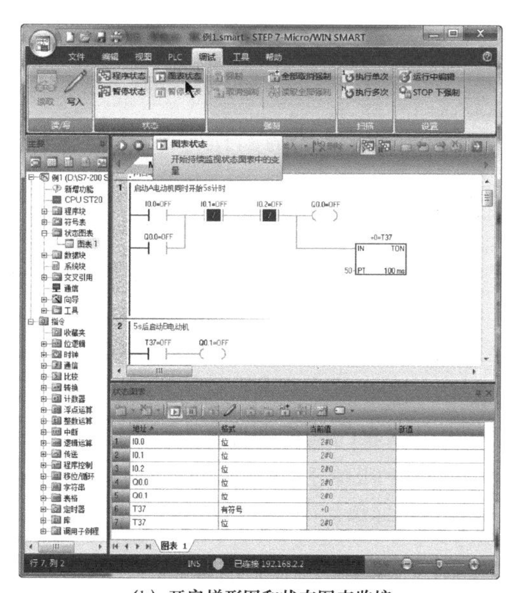


（b）开启梯形图和状态图表监控

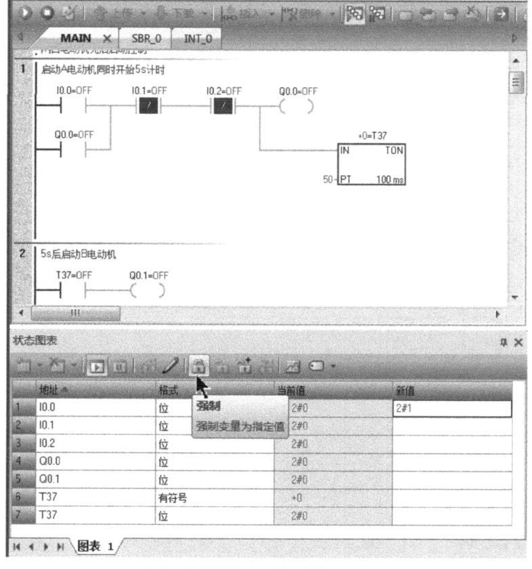


（c）将新值2#1强制给I0.0

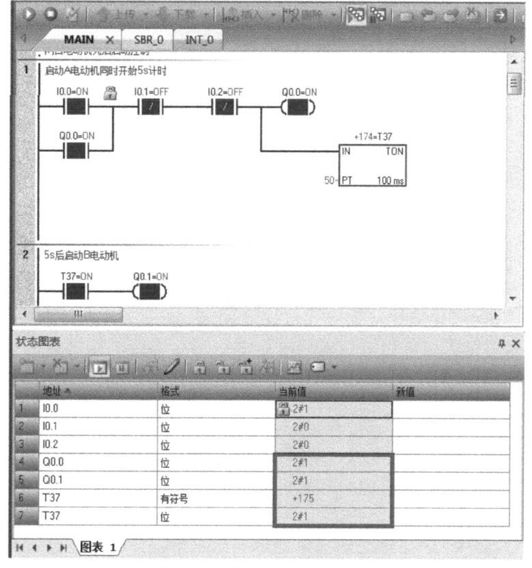


（d）I0.0强制新值后梯形图和状态图表的元件状态

图 3-24　用状态图的表格监控调试程序

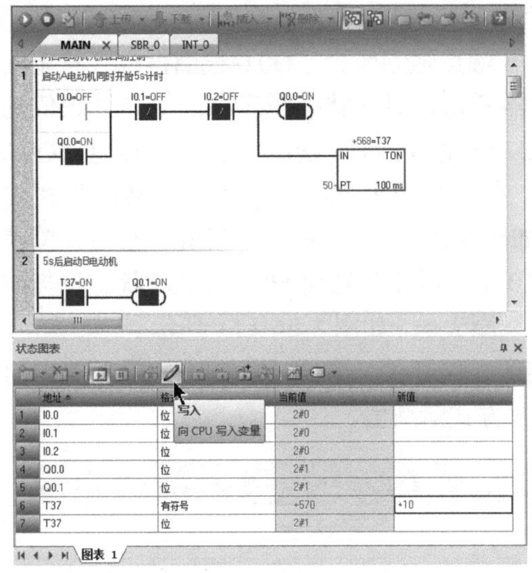


(e) 将新值+10写入覆盖T37的当前计数值

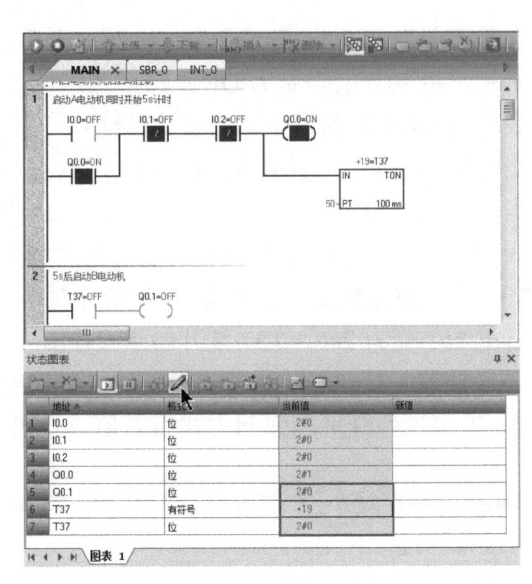


(f) T37写入新值后梯形图和状态图表的元件状态

图 3-24　用状态图的表格监控调试程序（续）

## 3.4.3　用状态图表的趋势图监控调试程序

在状态图表中使用表格监控调试程序时容易看出程序元件值的变化情况，而使用状态图表中的趋势图监控调试程序时，则易看出元件值随时间变化的情况，如图 3-25 所示。在使用状态图表的趋势图监控程序时，一般先用状态图表的表格输入要监控的元件，并开启梯形图监控（即程序状态监控），然后单击状态图表工具栏上的“趋势视图”工具，如图 3-25（a）所示，切换到趋势图，最后单击“图表状态”工具，开启状态图表监控，如图 3-25（b）所示。

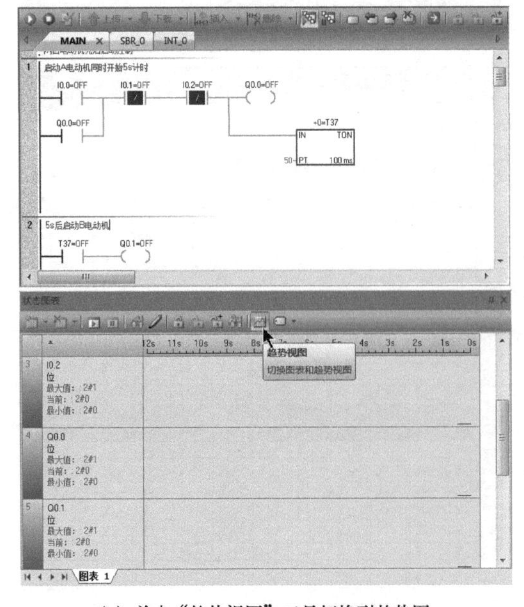


(a) 单击“趋势视图”工具切换到趋势图

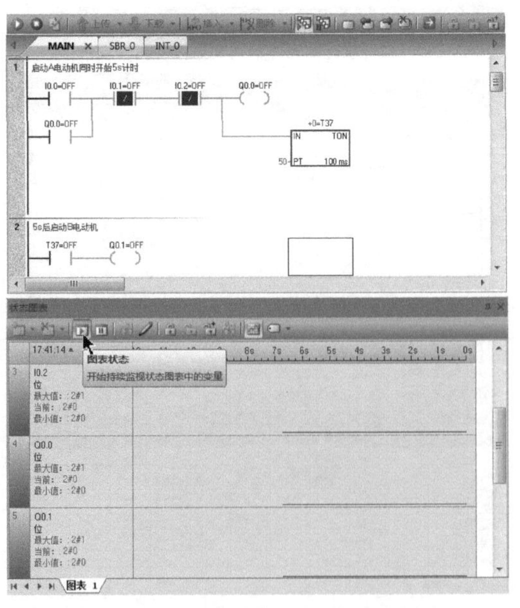


(b) 单击“图表状态”工具开始趋势图监控

图 3-25　用状态图表的趋势图监控调试程序

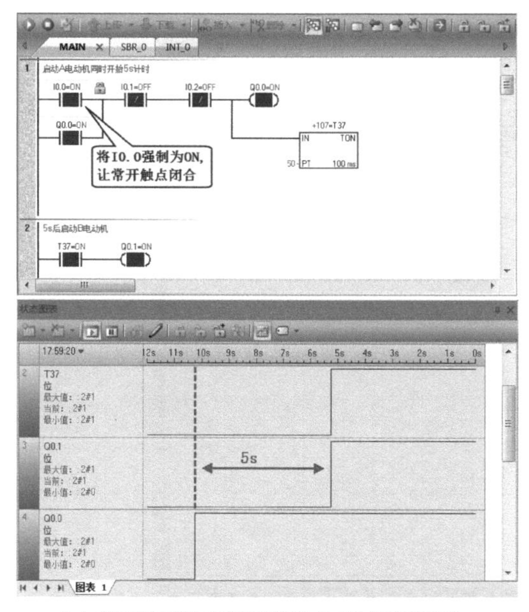


(c) 将I0.0强制为ON时趋势图中元件的状态变化

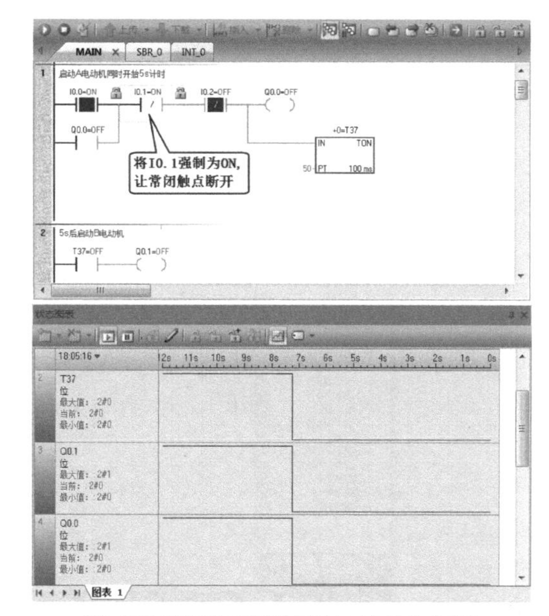


(d) 将I0.1强制为ON时趋势图中元件的状态变化

图 3-25　用状态图表的趋势图监控调试程序（续）

可以看到随着时间的推移，I0.2、Q0.0、Q0.1 等元件的状态值一直为 OFF（低电平）。在梯形图或趋势图中用右键快捷菜单将 I0.0 强制为 ON，I0.0 常开触点闭合，Q0.0 线圈马上得电，其状态为 ON（高电平），5s 后 T37 定时器和 Q0.1 线圈状态值同时变为 ON，如图 3-25（c）所示。在梯形图或趋势图中用右键快捷菜单将 I0.1 强制为 ON，I0.1 常闭触点断开，Q0.0、T37、Q0.1 同时失电，其状态均变为 OFF（低电平），如图 3-25（d）所示。

## 3.5 软件的一些常用设置及功能使用

### 3.5.1　软件的一些对象设置

在 STEP 7- Micro/WIN SMART 软件中，用户可以根据自己的习惯对很多对象进行设置。在设置时，执行菜单栏中的“工具”→“选项”，弹出“Options”（选项）对话框，如图 3-26 所示。对话框左边为可设置的对象，右边为左边选中对象的设置内容。如果设置混乱，可以单击右下角的“全部复位”按钮，关闭软件重启后，所有的设置内容全部恢复到初始状态。

### 3.5.2　硬件组态（配置）

在 STEP 7- Micro/WIN SMART 软件的系统块中可对 PLC 硬件进行设置，之后将系统块下载到 PLC，PLC 内的有关硬件就会按系统块的设置工作，如图 3-27 所示。

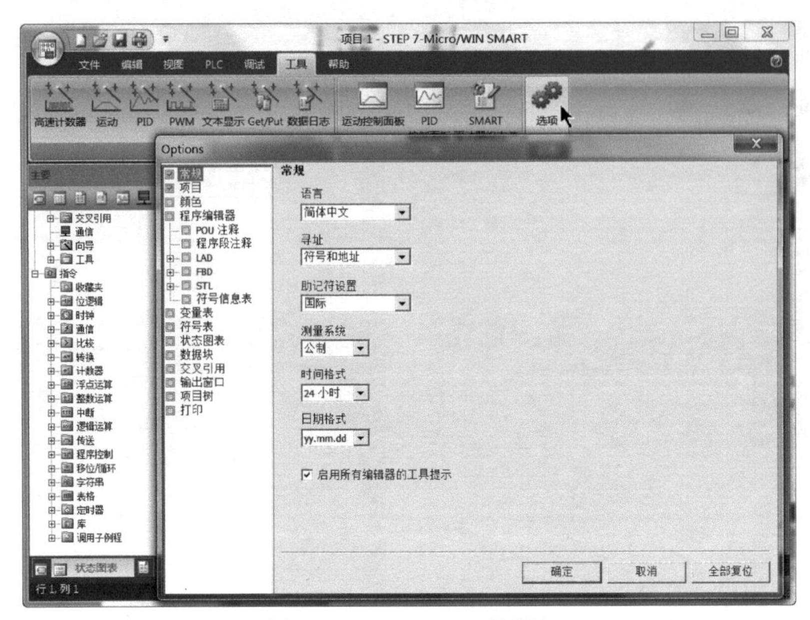

图 3-26 “Options”对话框

在项目指令树区域双击“系统块”，弹出如图 3-27（a）所示的“系统块”对话框，上方为 PLC 各硬件（CPU 模块、信号板、扩展模块）的型号配置，下方可以对硬件的“通信”“数字量输入”“数字量输出”“保持范围”“安全”“启动”进行设置，默认处于“通信”设置状态，在右边可以对有关通信的以太网端口、背景时间和 RS485 端口进行设置。

**一些 PLC 的 CPU 模块上有 RUN/STOP 开关，可以控制 PLC 内部程序的运行 / 停止；而 S7-200 SMART CPU 模块上没有 RUN/STOP 开关，CPU 模块上电后处于何种模式可以通过系统块设置。**在“系统块”对话框的左边单击“启动”项，如图 3-27（b）所示，之后单击右边“CPU 模式”项的下拉按钮，选择 CPU 模块上电后的工作模式，有 STOP、RUN、LAST 三种模式可供选择。LAST 模式表示 CPU 上次断电前的工作模式，当设为该模式时，若 CPU 模块上次断电前为 RUN 模式，则一上电就工作在 RUN 模式。

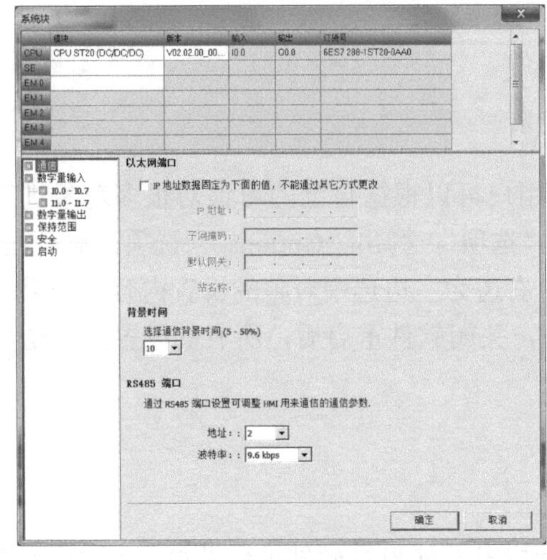

(a)“系统块”对话框

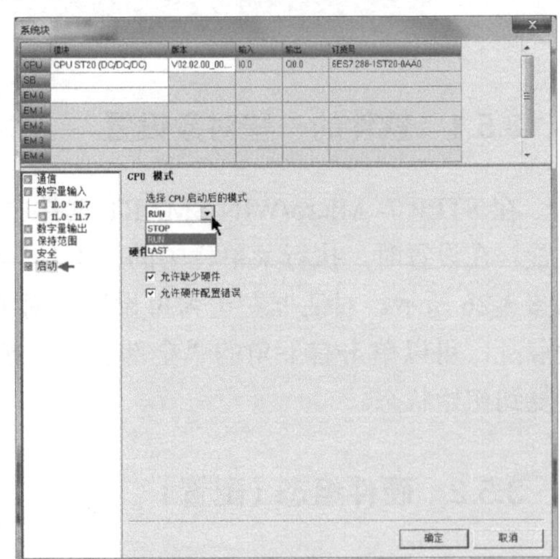

(b) 在“启动”项中设置CPU模块上电后的工作模式

图 3-27 使用系统块配置 PLC 硬件

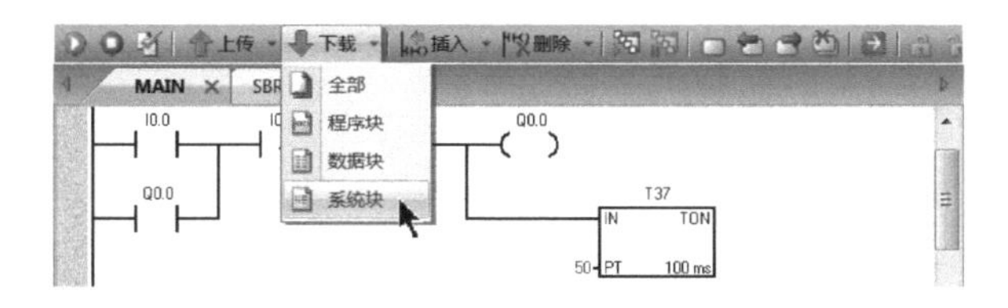


（c）系统块设置后需将其下载到CPU模块才能生效

图 3-27　使用系统块配置 PLC 硬件（续）

在系统块中对硬件进行配置后，需要将系统块下载到 CPU 模块，其操作方法与下载程序相同，只不过下载对象要选择“系统块”，如图 3-27（c）所示。

### 3.5.3　用存储卡备份、复制程序和刷新固件

S7-200 SMART CPU 模块上有一个 Micro SD 卡槽，可以安插 Micro SD 卡（大多数手机使用的是 TF 卡）。

#### 1．用 Micro SD 卡备份和复制程序

用 Micro SD 卡备份程序时的操作过程如下：

（1）在 STEP 7- Micro/WIN SMART 软件中将程序下载到 CPU 模块。

（2）将一张空白的 Micro SD 卡插入 CPU 模块的卡槽，如图 3-28（a）所示。

（3）单击“PLC”菜单下的“设定”，弹出“程序存储卡”对话框，如图 3-28（b）所示。选择 CPU 模块要传送给 Micro SD 卡的块，单击“设定”按钮，系统会将 CPU 模块中相应的块传送给 Micro SD 卡。传送完成后，“程序存储卡”对话框中显示“编程已成功完成”，如图 3-28（c）所示，这样 CPU 模块中的程序就被备份到 Micro SD 卡了，之后从卡槽中拔出 Micro SD 卡（若不拔出 Micro SD 卡，则 CPU 模块会始终处于 STOP 模式）。

CPU 模块的程序备份到 Micro SD 卡后，若用读卡器读取 Micro SD 卡，则会发现原先空白的卡上出现一个“S7_JOB.S7S”文件和一个“SIMATIC.S7S”文件夹（文件夹中含有 5 个文件），如图 3-28（d）所示。

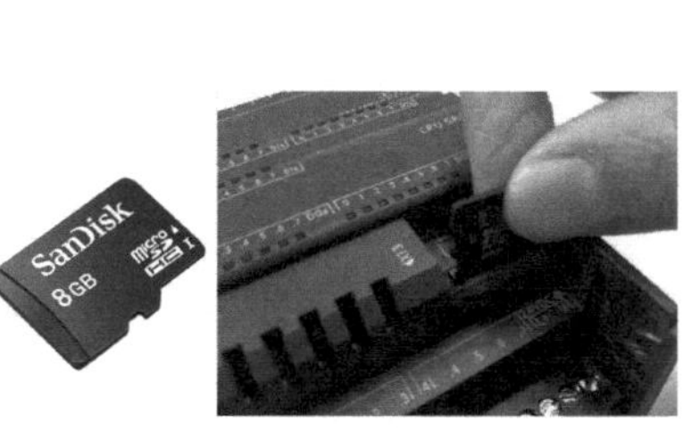


（a）将一张空白的Micro SD卡插入CPU模块的卡槽

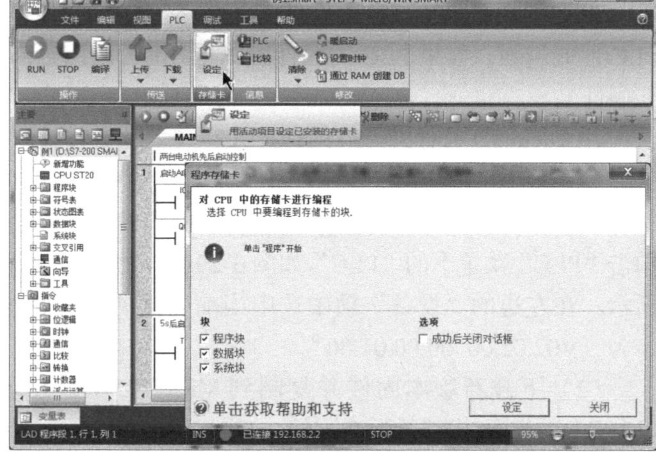


（b）单击“PLC”菜单下的“设定”后弹出“程序存储卡”对话框

图 3-28　用 Micro SD 卡备份 CPU 模块中的程序

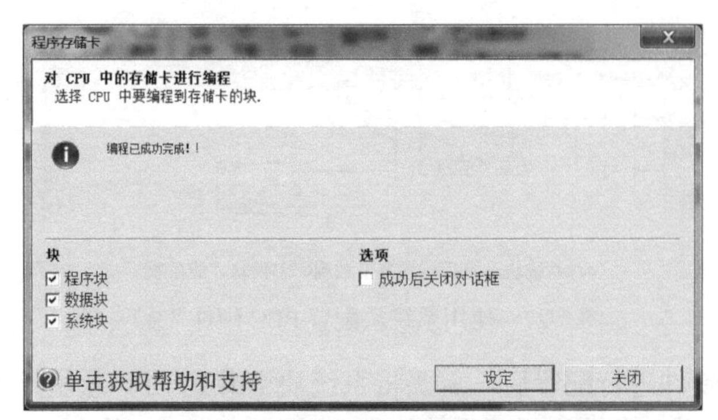


(c) 对话框提示程序成功从CPU模块传送到Micro SD卡

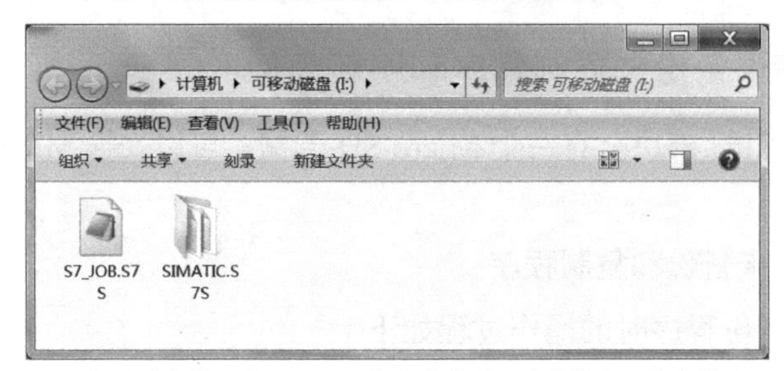


(d) 程序备份后在Micro SD卡中会出现一个文件和一个文件夹

图 3-28 用 Micro SD 卡备份 CPU 模块中的程序（续）

用 Micro SD 卡复制程序比较简单，在断电的情况下先将已备份程序的 Micro SD 卡插入另一台 S7-200 SMART CPU 模块的卡槽，然后给 CPU 模块通电，CPU 模块会自动将 Micro SD 卡中的程序复制下来。在复制过程中，CPU 模块上的 RUN、STOP 两个指示灯以 2Hz 的频率交替点亮；当只有 STOP 指示灯闪烁时表示复制结束，此时可拔出 Micro SD 卡。若将 Micro SD 卡插入先前备份程序的 CPU 模块，则可将 Micro SD 卡的程序还原到该 CPU 模块中。

### 2. 用 Micro SD 卡刷新固件

PLC 的性能除了与自身硬件有关外，还与内部的固件有关，通常情况下，固件版本越高，PLC 性能越强。如果 PLC 的固件版本低，则可以用更高版本的固件来替换旧版本固件（刷新固件）。

用Micro SD卡对S7-200 SMART CPU模块刷新固件的操作过程如图3-29和图3-30所示。

（1）查看 CPU 模块当前的固件版本。在 STEP 7- Micro/WIN SMART 软件中新建一个空白项目，之后执行上传操作，在上传操作成功（表明计算机与 CPU 模块通信正常）后，单击“PLC”菜单下的“PLC”，如图 3-29（a）所示，弹出“PLC 信息”对话框，如图 3-29（b）所示。在左边的“设备”项中选中当前连接的 CPU 模块型号，在右边可以看到其固件版本为“V02.02.00_00.00.01.00”。

（2）下载新版本固件并复制到 Micro SD 卡。登录西门子下载中心，搜索“S7-200 SMART 固件”，找到新版本固件，如图 3-30（a）所示；下载并解压后，可以看到一个“S7_JOB.S7S”文件和一个“FWUPDATE.S7S”文件夹，如图 3-30（b）所示；打开该文件夹，可以看到多种型号 CPU 模块的固件文件，其中就有当前需刷新固件的 CPU 模块型号，如

图 3-30（c）所示；将“S7_JOB.S7S”文件和“FWUPDATE.S7S”文件夹（包括文件夹中的所有文件）复制到一张空白 Micro SD 卡上。

(a) 单击“PLC”菜单下的“PLC”

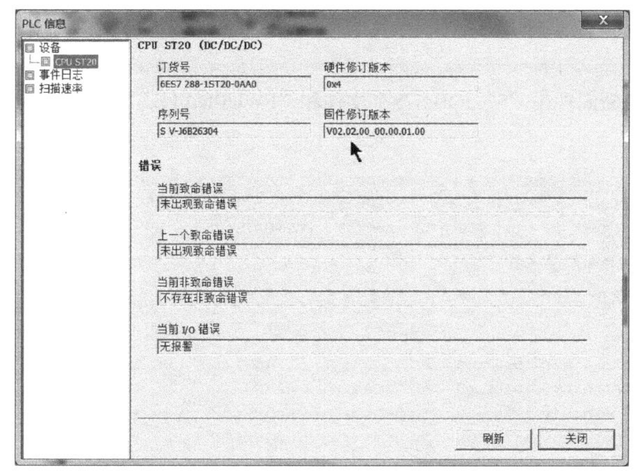


(b) “PLC信息”对话框显示CPU模块当前固件版本

图 3-29　查看 CPU 模块当前的固件版本

（3）刷新固件。在断电的情况下，将已复制新固件文件的 Micro SD 卡插入 CPU 模块的卡槽，之后给 CPU 模块上电，CPU 模块会自动安装新固件。在安装过程中，CPU 模块上的 RUN、STOP 两个指示灯以 2Hz 的频率交替点亮；当只有 STOP 指示灯闪烁时表示新固件安装结束，此时拔出 Micro SD 卡。

固件刷新后，可以在 STEP 7-Micro/WIN SMART 软件中查看 CPU 模块的版本。如图 3-30（d）所示，在“PLC 信息”对话框中显示其固件版本为“V02.03.00_00.00.00.00”。

(a) 登录西门子下载中心下载新版本固件

图 3-30　下载并安装新版本固件

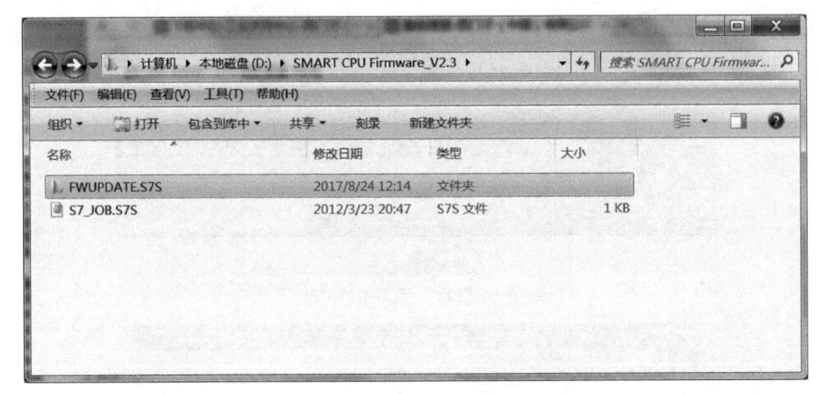


（b）新固件由“S7_JOB.S7S”文件和“FWUPDATE.S7S”文件夹组成

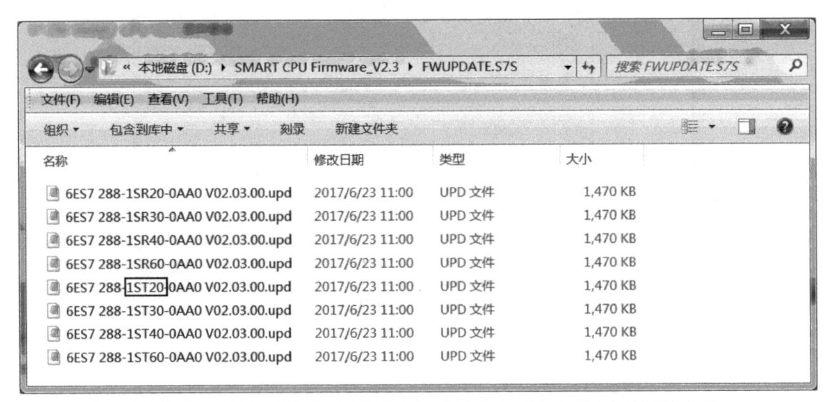


（c）打开“FWUPDATE.S7S”文件夹查看有无所需CPU型号的固件文件

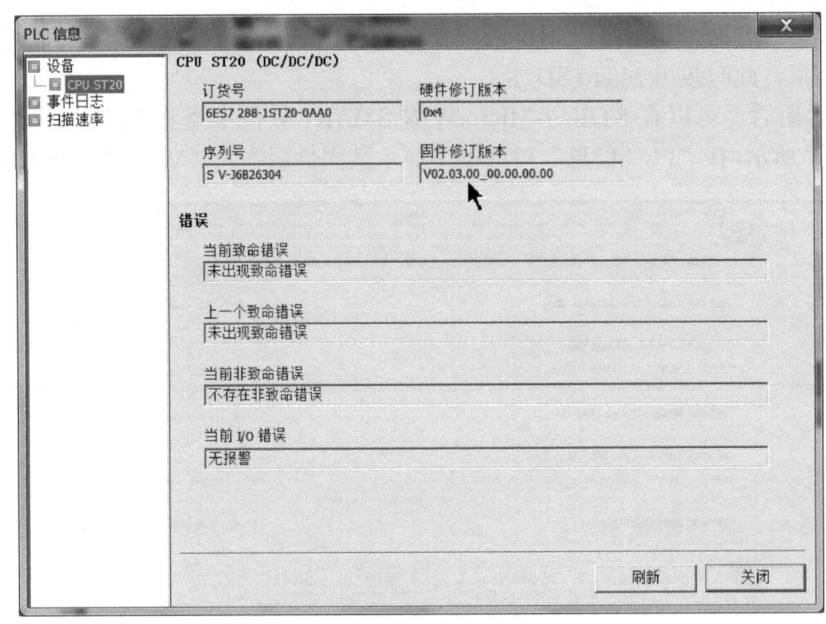


（d）固件刷新后查看CPU模块的新固件版本

图 3-30　下载并安装新版本固件（续）

### 3．用 Micro SD 卡将 PLC 恢复到出厂值

在 PLC 加密且又不知道密码的情况下，但仍想使用 PLC，或者在 PLC 里设置了固定的 IP 地址，利用这个 IP 地址无法与计算机通信，导致 IP 地址无法修改时，可以考虑将 PLC 恢复到出厂值。

用 Micro SD 卡将 PLC 恢复到出厂值的操作过程如下。

（1）编写一个 S7_JOB.S7S 文件并复制到 Micro SD 卡。打开计算机自带的记事本程序，输入一行文字“RESET_TO_FACTORY”，该行文字是让 CPU 模块恢复到出厂值的指令，不要输入双引号，之后将其保存成一个文件名为“S7_JOB.S7S”的文件，如图 3-31 所示，再将该文件复制到一张空白 Micro SD 卡中。

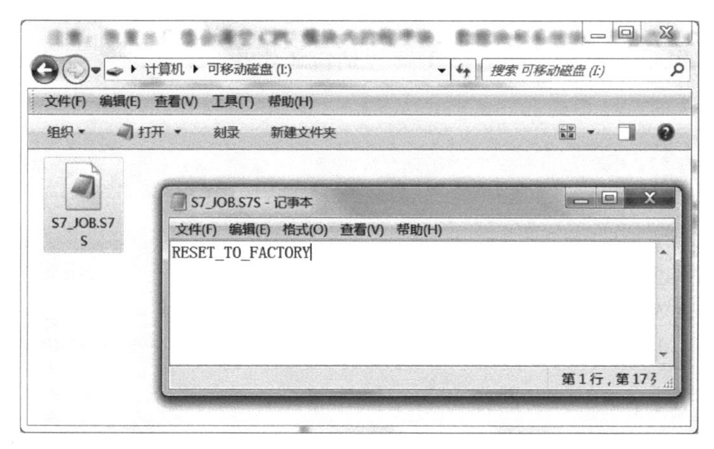


图 3-31　用记事本编写一个含有让 CPU 模块恢复出厂值指令的 S7_JOB.S7S 文件并复制到 Micro SD 卡上

（2）将 Micro SD 卡插入 CPU 模块将其恢复到出厂值。在断电的情况下，将含有 S7_JOB.S7S 文件（该文件写有一行“RESET_TO_FACTORY”文字）的 Micro SD 卡插入 CPU 模块的卡槽，之后给 CPU 模块上电，CPU 模块将自动执行 S7_JOB.S7S 文件中的指令，并恢复到出厂值。

**注意：**恢复出厂值会清空 CPU 模块内的程序块、数据块和系统块，但不会改变 CPU 模块的固件版本。

# 基本指令的使用及应用实例

基本指令是 PLC 最常用的指令，主要包括位逻辑指令、定时器指令和计数器指令。

## 4.1 位逻辑指令

在 STEP 7-Micro/WIN SMART 软件的项目指令树区域，展开“位逻辑”指令包，可以查看到所有的位逻辑指令，如图 4-1 所示。位逻辑指令有 16 条，可大致分为触点指令、线圈指令、立即指令、RS 触发器指令和空操作指令。

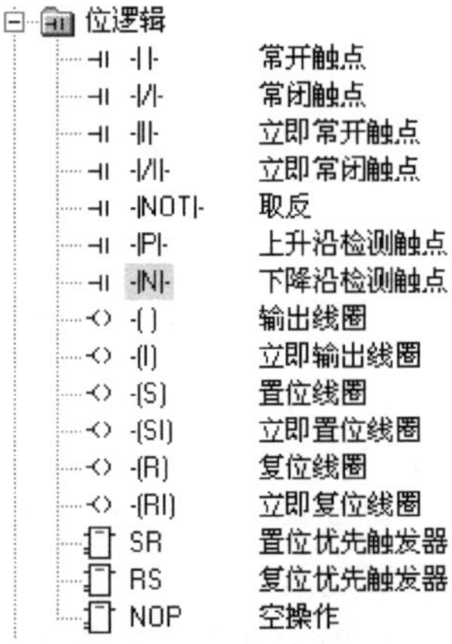

位逻辑
- -| |-　常开触点
- -|/|-　常闭触点
- -|I|-　立即常开触点
- -|/I|-　立即常闭触点
- -|NOT|-　取反
- -|P|-　上升沿检测触点
- -|N|-　下降沿检测触点
- -( )　输出线圈
- -(I)　立即输出线圈
- -(S)　置位线圈
- -(SI)　立即置位线圈
- -(R)　复位线圈
- -(RI)　立即复位线圈
- SR　置位优先触发器
- RS　复位优先触发器
- NOP　空操作

图 4-1　位逻辑指令

### 4.1.1　触点指令

触点指令可分为普通触点指令和边沿检测触点指令。

#### 1. 普通触点指令

普通触点指令说明如表 4-1 所示。

表 4-1　普通触点指令说明

| 指令标识 | 梯形图符号及名称 | 说　明 | 可用软元件 | 举　例 |
|---|---|---|---|---|
| -\| \|- | ??.? -\| \|- 常开触点 | 当 ??.? 位为 1 时，??.? 常开触点闭合，为 0 时常开触点断开 | I、Q、M、SM、T、C、L、S、V | 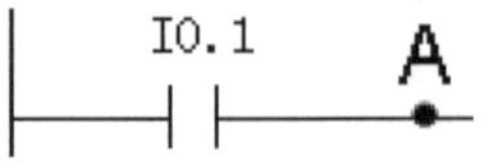 I0.1 A<br>当 I0.1 位为 1 时，I0.1 常开触点闭合，左母线的能流通过触点流到 A 点 |
| -\|/\|- | ??.? -\| / \|- 常闭触点 | 当 ??.? 位为 0 时，??.? 常闭触点闭合，为 1 时常闭触点断开 | I、Q、M、SM、T、C、L、S、V | 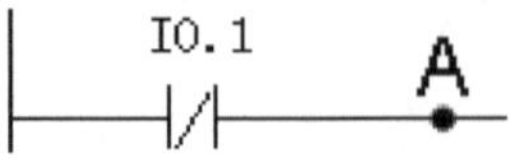 I0.1 A<br>当 I0.1 位为 0 时，I0.1 常闭触点闭合，左母线的能流通过触点流到 A 点 |

（续表）

| 指令标识 | 梯形图符号及名称 | 说　明 | 可用软元件 | 举　例 |
|---|---|---|---|---|
| ─┤NOT├─ | ─┤NOT├─<br>取反 | 当该触点左方有能流时，经能流取反后右方无能流；同理，左方无能流时右方有能流 | | 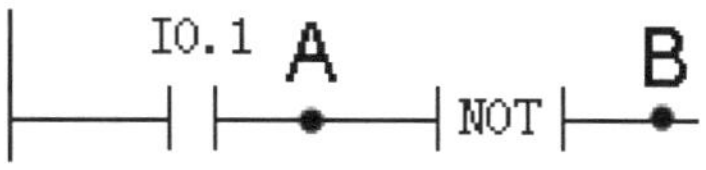 I0.1 A ─┤ ├─●─┤NOT├─● B<br>当I0.1常开触点处于断开时，A点无能流，经能流取反后，B点有能流。这里的两个触点组合功能与一个常闭触点相同 |

2. 边沿检测触点指令

边沿检测触点指令说明如表4-2所示。

表4-2　边沿检测触点指令说明

| 指令标识 | 梯形图符号及名称 | 说　明 | 举　例 |
|---|---|---|---|
| ─┤P├─ | ─┤P├─<br>上升沿检测触点 | 当该指令前面的逻辑运算结果有一个上升沿（0→1）时，会产生一个宽度为一个扫描周期的脉冲，驱动后面的输出线圈 | 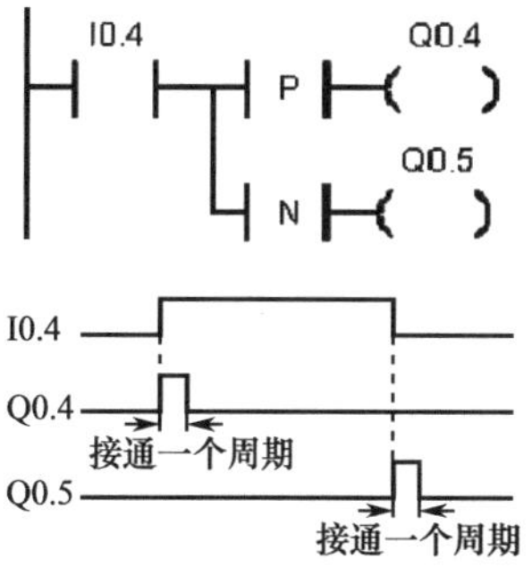 I0.4 ─┤ ├─┤P├─( ) Q0.4；─┤N├─( ) Q0.5<br>I0.4、Q0.4、Q0.5 时序图：接通一个周期；接通一个周期<br>当I0.4触点由断开转为闭合时，产生一个0→1的上升沿，P触点接通一个扫描周期时间，Q0.4线圈得电一个周期。<br>当I0.4触点由闭合转为断开时，产生一个1→0的下降沿，N触点接通一个扫描周期时间，Q0.5线圈得电一个周期 |
| ─┤N├─ | ─┤N├─<br>下降沿检测触点 | 当该指令前面的逻辑运算结果有一个下降沿（1→0）时，会产生一个宽度为一个扫描周期的脉冲，驱动后面的输出线圈 | |

## 4.1.2　线圈指令

1. 指令说明

线圈指令说明如表4-3所示。

表4-3　线圈指令说明

| 指令标识 | 梯形图符号及名称 | 说　明 | 操 作 数 |
|---|---|---|---|
| -( ) | ??.?<br>─(　)<br>输出线圈 | 当有输入能流时，??.?线圈得电；能流消失后，??.?线圈马上失电 | ??.?（软元件）可以是I、Q、M、SM、T、C、V、S、L，数据类型为布尔型 |

（续表）

| 指令标识 | 梯形图符号及名称 | 说　明 | 操 作 数 |
|---|---|---|---|
| -(S) | ??.?<br>-( S )<br>????<br>置位线圈 | 当有输入能流时，将 ??.? 开始的 ???? 个线圈置位（即让这些线圈都得电）；能流消失后，这些线圈仍保持为 1（即仍得电） | ??.?（软元件）可以是 I、Q、M、SM、T、C、V、S、L，数据类型为布尔型。<br>????（软元件的数量）可以是 VB、IB、QB、MB、SMB、LB、SB、AC、*VD、*AC、*LD、常量，数据类型为字节型，范围为 1 ～ 255 |
| -(R) | ??.?<br>-( R )<br>????<br>复位线圈 | 当有输入能流时，将 ??.? 开始的 ???? 个线圈复位（即让这些线圈都失电）；能流消失后，这些线圈仍保持为 0（即失电） | |

#### 2. 指令使用举例

线圈指令的使用如图 4-2 所示。当 I0.4 常开触点闭合时，将 M0.0 ～ M0.2 线圈都置位，即让这 3 个线圈都得电，同时 Q0.4 线圈也得电；I0.4 常开触点断开后，M0.0 ～ M0.2 线圈仍保持得电状态，而 Q0.4 线圈则失电。当 I0.5 常开触点闭合时，将 M0.0 ～ M0.2 线圈都复位，即这 3 个线圈都失电，同时 Q0.5 线圈得电；I0.5 常开触点断开后，M0.0 ～ M0.2 线圈仍保持失电状态，Q0.5 线圈也失电。

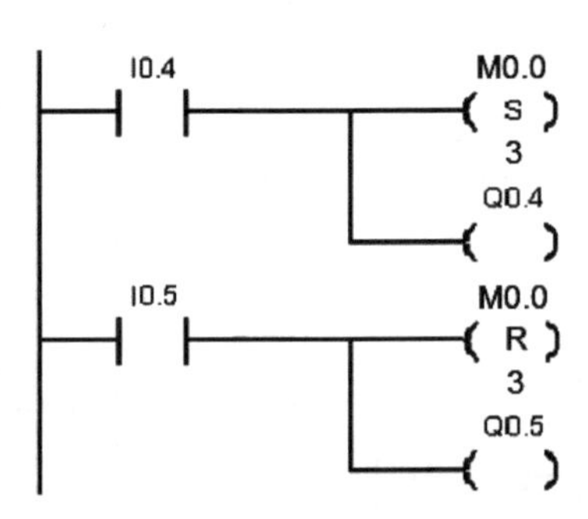

图 4-2　线圈指令的使用举例

### 4.1.3　立即指令

PLC 的一般工作过程是：当操作输入端设备时（如按下 I0.0 端子的外接按钮），该端的状态数据“1”存入输入映像寄存器 I0.0 中，PLC 运行时先扫描读出输入映像寄存器的数据，然后根据读取的数据运行用户编写的程序，程序运行结束后将结果送入输出映像寄存器（如 Q0.0），通过输出电路驱动输出端子外接的输出设备（如接触器线圈），之后 PLC 重复上述过程。PLC 完整运行一个过程需要的时间称为一个扫描周期，在 PLC 执行用户程序阶段，即使输入设备状态发生变化（如按钮由闭合改为断开），PLC 也不会理会此时的变化，直到下一个扫描周期才读取输入端的新状态。

**如果希望 PLC 工作时能即时响应输入或即时产生输出，则可使用立即指令。立即指令可分为立即触点指令、立即线圈指令。**

#### 1. 立即触点指令

立即触点指令又称立即输入指令，它只适用于输入量 I。执行立即触点指令时，PLC 会立即读取输入端子的值，再根据该值判断程序中的触点通 / 断状态，但并不更新该端子对应的输入映像寄存器的值，其他普通触点的状态仍由扫描输入映像寄存器阶段读取的值决定。

立即触点指令说明如表 4-4 所示。

表 4-4　立即触点指令说明

| 指令标识 | 梯形图符号及名称 | 说　明 | 举　例 |
|---|---|---|---|
| -\|I\|- | ??.?<br>-\| I \|-<br>立即常开触点 | 当 PLC 的 ??.? 端子输入为 ON 时，??.? 立即常开触点即刻闭合；PLC 的 ??.? 端子输入为 OFF 时，??.? 立即常开触点即刻断开 | 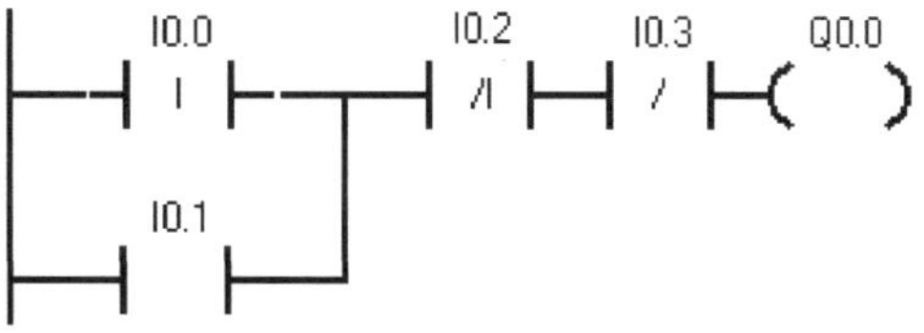 I0.0　I0.2　I0.3　Q0.0<br>I0.1<br>当 PLC 的 I0.0 端子输入为 ON（如该端子外接开关闭合）时，I0.0 立即常开触点立即闭合，Q0.0 线圈随之得电；如果 PLC 的 I0.1 端子输入为 ON，I0.1 常开触点并不马上闭合，而是要等到 PLC 运行完后续程序并再次执行程序时才闭合。<br>同样，PLC 的 I0.2 端子输入为 ON 时，可以较 PLC 的 I0.3 端子输入为 ON 时更快使 Q0.0 线圈失电 |
| -\|/I\|- | ??.?<br>-\| /I \|-<br>立即常闭触点 | 当 PLC 的 ??.? 端子输入为 ON 时，??.? 立即常闭触点即刻断开；PLC 的 ??.? 端子输入为 OFF 时，??.? 立即常闭触点即刻闭合 | |

## 2. 立即线圈指令

立即线圈指令又称立即输出指令，该指令在执行时，会将前面的运算结果立即送到输出映像寄存器，并且即时从输出端子产生输出，即输出映像寄存器的内容会被刷新。立即线圈指令只能用于输出量 Q，线圈中的“I”表示立即输出。

立即线圈指令说明如表 4-5 所示。

表 4-5　立即线圈指令说明

| 指令标识 | 梯形图符号及名称 | 说　明 | 举　例 |
|---|---|---|---|
| -(I) | ??.?<br>-( I )<br>立即输出线圈 | 当有输入能流时，??.? 线圈得电，PLC 的 ??.? 端子立即产生输出；能流消失后，??.? 线圈失电，PLC 的 ??.? 端子立即停止输出 | 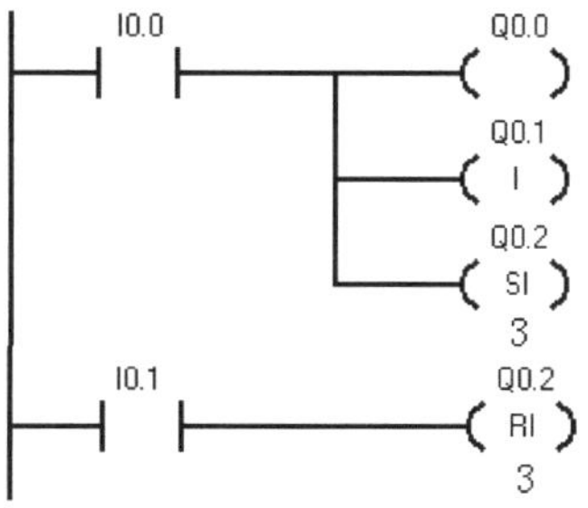 I0.0　Q0.0<br>Q0.1 (I)<br>Q0.2 (SI) 3<br>I0.1　Q0.2 (RI) 3<br>当 I0.0 常开触点闭合时，Q0.0、Q0.1 和 Q0.2 ～ Q0.4 线圈均得电，PLC 的 Q0.1 ～ Q0.4 端子立即产生输出，Q0.0 端子需要在程序运行结束后才产生输出；I0.0 常开触点断开后，Q0.1 端子立即停止输出，Q0.0 端子需要在程序运行结束后才停止输出，而 Q0.2 ～ Q0.4 端子仍保持输出。<br>当 I0.1 常开触点闭合时，Q0.2 ～ Q0.4 线圈均失电，PLC 的 Q0.2 ～ Q0.4 端子立即停止输出 |
| -(SI) | ??.?<br>-( SI )<br>????<br>立即置位线圈 | 当有输入能流时，将 ??.? 开始的 ???? 个线圈置位，PLC 从 ??.? 开始的 ???? 个端子立即产生输出；能流消失后，这些线圈仍保持为 1，其对应的 PLC 端子保持输出 | |
| -(RI) | ??.?<br>-( RI )<br>????<br>立即复位线圈 | 当有输入能流时，将 ??.? 开始的 ???? 个线圈复位，PLC 从 ??.? 开始的 ???? 个端子立即停止输出；能流消失后，这些线圈仍保持为 0，其对应的 PLC 端子仍停止输出 | |

### 4.1.4 RS 触发器指令

**RS 触发器指令的功能是根据 R、S 端输入状态产生相应的输出，它分为置位优先 SR 触发器指令和复位优先 RS 触发器指令。**

**1．指令说明**

RS 触发器指令说明如表 4-6 所示。

**表 4-6 RS 触发器指令说明**

| 指令标识 | 梯形图符号及名称 | 说　明 | 操 作 数 |
|---|---|---|---|
| SR | ??.?<br>S1 OUT<br>SR<br>R<br>置位优先触发器 | S1 \| R \| OUT (??.?)<br>0 \| 0 \| 保持前一状态<br>0 \| 1 \| 0<br>1 \| 0 \| 1<br>1 \| 1 \| 1<br>当 S1、R 端同时输入 1 时，OUT ＝ 1，??.?=1 | 输入/输出 \| 数据类型 \| 可用软元件<br>S1、R \| BOOL \| I、Q、V、M、SM、S、T、C<br>S、R1、OUT \| BOOL \| I、Q、V、M、SM、S、T、C、L<br>??.? \| BOOL \| I、Q、V、M、S |
| RS | ??.?<br>S OUT<br>RS<br>R1<br>复位优先触发器 | S \| R1 \| OUT (??.?)<br>0 \| 0 \| 保持前一状态<br>0 \| 1 \| 0<br>1 \| 0 \| 1<br>1 \| 1 \| 0<br>当 S、R1 端同时输入 1 时，OUT ＝ 0，??.?=0 | |

**2．指令使用举例**

RS 触发器指令使用如图 4-3 所示。

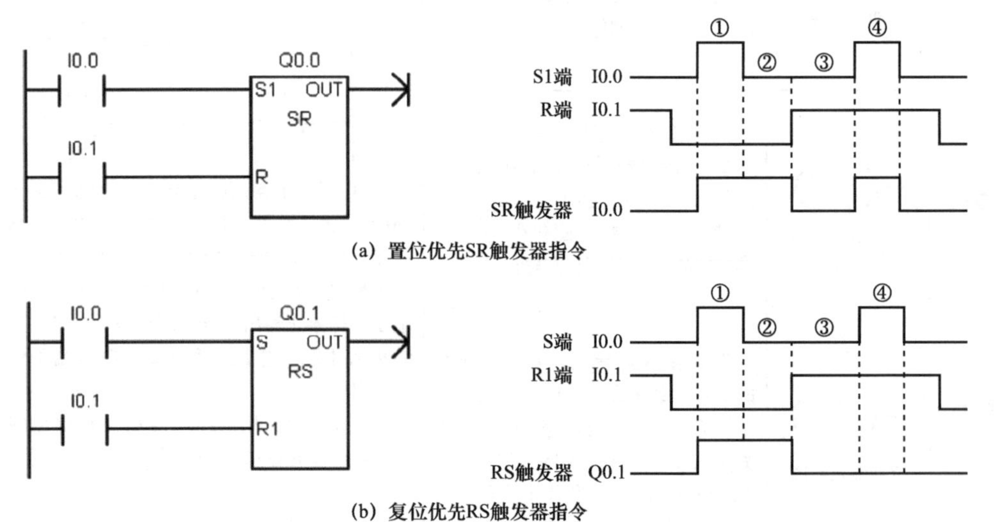


(a) 置位优先SR触发器指令

(b) 复位优先RS触发器指令

图 4-3 RS 触发器指令使用举例

图 4-3（a）使用了置位优先 SR 触发器指令，从右方的时序图可以看出：①当 I0.0 触点闭合（S1 = 1）、I0.1 触点断开（R = 0）时，Q0.0 被置位为 1；②当 I0.0 触点由闭合转为断开（S1 = 0）、I0.1 触点仍处于断开（R = 0）时，Q0.0 仍保持为 1；③当 I0.0 触点断开（S1 = 0）、I0.1 触点闭合（R = 1）时，Q0.0 被复位为 0；④当 I0.0、I0.1 触点均闭合（S1 = 0、R = 1）时，Q0.0 被置位为 1。

图 4-3（b）使用了复位优先 RS 触发器指令，其①～③种输入、输出情况与置位优先 SR 触发器指令相同，两者的区别在于第④种情况。对于置位优先 SR 触发器指令，当 S1、R 端同时输入 1 时，Q0.0=1；对于复位优先 RS 触发器指令，当 S、R1 端同时输入 1 时，Q0.0=0。

### 4.1.5　空操作指令

**空操作指令的功能是让程序不执行任何操作。**由于该指令本身执行时需要一定时间，故可延缓程序执行周期。

空操作指令说明如表 4-7 所示。

表 4-7　空操作指令说明

| 指令标识 | 梯形图符号及名称 | 说　明 | 举　例 |
| --- | --- | --- | --- |
| NOP | ????<br>NOP<br>空操作 | 空操作指令的功能是让程序不执行任何操作。<br>*N*（????）＝0 ～ 255，执行一次 NOP 指令需要的时间约为 0.22μs，执行 *N* 次 NOP 的时间约为 0.22μs×*N* | M0.0 / 100 NOP<br>当 M0.0 触点闭合时，NOP 指令执行 100 次 |

## 4.2　定时器指令

**定时器是一种按时间执行动作的继电器，相当于继电器控制系统中的时间继电器。一个定时器可有很多个常开触点和常闭触点，其定时单位有 1ms、10ms、100ms 三种。**

**根据工作方式不同，定时器可分为三种：通电延时型定时器（TON）、断电延时型定时器（TOF）和记忆型通电延时定时器（TONR）。**三种定时器如图 4-4 所示，其有关规格见表 4-8。TON、TOF 是共享型定时器，当将某一编号的定时器用作 TON 时就不能再将它用作 TOF，如将 T32 用作 TON 定时器后，就不能将 T32 用作 TOF 定时器。

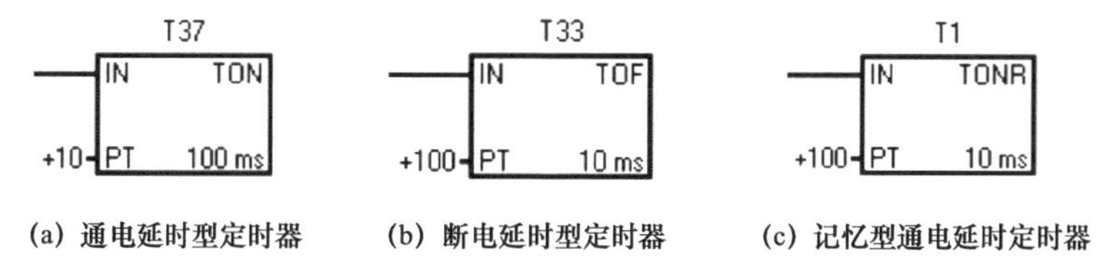

(a) 通电延时型定时器　(b) 断电延时型定时器　(c) 记忆型通电延时定时器

图 4-4　三种定时器的梯形图符号

**表 4-8　三种定时器的有关规格**

| 类　型 | 定时器号 | 定时单位（ms） | 最大计时值（s） |
| --- | --- | --- | --- |
| TONR | T0、T64 | 1 | 32.767 |
| | T1~T4、T65~T68 | 10 | 327.67 |
| | T5~T31、T69~T95 | 100 | 3276.7 |
| TON、TOF | T32、T96 | 1 | 32.767 |
| | T33~T36、T97~T100 | 10 | 327.67 |
| | T37~T63、T101~T255 | 100 | 3276.7 |

## 4.2.1　通电延时型定时器（TON）

通电延时型定时器（TON）的特点是：当 TON 的 IN 端输入为 ON 时开始计时，计时达到设定值后状态变为 1，驱动同编号的触点执行动作，TON 达到设定值后会继续计时直到最大值，但后续的计时并不影响定时器的输出状态；在计时期间，若 TON 的 IN 端输入变为 OFF，则定时器马上复位，计时值和输出状态值都清 0。

### 1．指令说明

通电延时型定时器说明如表 4-9 所示。

**表 4-9　通电延时型定时器说明**

<table>
<tr><th>指令标识</th><th>梯形图符号及名称</th><th>说　明</th><th>参　数</th></tr>
<tr><td>TON</td><td>????<br>IN　TON<br>????-PT　??? ms<br>通电延时型定时器</td><td>当 IN 端输入为 ON 时，Txxx(上 ????)通电延时型定时器开始计时，计时时间为计时值（PT 值）×???ms。到达计时值后，Txxx 定时器的状态变为 1 且继续计时，直到最大值 32767。当 IN 端输入为 OFF 时，Txxx 定时器的当前计时值清 0，同时状态也变为 0。<br>指令上方的 ???? 用于输入 TON 定时器编号，PT 旁的 ???? 用于设置计时值，ms 旁的 ??? 根据定时器编号自动生成，如定时器编号输入 T37，???ms 自动变成 100ms</td><td><table>
<tr><th>输入/输出</th><th>数据类型</th><th>操作数</th></tr>
<tr><td>Txxx</td><td>WORD</td><td>常数(T0～T255)</td></tr>
<tr><td>IN</td><td>BOOL</td><td>I、Q、V、M、SM、S、T、C、L</td></tr>
<tr><td>PT</td><td>INT</td><td>IW、QW、VW、MW、SMW、SW、LW、T、C、AC、AIW、*VD、*LD、*AC、常数</td></tr>
</table></td></tr>
</table>

### 2．指令使用举例

通电延时型定时器指令使用如图 4-5 所示。当 I0.0 触点闭合时，TON 定时器 T37 的 IN 端输入为 ON，开始计时，计时达到设定值 10（10×100ms=1s）时，T37 状态变为 1，T37 常开触点闭合，线圈 Q0.0 得电，T37 继续计时，直到最大值 32767，之后保持最大值不变；当 I0.0 触点断开时，T37 定时器的 IN 端输入为 OFF，T37 计时值和状态均清 0，T37 常开触点断开，线圈 Q0.0 失电。

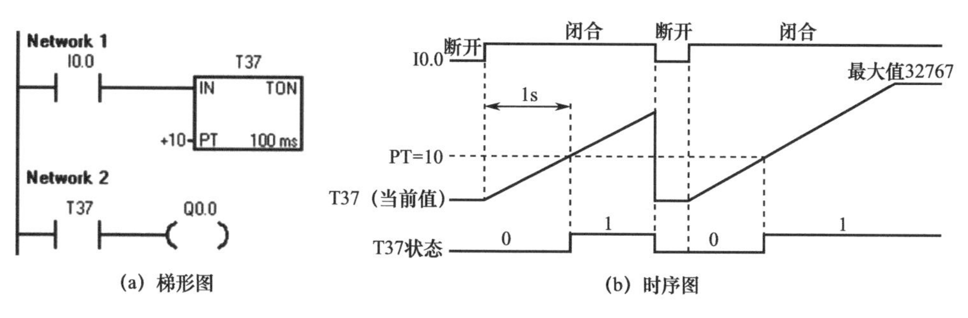

(a) 梯形图　　(b) 时序图

图 4-5　通电延时型定时器指令使用举例

## 4.2.2　断电延时型定时器（TOF）

断电延时型定时器（TOF）的特点是：当 TOF 的 IN 端输入为 ON 时，TOF 的状态变为 1，同时计时值被清 0；当 TOF 的 IN 端输入变为 OFF 时，TOF 的状态仍保持为 1，同时 TOF 开始计时，当计时值达到设定值后 TOF 的状态变为 0，当前计时值保持设定值不变。

也就是说，TOF 定时器在 IN 端输入为 ON 时状态为 1 且计时值清 0，IN 端变为 OFF（即输入断电）后状态仍为 1 但从 0 开始计时，计时值达到设定值时状态变为 0，计时值保持设定值不变。

### 1．指令说明

断电延时型定时器说明如表 4-10 所示。

表 4-10　断电延时型定时器说明

<table>
<tr><th>指令标识</th><th>梯形图符号及名称</th><th>说　明</th><th>参　数</th></tr>
<tr><td>TOF</td><td>????<br>IN　TOF<br>????-PT　??? ms<br>断电延时型定时器</td><td>当 IN 端输入为 ON 时，Txxx（上 ????）断电延时型定时器的状态变为 1，同时计时值清 0；当 IN 端输入变为 OFF 时，定时器的状态仍为 1，定时器开始计时，到达设定计时值后，定时器的状态变为 0，当前计时值保持不变。<br>指令上方的 ???? 用于输入 TOF 定时器编号，PT 旁的 ???? 用于设置计时值，ms 旁的 ??? 根据定时器编号自动生成</td><td><table><tr><th>输入/输出</th><th>数据类型</th><th>操作数</th></tr><tr><td>Txxx</td><td>WORD</td><td>常数(T0～T255)</td></tr><tr><td>IN</td><td>BOOL</td><td>I、Q、V、M、SM、S、T、C、L</td></tr><tr><td>PT</td><td>INT</td><td>IW、QW、VW、MW、SMW、SW、LW、T、C、AC、AIW、*VD、*LD、*AC、常数</td></tr></table></td></tr>
</table>

### 2．指令使用举例

断电延时型定时器指令使用如图 4-6 所示。当 I0.0 触点闭合时，TOF 定时器 T33 的 IN 端输入为 ON，T33 状态变为 1，同时计时值清 0；当 I0.0 触点由闭合转为断开时，T33 的 IN 端输入为 OFF，T33 开始计时，计时达到设定值 100（100×10ms=1s）时，T33 状态变为 0，当前计时值不变；当 I0.0 触点重新闭合时，T33 状态变为 1，同时计时值清 0。

在 TOF 定时器 T33 通电时状态为 1，T33 常开触点闭合，线圈 Q0.0 得电；在 T33 断电后开始计时，计时达到设定值时状态变为 0，T33 常开触点断开，线圈 Q0.0 失电。

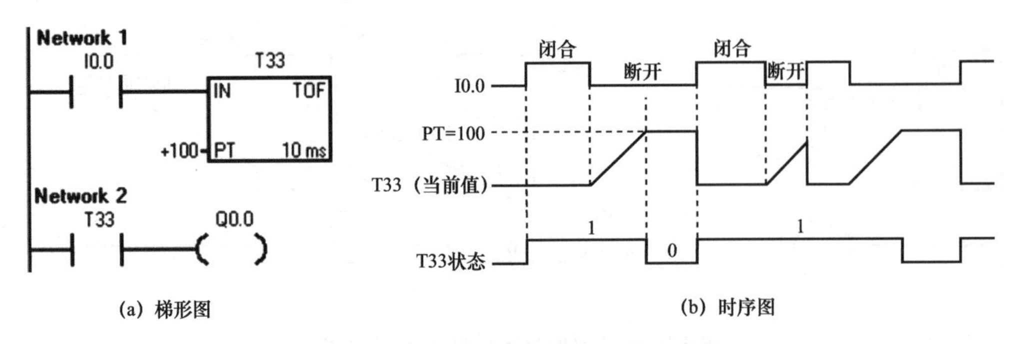


(a) 梯形图　　(b) 时序图

图 4-6　断电延时型定时器指令使用举例

### 4.2.3　记忆型通电延时定时器（TONR）

记忆型通电延时定时器（TONR）的特点是：当 TONR 输入端（IN）通电即开始计时，计时达到设定值后状态置 1，之后 TONR 会继续计时直到最大值，在后续的计时期间定时器的状态仍为 1；在计时期间，如果 TONR 的输入端失电，其计时值不会复位，而是将失电前瞬间的计时值记忆下来，当输入端再次通电时，TONR 会在记忆值上继续计时，直到最大值。

失电不会使 TONR 状态复位计时清 0，必须使用复位指令（R），才能让 TONR 状态复位计时清 0。

#### 1. 指令说明

记忆型通电延时定时器说明如表 4-11 所示。

表 4-11　记忆型通电延时定时器说明

<table>
<tr><th>指令标识</th><th>梯形图符号及名称</th><th>说　明</th><th>参　数</th></tr>
<tr><td>TONR</td><td>????<br>IN　TONR<br>????-PT　??? ms<br>记忆型通电延时定时器</td><td>当 IN 端输入为 ON 时，Txxx(上 ????)记忆型通电延时定时器开始计时，计时时间为计时值（PT 值）×???ms。如果未到设定值时 IN 输入变为 OFF，则定时器将当前计时值保存下来。当 IN 端输入再次变为 ON 时，定时器在记忆的计时值上继续计时，到达设定值后，Txxx 定时器的状态变为 1 且继续计时，直到最大值 32767。<br>指令上方的 ???? 用于输入 TONR 定时器编号，PT 旁的 ???? 用于设置计时值，ms 旁的 ??? 根据定时器编号自动生成</td><td><table>
<tr><th>输入/输出</th><th>数据类型</th><th>操作数</th></tr>
<tr><td>Txxx</td><td>WORD</td><td>常数(T0～T255)</td></tr>
<tr><td>IN</td><td>BOOL</td><td>I、Q、V、M、SM、S、T、C、L</td></tr>
<tr><td>PT</td><td>INT</td><td>IW、QW、VW、MW、SMW、SW、LW、T、C、AC、AIW、*VD、*LD、*AC、常数</td></tr>
</table></td></tr>
</table>

#### 2. 指令使用举例

记忆型通电延时定时器指令使用如图 4-7 所示。

当 I0.0 触点闭合时，TONR 定时器 T1 的 IN 端输入为 ON，开始计时。如果计时值未达到设定值时 I0.0 触点就断开，T1 将当前计时值记忆下来。当 I0.0 触点再次闭合时，T1

在记忆的计时值上继续计时，当计时值达到设定值 100（100×10ms=1s）时，T1 状态变为 1，T1 常开触点闭合，线圈 Q0.0 得电，T1 继续计时，直到最大计时值 32767。在计时期间，如果 I0.1 触点闭合，则复位指令（R）执行，T1 被复位，T1 状态变为 0，计时值也被清 0。当触点 I0.1 断开且 I0.0 闭合时，T1 重新开始计时。

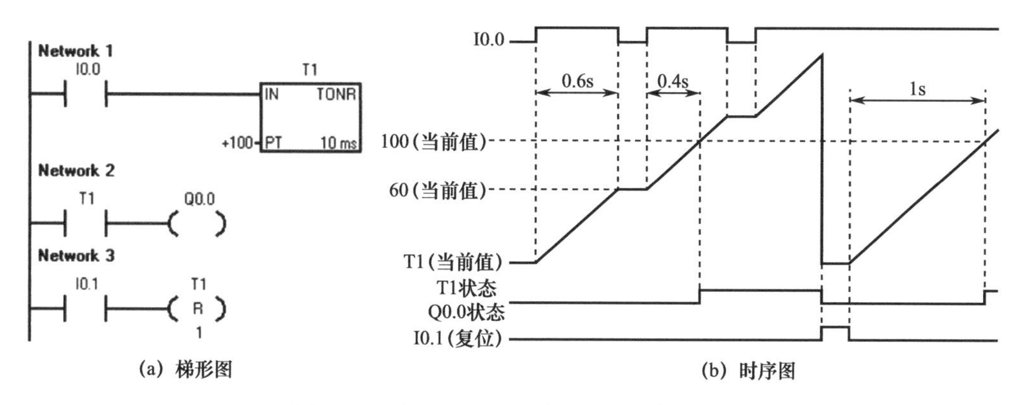


（a）梯形图　　（b）时序图

图 4-7　记忆型通电延时定时器指令使用举例

## 4.3 计数器指令

**计数器的功能是对输入脉冲进行计数。S7-200 系列 PLC 有三种类型的计数器：加计数器 CTU（递增计数器）、减计数器 CTD（递减计数器）和加减计数器 CTUD。**计数器的编号为 C0 ～ C255。三种计数器如图 4-8 所示。

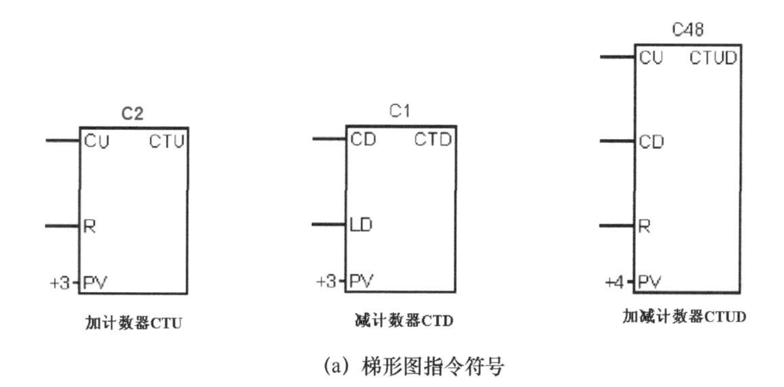


加计数器CTU　　减计数器CTD　　加减计数器CTUD

（a）梯形图指令符号

| 输入/输出 | 数据类型 | 操 作 数 |
| --- | --- | --- |
| Cxx | WORD | 常数(C0～C255) |
| CU、CD、LD、R | BOOL | I、Q、V、M、SM、S、T、C、L |
| PV | INT | IW、QW、VW、MW、SMW、SW、LW、T、C、AC、AIW、*VD、*LD、*AC、常数 |

（b）参数

图 4-8　三种计数器

### 4.3.1 加计数器（CTU）

**加计数器的特点是：当 CTU 输入端（CU）有脉冲输入时开始计数，每来一个脉冲上升沿计数值就加 1；当计数值达到设定值（PV）后状态变为 1 且继续计数，直到最大值 32767。如果 R 端输入为 ON 或其他复位指令，则对计数器执行复位操作，计数器的状态变为 0，计数值也清 0。**

**1. 指令说明**

加计数器说明如表 4-12 所示。

**表 4-12 加计数器说明**

| 指令标识 | 梯形图符号及名称 | 说　明 |
| --- | --- | --- |
| CTU | ????<br>CU CTU<br>R<br>????-PV<br>加计数器 | 当 R 端输入为 ON 时，对 Cxxx（上 ????）加计数器复位，计数器状态变为 0，计数值也清 0。<br>CU 端每输入一个脉冲上升沿，CTU 计数器的计数值就增 1，当计数值达到 PV 值（计数设定值）时，计数器状态变为 1 且继续计数，直到最大值 32767。<br>指令上方的 ???? 用于输入 CTU 计数器编号，PV 旁的 ???? 用于输入计数设定值，R 为计数器复位端 |

**2. 指令使用举例**

加计数器指令使用如图 4-9 所示。当 I0.1 触点闭合时，CTU 计数器的 R（复位）端输入为 ON，CTU 计数器的状态为 0，计数值也清 0。当 I0.0 触点第一次由断开转为闭合时，CTU 的 CU 端输入一个脉冲上升沿，CTU 计数值增 1，计数值为 1，I0.0 触点由闭合转为断开时，CTU 计数值不变；当 I0.0 触点第二次由断开转为闭合时，CTU 计数值又增 1，计数值为 2；当 I0.0 触点第三次由断开转为闭合时，CTU 计数值再增 1，计数值为 3，达到设定值，CTU 的状态变为 1；当 I0.0 触点第四次由断开转为闭合时，CTU 计数值变为 4，其状态仍为 1。如果这时 I0.1 触点闭合，CTU 的 R 端输入为 ON，CTU 复位，状态变为 0，计数值也清 0。CTU 复位后，若 CU 端输入脉冲，则 CTU 又开始计数。

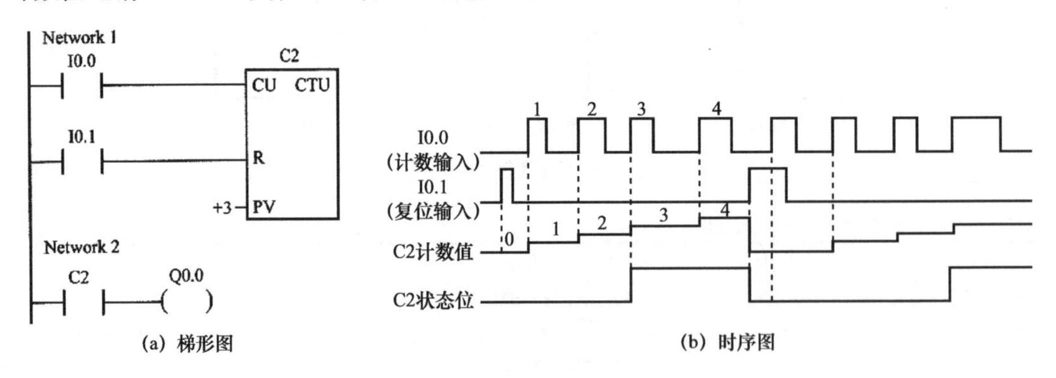

(a) 梯形图　　(b) 时序图

图 4-9 加计数器指令使用举例

在 CTU 计数器 C2 的状态为 1 时，C2 常开触点闭合，线圈 Q0.0 得电；计数器 C2 复位后，C2 触点断开，线圈 Q0.0 失电。

### 4.3.2　减计数器（CTD）

**减计数器的特点是：当 CTD 的 LD（装载）端输入为 ON 时，CTD 状态位变为 0、计数值变为设定值，装载后，计数器的 CD 端每输入一个脉冲上升沿，计数值就减 1，当计数值减到 0 时，CTD 的状态变为 1 并停止计数。**

#### 1. 指令说明

减计数器说明如表 4-13 所示。

表 4-13　减计数器说明

| 指令标识 | 梯形图符号及名称 | 说　明 |
|---|---|---|
| CTD | ???? CD CTD LD ????-PV<br>减计数器 | 当 LD 端输入为 ON 时，Cxxx（上 ????）减计数器状态变为 0，同时计数值变为 PV 值。<br>CD 端每输入一个脉冲上升沿，CTD 计数器的计数值就减 1，当计数值减到 0 时，计数器状态变为 1 并停止计数。<br>指令上方的 ???? 用于输入 CTD 计数器编号，PV 旁的 ???? 用于输入计数设定值，LD 为计数值装载控制端 |

#### 2. 指令使用举例

减计数器指令使用如图 4-10 所示。当 I0.1 触点闭合时，CTD 计数器的 LD 端输入为 ON，CTD 的状态变为 0，计数值变为设定值 3。当 I0.0 触点第一次由断开转为闭合时，CTD 的 CD 端输入一个脉冲上升沿，CTD 计数值减 1，计数值变为 2，I0.0 触点由闭合转为断开时，CTD 计数值不变；当 I0.0 触点第二次由断开转为闭合时，CTD 计数值又减 1，计数值变为 1；当 I0.0 触点第三次由断开转为闭合时，CTD 计数值再减 1，计数值为 0，CTD 的状态变为 1；当 I0.0 触点第四次由断开转为闭合时，CTD 状态（1）和计数值（0）保持不变。如果这时 I0.1 触点闭合，CTD 的 LD 端输入为 ON，CTD 状态也变为 0，同时计数值由 0 变为设定值，在 LD 端输入为 ON 期间，CD 端输入无效。LD 端输入变为 OFF 后，若 CD 端输入脉冲上升沿，则 CTD 又开始计数。

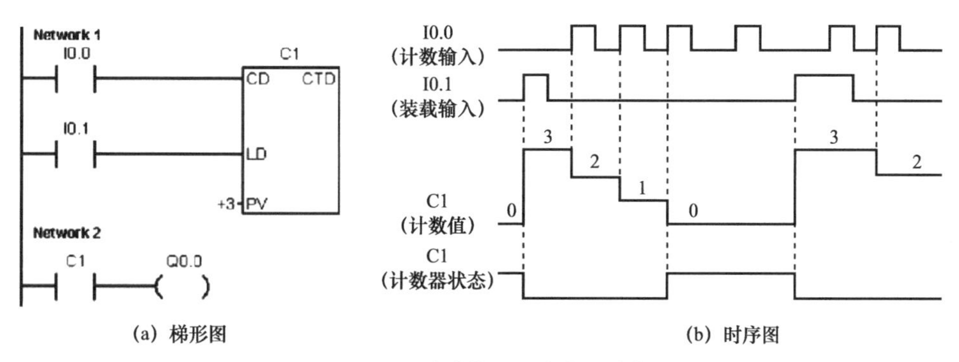


（a）梯形图　　（b）时序图

图 4-10　减计数器指令使用举例

在 CTD 计数器 C1 的状态为 1 时，C1 常开触点闭合，线圈 Q0.0 得电，在计数器 C1 装载后状态位为 0，C1 触点断开，线圈 Q0.0 失电。

### 4.3.3 加减计数器（CTUD）

**加减计数器的特点是：**

**① 当 CTUD 的 R 端（复位端）输入为 ON 时，CTUD 状态变为 0，同时计数值清 0。**

**② 在加计数时，CU 端（加计数端）每输入一个脉冲上升沿，计数值就增 1，CTUD 加计数的最大值为 32767，在达到最大值时再来一个脉冲上升沿，计数值会变为 -32768。**

**③ 在减计数时，CD 端（减计数端）每输入一个脉冲上升沿，计数值就减 1，CTUD 减计数的最小值为 -32768，在达到最小值时再来一个脉冲上升沿，计数值会变为 32767。**

**④ 不管是加计数还是减计数，只要计数值等于或大于设定值，CTUD 的状态就为 1。**

#### 1．指令说明

加减计数器说明如表 4-14 所示。

表 4-14　加减计数器说明

| 指令标识 | 梯形图符号及名称 | 说　明 |
|---|---|---|
| CTUD | ????<br>CU　CTUD<br>CD<br>R<br>????-PV<br>加减计数器 | 当 R 端输入为 ON 时，Cxxx（上 ????）加减计数器状态变为 0，同时计数值清 0。<br>CU 端每输入一个脉冲上升沿，CTUD 计数器的计数值就增 1，当计数值增到最大值 32767 时，CU 端再输入一个脉冲上升沿，计数值会变为 -32768。<br>CD 端每输入一个脉冲上升沿，CTUD 计数器的计数值就减 1，当计数值减到最小值 -32768 时，CD 端再输入一个脉冲上升沿，计数值会变为 32767。<br>不管是加计数还是减计数，只要当前计数值等于或大于 PV 值（设定值），CTUD 的状态就为 1。<br>指令上方的 ???? 用于输入 CTUD 计数器编号，PV 旁的 ???? 用于输入计数设定值，CU 为加计数输入端，CD 为减计数输入端，R 为计数器复位端 |

#### 2．指令使用举例

加减计数器指令使用如图 4-11 所示。

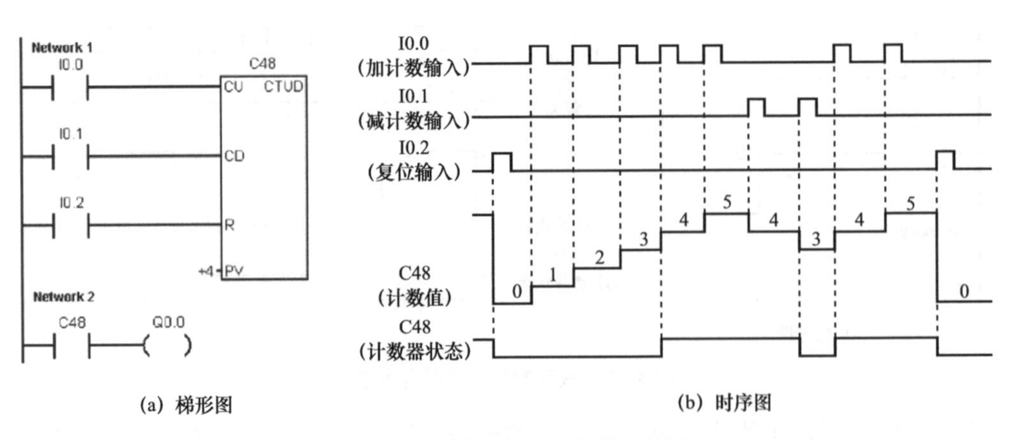


(a) 梯形图　　(b) 时序图

图 4-11　加减计数器指令使用举例

当 I0.2 触点闭合时，CTUD 计数器 C48 的 R 端输入为 ON，CTUD 的状态变为 0，同时计数值清 0。

当 I0.0 触点第一次由断开转为闭合时，CTUD 计数值增 1，计数值为 1；当 I0.0 触点第二次由断开转为闭合时，CTUD 计数值又增 1，计数值为 2；当 I0.0 触点第三次由断开转为闭合时，CTUD 计数值再增 1，计数值为 3；当 I0.0 触点第四次由断开转为闭合时，CTUD 计数值再增 1，计数值为 4，达到计数设定值，CTUD 的状态变为 1。当 CU 端继续输入时，CTUD 计数值继续增大。如果 CU 端停止输入，而在 CD 端使用 I0.1 触点输入脉冲，每输入一个脉冲上升沿，CTUD 的计数值就减 1，当计数值减到小于设定值 4 时，CTUD 的状态变为 0；如果 CU 端又有脉冲输入，则会开始加计数，计数值达到设定值时，CTUD 的状态又变为 1。在加计数或减计数时，一旦 R 端输入为 ON，CTUD 状态和计数值就变为 0。

在 CTUD 计数器 C48 的状态为 1 时，C48 常开触点闭合，线圈 Q0.0 得电；C48 状态为 0 时，C48 触点断开，线圈 Q0.0 失电。

## 4.4 常用的基本控制线及梯形图

### 4.4.1 启动、自锁和停止控制线路与梯形图

启动、自锁和停止控制是 PLC 最基本的控制功能。启动、自锁和停止控制可以采用输出线圈指令，也可以采用置位、复位指令来实现。

**1. 采用输出线圈指令实现启动、自锁和停止控制**

采用输出线圈指令实现启动、自锁和停止控制的线路与梯形图如图 4-12 所示。

当按下启动按钮 SB1 时，PLC 内部梯形图程序中的启动触点 I0.0 闭合，输出线圈 Q0.0 得电，PLC 输出端子 Q0.0 内部的硬触点闭合，Q0.0 端子与 1L 端子之间内部硬触点闭合，接触器线圈 KM 得电，主电路中的 KM 主触点闭合，电动机得电启动。

输出线圈 Q0.0 得电后，除了会使 Q0.0、1L 端子之间的硬触点闭合外，还会使自锁触点 Q0.0 闭合，在启动触点 I0.0 断开后，依靠自锁触点闭合可使线圈 Q0.0 继续得电，电动机就会继续运转，从而实现自锁控制功能。

当按下停止按钮 SB2 时，PLC 内部梯形图程序中的停止触点 I0.1 断开，输出线圈 Q0.0 失电，Q0.0、1L 端子之间的内部硬触点断开，接触器线圈 KM 失电，主电路中的 KM 主触点断开，电动机失电停转。

**2．采用置位、复位指令实现启动、自锁和停止控制**

采用置位、复位指令（R、S）实现启动、自锁和停止控制的线路与图 4-12（a）相同，梯形图程序如图 4-13 所示。

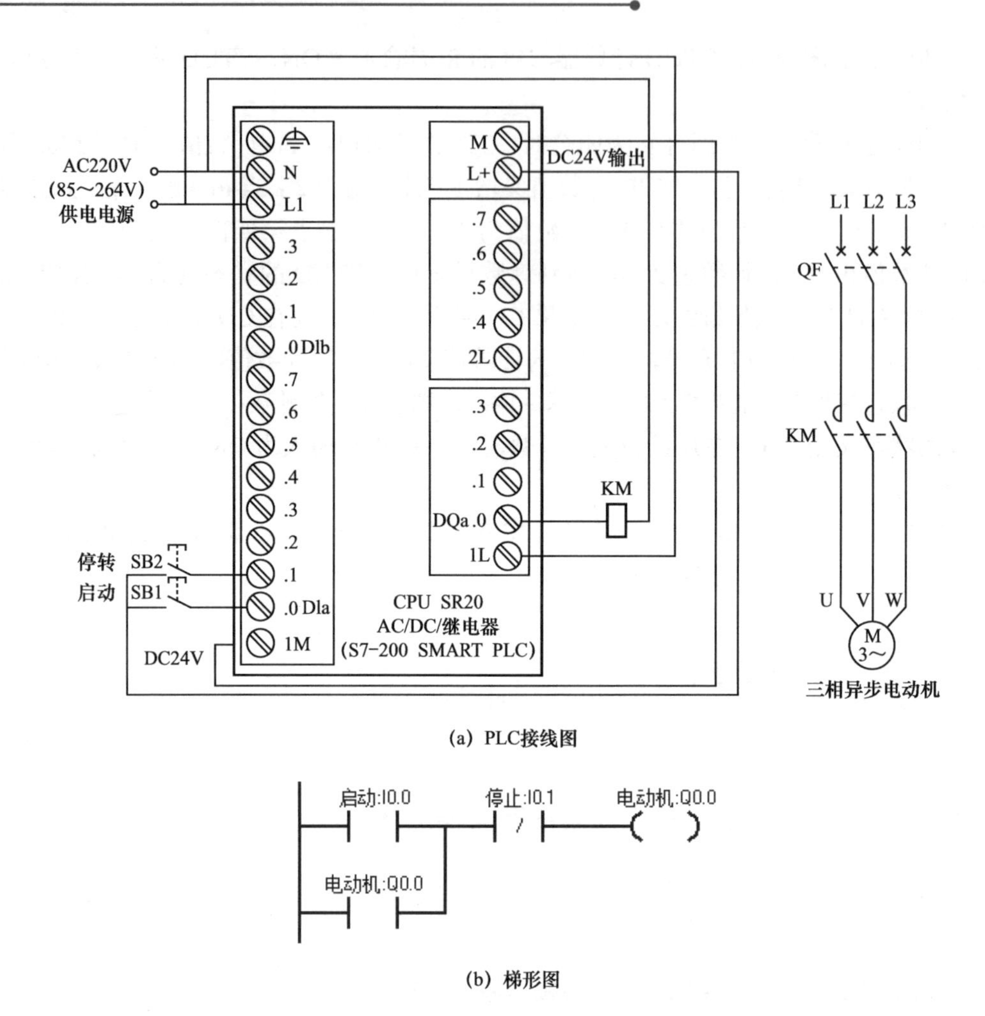


(a) PLC接线图

(b) 梯形图

图 4-12　采用输出线圈指令实现启动、自锁和停止控制的线路与梯形图

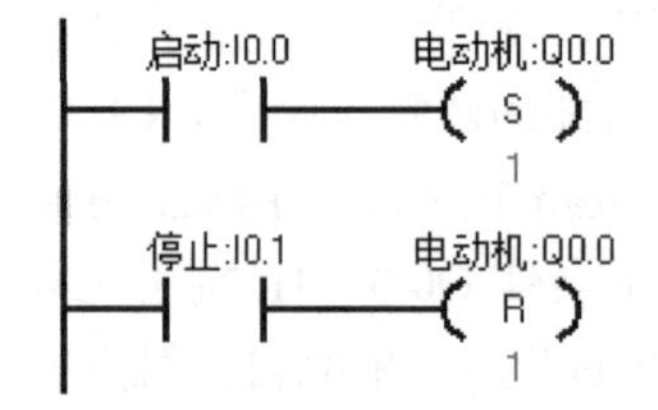


图 4-13　采用置位、复位指令实现启动、自锁和停止控制的梯形图

当按下启动按钮 SB1 时，梯形图中的启动触点 I0.0 闭合，“S Q0.0, 1”指令执行，指令执行结果是将输出继电器线圈 Q0.0 置 1，相当于线圈 Q0.0 得电，Q0.0、1L 端子之间的内部硬触点接通，接触器线圈 KM 得电，主电路中的 KM 主触点闭合，电动机得电启动。

线圈 Q0.0 置位后，松开启动按钮 SB1、启动触点 I0.0 断开，但线圈 Q0.0 仍保持“1”态，即仍维持得电状态，电动机就会继续运转，从而实现自锁控制功能。

当按下停止按钮 SB2 时，梯形图程序中的停止触点 I0.1 闭合，“R Q0.0, 1”指令被执行，指令执行结果将输出线圈 Q0.0 复位（即置 0），相当于线圈 Q0.0 失电，Q0.0、1L 端子之间的内部硬触点断开，接触器线圈 KM 失电，主电路中的 KM 主触点断开，电动机失电停转。

采用置位、复位指令和输出线圈指令都可以实现启动、自锁和停止控制，两者的PLC外部接线相同，仅梯形图程序不同。

### 4.4.2 正、反转联锁控制线路与梯形图

正、反转联锁控制线路与梯形图如图4-14所示。

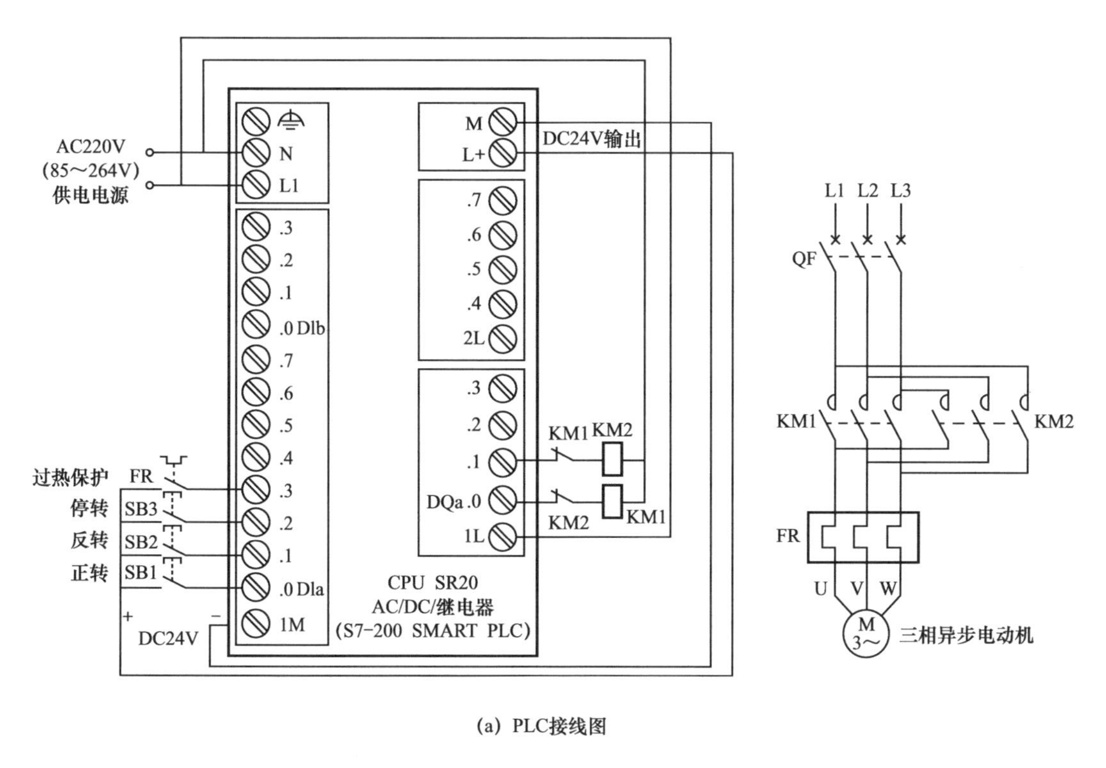


(a) PLC接线图

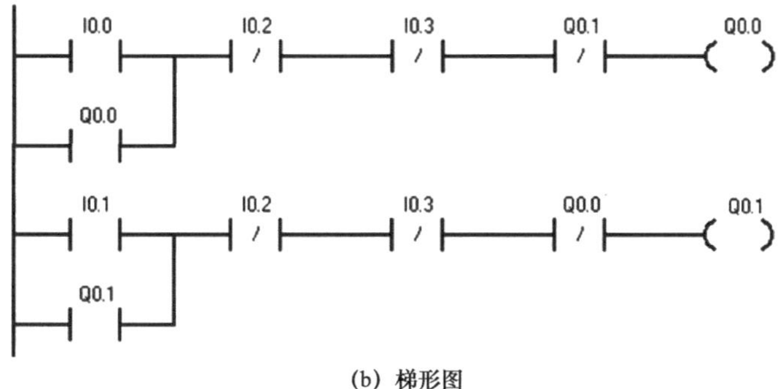


(b) 梯形图

图4-14 正、反转联锁控制线路与梯形图

（1）正转联锁控制

按下正转按钮SB1，梯形图程序中的正转触点I0.0闭合，线圈Q0.0得电，Q0.0自锁触点闭合，Q0.0联锁触点断开，Q0.0端子与1L端子间的内硬触点闭合，Q0.0自锁触点闭合，使线圈Q0.0在I0.0触点断开后仍可得电；Q0.0联锁触点断开，使线圈Q0.1即使在I0.1触点闭合（因误操作SB2引起）时也无法得电，实现联锁控制；Q0.0端子与1L端子间的

内硬触点闭合，接触器 KM1 线圈得电，主电路中的 KM1 主触点闭合，电动机得电正转。

（2）反转联锁控制

按下反转按钮 SB2，梯形图程序中的反转触点 I0.1 闭合，线圈 Q0.1 得电，Q0.1 自锁触点闭合，Q0.1 联锁触点断开，Q0.1 端子与 1L 端子间的内硬触点闭合，Q0.1 自锁触点闭合，使线圈 Q0.1 在 I0.1 触点断开后继续得电；Q0.1 联锁触点断开，使线圈 Q0.0 即使在 I0.0 触点闭合（因误操作 SB1 引起）时也无法得电，实现联锁控制；Q0.1 端子与 1L 端子间的内硬触点闭合，接触器 KM2 线圈得电，主电路中的 KM2 主触点闭合，电动机得电反转。

（3）停转控制

按下停止按钮 SB3，梯形图程序中的两个停止触点 I0.2 均断开，线圈 Q0.0、Q0.1 均失电，接触器 KM1、KM2 线圈均失电，主电路中的 KM1、KM2 主触点均断开，电动机失电停转。

（4）过热保护

如果电动机长时间过载运行，流过热继电器 FR 的电流会因长时间过流发热而执行动作，FR 触点闭合，PLC 的 I0.3 端子有输入，梯形图程序中的两个热保护常闭触点 I0.3 均断开，线圈 Q0.0、Q0.1 均失电，接触器 KM1、KM2 线圈均失电，主电路中的 KM1、KM2 主触点均断开，电动机失电停转，从而防止因电动机长时间过流运行而烧坏。

### 4.4.3　多地控制线路与梯形图

多地控制线路与梯形图如图 4-15 所示。

（1）单人多地控制

① 甲地启动控制。在甲地按下启动按钮 SB1 时，I0.0 常开触点闭合，线圈 Q0.0 得电，Q0.0 常开自锁触点闭合，Q0.0 端子内硬触点闭合，Q0.0 常开自锁触点闭合，锁定 Q0.0 线圈供电，Q0.0 端子内硬触点闭合使接触器线圈 KM 得电，主电路中的 KM 主触点闭合，电动机得电运转。

② 甲地停止控制。在甲地按下停止按钮 SB2 时，I0.1 常闭触点断开，线圈 Q0.0 失电，Q0.0 常开自锁触点断开，Q0.0 端子内硬触点断开，接触器线圈 KM 失电，主电路中的 KM 主触点断开，电动机失电停转。

乙地和丙地的启 / 停控制与甲地控制相同，利用图 4-15（b）所示梯形图既可以实现在任何一地进行启 / 停控制，也可以在一地进行启动控制，在另一地进行停止控制。

（2）多人多地控制

① 启动控制。在甲、乙、丙三地同时按下按钮 SB1、SB3、SB5，I0.0、I0.2、I0.4 三个常开触点均闭合，线圈 Q0.0 得电，Q0.0 常开自锁触点闭合，Q0.0 端子的内硬触点闭合，Q0.0 线圈供电锁定，接触器线圈 KM 得电，主电路中的 KM 主触点闭合，电动机得电运转。

② 停止控制。在甲、乙、丙三地按下 SB2、SB4、SB6 中的某个停止按钮时，I0.1、I0.3、I0.5 三个常闭触点中的某个断开，线圈 Q0.0 失电，Q0.0 常开自锁触点断开，Q0.0 端子内硬触点断开，Q0.0 常开自锁触点断开使 Q0.0 线圈供电切断，Q0.0 端子的内硬触点断开使接触器线圈 KM 失电，主电路中的 KM 主触点断开，电动机失电停转。

图 4-15（c）所示梯形图可以实现多人在多地同时按下启动按钮才能启动，在任意一地都可以进行停止控制的功能。

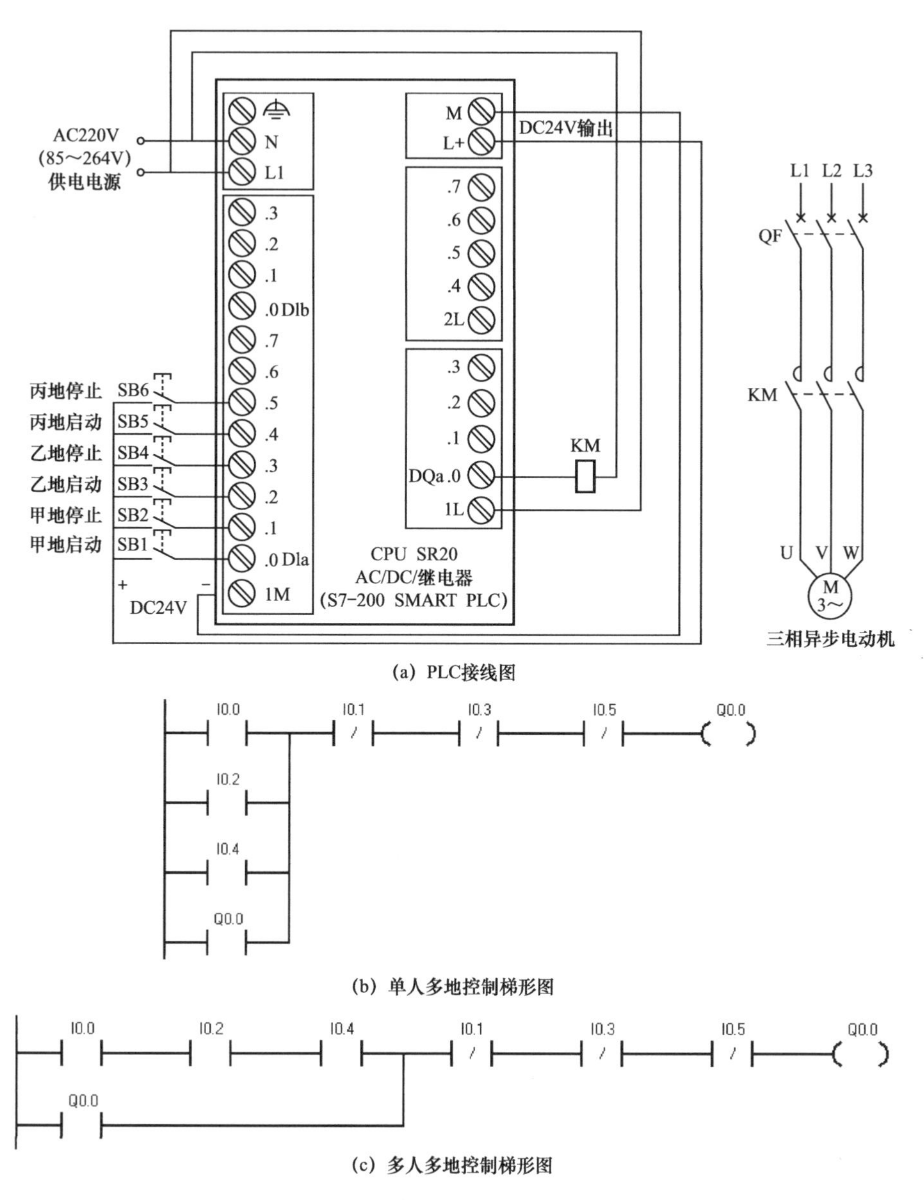


(a) PLC接线图

(b) 单人多地控制梯形图

(c) 多人多地控制梯形图

图 4-15　多地控制线路与梯形图

## 4.4.4　定时控制线路与梯形图

定时控制方式很多，下面介绍两种典型的定时控制线路与梯形图。

### 1．延时启动定时运行控制线路与梯形图

延时启动定时运行控制线路与梯形图如图 4-16 所示，其实现的功能是：按下启动按钮 3s 后，电动机开始运行；松开启动按钮后，运行 5s 会自动停止。

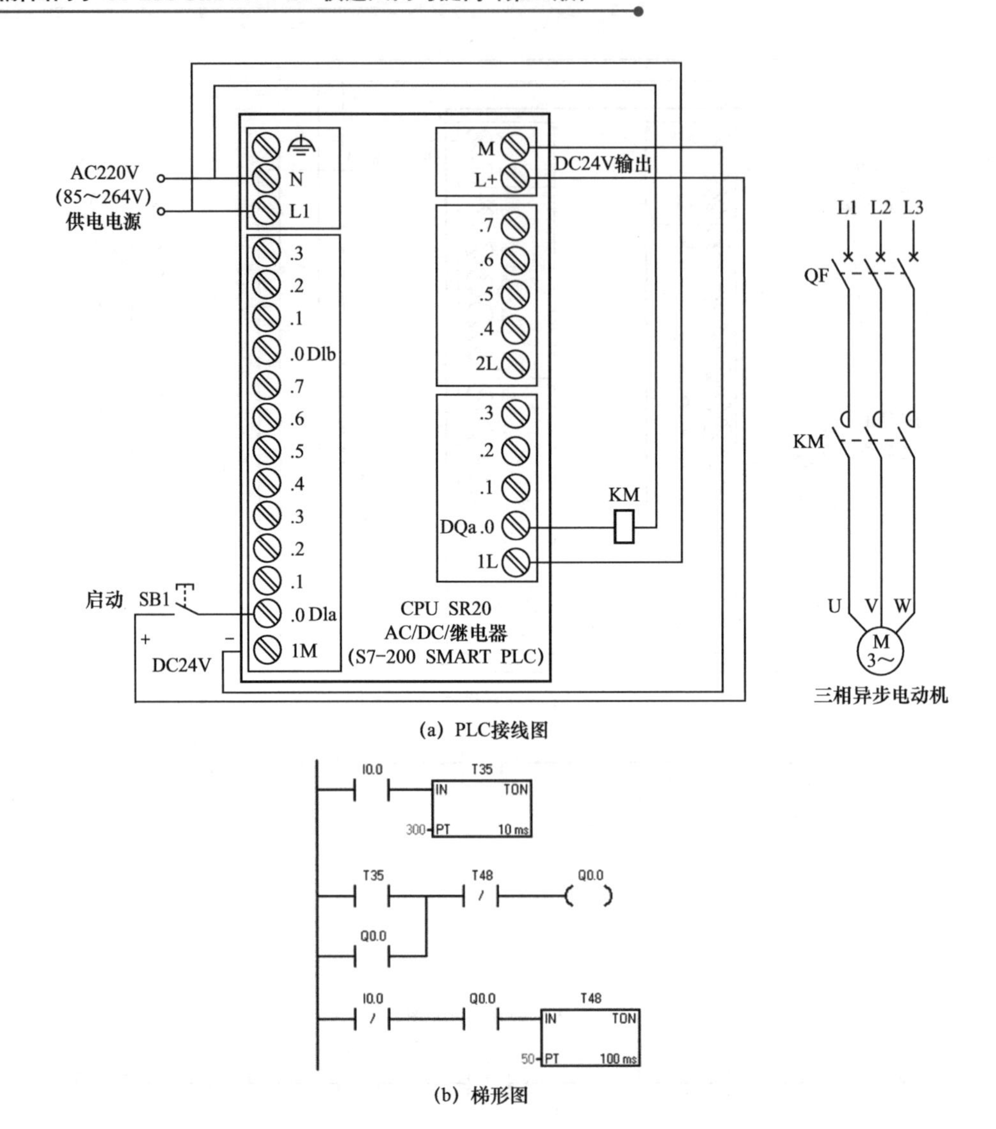

(a) PLC接线图

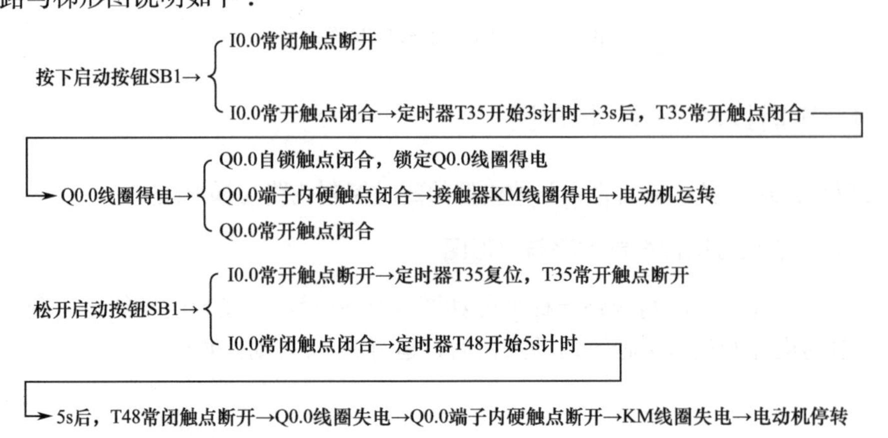

(b) 梯形图

图 4-16　延时启动定时运行控制线路与梯形图

线路与梯形图说明如下：

按下启动按钮SB1→
- I0.0常闭触点断开
- I0.0常开触点闭合→定时器T35开始3s计时→3s后，T35常开触点闭合

→Q0.0线圈得电→
- Q0.0自锁触点闭合，锁定Q0.0线圈得电
- Q0.0端子内硬触点闭合→接触器KM线圈得电→电动机运转
- Q0.0常开触点闭合

松开启动按钮SB1→
- I0.0常开触点断开→定时器T35复位，T35常开触点断开
- I0.0常闭触点闭合→定时器T48开始5s计时

→5s后，T48常闭触点断开→Q0.0线圈失电→Q0.0端子内硬触点断开→KM线圈失电→电动机停转

## 2. 多定时器组合控制线路与梯形图

图 4-17 所示是一种典型的多定时器组合控制线路与梯形图，其实现的功能是：按下启动按钮后电动机 B 马上运行，30s 后电动机 A 开始运行，70s 后电动机 B 停转，100s 后电动机 A 停转。

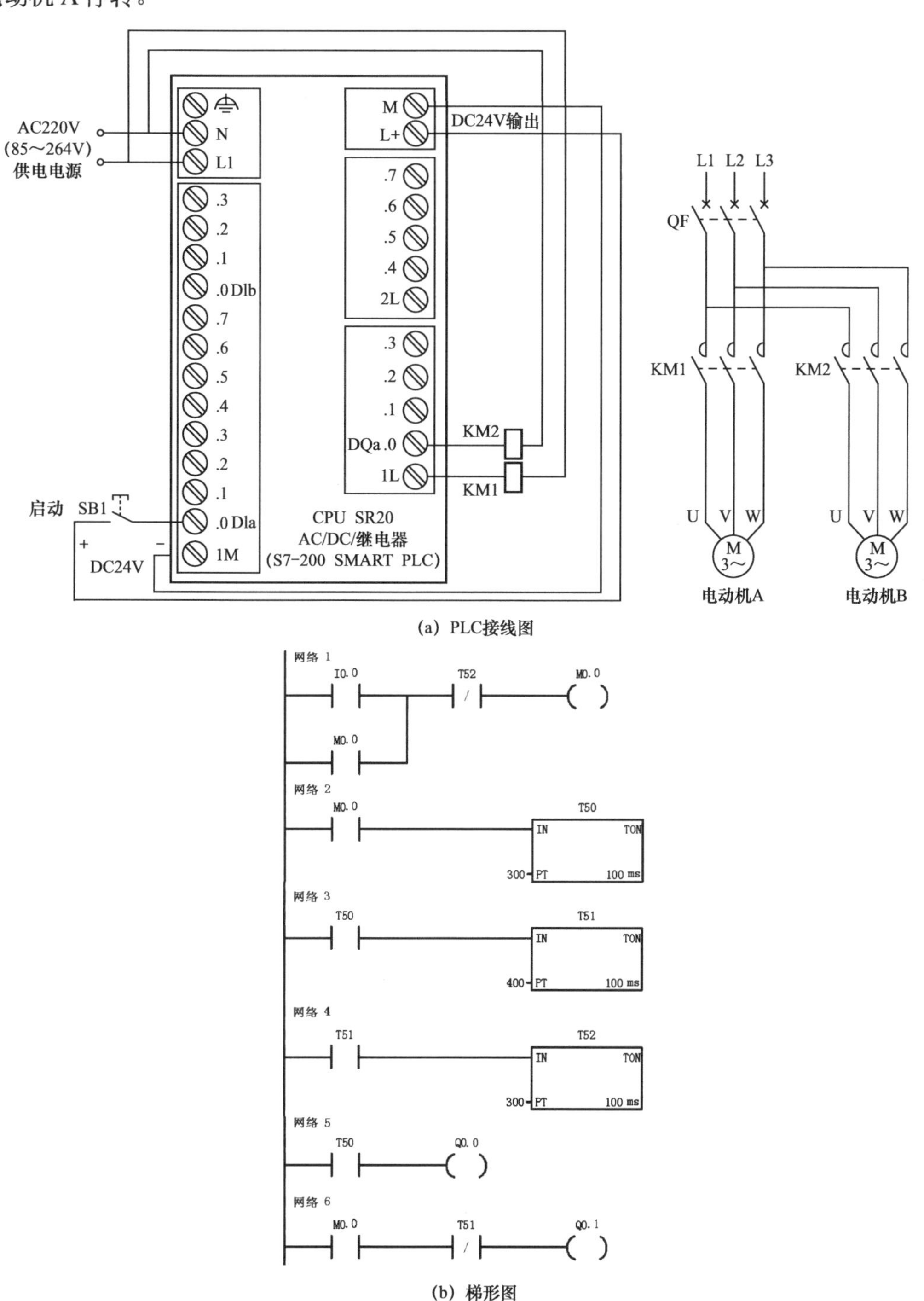


(a) PLC接线图

(b) 梯形图

图 4-17　一种典型的多定时器组合控制线路与梯形图

线路与梯形图说明如下：

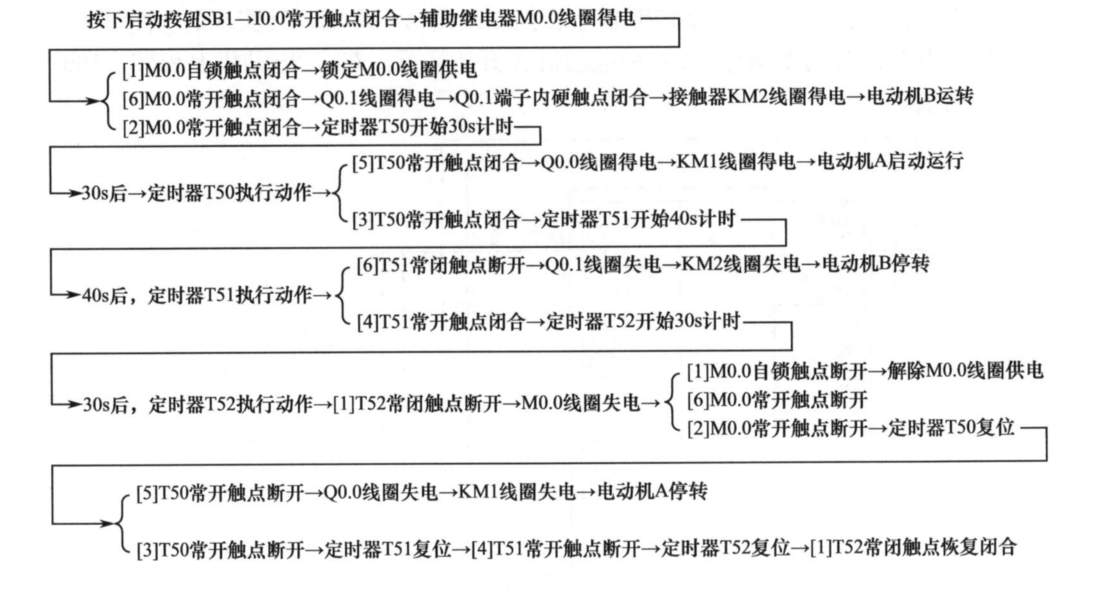


## 4.4.5 长定时控制线路与梯形图

西门子 S7-200 SMART PLC 的最大定时时间为 3276.7s（约 54min），采用定时器和计数器组合可以延长定时时间。定时器与计数器组合延长定时控制线路与梯形图如图 4-18 所示。

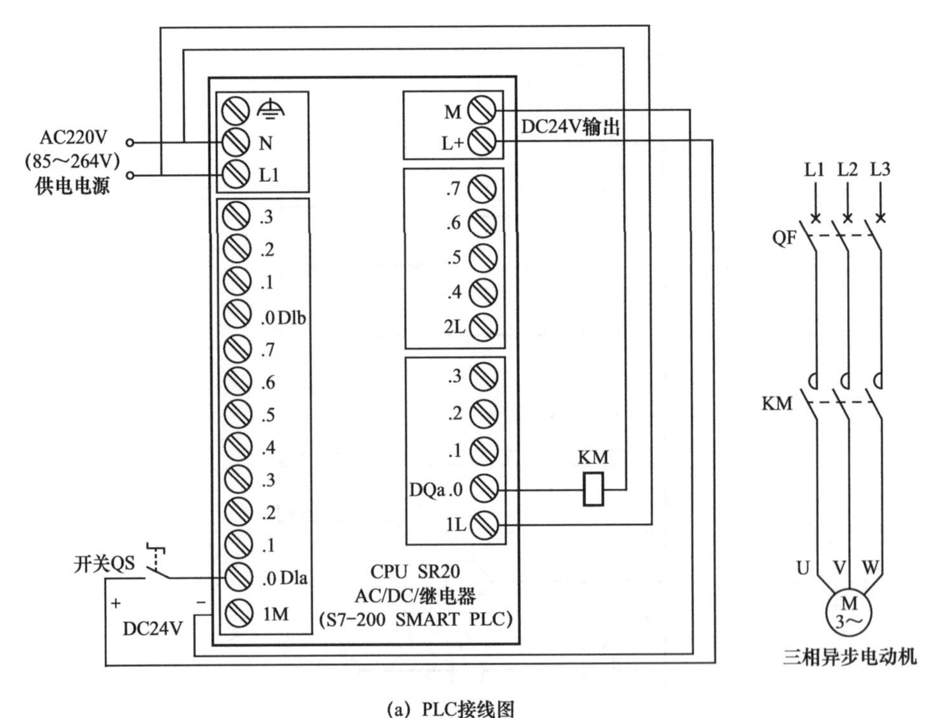


(a) PLC接线图

图 4-18　定时器与计数器组合延长定时控制线路与梯形图

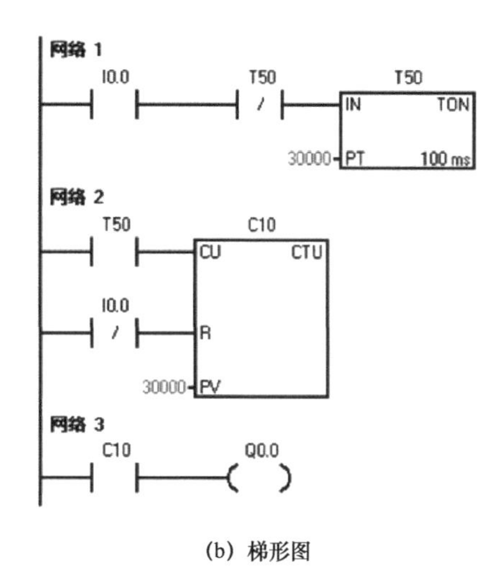


(b) 梯形图

图 4-18　定时器与计数器组合延长定时控制线路与梯形图（续）

线路与梯形图说明如下：

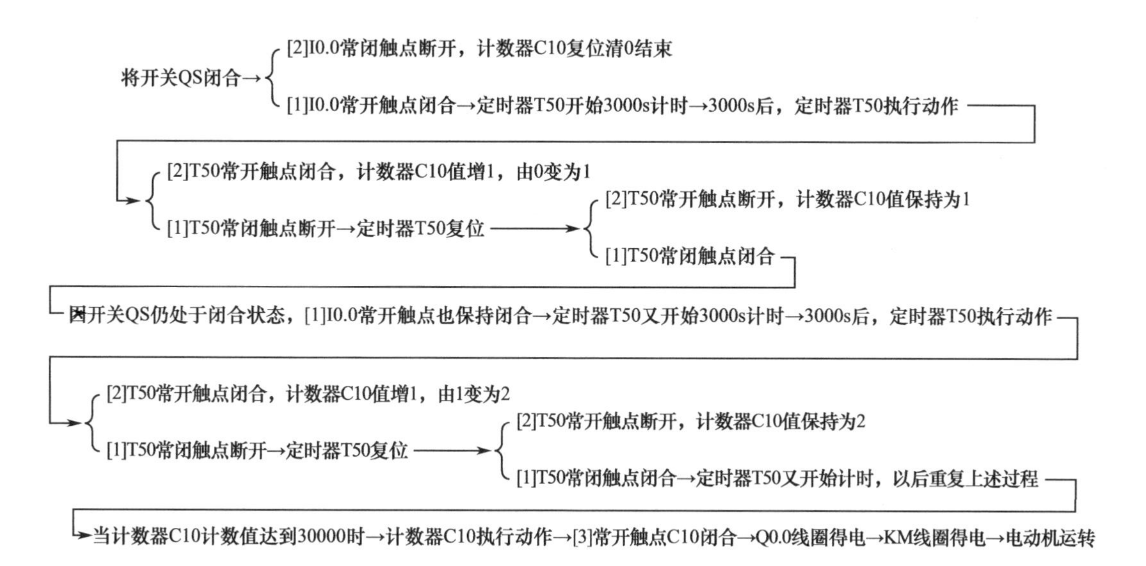


图 4-18 中的定时器 T50 定时单位为 0.1s（100ms），它与计数器 C10 组合使用后，其定时时间 $T = 30000 \times 0.1\text{s} \times 30000 = 90000000\text{s} = 25000\text{h}$。若需重新定时，可将开关 QS 断开，让 [2]I0.0 常闭触点闭合，对计数器 C10 执行复位，之后闭合 QS，则会重新开始 25000h 定时。

## 4.4.6　多重输出控制线路与梯形图

多重输出控制线路与梯形图如图 4-19 所示。

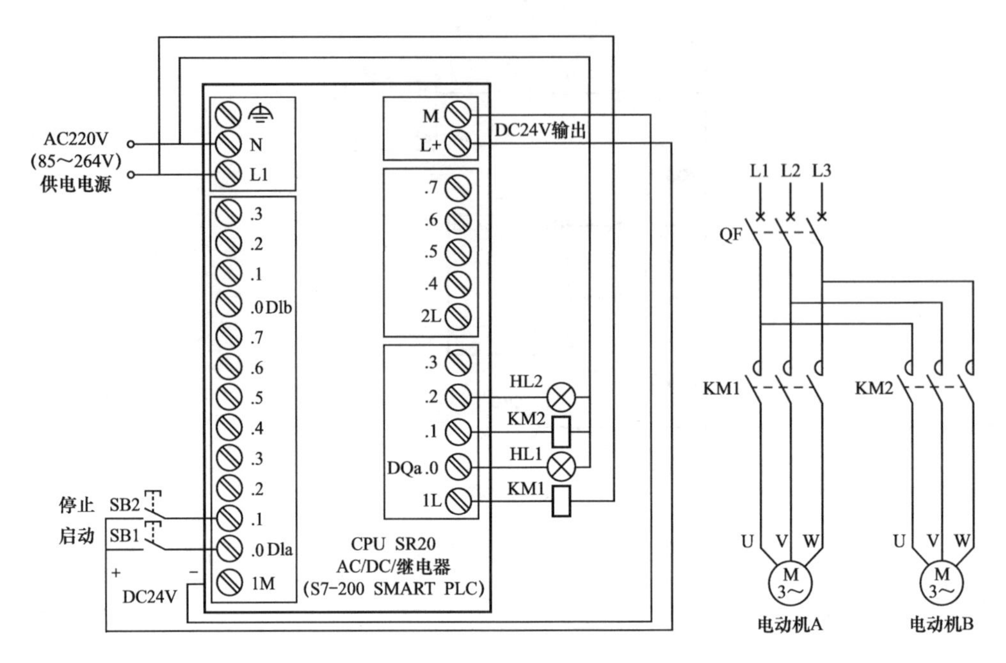


(a) PLC接线图

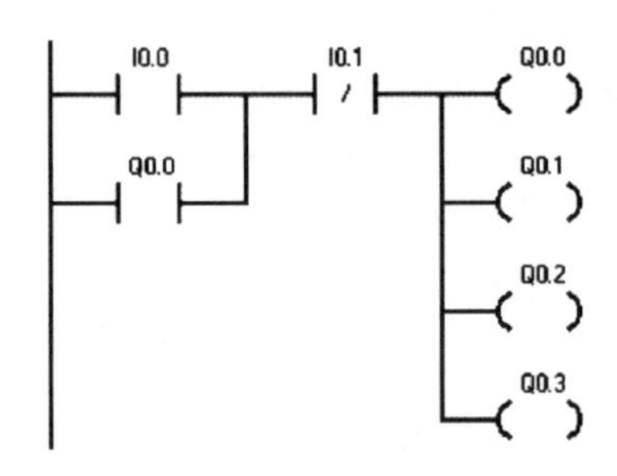


(b) 梯形图

图 4-19　多重输出控制线路与梯形图

线路与梯形图说明如下：

（1）启动控制

按下启动按键SB1→I0.0常开触点闭合→

- Q0.0自锁触点闭合，锁定输出线圈Q0.0~Q0.3供电
- Q0.0线圈得电→Q0.0端子内硬触点闭合→KM1线圈得电→KM1主触点闭合→电动机A得电运转
- Q0.1线圈得电→Q0.1端子内硬触点闭合→HL1灯点亮
- Q0.2线圈得电→Q0.2端子内硬触点闭合→KM2线圈得电→KM2主触点闭合→电动机B得电运转
- Q0.3线圈得电→Q0.3端子内硬触点闭合→HL2灯点亮

（2）停止控制

按下停止按钮SB2→I0.0常闭触点断开→

- Q0.0自锁触点断开，解除输出线圈Q0.0~Q0.3供电
- Q0.0线圈失电→Q0.0端子内硬触点断开→KM1线圈失电→KM1主触点断开→电动机A失电停转
- Q0.1线圈失电→Q0.1端子内硬触点断开→HL1灯熄灭
- Q0.2线圈失电→Q0.2端子内硬触点断开→KM2线圈失电→KM2主触点断开→电动机B失电停转
- Q0.3线圈失电→Q0.3端子内硬触点断开→HL2灯熄灭

## 4.4.7　过载报警控制线路与梯形图

过载报警控制线路与梯形图如图 4-20 所示。

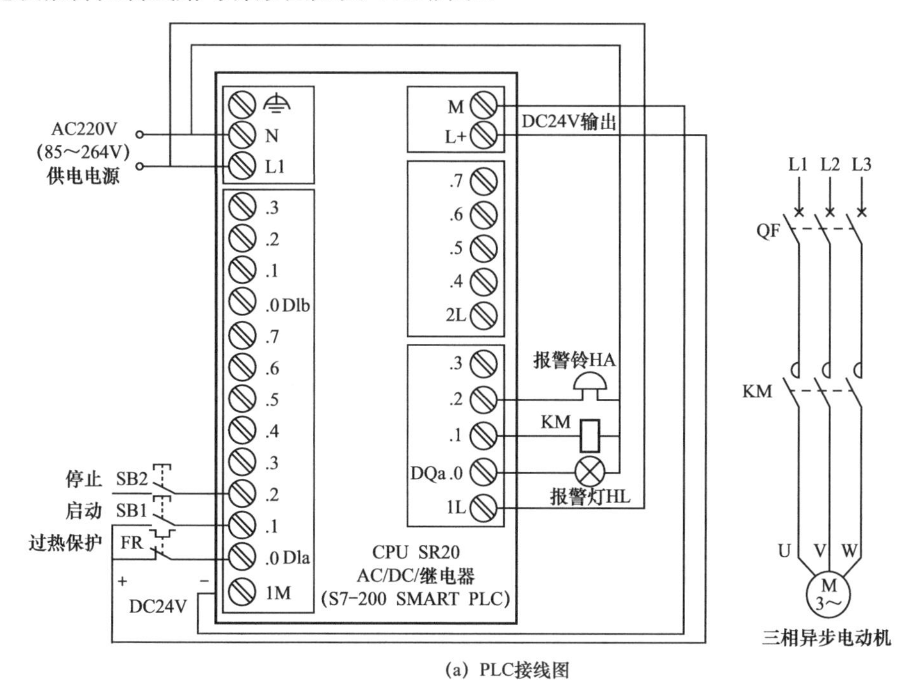


(a) PLC接线图

网络 1
I0.1　Q0.1 ( S ) 1

网络 2
I0.2　Q0.1 ( R ) 1
I0.0 (/)

网络 3
I0.0　N　M0.0 ( )

网络 4
M0.0　T50 (/)　Q0.0 ( )
Q0.0
T50 IN TON
100 PT 100 ms

网络 5
I0.0 (/)　P　M0.1 ( )

网络 6
M0.1　T50 (/)　Q0.2 ( )
Q0.2

(b) 梯形图

图 4-20　过载报警控制线路与梯形图

线路与梯形图说明如下：

（1）启动控制

按下启动按钮 SB1 → [1]I0.1 常开触点闭合→置位指令执行→ Q0.1 线圈被置位，即 Q0.1 线圈得电→ Q0.1 端子内硬触点闭合→接触器 KM 线圈得电→ KM 主触点闭合→电动机得电运转。

（2）停止控制

按下停止按钮 SB2 → [2]I0.2 常开触点闭合→复位指令执行→ Q0.1 线圈被复位（置 0），即 Q0.1 线圈失电→ Q0.1 端子内硬触点断开→接触器 KM 线圈失电→ KM 主触点断开→电动机失电停转。

（3）过热保护及报警控制

在正常工作时，FR过热保护触点闭合→
- [2]I0.0常闭触点断开，Q0.1复位指令无法执行
- [3]I0.0常开触点闭合，下降沿检测（N触点）无效，M0.0状态为0
- [5]I0.0常闭触点断开，上升沿检测（P触点）无效，M0.1状态为0

当电动机过载运行时，热继电器FR发热元件执行动作，过热保护触点断开→
- [2]I0.0常闭触点闭合→执行Q0.1复位指令→Q0.1线圈失电→Q0.1端子内硬触点断开→KM线圈失电→KM主触点断开→电动机失电停转
- [3]I0.0常开触点由闭合转为断开，产生一个脉冲下降沿→N触点有效，M0.0线圈得电一个扫描周期→[4]M0.0常开触点闭合→定时器T50开始10s计时，同时Q0.0线圈得电→Q0.0线圈得电一方面使[4]Q0.0自锁触点闭合来锁定供电，另一方面使报警灯通电点亮
- [5]I0.0常闭触点由断开转为闭合，产生一个脉冲上升沿→P触点有效，M0.1线圈得电一个扫描周期→[6]M0.1常开触点闭合→Q0.2线圈得电→Q0.2线圈得电一方面使[6]Q0.2自锁触点闭合来锁定供电，另一方面使报警铃通电发声

→10s后，定时器T50置1→
- [6]T50常闭触点断开→Q0.2线圈失电→报警铃失电，停止报警声
- [4]T50常闭触点断开→定时器T50复位，同时Q0.0线圈失电→报警灯失电熄灭

### 4.4.8 闪烁控制线路与梯形图

闪烁控制线路与梯形图如图 4-21 所示。

线路与梯形图说明如下：

将开关 QS 闭合→ I0.0 常开触点闭合→定时器 T50 开始 3s 计时→ 3s 后，定时器 T50 执行动作，T50 常开触点闭合→定时器 T51 开始 3s 计时，同时 Q0.0 得电，Q0.0 端子内硬触点闭合，灯 HL 点亮→ 3s 后，定时器 T51 执行动作，T51 常闭触点断开→定时器 T50 复位，T50 常开触点断开→ Q0.0 线圈失电，同时定时器 T51 复位→ Q0.0 线圈失电使灯 HL 熄灭；定时器 T51 复位使 T51 闭合，由于开关 QS 仍处于闭合状态，I0.0 常开触点也处于闭合状态，因此定时器 T50 又重新开始 3s 计时（在此期间 T50 触点断开，灯处于熄灭状态）。

重复上述过程，灯 HL 按照 3s 亮、3s 灭的频率闪烁发光。

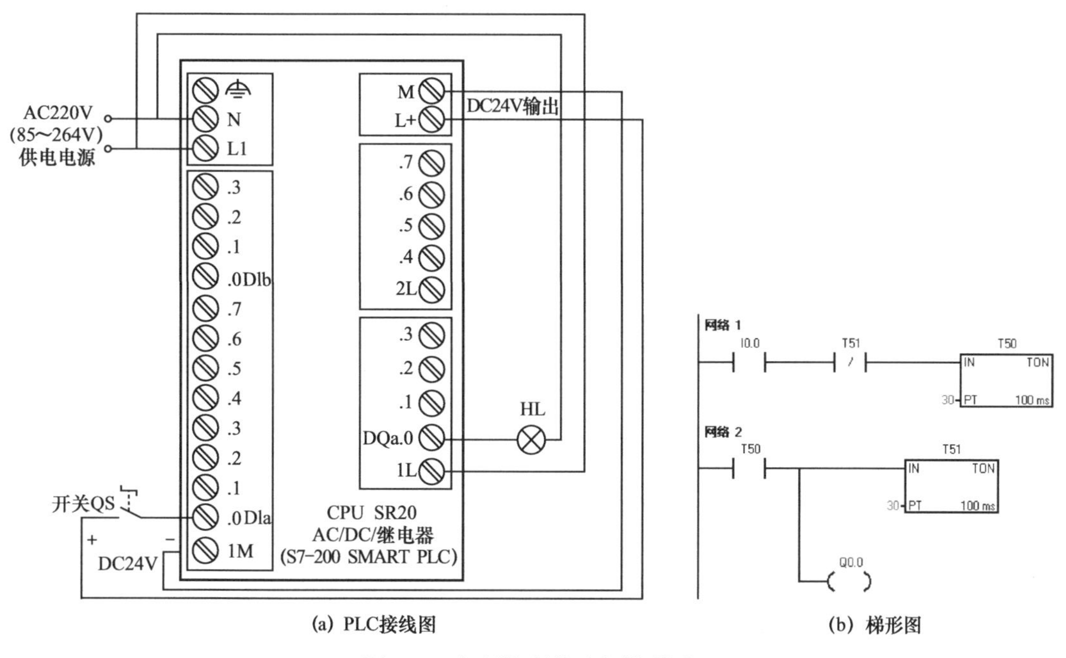


(a) PLC接线图　　(b) 梯形图

图 4-21　闪烁控制线路与梯形图

## 4.5 基本指令应用实例

### 4.5.1 喷泉的 PLC 控制线路与程序详解

#### 1. 明确系统控制要求

系统要求用两个按钮来控制 A、B、C 三组喷头工作（通过控制三组喷头的泵电动机来实现），三组喷头排列如图 4-22 所示。系统控制要求具体如下：

当按下启动按钮后，A 组喷头先喷 5s 后停止，然后 B、C 组喷头同时喷；5s 后，B 组喷头停止，C 组喷头继续喷 5s 再停止；而后 A、B 组喷头喷 7s，C 组喷头在这 7s 的前 2s 内停止，后 5s 内喷水；接着 A、B、C 三组喷头同时停止 3s，以后重复前述过程。按下停止按钮后，三组喷头同时停止喷水。图 4-23 所示为 A、B、C 三组喷头工作时序图。

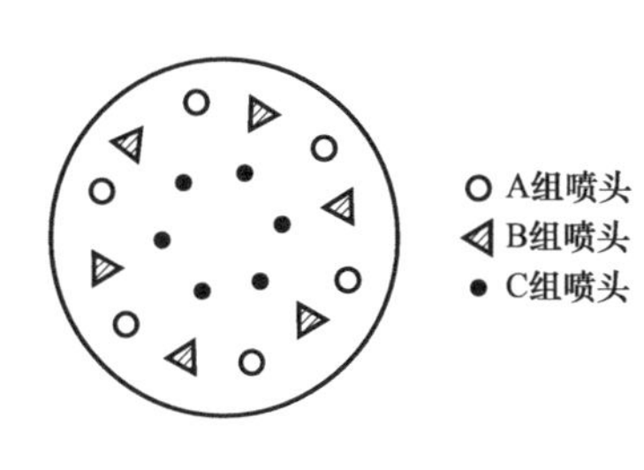


图 4-22　A、B、C 三组喷头排列图

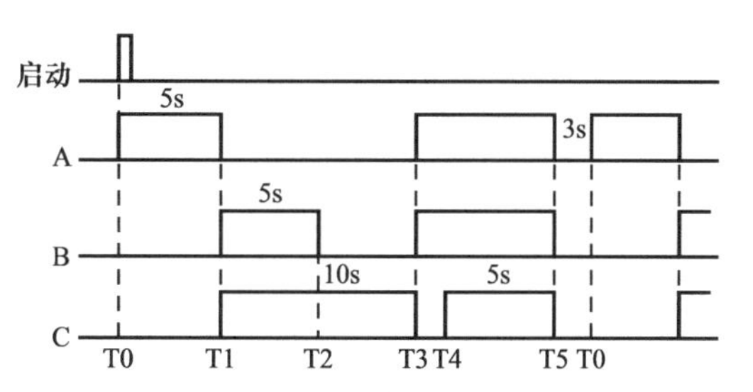


图 4-23　A、B、C 三组喷头工作时序图

### 2．确定输入 / 输出设备，并为其分配合适的 I/O 端子

喷泉控制采用的输入 / 输出设备和对应的 PLC 端子见表 4-15。

表 4-15　喷泉控制采用的输入 / 输出设备和对应的 PLC 端子

| 输　入 | | | 输　出 | | |
|---|---|---|---|---|---|
| 输入设备 | 对应 PLC 端子 | 功能说明 | 输出设备 | 对应 PLC 端子 | 功能说明 |
| SB1 | I0.0 | 启动控制 | KM1 线圈 | Q0.0 | 驱动 A 组电动机工作 |
| SB2 | I0.1 | 停止控制 | KM2 线圈 | Q0.1 | 驱动 B 组电动机工作 |
| | | | KM3 线圈 | Q0.2 | 驱动 C 组电动机工作 |

### 3．绘制喷泉控制线路图

图 4-24 所示为喷泉控制线路图。

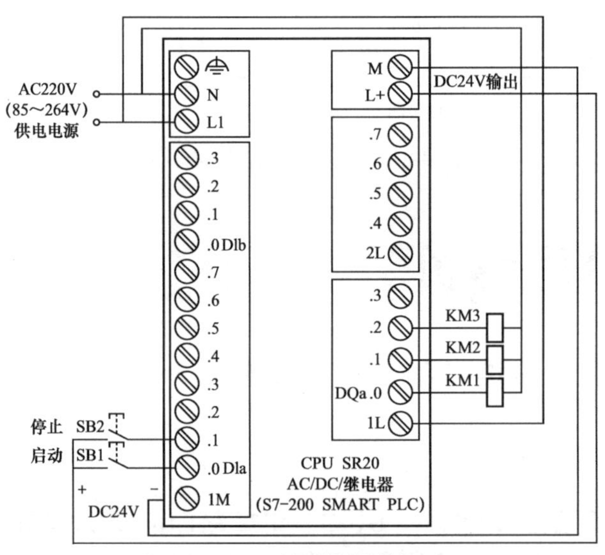


（a）控制电路部分

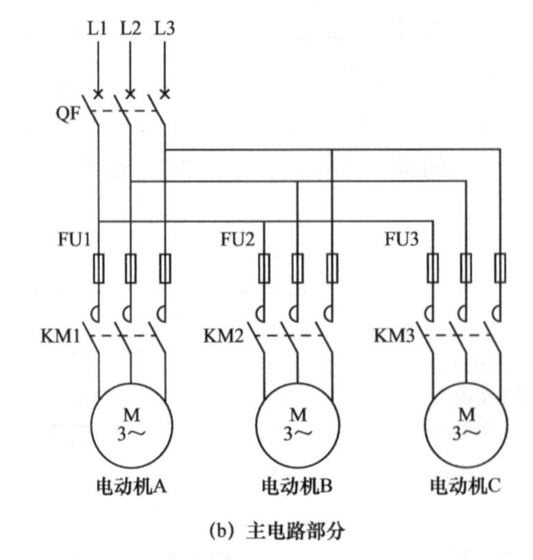


（b）主电路部分

图 4-24　喷泉控制线路图

### 4．编写 PLC 控制程序

启动编程软件，编写满足控制要求的梯形图程序，编写完成的梯形图如图 4-25 所示。

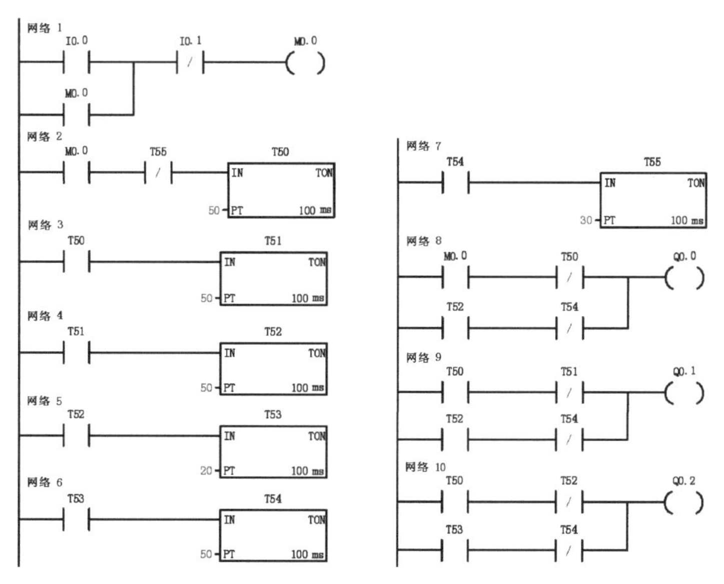


图 4-25　编写完成的梯形图

下面对照图 4-24 所示控制线路来说明梯形图工作原理。

（1）启动控制

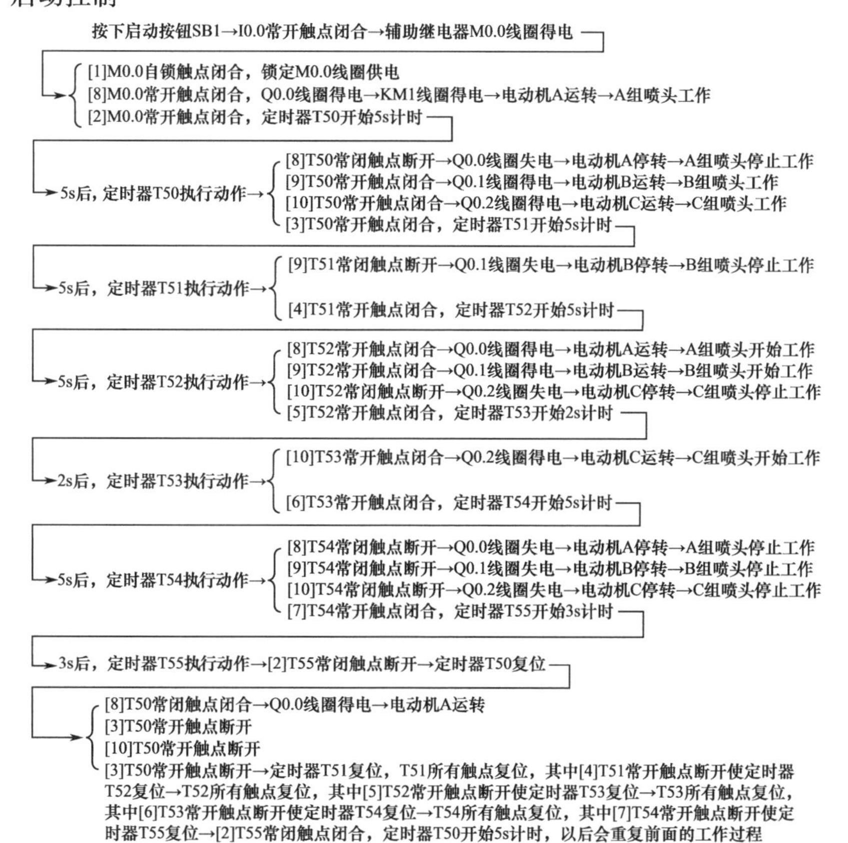

（2）停止控制

按下停止按钮SB2→I0.1常闭触点断开→M0.0线圈失电→
- [1]M0.0自锁触点断开，解除自锁
- [2]M0.0常开触点断开→定时器T50复位→T50所有触点复位，其中[3]T50常开触点断开→定时器T51复位→T51所有触点复位，其中[4]T51常开触点断开使定时器T52复位→T52所有触点复位，其中[5]T52常开触点断开使定时器T53复位→T53所有触点复位，其中[6]T53常开触点断开使定时器T54复位→T54所有触点复位，其中[7]T54常开触点断开使定时器T55复位→T55所有触点复位→[2]T55常闭触点闭合→由于定时器T50~T55所有触点复位，Q0.0~Q0.2线圈均无法得电→KM1~KM3线圈失电→电动机A、B、C均停转

## 4.5.2 交通信号灯的 PLC 控制线路与程序详解

### 1. 明确系统控制要求

系统要求用两个按钮来控制交通信号灯工作，交通信号灯排列如图 4-26 所示。系统控制要求具体如下：

当按下启动按钮后，南北红灯亮 25s，在南北红灯亮 25s 的时间里，东西绿灯先亮 20s 再以 1 次 /s 的频率闪烁 3 次，接着东西黄灯亮 2s，25s 后南北红灯熄灭，熄灭时间维持 30s，在这 30s 的时间里，东西红灯一直高，南北绿灯先亮 25s，然后以 1 次 /s 的频率闪烁 3 次，接着南北黄灯亮 2s，之后重复该过程。按下停止按钮后，所有的灯都熄灭。交通信号灯的工作时序如图 4-27 所示。

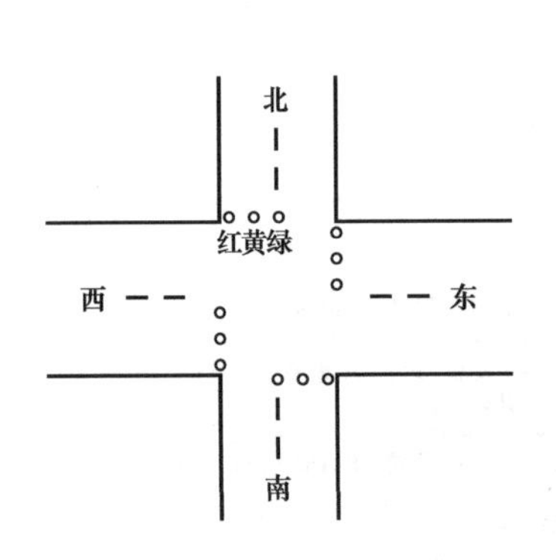

图 4-26 交通信号灯排列

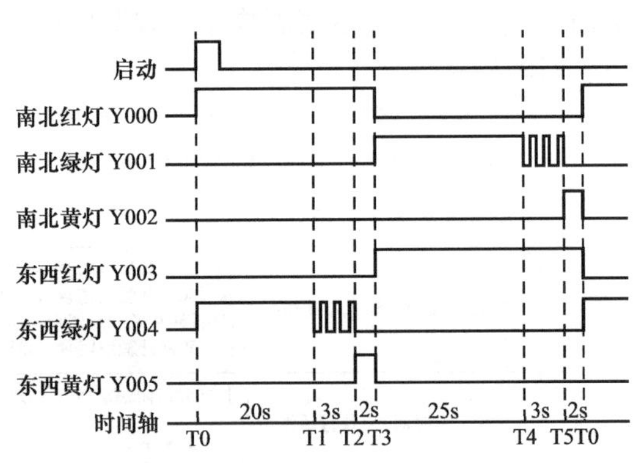


图 4-27 交通信号灯的工作时序

### 2. 确定输入 / 输出设备，并为其分配合适的 I/O 端子

交通信号灯控制采用的输入 / 输出设备和对应的 PLC 端子见表 4-16。

表 4-16 交通信号灯控制采用的输入 / 输出设备和对应的 PLC 端子

| 输入 | | | 输出 | | |
|---|---|---|---|---|---|
| 输入设备 | 对应 PLC 端子 | 功能说明 | 输出设备 | 对应 PLC 端子 | 功能说明 |
| SB1 | I0.0 | 启动控制 | 南北红灯 | Q0.0 | 驱动南北红灯亮 |
| SB2 | I0.1 | 停止控制 | 南北绿灯 | Q0.1 | 驱动南北绿灯亮 |
| | | | 南北黄灯 | Q0.2 | 驱动南北黄灯亮 |
| | | | 东西红灯 | Q0.3 | 驱动东西红灯亮 |
| | | | 东西绿灯 | Q0.4 | 驱动东西绿灯亮 |
| | | | 东西黄灯 | Q0.5 | 驱动东西黄灯亮 |

### 3．绘制交通信号灯控制线路图

图 4-28 所示为交通信号灯控制线路图。

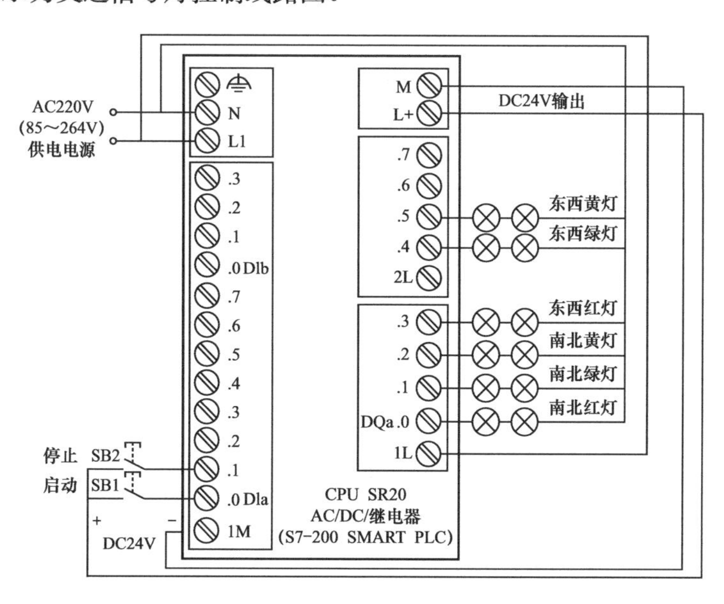


图 4-28　交通信号灯控制线路图

### 4．编写 PLC 控制程序

启动编程软件，编写满足控制要求的梯形图程序，编写完成的梯形图如图 4-29 所示。

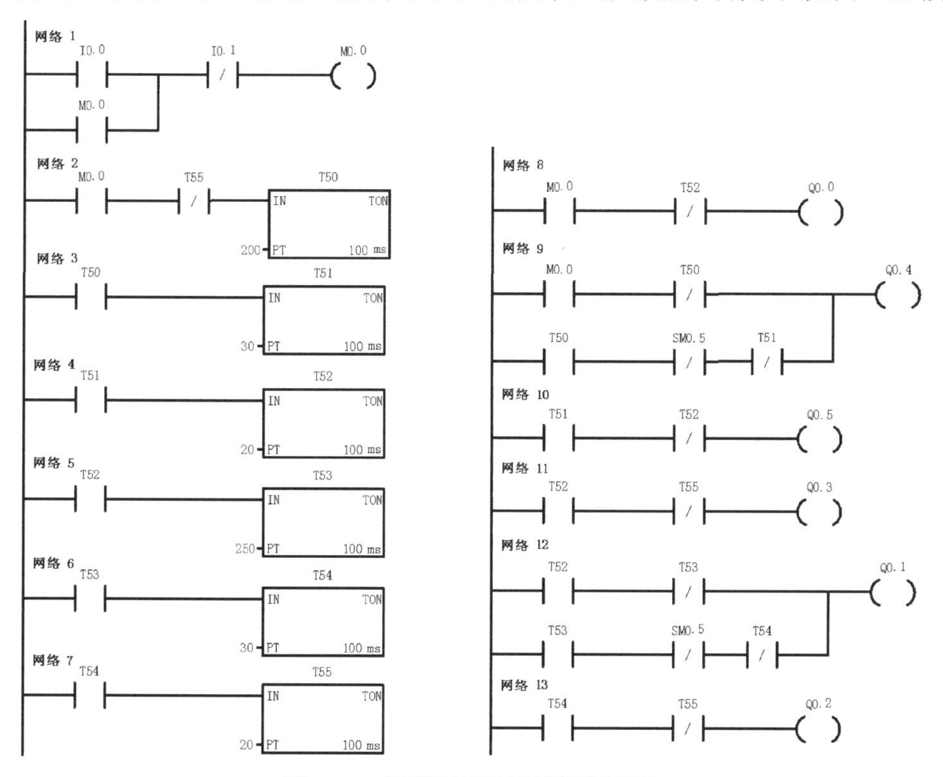


图 4-29　交通信号灯控制梯形图程序

在图 4-29 所示的梯形图中，采用了一个特殊的辅助继电器 SM0.5，称为触点利用型特殊继电器，它利用 PLC 自动驱动线圈。SM0.5 能产生周期为 1s 的时钟脉冲，其高低电平的持续时间各为 0.5s。以图 4-29 所示梯形图网络 [9] 为例，当 T50 常开触点闭合时，在 1s 内，SM0.5 常闭触点接通、断开的时间均为 0.5s，Q0.4 线圈得电、失电的时间也为 0.5s。

下面对照图 4-28 所示控制线路和图 4-27 所示工作时序来说明梯形图工作原理。

（1）启动控制

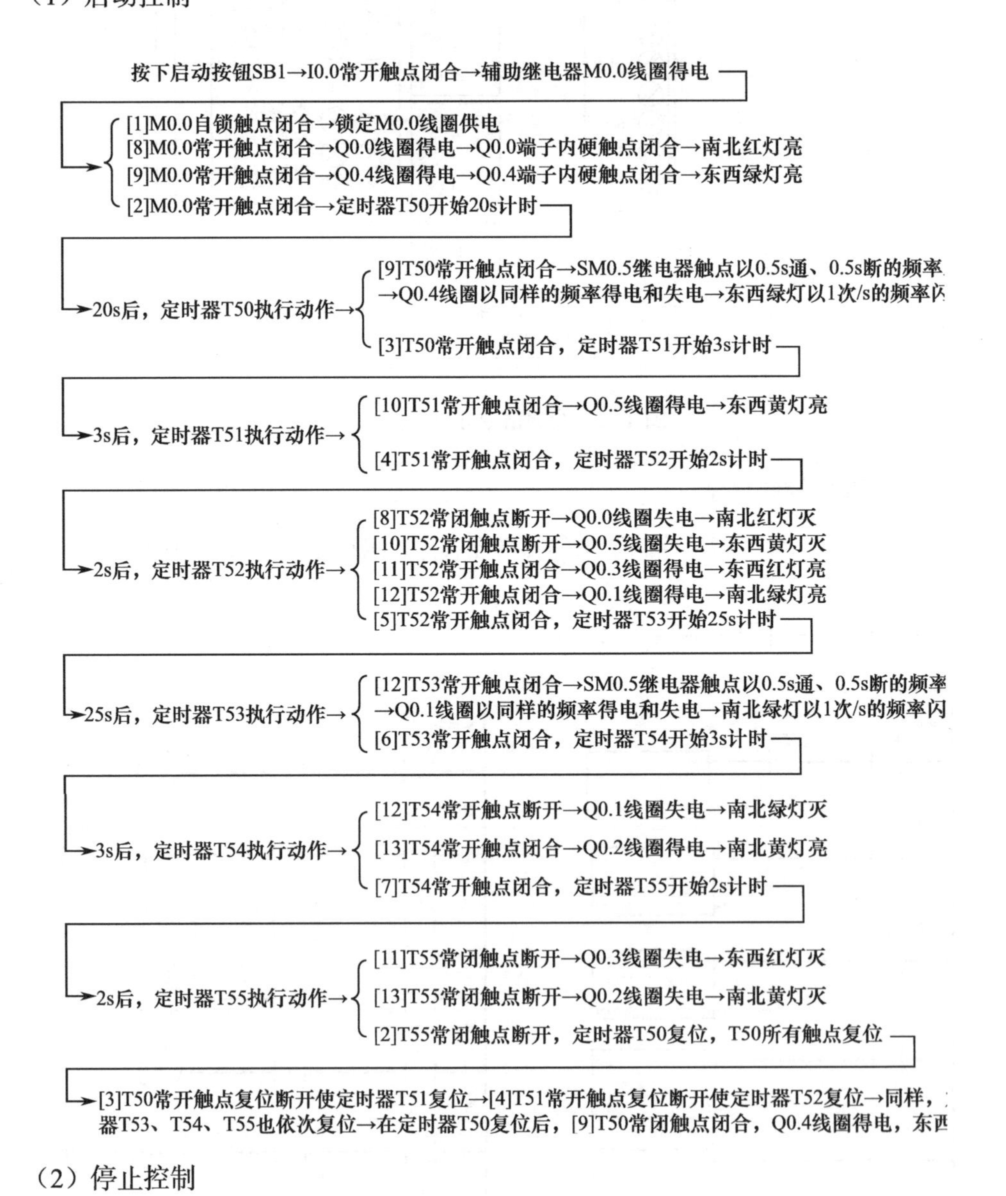


（2）停止控制

按下停止按钮SB2→I0.1常闭触点断开→辅助继电器M0.0线圈失电

[1]M0.0自锁触点断开，解除M0.0线圈供电
[8]M0.0常开触点断开→Q0.0线圈无法得电
[9]M0.0常开触点断开→Q0.4线圈无法得电
[2]M0.0常开触点断开，定时器T0复位，T0所有触点复位

[3]T50常开触点复位断开使定时器T51复位，T51所有触点均复位→其中[4]T51常开触点复位断开使定时器T52复位→同样，定时器T53、T54、T55也依次复位→在定时器T51复位后，[10]T51常开触点断开，Q0.5线圈无法得电，在定时器T52复位后，[11]T52常开触点断开，Q0.3线圈无法得电；在定时器T53复位后，[12]T53常开触点断开，Q0.1线圈无法得电；在定时器T54复位后，[13]T54常开触点断开，Q0.2线圈无法得电→Q0.0~Q0.5线圈均无法得电，所有交通信号灯都熄灭

## 4.5.3　多级传送带的 PLC 控制线路与程序详解

### 1. 明确系统控制要求

系统要求用两个按钮来控制传送带按一定方式工作，传送带结构如图 4-30 所示。系统控制要求具体如下：

当按下启动按钮后，电磁阀 YV 打开，开始落料，同时一级传送带电动机 M1 启动，将物料往前传送，6s 后二级传送带电动机 M2 启动，M2 启动 5s 后三级传送带电动机 M3 启动，M3 启动 4s 后四级传送带电动机 M4 启动。

当按下停止按钮后，为了不让各传送带上有物料堆积，要求先关闭电磁阀 YV，6s 后让 M1 停转，M1 停转 5s 后让 M2 停转，M2 停转 4s 后让 M3 停转，M3 停转 5s 后让 M4 停转。

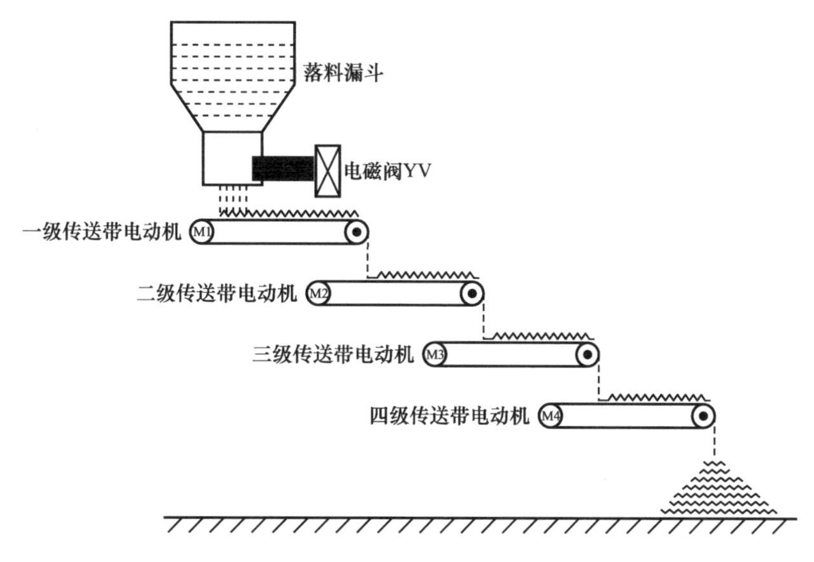


图 4-30　多级传送带结构示意图

### 2. 确定输入 / 输出设备，并为其分配合适的 I/O 端子

多级传送带控制采用的输入 / 输出设备和对应的 PLC 端子见表 4-17。

表 4-17　多级传送带控制采用的输入 / 输出设备和对应的 PLC 端子

| 输　入 | | | 输　出 | | |
|---|---|---|---|---|---|
| 输入设备 | 对应 PLC 端子 | 功能说明 | 输出设备 | 对应 PLC 端子 | 功能说明 |
| SB1 | I0.0 | 启动控制 | KM1 线圈 | Q0.0 | 控制电磁阀 YV |
| SB2 | I0.1 | 停止控制 | KM2 线圈 | Q0.1 | 控制一级传送带电动机 M1 |
| | | | KM3 线圈 | Q0.2 | 控制二级传送带电动机 M2 |
| | | | KM4 线圈 | Q0.3 | 控制三级传送带电动机 M3 |
| | | | KM5 线圈 | Q0.4 | 控制四级传送带电动机 M4 |

### 3．绘制多级传送带控制线路图

图 4-31 所示为多级传送带控制线路图。

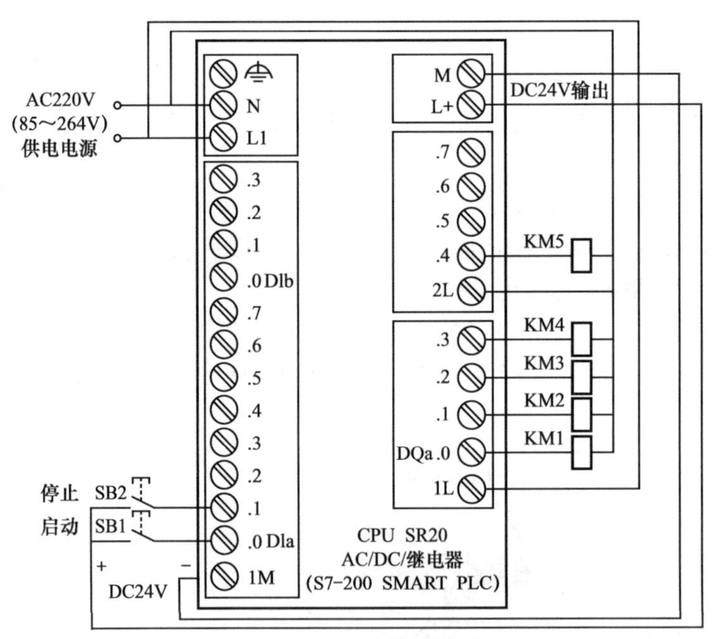

(a) 控制电路部分

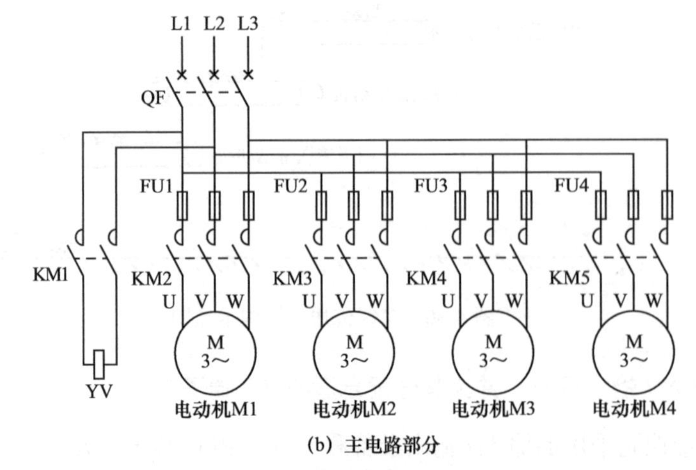

(b) 主电路部分

图 4-31　多级传送带控制线路图

### 4. 编写 PLC 控制程序

启动编程软件，编写满足控制要求的梯形图程序，编写完成的梯形图如图 4-32 所示。

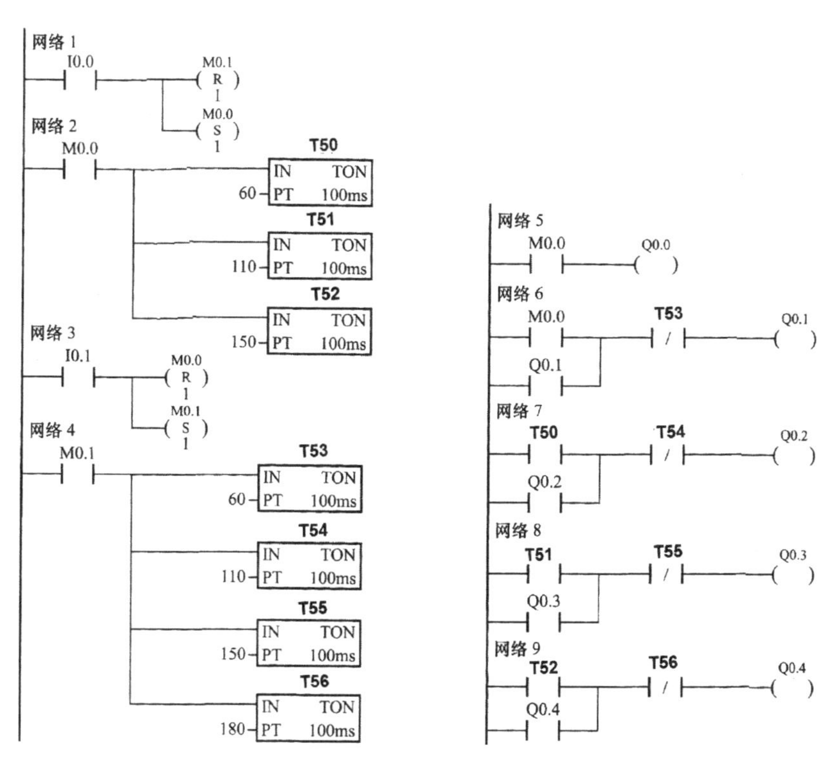


图 4-32　传送带控制梯形图程序

下面对照图 4-31 所示控制线路来说明图 4-32 所示梯形图的工作原理。

（1）启动控制

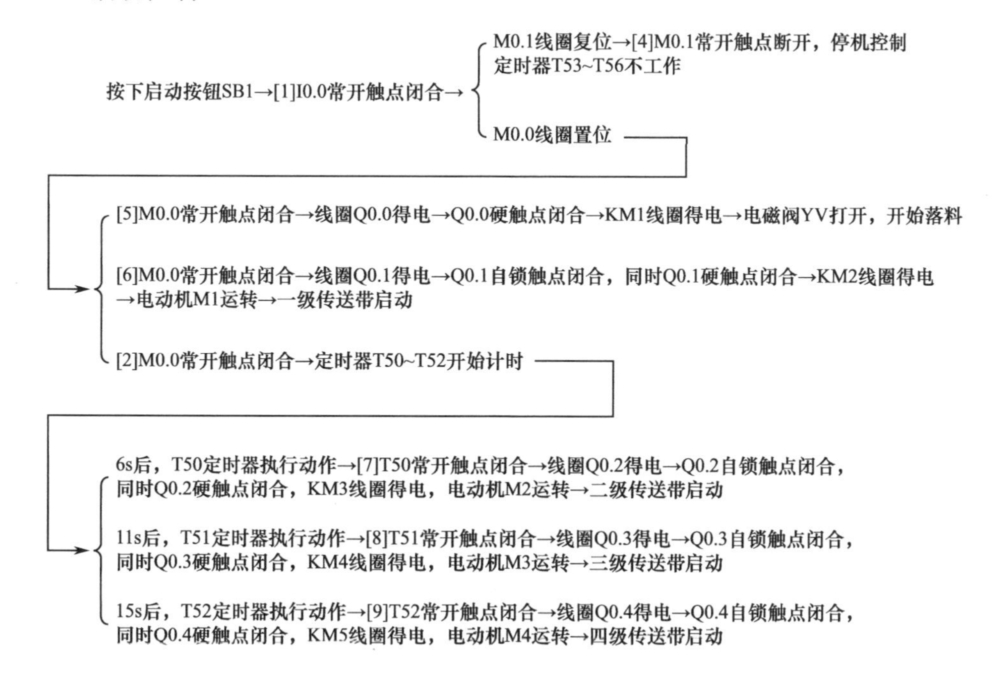

（2）停止控制

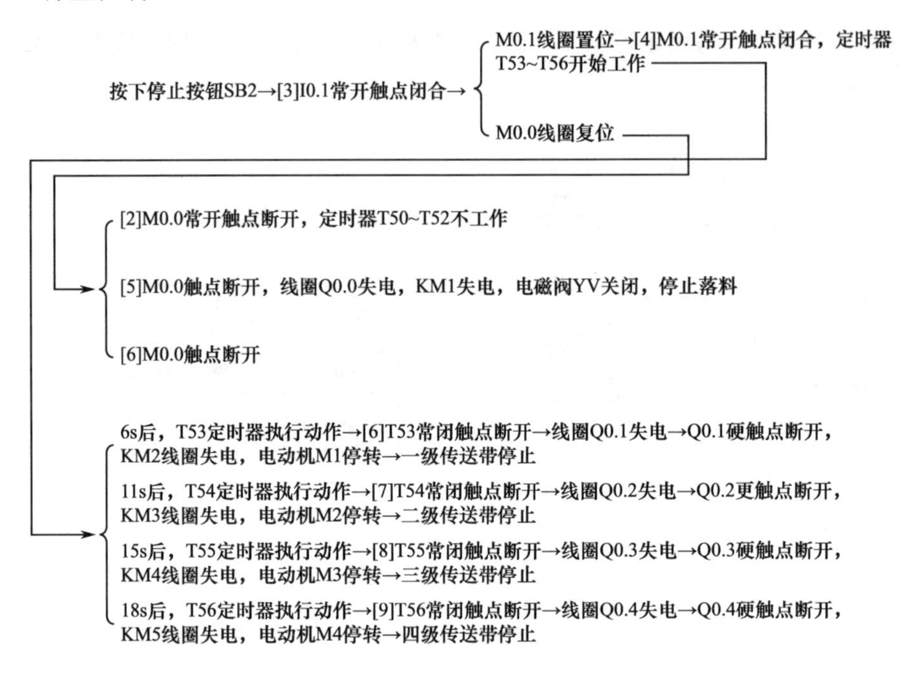


## 4.5.4　车库自动门的 PLC 控制线路与程序详解

### 1．明确系统控制要求

系统要求车库门在车辆进出时能自动打开、关闭，车库门控制结构如图 4-33 所示。系统控制具体要求如下：

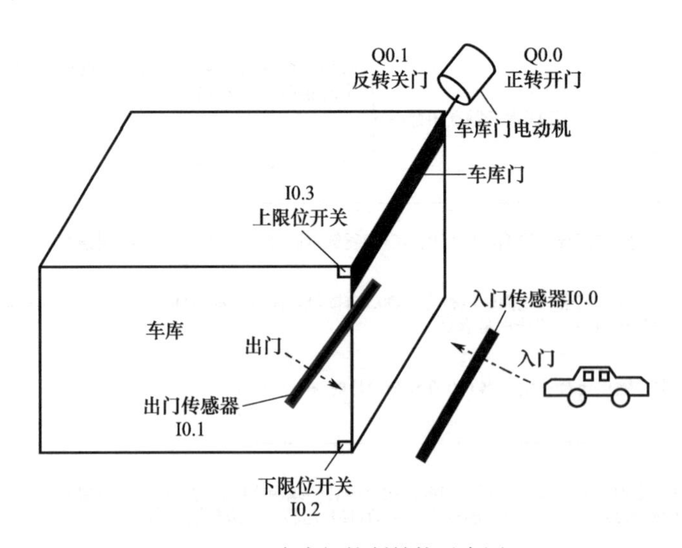


图 4-33　车库门控制结构示意图

在车辆入库经过入门传感器时，入门传感器开关闭合，车库门电动机正转，车库门上升，当车库门上升到上限位开关处时，电动机停转；车辆进库经过出门传感器时，出门传感器开关闭合，车库门电动机反转，车库门下降，当车库门下降到下限位开关处时，电动机停转。

在车辆出库经过出门传感器时，出门传感器开关闭合，车库门电动机正转，车库门上升，当门上升到上限位开关处时，电动机停转；车辆出库经过入门传感器时，入门传感器开关闭合，车库门电动机反转，车库门下降，当门下降到下限位开关处时，电动机停转。

### 2．确定输入 / 输出设备，并为其分配合适的 I/O 端子

车库自动门控制采用的输入 / 输出设备和对应的 PLC 端子见表 4-18。

表 4-18　车库自动门控制采用的输入 / 输出设备和对应的 PLC 端子

| 输　入 | | | 输　出 | | |
|---|---|---|---|---|---|
| 输入设备 | 对应 PLC 端子 | 功能说明 | 输出设备 | 对应 PLC 端子 | 功能说明 |
| 入门传感器开关 | I0.0 | 检测车辆有无通过 | KM1 线圈 | Q0.0 | 控制车库门上升（电动机正转） |
| 出门传感器开关 | I0.1 | 检测车辆有无通过 | KM2 线圈 | Q0.1 | 控制车库门下降（电动机反转） |
| 下限位开关 | I0.2 | 限制车库门下降 | | | |
| 上限位开关 | I0.3 | 限制车库门上升 | | | |

### 3．绘制车库自动门控制线路图

图 4-34 所示为车库自动门控制线路图。

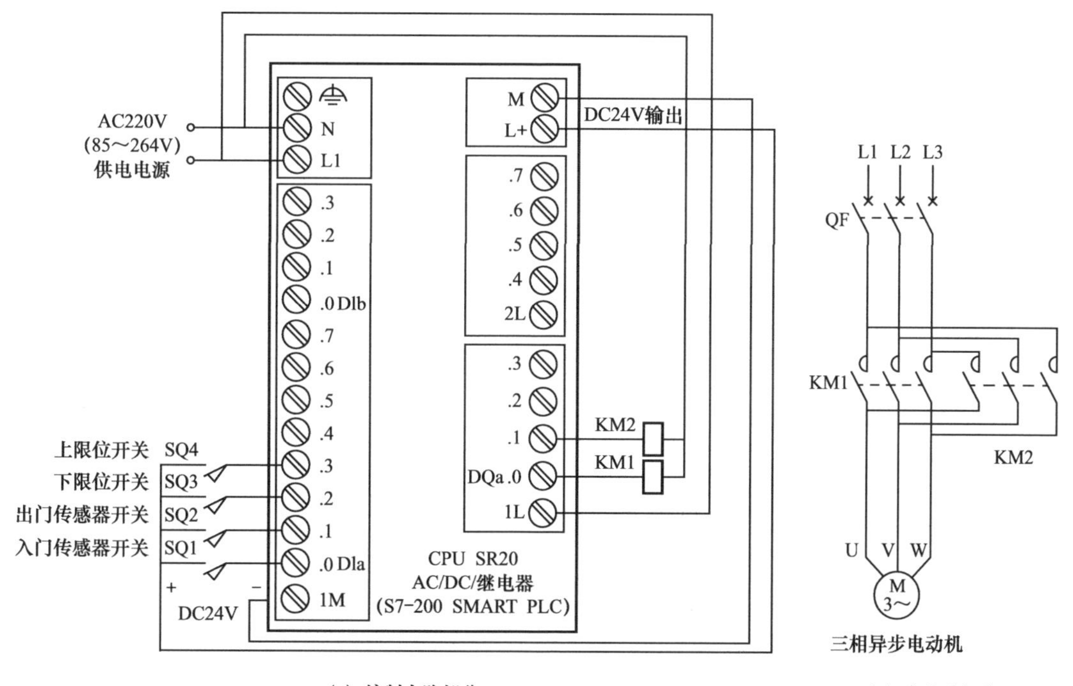


(a) 控制电路部分　　(b) 主电路部分

图 4-34　车库自动门控制线路图

### 4．编写 PLC 控制程序

启动编程软件，编写满足控制要求的梯形图程序，编写完成的梯形图如图 4-35 所示。

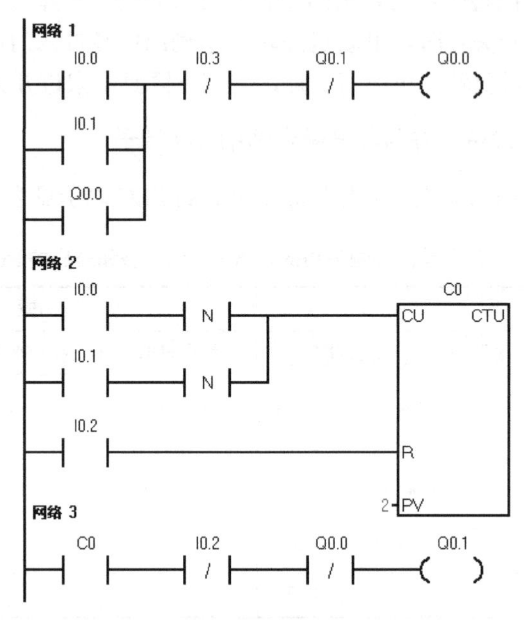


图 4-35　车库自动门控制梯形图程序

下面对照图 4-34 所示控制线路来说明图 4-35 所示梯形图的工作原理。

（1）入门控制过程

车辆入门经过入门传感器时→传感器开关SQ1闭合→
- [2]I0.0常闭触点闭合→下降沿触点不执行动作
- [1]I0.0常开触点闭合→Q0.0线圈得电 →
  - [3]Q0.0常闭触点断开，确保Q0.1线圈不会得电
  - [1]Q0.0自锁触点闭合→锁定Q0.0线圈得电
  - Q0.0硬触点闭合→KM1线圈得电→电动机正转，将车库门升起 →

当车库门上升到上限位开关SQ4处时，SQ4闭合，[1]I0.3常闭触点断开→Q0.0线圈失电 →
- [3]Q0.0常闭触点闭合，为Q0.1线圈得电做准备
- [1]Q0.0自锁触点断开→解除Q0.0线圈得电锁定
- Q0.0硬触点断开→KM1线圈失电→电动机停转，车库门停止上升

车辆入门驶离入门传感器时→传感器开关SQ1断开→
- [1]I0.0常开触点断开
- [2]I0.0常开触点由闭合转为断开→下降沿触点执行动作→加计数器C0计数值由0增为1

车辆入门经过出门传感器时→传感器开关SQ2闭合→
- [1]I0.1常开触点闭合→由于SQ4闭合使I0.3常闭触点断开，故Q0.0无法得电
- [2]I0.1常开触点闭合→下降沿触点不执行动作

车辆入门驶离出门传感器时→传感器开关SQ2断开→
- [1]I0.1常开触点断开
- [2]I0.1常开触点由闭合转为断开→下降沿触点执行动作→加计数器C0计数值由1增为2 →

计数器C0状态变为1→[3]C0常开触点闭合→Q0.1线圈得电→KM2线圈得电→电动机反转，将车库门降下，当门下降到下限位开关SQ3时，[2]I0.2常开触点闭合，计数器C0复位，[3]C0常开触点断开，Q0.1线圈失电→KM2线圈失电→电动机停转，车辆入门控制过程结束

（2）出门控制过程

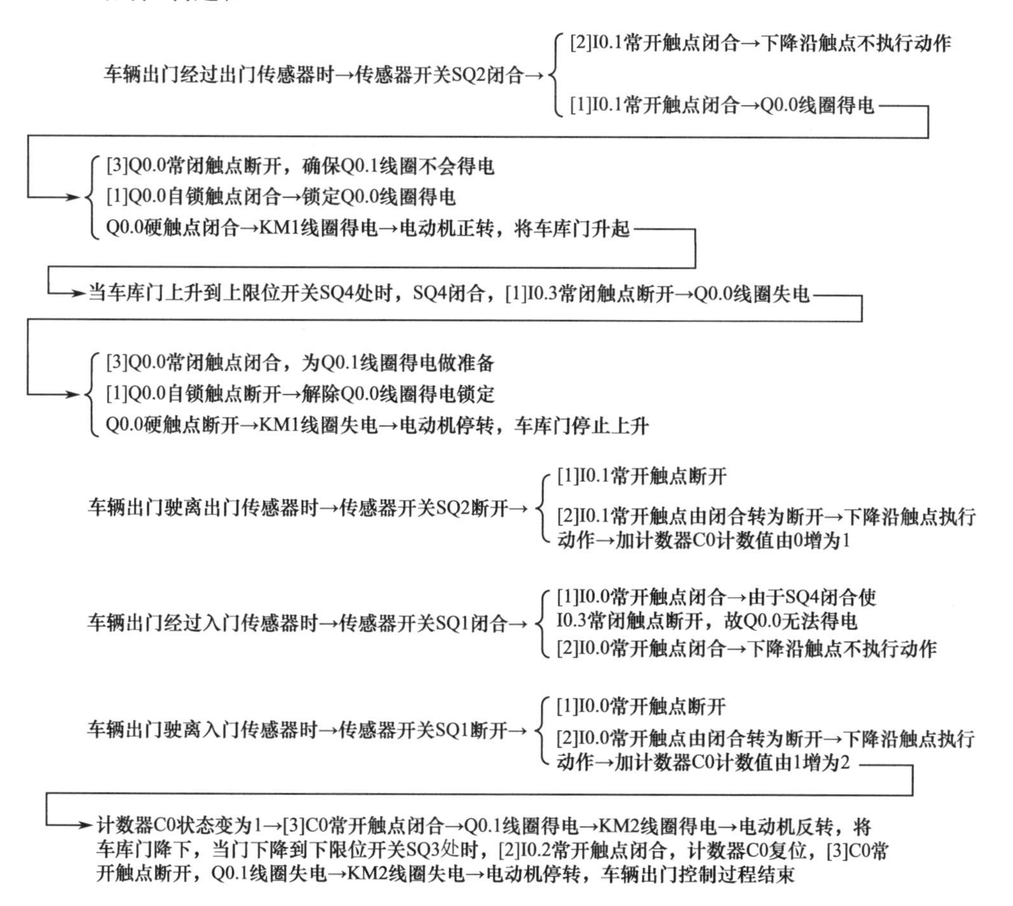
车辆出门经过出门传感器时→传感器开关SQ2闭合→
[2]I0.1常开触点闭合→下降沿触点不执行动作
[1]I0.1常开触点闭合→Q0.0线圈得电
[3]Q0.0常闭触点断开，确保Q0.1线圈不会得电
[1]Q0.0自锁触点闭合→锁定Q0.0线圈得电
Q0.0硬触点闭合→KM1线圈得电→电动机正转，将车库门升起
当车库门上升到上限位开关SQ4处时，SQ4闭合，[1]I0.3常闭触点断开→Q0.0线圈失电
[3]Q0.0常闭触点闭合，为Q0.1线圈得电做准备
[1]Q0.0自锁触点断开→解除Q0.0线圈得电锁定
Q0.0硬触点断开→KM1线圈失电→电动机停转，车库门停止上升
车辆出门驶离出门传感器时→传感器开关SQ2断开→
[1]I0.1常开触点断开
[2]I0.1常开触点由闭合转为断开→下降沿触点执行动作→加计数器C0计数值由0增为1
车辆出门经过入门传感器时→传感器开关SQ1闭合→
[1]I0.0常开触点闭合→由于SQ4闭合使I0.3常闭触点断开，故Q0.0无法得电
[2]I0.0常开触点闭合→下降沿触点不执行动作
车辆出门驶离入门传感器时→传感器开关SQ1断开→
[1]I0.0常开触点断开
[2]I0.0常开触点由闭合转为断开→下降沿触点执行动作→加计数器C0计数值由1增为2
计数器C0状态变为1→[3]C0常开触点闭合→Q0.1线圈得电→KM2线圈得电→电动机反转，将车库门降下，当门下降到下限位开关SQ3处时，[2]I0.2常开触点闭合，计数器C0复位，[3]C0常开触点断开，Q0.1线圈失电→KM2线圈失电→电动机停转，车辆出门控制过程结束

# 顺序控制指令的使用及应用实例

## 5.1 顺序控制与状态转移图

一个复杂的任务往往可以分成若干个小任务，当按一定的顺序完成这些小任务后，整个大任务也就完成了。**在生产实践中，顺序控制是指按照一定的顺序来完成各个工序的控制方式**。在采用顺序控制时，为了直观表示出控制过程，可以绘制顺序控制图。

图 5-1 所示是一个三台电动机顺序控制图，由于每一个步骤称作一个工艺，所以又称工序图。**在 PLC 编程时，绘制的顺序控制图称为状态转移图或功能图**，简称 SFC 图，图 5-1（b）为图 5-1（a）对应的状态转移图。

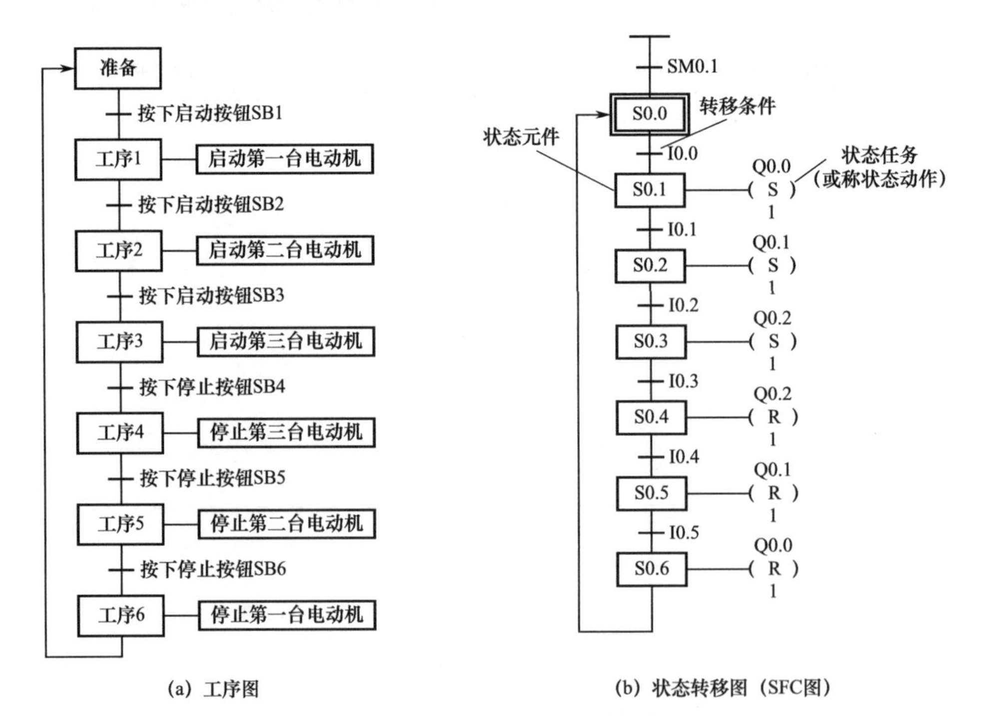


图 5-1　一种三台电动机顺序控制图

**顺序控制有三个要素：转移条件、转移目标和工作任务**。在图 5-1（a）中，当上一个工序需要转到下一个工序时必须满足一定的转移条件，如工序 1 要转到下一个工序 2 时，须按下启动按钮 SB2，若不按下 SB2，就无法进行下一个工序 2，按下 SB2 即为转移条件。当转移条件满足后，需要确定转移目标，如工序 1 的转移目标是工序 2。每个工序都有具体的工作任务，如工序 1 的工作任务是“启动第一台电动机”。

PLC 编程时绘制的状态转移图与顺序控制图相似，图 5-1（b）中的状态元件（状态继电器）S0.1 相当于工序 1，“S Q0.0，1”相当于工作任务，S0.1 的转移目标是 S0.2，S0.6 的转移目标是 S0.0，SM0.1 和 S0.0 用来完成准备工作，其中 SM0.1 为初始脉冲继电器，PLC 启动时触点会自动接通一个扫描周期，S0.0 为初始状态继电器，每个 SFC 图必须要有一个初始状态（绘制 SFC 图时要加双线矩形框）。

## 5.2 顺序控制指令

**顺序控制指令用来编写顺序控制程序**，S7-200 SMART PLC 有 3 条顺序控制指令，在 STEP 7-Micro/WIN SMART 软件的项目指令树区域的“程序控制”指令包中可以找到这 3 条指令。

### 5.2.1 指令名称及功能

顺序控制指令说明如表 5-1 所示。

表 5-1　顺序控制指令说明

| 指令格式 | 功能说明 | 举　例 |
| --- | --- | --- |
| ??.? SCR | ??.? 段顺序控制程序开始 | S0.1 SCR |
| ??.? -(SCRT) | 转移执行 ??.? 段顺序控制程序 | S0.2 (SCRT) |
| -(SCRE) | 顺序控制程序结束 | (SCRE) |

### 5.2.2 指令使用举例

顺序控制指令使用及说明如图 5-2 所示，图 5-2（a）为梯形图，图 5-2（b）为状态转移图。从图中可以看出，顺序控制程序由多个 SCR 程序段组成，每个 SCR 程序段以 SCR 指令开始，以 SCRE 指令结束，程序段之间的转移使用 SCRT 指令。当执行 SCRT 指令时，会将指定程序段的状态器激活（即置 1），使之成为活动步程序，该程序段被执行，同时自动将前程序段的状态器和元件复位（即置 0）。

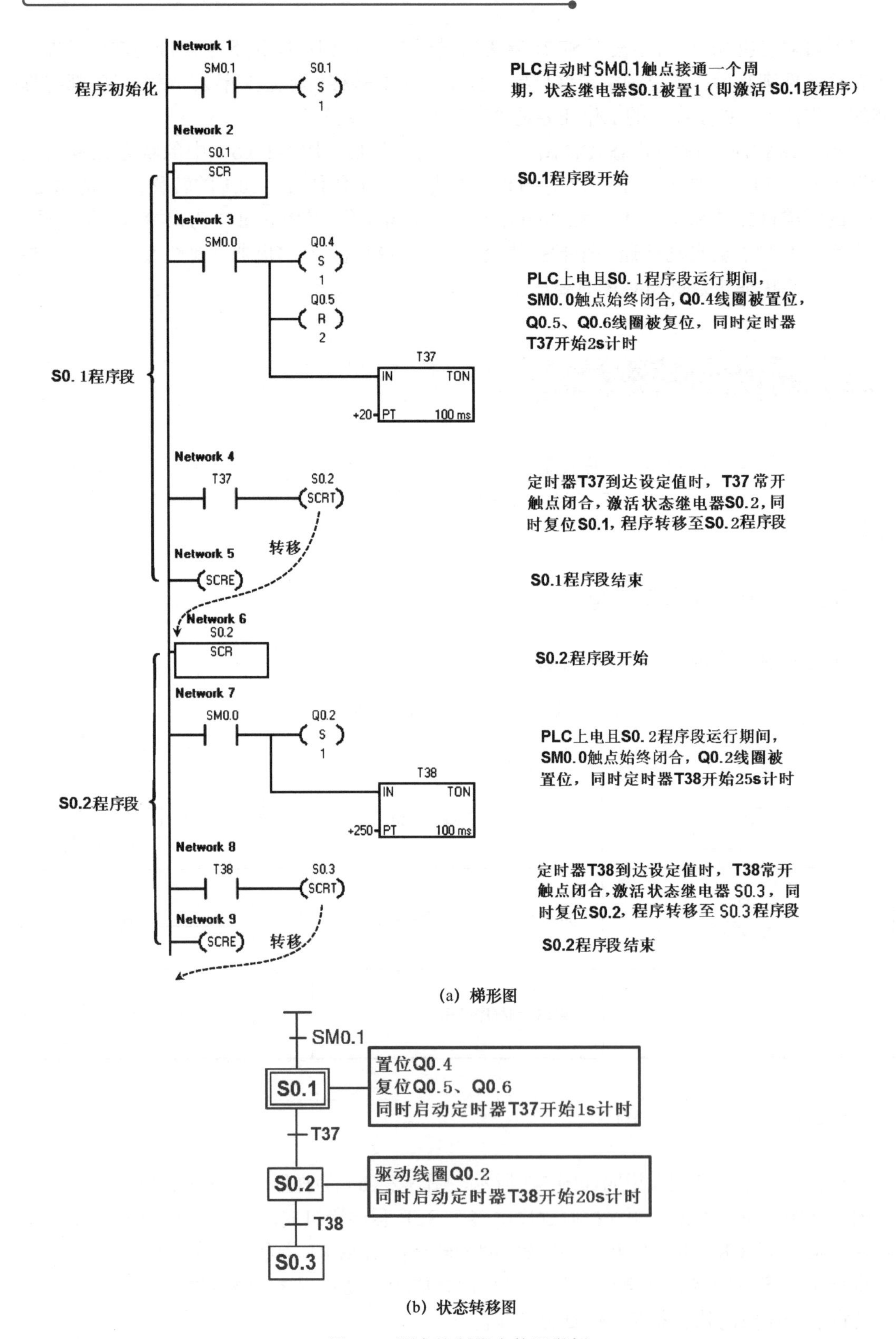


(a) 梯形图

(b) 状态转移图

图 5-2　顺序控制指令使用举例

### 5.2.3　指令使用注意事项

使用顺序控制指令时，要注意以下事项：

① 顺序控制指令仅对状态继电器 S 有效，S 也具有一般继电器的功能，对它还可以使用与其他继电器一样的指令。

② SCR 段程序（SCR 至 SCRE 之间的程序）能否执行，取决于该段程序对应的状态器 S 是否被置位。另外，当前程序 SCRE（结束）与下一个程序 SCR（开始）之间的程序不影响下一个 SCR 程序的执行。

③ 同一个状态器 S 不能用在不同的程序中，如主程序中用了 S0.2，在子程序中就不能再使用它。

④ SCR 段程序中不能使用跳转指令 JMP 和 LBL，即不允许使用跳转指令跳入、跳出 SCR 程序或在 SCR 程序内部跳转。

⑤ SCR 段程序中不能使用 FOR、NEXT 和 END 指令。

⑥ 在使用 SCRT 指令实现程序转移后，前 SCR 段程序变为非活动步程序，该程序段的元件会自动复位，如果希望转移后某元件能继续输出，则可对该元件使用置位或复位指令。在非活动步程序中，PLC 通电，SM0.0 处于断开状态。

## 5.3 顺序控制的几种方式

**顺序控制主要方式有：单分支方式、选择性分支方式和并行分支方式**。图 5-2（b）所示的状态转移图为单分支方式，程序由前往后依次执行，中间没有分支，简单的顺序控制常采用这种单分支方式。较复杂的顺序控制可采用选择性分支方式或并行分支方式。

### 5.3.1　选择性分支方式

选择性分支方式的状态转移图如图 5-3（a）所示，在状态继电器 S0.0 后面有两个可选择的分支，当 I0.0 闭合时执行 S0.1 分支，当 I0.3 闭合时执行 S0.3 分支，如果 I0.0 较 I0.3 先闭合，则只执行 I0.0 所在的分支，I0.3 所在的分支不执行，即两条分支不能同时执行。图 5-3（b）是依据图 5-3（a）画出的梯形图，梯形图工作原理见标注说明。

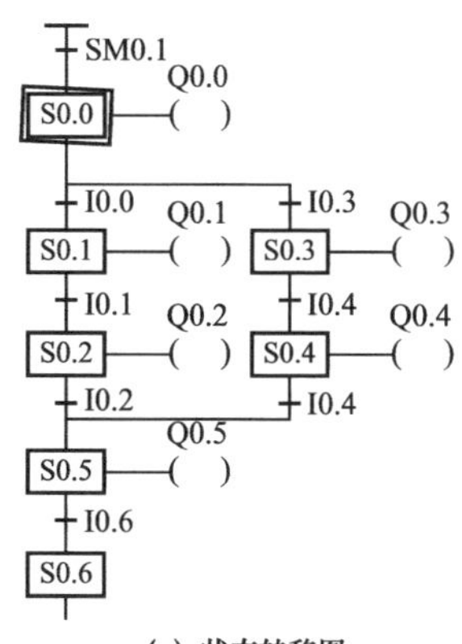


（a）状态转移图

图 5-3　选择性分支方式的状态转移图与梯形图

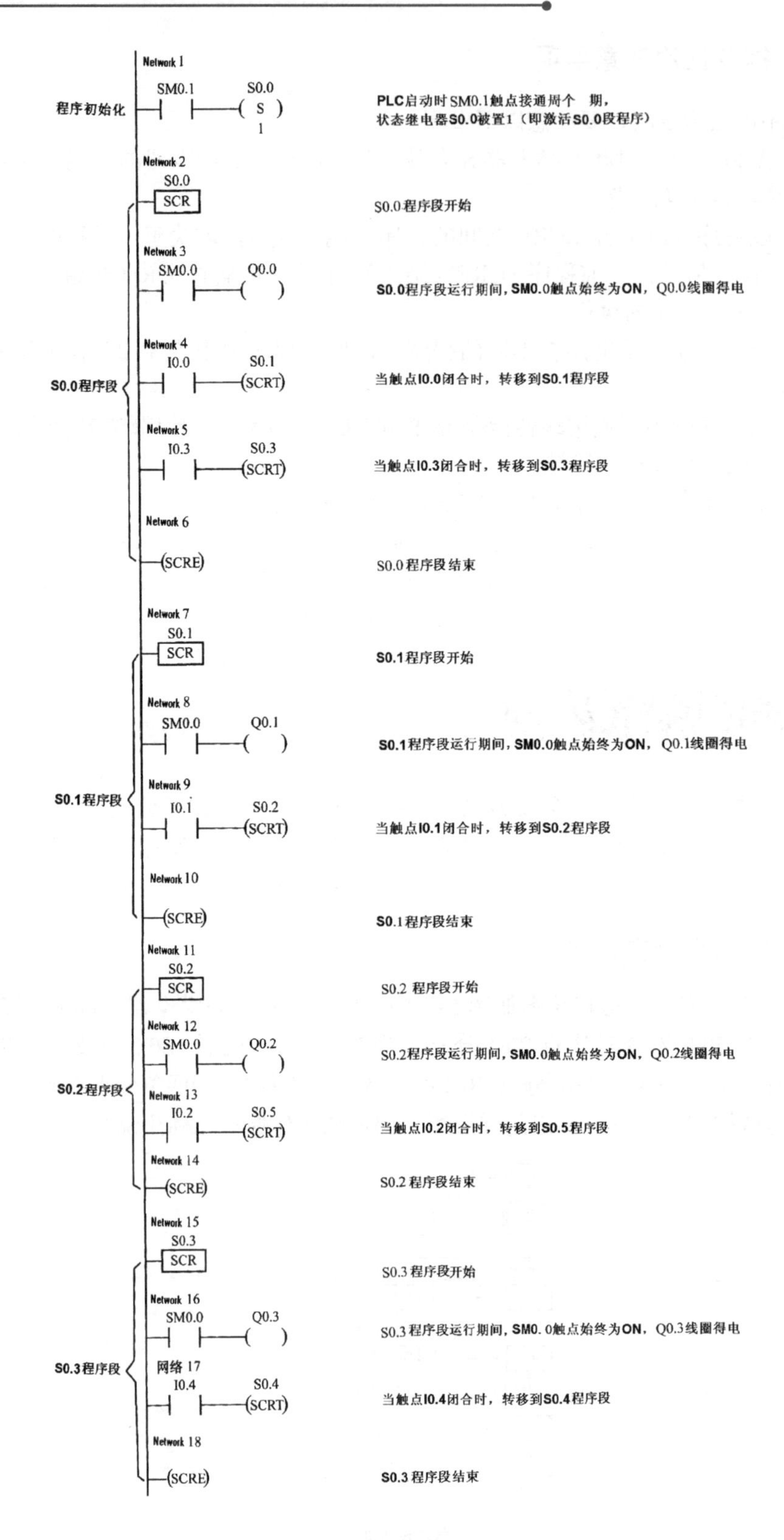


(b) 梯形图

图 5-3　选择性分支方式的状态转移图与梯形图（续）

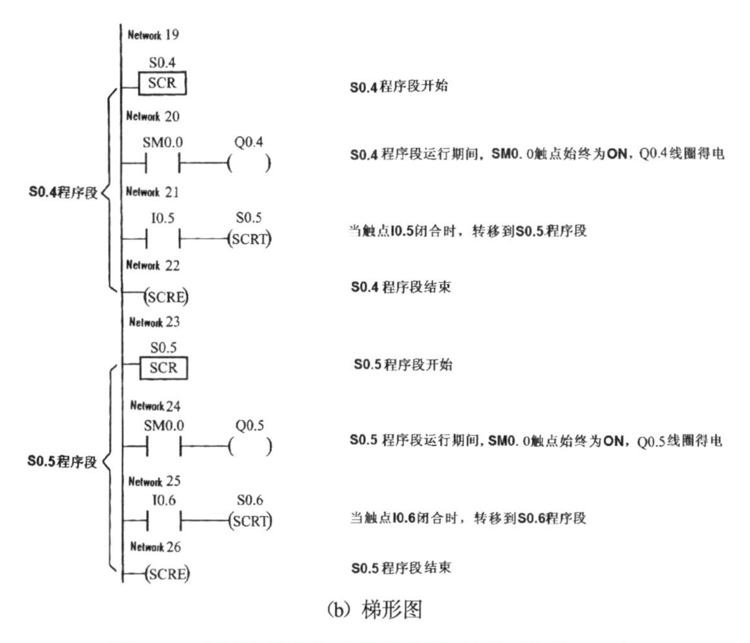


(b) 梯形图

图5-3　选择性分支方式的状态转移图与梯形图（续）

## 5.3.2　并行分支方式

并行分支方式的状态转移图如图5-4（a）所示，在状态器S0.0后面有两个并行的分支，并行分支用双线表示。当I0.0闭合时S0.1和S0.3两个分支同时执行，当两个分支都执行完成并且I0.3闭合时才能往下执行，若S0.1或S0.4中的任一条分支未执行完，即使I0.3闭合，也不会执行到S0.5。

图5-4（b）是依据图5-4（a）画出的梯形图。由于S0.2、S0.4两个程序段都未使用SCRT指令进行转移，故S0.2、S0.4状态器均未复位（即状态都为1），S0.2、S0.4两个常开触点均处于闭合状态，如果I0.3触点闭合，则马上将S0.2、S0.4状态器复位，同时将S0.5状态器置1，转移至S0.5程序段。

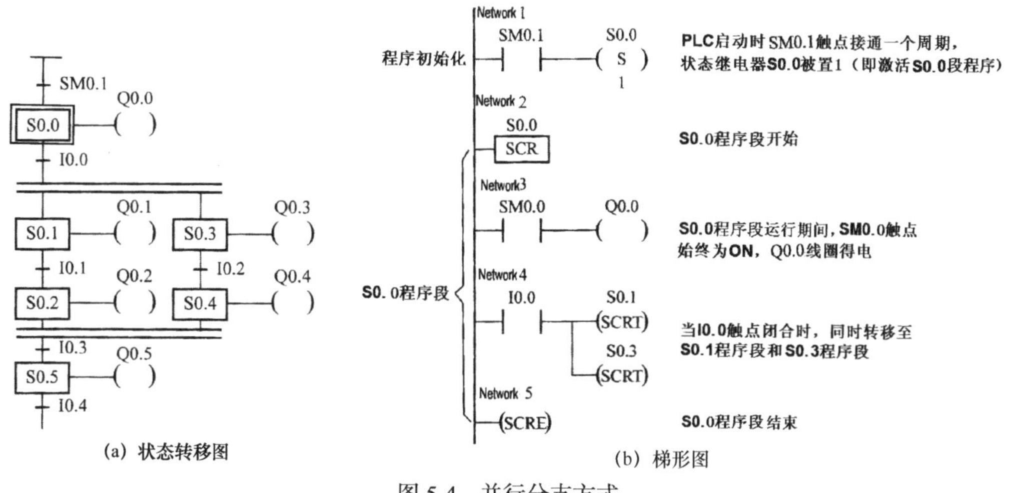


(b) 梯形图

图5-4　并行分支方式

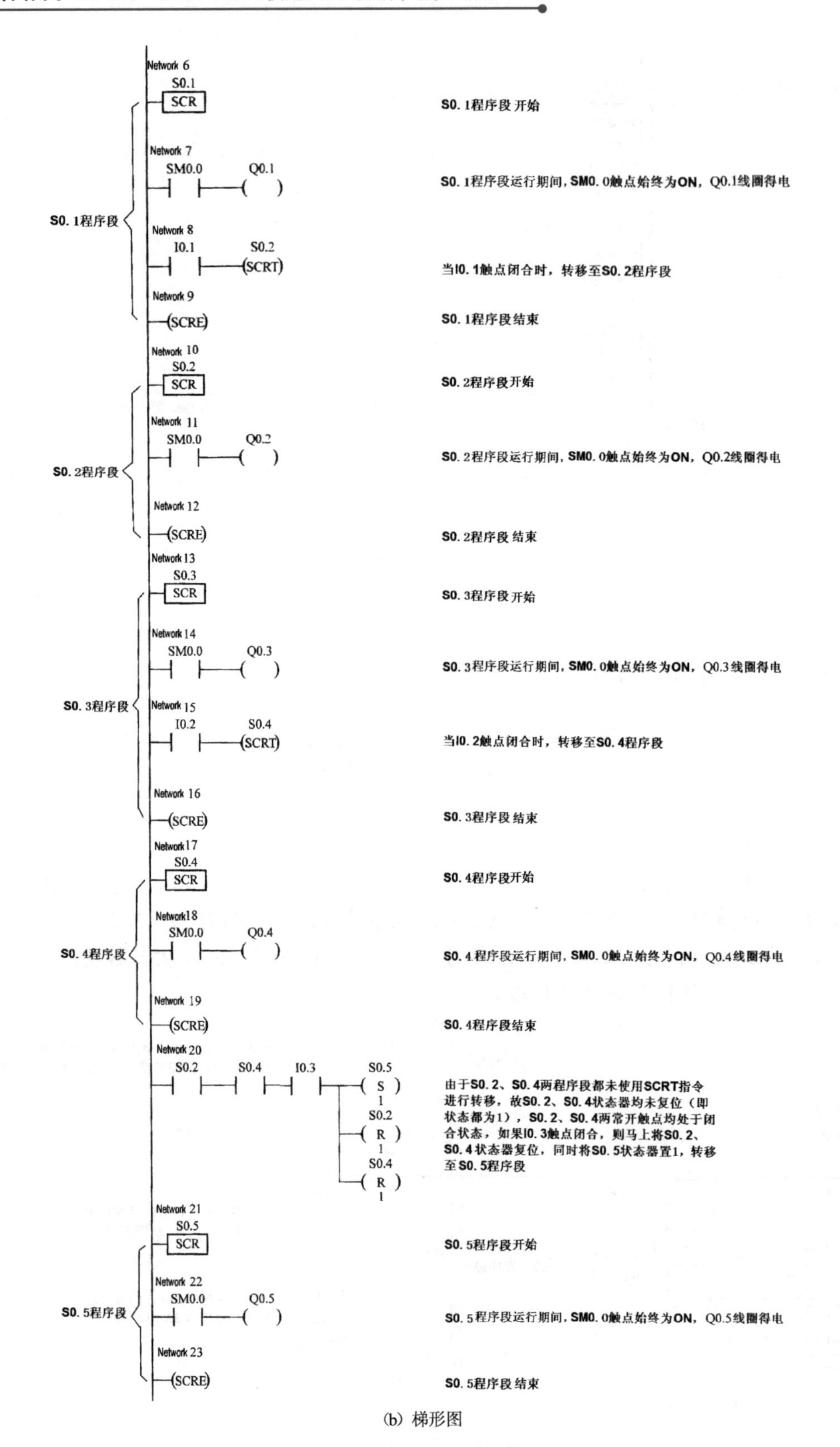


(b) 梯形图

图 5-4　并行分支方式（续）

# 5.4 顺序控制指令应用实例

## 5.4.1 液体混合装置的 PLC 控制线路与程序详解

### 1. 系统控制要求

两种液体混合装置如图 5-5 所示，YV1、YV2 分别为 A、B 液体注入控制电磁阀，电磁阀线圈通电时打开，液体可以流入，YV3 为 C 液体流出控制电磁阀，H、M、L 分别为高、中、低液位传感器，M 为搅拌电动机，通过驱动搅拌部件旋转使 A、B 液体充分混合均匀。

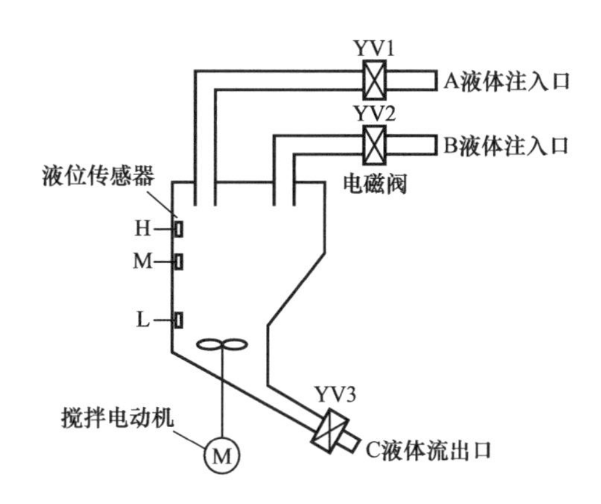


图 5-5　两种液体混合装置

液体混合装置控制要求如下：

① 装置的容器初始状态应为空，三个电磁阀都关闭，电动机 M 停转。按下启动按钮，YV1 电磁阀打开，注入 A 液体，当 A 液体的液位达到 M 位置时，YV1 关闭；之后 YV2 电磁阀打开，注入 B 液体，当 B 液体的液位达到 H 位置时，YV2 关闭；接着电动机 M 开始运转搅拌 20s，YV3 电磁阀打开，C 液体（A、B 混合液）流出，当 C 液体的液位下降到 L 位置时，开始 20s 计时，在此期间 C 液体全部流出，20s 后 YV3 关闭，一个完整的周期完成。以后自动重复上述过程。

② 当按下停止按钮后，装置要完成一个周期才停止。

③ 既可以用手动方式控制 A、B 液体的注入和 C 液体的流出，也可以手动控制搅拌电动机的运转。

### 2. 确定输入 / 输出设备，并为其分配合适的 I/O 端子

液体混合装置控制采用的输入/输出设备和对应的 PLC 端子见表 5-2。

表 5-2　液体混合装置控制采用的输入 / 输出设备和对应的 PLC 端子

| 输　入 | | | 输　出 | | |
|---|---|---|---|---|---|
| 输入设备 | 对应端子 | 功能说明 | 输出设备 | 对应端子 | 功能说明 |
| SB1 | I0.0 | 启动控制 | KM1 线圈 | Q0.0 | 控制 A 液体电磁阀 |
| SB2 | I0.1 | 停止控制 | KM2 线圈 | Q0.1 | 控制 B 液体电磁阀 |
| SQ1 | I0.2 | 检测低液位 L | KM3 线圈 | Q0.2 | 控制 C 液体电磁阀 |
| SQ2 | I0.3 | 检测中液位 M | KM4 线圈 | Q0.3 | 驱动搅拌电动机工作 |
| SQ3 | I0.4 | 检测高液位 H | | | |
| QS | I1.0 | 手动 / 自动控制切换<br>（ON：自动；OFF：手动） | | | |
| SB3 | I1.1 | 手动控制 A 液体流入 | | | |
| SB4 | I1.2 | 手动控制 B 液体流入 | | | |
| SB5 | I1.3 | 手动控制 C 液体流出 | | | |
| SB6 | I1.4 | 手动控制搅拌电动机 | | | |

### 3．绘制控制线路图

图 5-6 所示为液体混合装置的 PLC 控制线路图。

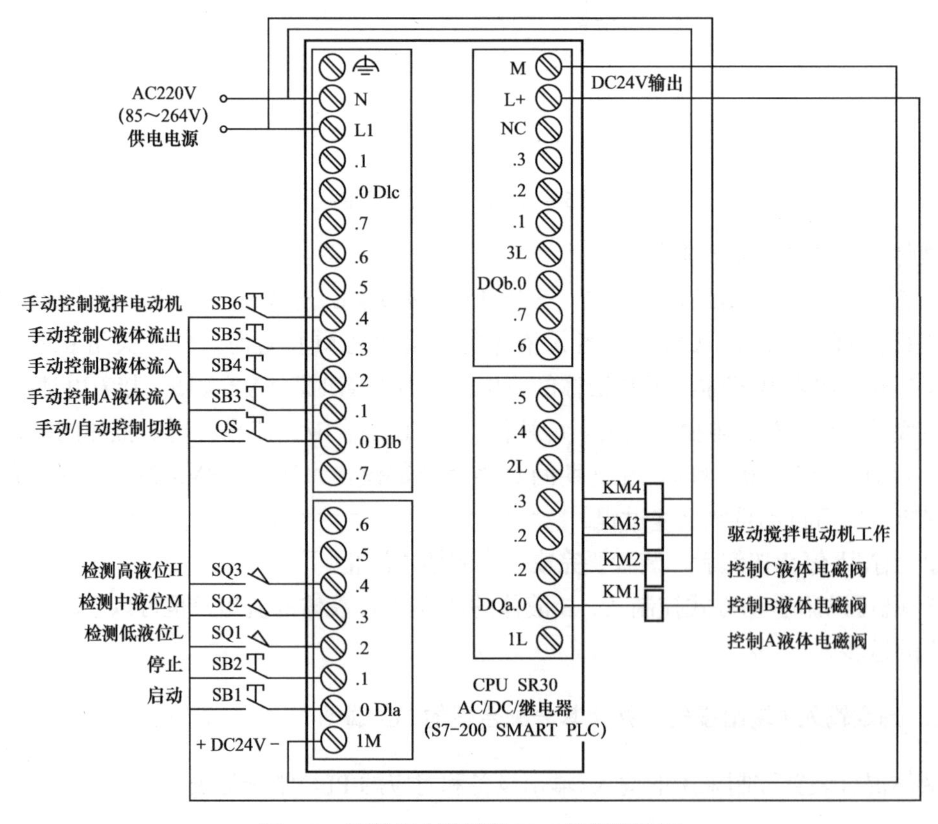


图 5-6　液体混合装置的 PLC 控制线路图

## 4. 编写 PLC 控制程序

（1）绘制状态转移图

**在编写较复杂的步进程序时，建议先绘制状态转移图，再按状态转移图的框架绘制梯形图。** STEP 7-Micro/WIN SMART 编程软件不具备状态转移图的绘制功能，因此可采用手工或借助一般的图形软件绘制状态转移图。

图 5-7 所示为液体混合装置控制的状态转移图。

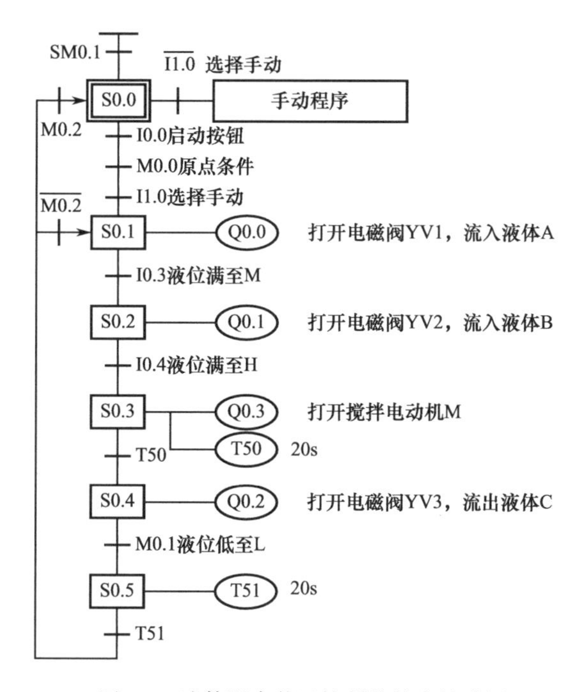


图 5-7　液体混合装置控制的状态转移图

（2）绘制梯形图

启动编程软件，按照图 5-7 所示的状态转移图编写梯形图，编写完成的梯形图如图 5-8 所示。

下面对照图 5-6 所示控制线路来说明图 5-8 所示梯形图的工作原理。

液体混合装置有自动和手动两种控制方式，它由开关 QS 来决定（QS 闭合——自动控制；QS 断开——手动控制）。要让装置工作在自动控制方式下，除了开关 QS 应闭合外，装置还须满足自动控制的初始条件（又称原点条件），否则系统将无法进入自动控制方式。装置的原点条件是 L、M、H 液位传感器的开关 SQ1、SQ2、SQ3 均断开，电磁阀 YV1、YV2、YV3 均关闭，电动机 M 停转。

① 检测原点条件。图 5-8 梯形图中的 [1] 程序用来检测原点条件（或称初始条件）。在自动控制工作前，若装置中的液体未排完，或者电磁阀 YV1、YV2、YV3 和电动机 M 有一个或多个处于得电工作状态，即不满足原点条件，系统将无法进入自动控制工作状态。

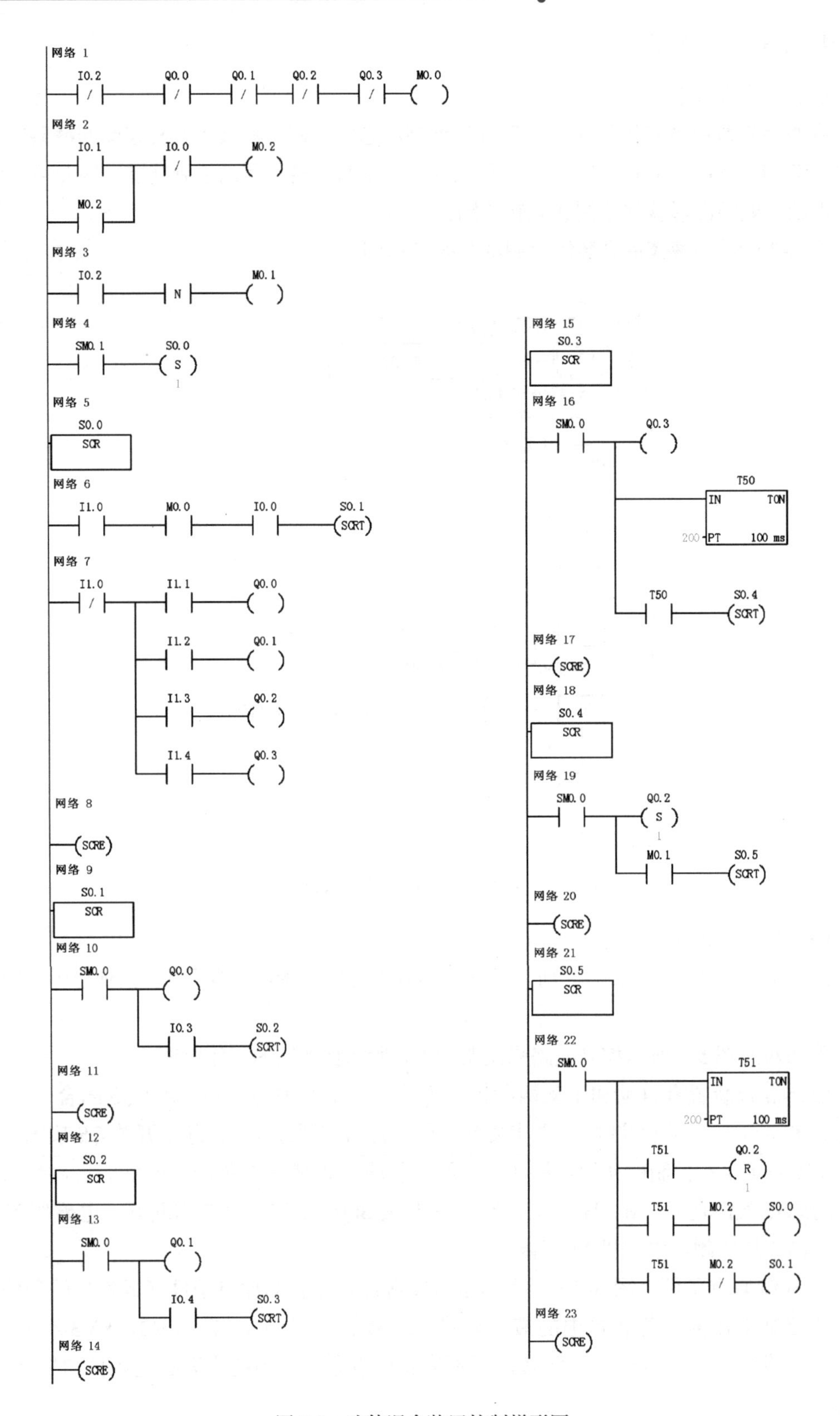


图 5-8　液体混合装置控制梯形图

程序检测原点条件的方法：若装置中的 C 液体位置高于传感器 L → SQ1 闭合→ [1] I0.2 常闭触点断开，M0.0 线圈无法得电；或者某原因让 Q0.0 ～ Q0.3 线圈中的一个或多个处于得电状态，会使电磁阀 YV1、YV2、YV3 或电动机 M 处于通电工作状态，同时会使 Q0.0 ～ Q0.3 常闭触点断开而让 M0.0 线圈无法得电，[6]M0.0 常开触点断开，无法对状态继电器 S0.1 置位，也就不会转移执行从 S0.1 程序段开始的自动控制程序。

如果是因为 C 液体未排完而使装置不满足自动控制的原点条件，则可手工操作 SB5 按钮，使 [7]I1.3 常开触点闭合，Q0.2 线圈得电，接触器 KM3 线圈得电，KM3 触点（图 5-6 中未画出）闭合，接通电磁阀 YV3 线圈电源，打开 YV3，将 C 液体从装置容器中放完，液位传感器 L 的 SQ1 断开，[1]I0.2 常闭触点闭合，M0.0 线圈得电，从而满足自动控制所需的原点条件。

② 自动控制过程。在启动自动控制前，需要做一些准备工作，包括操作准备和程序准备。

a. 操作准备：将手动 / 自动切换开关 QS 闭合，选择自动控制方式，图 5-8 中 [6]I1.0 常开触点闭合，为接通自动控制程序段做准备，[7]I1.0 常闭触点断开，切断手动控制程序段。

b. 程序准备：在启动自动控制前，[1] 程序会检测原点条件，若满足原点条件，则辅助继电器线圈 M0.0 得电，[6]M0.0 常开触点闭合，为接通自动控制程序段做准备。另外，在 PLC 刚启动时，[4]SM0.1 触点自动接通一个扫描周期，“S S0.0, 1”指令执行，将状态继电器 S0.0 置位，使程序转移至 S0.0 程序段，也为接通自动控制程序段做准备。

c. 启动自动控制：按下启动按钮 SB1 → [6]I0.0 常开触点闭合→执行“SCRT S0.1”指令，程序转移至 S0.1 程序段→由于 [10]SM0.0 触点在 S0.1 程序段运行期间始终闭合，Q0.0 线圈得电→ Q0.0 端子内硬触点闭合→ KM1 线圈得电→主电路中 KM1 主触点闭合（图 5-6 中未画出主电路部分）→电磁阀 YV1 线圈通电，阀门打开，注入 A 液体→当 A 液体高度到达液位传感器 M 位置时，传感器开关 SQ2 闭合→ [10]I0.3 常开触点闭合→执行“SCRT S0.2”指令，程序转移至 S0.2 程序段（同时 S0.1 程序段复位）→由于 [13]SM0.0 触点在 S0.2 程序段运行期间始终闭合，Q0.1 线圈得电，因此 S0.1 程序段复位使 Q0.0 线圈失电→ Q0.0 线圈失电使电磁阀 YV1 阀门关闭，Q0.1 线圈得电使电磁阀 YV2 阀门打开，注入 B 液体→当 B 液体高度到达液位传感器 H 位置时，传感器开关 SQ3 闭合→ [13]I0.4 常开触点闭合→执行“SCRT S0.3”指令，程序转移至 S0.3 程序段→ [16]Q0.3 线圈得电→搅拌电动机 M 运转，同时定时器 T50 开始 20s 计时→ 20s 后，定时器 T50 执行动作→ [16] T50 常开触点闭合→执行“SCRT S0.4”指令，程序转移至 S0.4 程序段→ [19]Q0.2 线圈被置位→电磁阀 YV3 打开，C 液体流出→当液体下降到液位传感器 L 位置时，传感器开关 SQ1 断开→ [3]I0.2 常开触点断开（在液体高于 L 位置时 SQ1 处于闭合状态），产生一个下降沿脉冲→下降沿脉冲触点为继电器 M0.1 线圈接通一个扫描周期→ [19]M0.1 常开触点闭合→执行“SCRT S0.5”，程序转移至 S0.5 程序段，由于 Q0.2 线圈是置位得电，故程序转移时 Q0.2 线圈不会失电→ [22] 定时器 T51 开始 20s 计时→ 20s 后，[22]T51 常开触点闭合，Q0.2 线圈被复位→电磁阀 YV3 关闭；与此同时，S0.1 线圈得电，[9] S0.1 程序段激活，开始下一次自动控制。

d. 停止控制：在自动控制过程中，按下停止按钮 SB2 → [2]I0.1 常开触点闭合→ [2] 辅助继电器 M0.2 得电→ [2]M0.2 自锁触点闭合，锁定供电；[22]M0.2 常闭触点断开，状态继电器 S0.1 无法得电，[9]S0.1 程序段无法运行；[22]M0.2 常开触点闭合，当程序运行到 [22] 时，T51 常开触点闭合，状态继电器 S0.0 得电，[5]S0.0 程序段运行，但由于常开触点 I0.0 处于断开（SB1 断开）状态，故状态继电器 S0.1 无法置位，无法转移到 S0.1 程序段，自动控制程序部分无法运行。

③ 手动控制过程。将手动/自动切换开关 QS 断开，选择手动控制方式→ [6]I1.0 常开触点断开，状态继电器 S0.1 无法置位，无法转移到 S0.1 程序段，即无法进入自动控制程序；[7]I1.0 常闭触点闭合，接通手动控制程序→按下 SB3，I1.1 常开触点闭合，Q0.0 线圈得电，电磁阀 YV1 打开，注入 A 液体→松开 SB3，I1.1 常闭触点断开，Q0.0 线圈失电，电磁阀 YV1 关闭，停止注入 A 液体→按下 SB4 注入 B 液体，松开 SB4 停止注入 B 液体→按下 SB5 排出 C 液体，松开 SB5 停止排出 C 液体→按下 SB6 搅拌液体，松开 SB6 停止搅拌液体。

### 5.4.2 简易机械手的 PLC 控制线路与程序详解

#### 1. 系统控制要求

简易机械手的结构如图 5-9 所示。M1 为控制机械手左右移动的电动机，M2 为控制机械手上下升降的电动机，YV 线圈用来控制机械手夹紧、放松，SQ1 为左到位检测开关，SQ2 为右到位检测开关，SQ3 为上到位检测开关，SQ4 为下到位检测开关，SQ5 为工件检测开关。

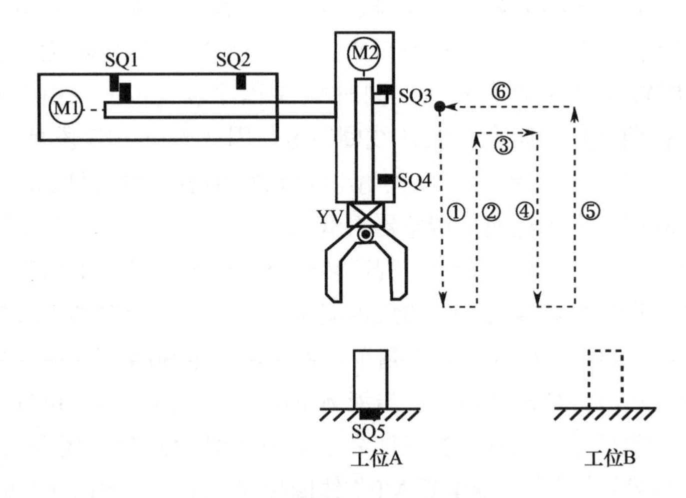


图 5-9 简易机械手的结构

简易机械手控制要求如下：

① 机械手要将工件从工位 A 移到工位 B 处。

② 机械手的初始状态（原点条件）是机械手应停在工位 A 的上方，SQ1、SQ3 均闭合。

③若原点条件满足且 SQ5 闭合（工件 A 处有工件），则按下启动按钮，机械将按“原点→下降→夹紧→上升→右移→下降→放松→上升→左移→原点”的步骤工作。

## 2. 确定输入 / 输出设备，并为其分配合适的 I/O 端子

简易机械手控制采用的输入 / 输出设备和对应的 PLC 端子见表 5-3。

表 5-3　简易机械手控制采用的输入 / 输出设备和对应的 PLC 端子

| 输　入 | | | 输　出 | | |
|---|---|---|---|---|---|
| 输入设备 | 对应端子 | 功能说明 | 输出设备 | 对应端子 | 功能说明 |
| SB1 | I0.0 | 启动控制 | KM1 线圈 | Q0.0 | 控制机械手右移 |
| SB2 | I0.1 | 停止控制 | KM2 线圈 | Q0.1 | 控制机械手左移 |
| SQ1 | I0.2 | 左到位检测 | KM3 线圈 | Q0.2 | 控制机械手下降 |
| SQ2 | I0.3 | 右到位检测 | KM4 线圈 | Q0.3 | 控制机械手上升 |
| SQ3 | I0.4 | 上到位检测 | KM5 线圈 | Q0.4 | 控制机械手夹紧 |
| SQ4 | I0.5 | 下到位检测 | | | |
| SQ5 | I0.6 | 工件检测 | | | |

## 3. 绘制控制线路图

图 5-10 所示为简易机械手的 PLC 控制线路图。

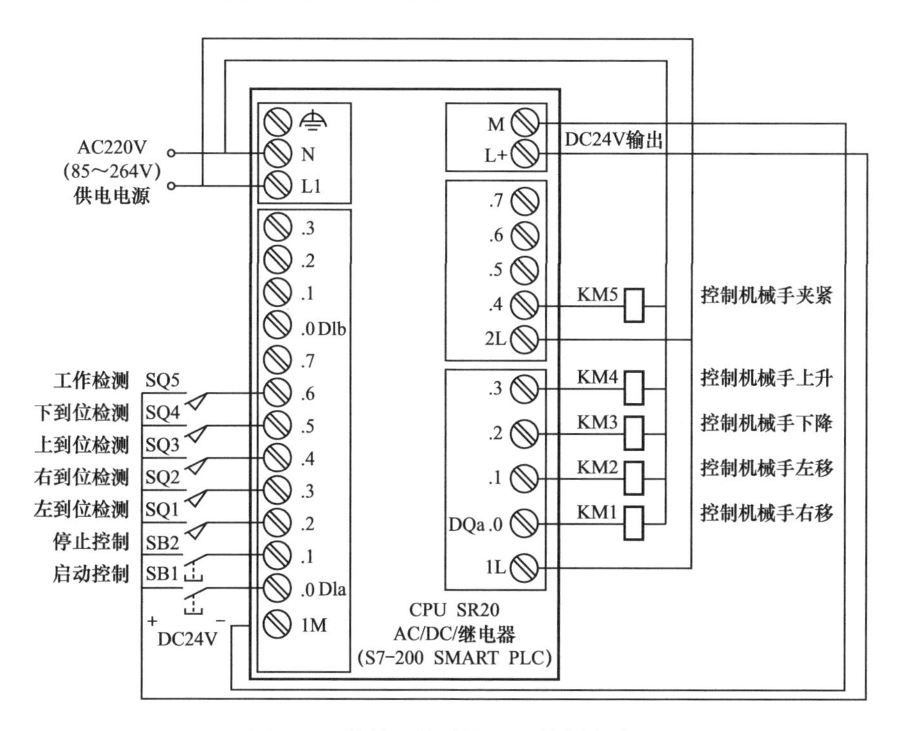


图 5-10　简易机械手的 PLC 控制线路图

### 4. 编写 PLC 控制程序

（1）绘制状态转移图

图 5-11 所示为简易机械手控制状态转移图。

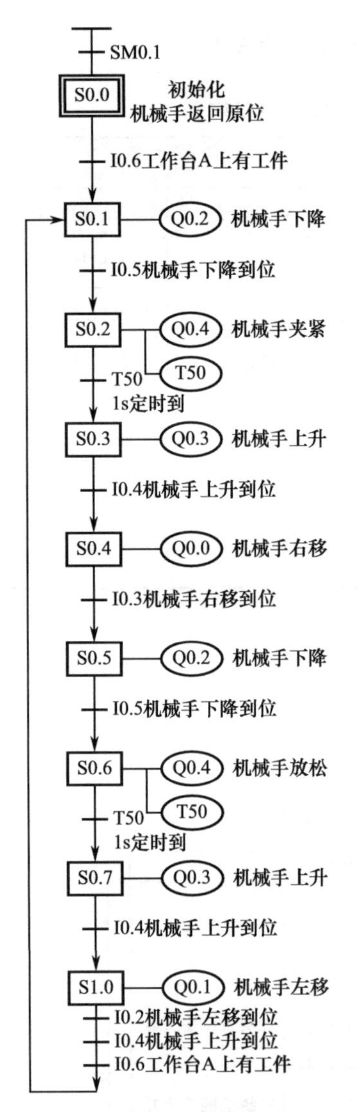


图 5-11　简易机械手控制状态转移图

（2）绘制梯形图

启动编程软件，按照图 5-11 所示的状态转移图编写梯形图，编写完成的梯形图如图 5-12 所示。

下面对照图 5-10 控制线路图来说明图 5-12 梯形图的工作原理。

武术运动员在表演武术时，通常会在表演场地的某位置站好，之后开始各种武术套路表演，表演结束后会收势成表演前的站立状态。同样地，大多数机电设备在工作前先要处于初始位置（相当于运动员表演前的站立位置），之后在程序的控制下，机电设备开始各种操作，操作结束后又会回到初始位置，机电设备的初始位置也称原点。

① 工作控制。当 PLC 启动时，[2]SM0.1 会接通一个扫描周期，将状态继电器 S0.0 置位，S0.0 程序段被激活，成为活动步程序。

a. 原点条件检测。机械手的原点条件是左到位（左限位开关 SQ1 闭合）、上到位（上限位开关 SQ3 闭合），即机械手的初始位置应在左上角。若不满足原点条件，则原点检测程序会使机械手返回到原点，之后才开始工作。

[4] 为原点检测程序，当按下启动按钮 SB1 时→ [1] I0.0 常开触点闭合，辅助继电器 M0.0 线圈得电，M0.0 自锁触点闭合，锁定供电，同时 [4]M0.0 常开触点闭合，因 S0.0 状态器被置位，故 S0.0 常开触点闭合，Q0.4 线圈复位，接触器 KM5 线圈失电，机械手因夹紧线圈失电而放松，[4] 中的其他 M0.0 常开触点也均闭合。若机械手未左到位，则开关 SQ1 断开，[4]I0.2 常闭触点闭合，Q0.1 线圈得电，接触器 KM1 线圈得电，通过电动机 M1 驱动机械手左移，左移到位后 SQ1 闭合，[4]I0.2 常闭触点断开；若机械手未上到位，则开关 SQ3 断开，[4]I0.4 常闭触点闭合，Q0.3 线圈得电，接触器 KM4 线圈得电，通过电动机 M2 驱动机械手上升，上升到位后 SQ3 闭合，[4]I0.4 常闭触点断开。如果机械手左到位、上到位且工位 A 有工件（开关 SQ5 闭合），则 [4]I0.2、I0.4、I0.6 常开触点均闭合，执行“SCRT S0.1”指令，使 S0.1 程序段成为活动步程序，程序转移至 S0.1 程序段，开始控制机械手搬运工件。

b. 机械手搬运工件控制。S0.1 程序段成为活动步程序后，[7]SM0.0 闭合→ Q0.2 线圈得电，KM3 线圈得电，通过电动机 M2 驱动机械手下移，当下移到位后，下到位开关 SQ4

闭合，[7]I0.5 常开触点闭合，执行“SCRT S0.2”指令，程序转移至 S0.2 程序段→ [10] SM0.0 闭合，Q0.4 线圈被置位，接触器 KM5 线圈得电，夹紧线圈 YV 得电将工件夹紧，与此同时，定时器 T50 开始 1s 计时→ 1s 后，[10]T50 常开触点闭合，执行“SCRT S0.3”指令，程序转移至 S0.3 程序段→ [13]SM0.0 闭合→ Q0.3 线圈得电，KM4 线圈得电，通过电动机 M2 驱动机械手上移，当上移到位后，开关 SQ3 闭合，[13]I0.4 常开触点闭合，执行“SCRT S0.4”指令，程序转移至 S0.4 程序段→ [16]SM0.0 闭合→ Q0.0 线圈得电，KM1 线圈得电，通过电动机 M1 驱动机械手右移，当右移到位后，开关 SQ2 闭合，[16] I0.3 常开触点闭合，执行“SCRT S0.5”指令，程序转移至 S0.5 程序段→ [19]SM0.0 闭合→ Q0.2 线圈得电，KM3 线圈得电，通过电动机 M2 驱动机械手下降，当下降到位后，开关 SQ4 闭合，[19]I0.5 常开触点闭合，执行“SCRT S0.6”指令，程序转移至 S0.6 程序段→ [22]SM0.0 闭合→ Q0.4 线圈被复位，接触器 KM5 线圈失电，夹紧线圈 YV 失电将工件放下，与此同时，定时器 T50 开始 1s 计时→ 1s 后，[22]T50 常开触点闭合，执行“SCRT S0.7”指令，程序转移至 S0.7 程序段→ [25]SM0.0 闭合→ Q0.3 线圈得电，KM4 线圈得电，通过电动机 M2 驱动机械手上升，当上升到位后，开关 SQ3 闭合，[25] I0.4 常开触点闭合，执行“SCRT S1.0”指令，程序转移至 S1.0 程序段→[28]SM0.0 闭合→ Q0.1 线圈得电，KM2 线圈得电，通过电动机 M1 驱动机械手左移，当左移到位后，开关 SQ1 闭合，[28]I0.2 常闭触点断开，Q0.1 线圈失电，机械手停止左移，与此同时，[28]I0.2 常开触点闭合，如果上到位开关 SQ3（I0.4）和工件检测开关 SQ5（I0.6）均闭合，则执行“SCRT S0.1”指令，程序转移至 S0.1 程序段→ [7]SM0.0 闭合，Q0.2 线圈得电，开始下一次工件搬运。若工位 A 无工件，SQ5 断开，则机械手会停在原点位置。

②停止控制。按下停止按钮 SB2 → [1]I0.1 常闭触点断开→辅助继电器 M0.0 线圈失电→ [1]、[4]、[28] 中的 M0.0 常开触点均断开，其中 [1]M0 常开触点断开解除 M0.0 线圈供电，[4]、[28]M0.0 常开触点断开均会使“SCRT S0.1”指令无法执行，也就无法转移至 S0.1 程序段，机械手不工作。

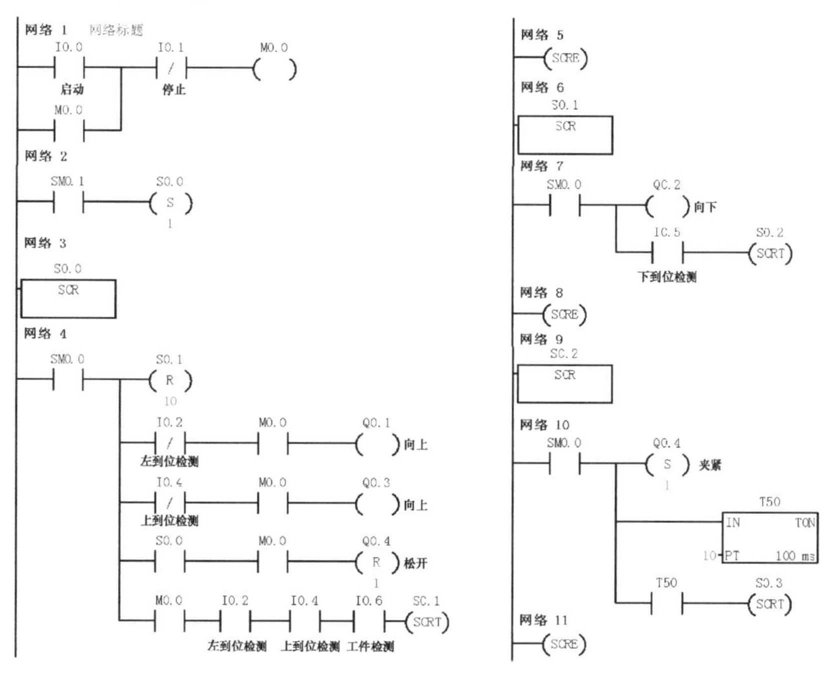


图 5-12　简易机械手控制梯形图

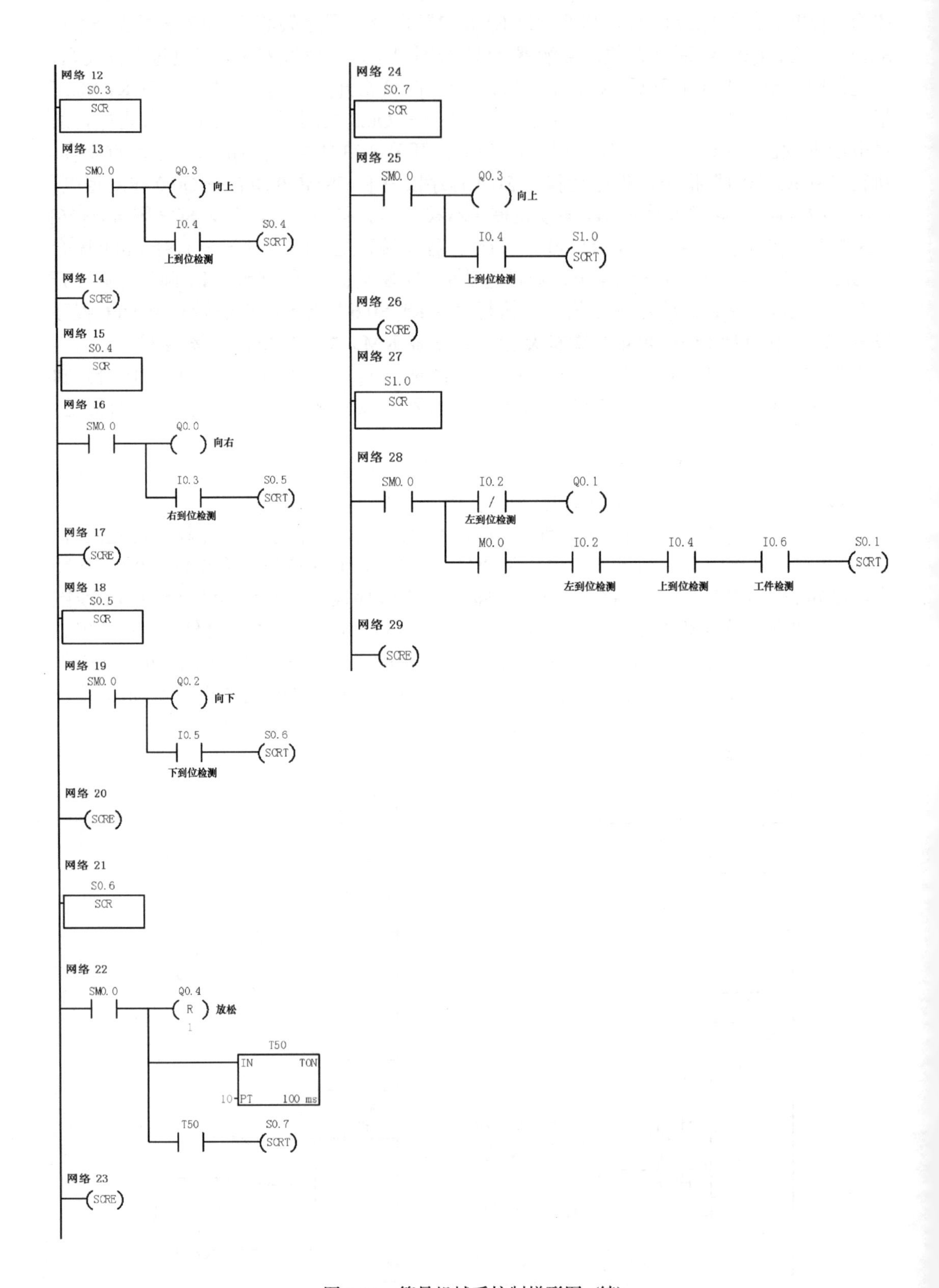


图 5-12　简易机械手控制梯形图（续）

### 5.4.3 大小铁球分检机的 PLC 控制线路与程序详解

#### 1．系统控制要求

大小铁球分检机的结构如图 5-13 所示。M1 为传送带电动机，通过传送带驱动机械手臂向左或向右移动；M2 为电磁铁升降电动机，用于驱动电磁铁 YA 上移或下移；SQ1、SQ4、SQ5 分别为混装球箱、小球箱、大球箱的定位开关，当机械手臂移到某球箱上方时，相应的定位开关闭合；SQ6 为接近开关，当铁球靠近时开关闭合，表示电磁铁下方有球存在。

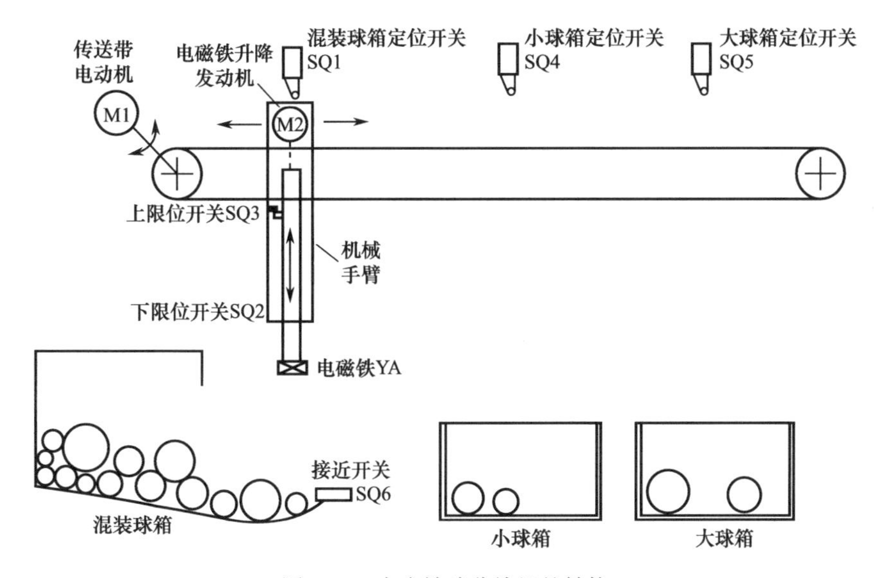


图 5-13 大小铁球分检机的结构

大小铁球分检机控制要求及工作过程如下：

① 分检机从混装球箱中将大小球分检出来，并将小球放入小球箱内，大球放入大球箱内。

② 分检机的初始状态（原点条件）是机械手臂停在混装球箱上方，SQ1、SQ3 均闭合。

③ 在工作时，若 SQ6 闭合，则电动机 M2 驱动电磁铁下移，2s 后，给电磁铁通电，从混装球箱中吸引铁球。若此时 SQ2 处于断开状态，则表示吸引的是大球；若 SQ2 处于闭合状态，则吸引的是小球。之后电磁铁上移，SQ3 闭合后，电动机 M1 带动机械手臂右移，如果电磁铁吸引的是小球，则机械手臂移至 SQ4 处停止，电磁铁下移，将小球放入小球箱（让电磁铁失电），而后电磁铁上移，机械手臂回归原位；如果电磁铁吸引的是大球，则机械手臂移至 SQ5 处停止，电磁铁下移，将大球放入大球箱，而后电磁铁上移，机械手臂回归原位。

#### 2．确定输入 / 输出设备，并为其分配合适的 I/O 端子

大小铁球分检机控制系统采用的输入/输出设备和对应的 PLC 端子见表 5-4。

表 5-4 大小铁球分检机控制系统采用的输入/输出设备和对应的 PLC 端子

| 输入 | | | 输出 | | |
|---|---|---|---|---|---|
| 输入设备 | 对应端子 | 功能说明 | 输出设备 | 对应端子 | 功能说明 |
| SB1 | I0.0 | 启动控制 | HL | Q0.0 | 工作指示 |
| SQ1 | I0.1 | 混装球箱定位 | KM1 线圈 | Q0.1 | 控制电磁铁上升 |
| SQ2 | I0.2 | 电磁铁下限位 | KM2 线圈 | Q0.2 | 控制电磁铁下降 |
| SQ3 | I0.3 | 电磁铁上限位 | KM3 线圈 | Q0.3 | 控制机械手臂左移 |
| SQ4 | I0.4 | 小球箱定位 | KM4 线圈 | Q0.4 | 控制机械手臂右移 |
| SQ5 | I0.5 | 大球箱定位 | KM5 线圈 | Q0.5 | 控制电磁铁吸合 |
| SQ6 | I0.6 | 铁球检测 | | | |

### 3．绘制控制线路图

图 5-14 所示为大小铁球分检机的 PLC 控制线路图。

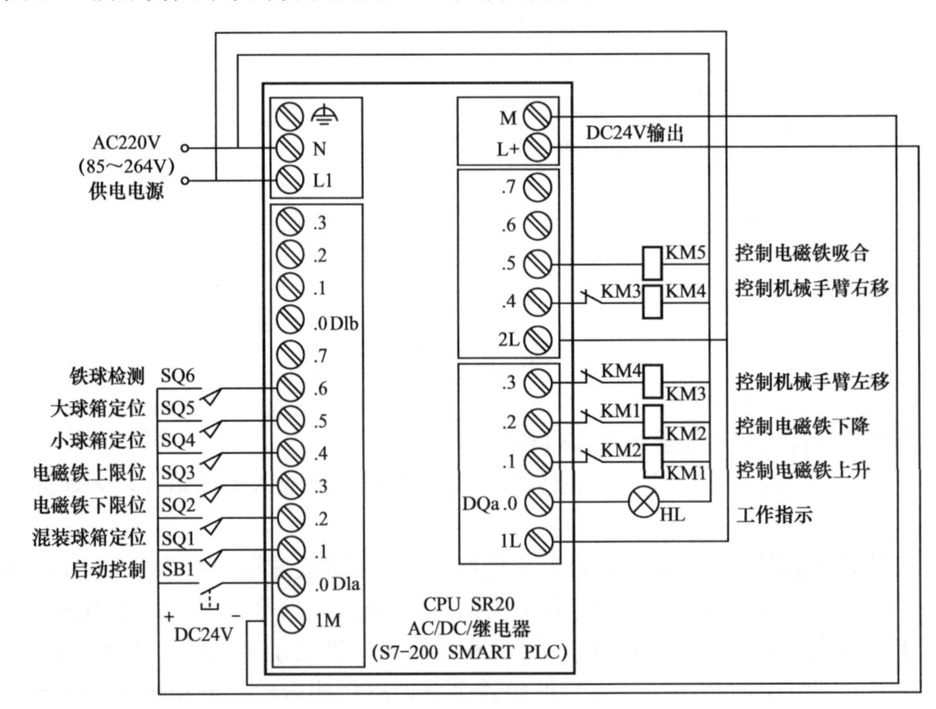


图 5-14 大小铁球分检机的 PLC 控制线路图

### 4. 编写 PLC 控制程序

（1）绘制状态转移图

分检机检球时抓的既可能是大球，也可能是小球，若抓的是大球，则执行抓取大球控制，若抓的是小球，则执行抓取小球控制。这是一种选择性控制，编程时应采用选择性分支方式实现。图 5-15 所示为大小铁球分检机控制的状态转移图。

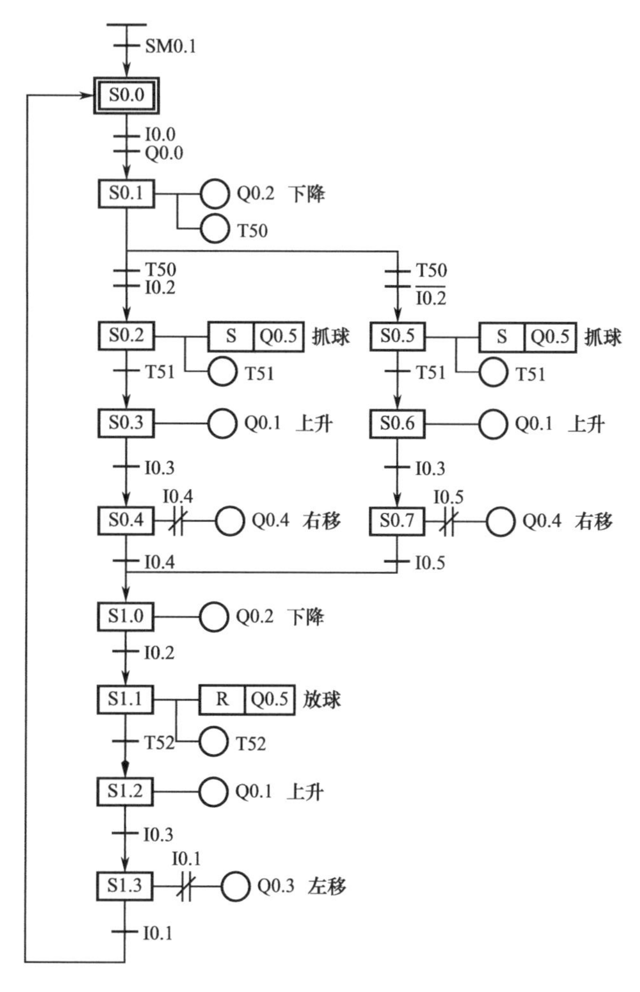


图 5-15　大小铁球分检机控制的状态转移图

（2）绘制梯形图

启动编程软件，根据图 5-15 所示的状态转移图编写梯形图，编写完成的梯形图如图 5-16 所示。

下面对照图 5-13、图 5-14 和图 5-16 来说明分检机的工作原理。

① 检测原点条件。图 5-16 中的 [1] 程序用来检测分检机是否满足原点条件。分检机的原点条件有：一是机械手臂停在混装球箱上方（会使定位开关 SQ1 闭合，[1]I0.1 常开触点闭合）；二是电磁铁处于上限位位置（会使上限位开关 SQ3 闭合，[1]I0.3 常开触点闭合）；三是电磁铁未通电（Q0.5 线圈失电，电磁铁也无供电，[1]Q0.5 常闭触点闭合）；四是有铁球处于电磁铁正下方（会使铁球检测开关 SQ6 闭合，[1]I0.6 常开触点闭合）。这四点都满足后，[1]Q0.0 线圈得电，[4]Q0.0 常开触点闭合，同时 Q0.0 端子的内硬触点接通，指示灯 HL 亮。若 HL 不亮，则说明原点条件不满足。

②工作过程。当 PLC 上电启动时，SM0.1 会接通一个扫描周期，将状态继电器 S0.0 置位，S0.0 程序段被激活，成为活动步程序。

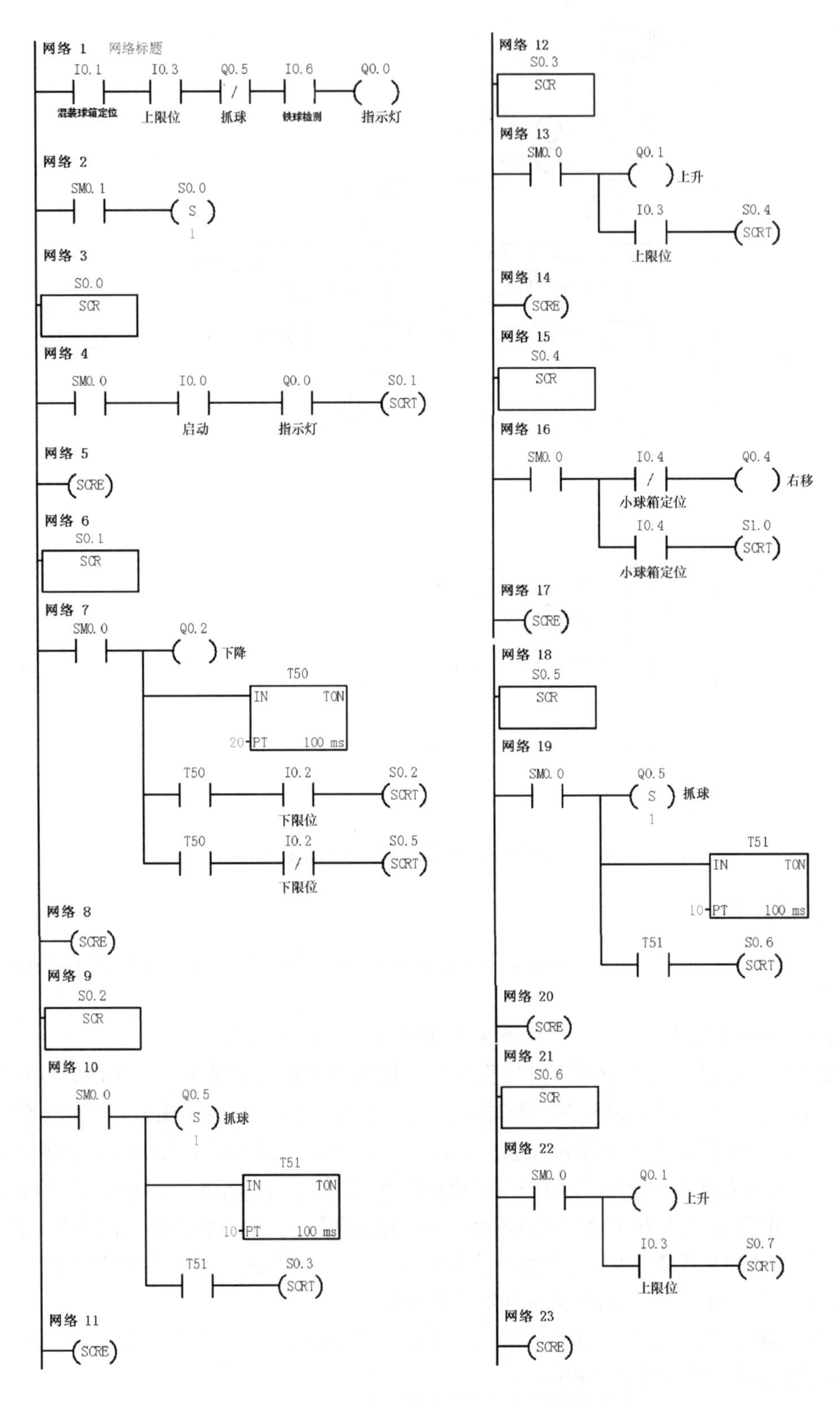


图 5-16 大小铁球分检机控制的梯形图

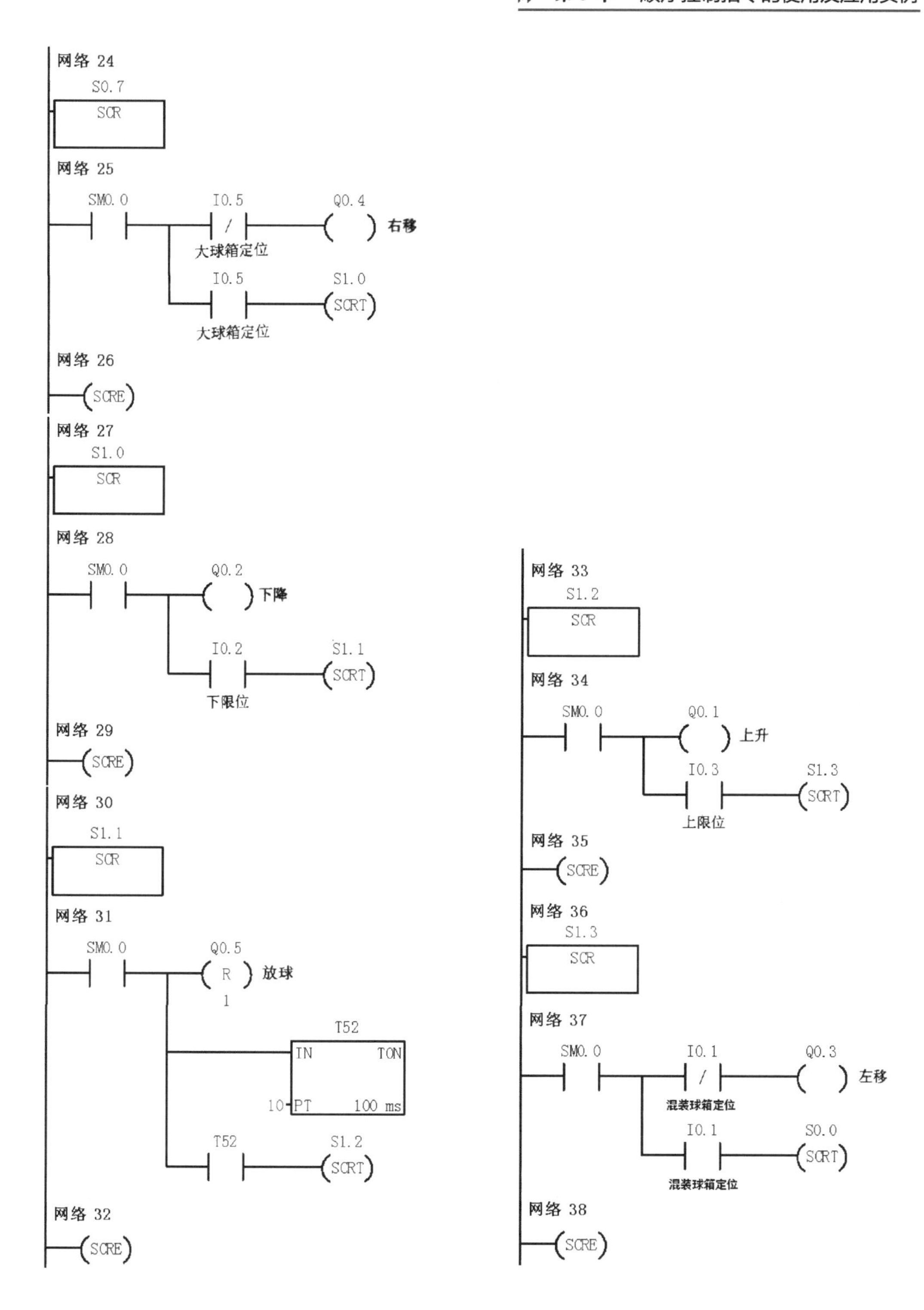


图 5-16　大小铁球分检机控制的梯形图（续）

按下启动按钮 SB1 → [4]I0.0 常开触点闭合→由于 SM0.0 和 Q0.0 触点均闭合，故执行“SCRT S0.1”指令，程序转移至 S0.1 程序段→ [7]SM0.0 闭合→ [7]Q0.2 线圈得电，通过接触器 KM2 使电动机 M2 驱动电磁铁下移，与此同时，定时器 T50 开始 2s 计时→ 2s 后，[7] 两个 T50 常开触点均闭合，若下限位开关 SQ2 处于闭合状态，则表明电磁铁接触的是小球，[7]I0.2 常开触点闭合，[7]I0.2 常闭触点断开，执行“SCRT S0.2”指令，程序转移至 S0.2 程序段，开始执行抓小球控制程序；若下限位开关 SQ2 处于断开状态，则表明电磁铁接触的是大球，[7]I0.2 常开触点断开，[7]I0.2 常闭触点闭合，执行“SCRT S0.5”指令，程序转移至 S0.5 程序段，开始执行抓大球控制程序。

a. 小球抓取控制（S0.2 ～ S0.4 程序段）。程序转移至 S0.2 程序段→ [10]SM0.0 闭合→ Q0.5 线圈被置位，通过 KM5 使电磁铁通电抓住小球，同时定时器 T51 开始 1s 计时→ 1s 后，[10]T51 常开触点闭合，执行“SCRT S0.3”指令，程序转移至 S0.3 程序段→ [13]SM0.0 闭合→ Q0.1 线圈得电，通过 KM1 使电动机 M2 驱动电磁铁上升→当电磁铁上升到位后，上限位开关 SQ3 闭合，[13]I0.3 常开触点闭合，执行“SCRT S0.4”指令，程序转移至 S0.4 程序段→ [16]SM0.0 闭合→ Q0.4 线圈得电，通过 KM4 使电动机 M1 驱动机械手臂右移→当机械手臂移到小球箱上方时，小球箱定位开关 SQ4 闭合→ [16]I0.4 常闭触点断开，Q0.4 线圈失电，机械手臂停止移动，与此同时，[16]I0.4 常开触点闭合，执行“SCRT S1.0”指令，程序转移至 S1.0 程序段，开始执行放球控制程序。

b. 放球并返回控制（S1.0 ～ S1.3 程序段）。程序转移至 S1.0 程序段→ [28]SM0.0 闭合，Q0.2 线圈得电，通过 KM2 使电动机 M2 驱动电磁铁下降，当下降到位后，下限位开关 SQ2 闭合→ [28]I0.2 常开触点闭合，执行“SCRT S1.1”指令，程序转移至 S1.1 程序段→ [31]SM0.0 闭合→ Q0.5 线圈被复位，电磁铁失电，将球放入球箱，与此同时，定时器 T52 开始 1s 计时→ 1s 后，[31]T52 常开触点闭合，执行“SCRT S1.2”指令，程序转移至 S1.2 程序段→ [34]SM0.0 闭合，Q0.1 线圈得电，通过 KM1 使电动机 M2 驱动电磁铁上升→当电磁铁上升到位后，上限位开关 SQ3 闭合，[34]I0.3 常开触点闭合，执行“SCRT S1.3”指令，程序转移至 S1.3 程序段→ [37]SM0.0 闭合，Q0.3 线圈得电，通过 KM3 使电动机 M1 驱动机械手臂左移→当机械手臂移到混装球箱上方时，混装球箱定位开关 SQ1 闭合→ [37]I0.1 常闭触点断开，Q0.3 线圈失电，电动机 M1 停转，机械手臂停止移动，与此同时，[37]I0.1 常开触点闭合，执行“SCRT S0.0”指令，程序转移至 S0.0 程序段→ [4] SM0.0 闭合，若按下启动按钮 SB1，则开始下一次抓球过程。

c. 大球抓取过程（S0.5 ～ S0.7 程序段）。程序转移至 S0.5 程序段→ [19]SM0.0 闭合，Q0.5 线圈被置位，通过 KM5 使电磁铁通电抓取大球，同时定时器 T51 开始 1s 计时→ 1s 后，[19]T51 常开触点闭合，执行“SCRT S0.6”指令，程序转移至 S0.6 程序段→ [22]SM0.0 闭合，Q0.1 线圈得电，通过 KM1 使电动机 M2 驱动电磁铁上升→当电磁铁上升到位后，上限位开关 SQ3 闭合，[22]I0.3 常开触点闭合，执行“SCRT S0.7”指令，程序转移至 S0.7 程序段→ [25]SM0.0 闭合，Q0.4 线圈得电，通过 KM4 使电动机 M1 驱动机械手臂右移→当机械手臂移到大球箱上方时，大球箱定位开关 SQ5 闭合→ [25]I0.5 常闭触点断开，Q0.4 线圈失电，机械手臂停止移动，与此同时，[25]I0.5 常开触点闭合，执行“SCRT S1.0”指令，程序转移至 S1.0 程序段，开始放球过程。

大球的放球与返回控制过程与小球完全一样，不再赘述。

# 功能指令的使用及应用实例

基本指令和顺序控制指令是PLC最常用的指令，为了适应现代工业自动控制的需要，PLC制造商开始逐步为PLC增加很多功能指令，**从而使PLC具有强大的数据运算和特殊处理功能，大大扩展了PLC的使用范围。**

## 6.1 功能指令使用基础

### 6.1.1 数据类型

#### 1. 字长

S7-200 SMART PLC的存储单元（即编程元件）存储的数据都是二进制数。**数据的长度称为字长，字长可分为位（1位二进制数，用bit表示）、字节（8位二进制数，用B表示）、字（16位二进制数，用W表示）和双字（32位二进制数，用D表示）。**

#### 2. 数据的类型和范围

S7-200 SMART PLC的存储单元存储的数据类型可分为布尔型、整数型和实数型（浮点数）。

（1）布尔型

**布尔型数据只有1位，又称位型，用来表示开关量（或称数字量）的两种不同状态。**当某编程元件为1时，称该元件为1状态，或称该元件处于ON状态，该元件对应的线圈“通电”，其常开触点闭合，常闭触点断开；当该元件为0时，称该元件为0状态，或称该元件处于OFF状态，该元件对应的线圈“失电”，其常开触点断开，常闭触点闭合。例如，输出继电器Q0.0的数据为布尔型。

（2）整数型

**整数型数据不带小数点，它分为无符号整数和有符号整数，有符号整数需要占用1个最高位表示数据的正负，通常规定最高位为0表示数据为正数，为1表示数据为负数。**表6-1列出了不同字长的整数表示的数值范围。

**表 6-1　不同字长的整数表示的数值范围**

| 整数长度 | 无符号整数表示范围 | | 有符号整数表示范围 | |
|---|---|---|---|---|
| | 十进制表示 | 十六进制表示 | 十进制表示 | 十六进制表示 |
| 字节 B（8 位） | 0~255 | 0~FF | -128~127 | 80~7F |
| 字 W（16 位） | 0~65535 | 0~FFFF | -32768~32767 | 8000~7FFF |
| 双字 D（32 位） | 0~4294967295 | 0~FFFFFFFF | -2147483648~2147483647 | 80000000~7FFFFFFF |

（3）实数型

**实数型数据也称为浮点型数据，是一种带小数点的数据，它采用 32 位来表示（即字长为双字）**，其数据范围很大，正数范围为 +1.175495E-38 ～ +3.402823E+38，负数范围为 -1.175495E-38 ～ -3.402823E+38。

### 3. 常数的编程书写格式

常数在编程时经常要用到。常数的长度可为字节、字和双字。常数在 PLC 中也是以二进制数形式存储的，但在编程时常数可以十进制、十六进制、二进制、ASCII 码或浮点数（实数）的形式编写，之后由编程软件自动编译成二进制数下载到 PLC 中。

常数的编程书写格式见表 6-2。

**表 6-2　常数的编程书写格式**

| 常　数 | 编程书写格式 | 举　例 |
|---|---|---|
| 十进制 | 十进制值 | 2105 |
| 十六进制 | 16# 十六进制值 | 16#3F67A |
| 二进制 | 2# 二进制值 | 2#1010 000111010011 |
| ASCII 码 | ‘ASCII 码文本’ | 'very good' |
| 浮点数（实数） | 按 ANSI/IEEE 754—1985 标准 | +1.038267E-36（正数） |
| | | -1.038267E-36（负数） |

## 6.1.2　寻址方式

在 S7-200 SMART PLC 中，数据是存于存储器中的，为了存取方便，需要对存储器的每个存储单元进行编址。在访问数据时，只要找到某单元的地址，就能对该单元的数据进行存取。**S7-200 PLC 的寻址方式主要有两种：直接寻址和间接寻址。**

### 1. 直接寻址

要了解存储器的寻址方法，须先掌握其编址方法。S7-200 SMART PLC 的存储单元编址有一定的规律，它将存储器按功能不同划分成若干个区，如 I 区（输入继电器区）、Q 区（输出继电器区）、M 区、SM 区、V 区、L 区等，由于每个区又有很多存储单元，故这些单元需要进行编址。**PLC 存储区常采用以下方式编址：**

- **I、Q、M、SM、S 区按位顺序编址，如 I0.0 ～ I15.7、M0.0 ～ M1.7。**

- V、L 区按字节顺序编址，如 VB0 ～ VB2047、LB0 ～ LB63。
- AI、AQ 区按字顺序编址，如 AIW0 ～ AIW30、AQW0 ～ AQW30。
- T、C、HC、AC 区直接按编号大小编址，如 T0 ～ T255、C0 ～ C255、AC0 ～ AC3。

**直接寻址是通过直接指定要访问存储单元的区域、长度和位置来查找到该单元。**S7-200 SMART PLC 直接寻址方法主要有：

（1）位寻址

**位寻址格式为：**

**位单元寻址 = 存储区名（元件名）+ 字节地址 . 位地址**

例如，寻址时给出 I2.3，则要查找的地址是 I 存储区第 2 字节的第 3 位，如图 6-1 所示。

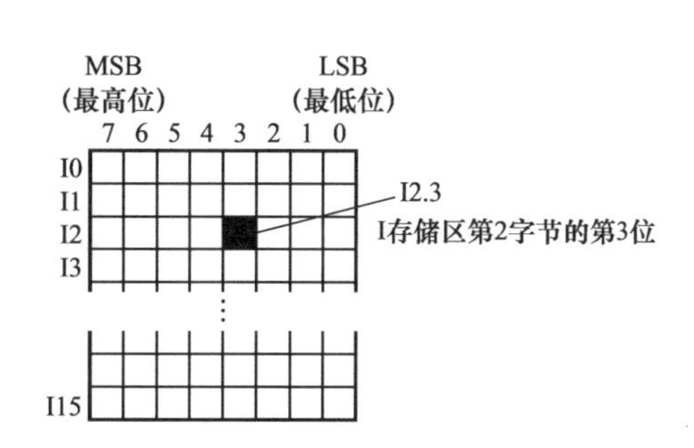


图 6-1　位寻址举例

可进行位寻址的存储区有 I、Q、M、SM、L、V、S。

（2）字节 / 字 / 双字寻址

字节 / 字 / 双字寻址是以字节、字或双字为单位进行的，**寻址格式为：**

**字节 / 字 / 双字寻址 = 存储区名（元件名）+ 字长（字节、字或双字）+ 首字节地址**

例如，寻址时给出 VB100，则要查找的地址为 V 存储区的第 100 字节；若给出 VW100，则要查找的地址为 V 存储区的第 100、101 个字节；若给出 VD100，则要查找的地址为 V 存储区的第 100 ～ 103 个字节。VB100、VW100、VD100 之间的关系如图 6-2 所示，VW100 即为 VB100 和 VB101，VD100 即为 VB100 ～ VB103。当 VW100 单元存储 16 位二进制数时，VB100 存储高字节（高 8 位），VB101 存储低字节（低 8 位）；当 VD100 单元存储 32 位二进制数时，VB100 存储最高字节，VB103 存储最低字节。

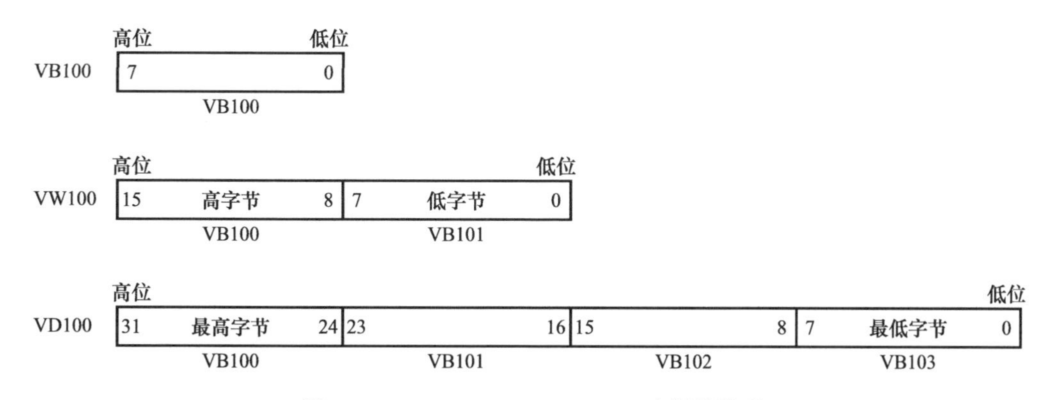


图 6-2　VB100、VW100、VD100 之间的关系

可进行字节寻址的存储区有 I、Q、M、SM、L、V、AC（仅低 8 位）、常数；可进行字寻址的存储区有 I、Q、M、SM、L、V、T、C、AC（仅低 16 位）、常数；可进行双字寻址的存储区有 I、Q、M、SM、L、V、AC（32 位）、常数。

### 2. 间接寻址

**间接寻址是指不直接给出要访问单元的地址，而是将该单元的地址存在某些特殊存储单元中，这个用来存储地址的特殊存储单元称为指针，指针只能由 V、L 或 AC（累加器）来承担**。在访问连续地址中的数据时，采用间接寻址方式很方便。

**采用间接寻址方式存取数据时一般有三个过程：建立指针、用指针存取数据和修改指针**。

（1）建立指针

建立指针必须用双字传送指令（MOVD），利用该指令将要访问单元的地址存入指针（用来存储地址的特殊存储单元）中，示意代码如下：

```
MOVD  &VB200, AC1   // 将存储单元 VB200 的地址存入累加器 AC1 中
```

**指令中操作数前的"&"为地址符号，"&VB200"表示 VB200 的地址（而不是 VB200 中存储的数据）**，"//"为注释符号，它后面的文字用来对指令注释说明，软件不会对它后面的内容编译。**在建立指针时，指令中的第 2 个操作数的字长必须是双字存储单元，如 AC、VD、LD**。

（2）用指针存取数据

指针建立后，就可以利用指针来存取数据。举例如下：

```
MOVD  &VB200, AC0    // 建立指针，将存储单元 VB200 的地址存入累加器 AC0 中
MOVW  *AC0, AC1      // 以 AC0 中的地址（VB200 的地址）作为首地址，将连续两个字
                     // 节（一个字，即 VB200、VB201）单元中的数据存入 AC1 中
MOVD*AC0, AC1        // 以 AC0 中的地址（VB200 的地址）作为首地址，将连续四个字
                     // 节（双字，即 VB200 ～ VB203）单元中的数据存入 AC1 中
```

**指令中操作数前的"*"表示该操作数是一个指针（存有地址的存储单元）**。下面通过图 6-3 来说明上述指令的执行过程。

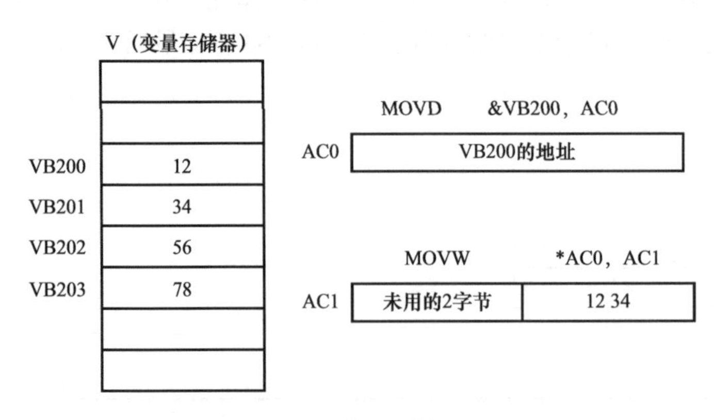


图 6-3 间接寻址说明图

"MOVD &VB200, AC0"指令执行的结果是 AC0 中存入存储单元 VB200 的地址；"MOVW *AC0, AC1"指令执行的结果是以 AC0 中的 VB200 地址作为首地址，将连续两个字节单元（VB200、VB201）中的数据存入 AC1 中，如果 VB200、VB201 单元中的数据分别为 12、34，则该指令执行后，AC1 的低 16 位就存入了"1234"；"MOVD *AC0, AC1"指令执行的结果是以 AC0 中的 VB200 地址作为首地址，将连续四个字节单元（VB200 ～ VB203）中的数据存入 AC1 中，该指令执行后，AC1 中就存入了"12345678"。

（3）修改指针

**指针（用来存储地址的特殊存储单元）的字长为双字（32 位），修改指针值需要用双**

字指令。常用的双字指令有双字加法指令(ADDD)和双字加 1 指令(INCD)。在修改指针值、存取字节时，指针值加 1；存取字时，指针值加 2；存取双字时，指针值加 4。修改指针值举例如下：

```
MOVD  &VB200, AC0    // 建立指针
INCD  AC0            // 将 AC0 中的值加 1（即地址值增 1）
INCD  AC0            // 将 AC0 中的地址值再增 1
MOVW  *AC0, AC1      // 读指针，以 AC0 中的新地址作为首地址，将它所对应连续两个
                     // 字节单元中的数据存入 AC1 中
```

以图 6-3 为例，上述程序执行的结果是以 AC0 中的 VB202 单元地址为首地址，将 VB202、VB203 单元中的数据 56、78 存入 AC1 的低 16 位。

## 6.2 传送指令

**传送指令的功能是在编程元件之间传送数据。传送指令可分为单一数据传送指令、字节立即传送指令、数据块传送指令、字节交换指令。**

### 6.2.1 单一数据传送指令

**单一数据传送指令用于传送一个数据，根据传送数据的字长不同，可分为字节、字、双字和实数传送指令。单一数据传送指令的功能是在 EN 端有输入（即 EN=1）时，将 IN 端指定单元中的数据送入 OUT 端指定的单元中。**

单一数据传送指令说明如表 6-3 所示。

**表 6-3 单一数据传送指令说明**

| 指令名称 | 梯形图与指令格式 | 功能说明 | 举 例 |
|---|---|---|---|
| 字节传送 | MOV_B<br>EN ENO<br>????-IN OUT-????<br>(MOVB IN, OUT) | 将 IN 端指定字节单元中的数据送入 OUT 端指定的字节单元 | I0.1<br>MOV_B<br>EN ENO<br>IB0-IN OUT-QB0<br>当 I0.1 触点闭合时，将 IB0（I0.0 ～ I0.7）单元中的数据送入 QB0（Q0.0 ～ Q0.7）单元中。IN 端也可以输入常数，如将 IB0 改为“3”，则将“3”送入 QB0 |
| 字传送 | MOV_W<br>EN ENO<br>????-IN OUT-????<br>(MOVW IN, OUT) | 将 IN 端指定字单元中的数据送入 OUT 端指定的字单元 | I0.2<br>MOV_W<br>EN ENO<br>IW0-IN OUT-QW0<br>当 I0.2 触点闭合时，将 IW0 单元中的数据送入 QW0 单元中 |

（续表）

| 指令名称 | 梯形图与指令格式 | 功能说明 | 举　例 |
|---|---|---|---|
| 双字传送 | MOV_DW: EN ENO, ????-IN OUT-????<br>（MOVD IN, OUT） | 将 IN 端指定双字单元中的数据送入 OUT 端指定的双字单元 | I0.3 MOV_DW: EN ENO, ID0-IN OUT-QD0<br>当 I0.3 触点闭合时，将 ID0 单元中的数据送入 QD0 单元中 |
| 实数传送 | MOV_R: EN ENO, ????-IN OUT-????<br>（MOVR IN, OUT） | 将 IN 端指定双字单元中的实数送入 OUT 端指定的双字单元 | I0.4 MOV_R: EN ENO, 0.1-IN OUT-AC0<br>当 I0.4 触点闭合时，将实数“0.1”送入 AC0（32 位）中 |

字节、字、双字和实数传送指令允许使用的操作数及数据类型见表 6-4。

表 6-4　字节、字、双字和实数传送指令允许使用的操作数及数据类型

| 传送指令 | 输入 / 输出 | 允许使用的操作数 | 数据类型 |
|---|---|---|---|
| MOVB | IN | IB、QB、VB、MB、SMB、SB、LB、AC、*VD、*LD、*AC、常数 | 字节 |
| | OUT | IB、QB、VB、MB、SMB、SB、LB、AC、*VD、*LD、*AC | |
| MOVW | IN | IW、QW、VW、MW、SMW、SW、T、C、LW、AC、AIW、*VD、*AC、*LD、常数 | 字、整数型 |
| | OUT | IW、QW、VW、MW、SMW、SW、T、C、LW、AC、AQW | |
| MOVD | IN | ID、QD、VD、MD、SMD、SD、LD、HC、&VB、&IB、&QB、&MB、&SB、&T、&C、&SMV、*AIW、&AQW、AC、*VD、*LD、*AC、常数 | 双字、双整数型 |
| | OUT | AC、*VD、*LD、*AC | |
| MOVR | IN | ID、QD、VD、MD、SMD、SD、LD、AC、*VD、*LD、*AC、常数 | 实数型 |
| | OUT | ID、QD、VD、MD、SMD、SD、LD、AC、*VD、*LD、*AC | |

## 6.2.2　字节立即传送指令

**字节立即传送指令的功能是在 EN 端（使能端）有输入时，在物理 I/O 端和存储器之间立即传送一个字节数据。**字节立即传送指令可分为字节立即读指令和字节立即写指令，它们不能访问扩展模块。一般情况下，PLC 采用循环扫描方式执行程序，如果程序中的一个指令刚执行，那么需要等一个扫描周期后才会再次执行，而字节立即传送指令是当输入为 ON 时不用等待即刻执行。

字节立即传送指令说明如表 6-5 所示。

表 6-5　字节立即传送指令说明

| 指令名称 | 梯形图与指令格式 | 功能说明 | 举　例 |
| --- | --- | --- | --- |
| 字节立即读 | 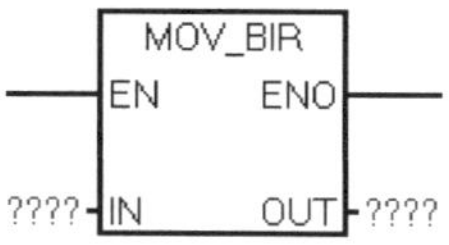 MOV_BIR EN ENO ????-IN OUT-????<br>(BIR IN, OUT) | 将 IN 端指定的物理输入端子的数据立即送入 OUT 端指定的字节单元，物理输入端子对应的输入寄存器不会被刷新 | 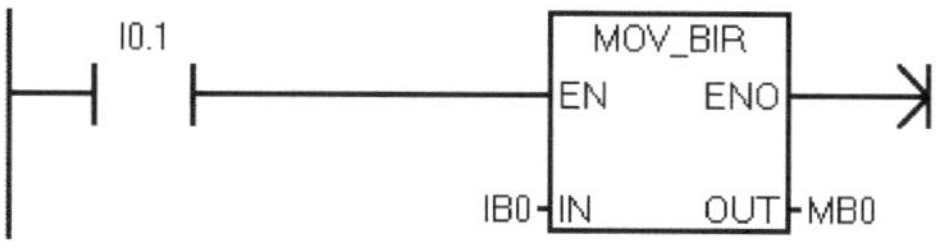 I0.1 MOV_BIR EN ENO IB0-IN OUT-MB0<br>当 I0.1 触点闭合时，将 IB0（I0.0 ~ I0.7）端子输入值立即送入 MB0（M0.0 ~ M0.7）单元中，IB0 输入继电器中的数据不会被刷新 |
| 字节立即写 | 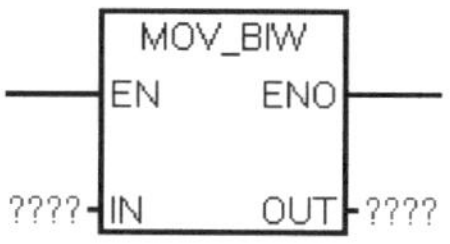 MOV_BIW EN ENO ????-IN OUT-????<br>(BIW IN, OUT) | 将 IN 端指定字节单元中的数据立即送到 OUT 端指定的物理输出端子，同时刷新输出端子对应的输出寄存器 | 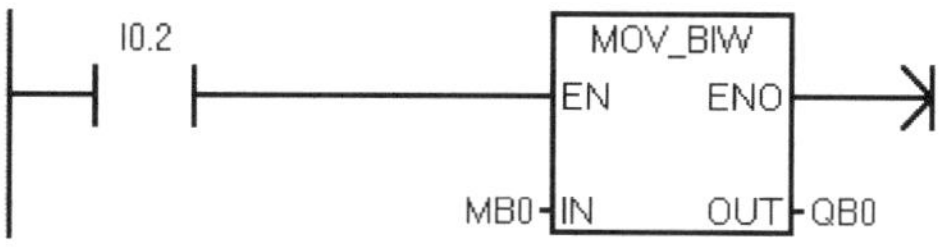 I0.2 MOV_BIW EN ENO MB0-IN OUT-QB0<br>当 I0.2 触点闭合时，将 MB0 单元中的数据立即送到 QB0（Q0.0 ~ Q0.7）端子，同时刷新输出继电器 QB0 中的数据 |

字节立即读/写指令允许使用的操作数见表 6-6。

表 6-6　字节立即读 / 写指令允许使用的操作数

| 传送指令 | 输入 / 输出 | 允许使用的操作数 | 数据类型 |
| --- | --- | --- | --- |
| BIR | IN | IB、*VD、*LD、*AC | 字节型 |
|  | OUT | IB、QB、VB、MB、SMB、SB、LB、AC、*VD、*LD、*AC |  |
| BIW | IN | IB、QB、VB、MB、SMB、SB、LB、AC、*VD、*LD、*AC、常数 | 字节型 |
|  | OUT | QB、*VD、*LD、*AC |  |

### 6.2.3　数据块传送指令

**数据块传送指令的功能是在 EN 端（使能端）有输入时，将 IN 端指定首地址的 *N* 个单元中的数据送入 OUT 端指定首地址的 *N* 个单元中。数据块传送指令可分为字节块、字块及双字块传送指令。**

数据块传送指令说明如表 6-7 所示。

表 6-7　数据块传送指令说明

| 指令名称 | 梯形图与指令格式 | 功能说明 | 举　例 |
| --- | --- | --- | --- |
| 字节块传送 | 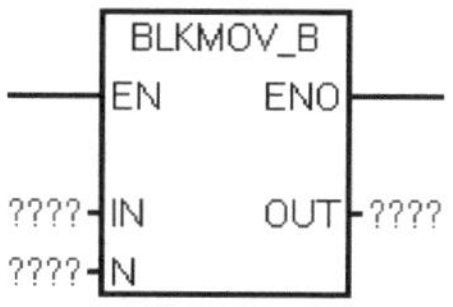 BLKMOV_B EN ENO ????-IN OUT-???? ????-N<br>(BMB IN, OUT, N) | 将 IN 端指定首地址的 *N* 个字节单元中的数据送入 OUT 端指定首地址的 *N* 个字节单元中 | 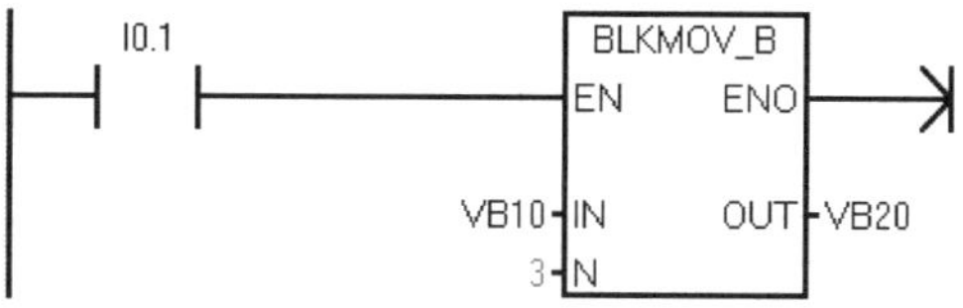 I0.1 BLKMOV_B EN ENO VB10-IN OUT-VB20 3-N<br>当 I0.1 触点闭合时，将 VB10 为首地址的 3 个连续字节单元中的数据送入 VB20 为首地址的 3 个连续字节单元中，其中 VB10 → VB20、VB11 → VB21、VB12 → VB22 |

（续表）

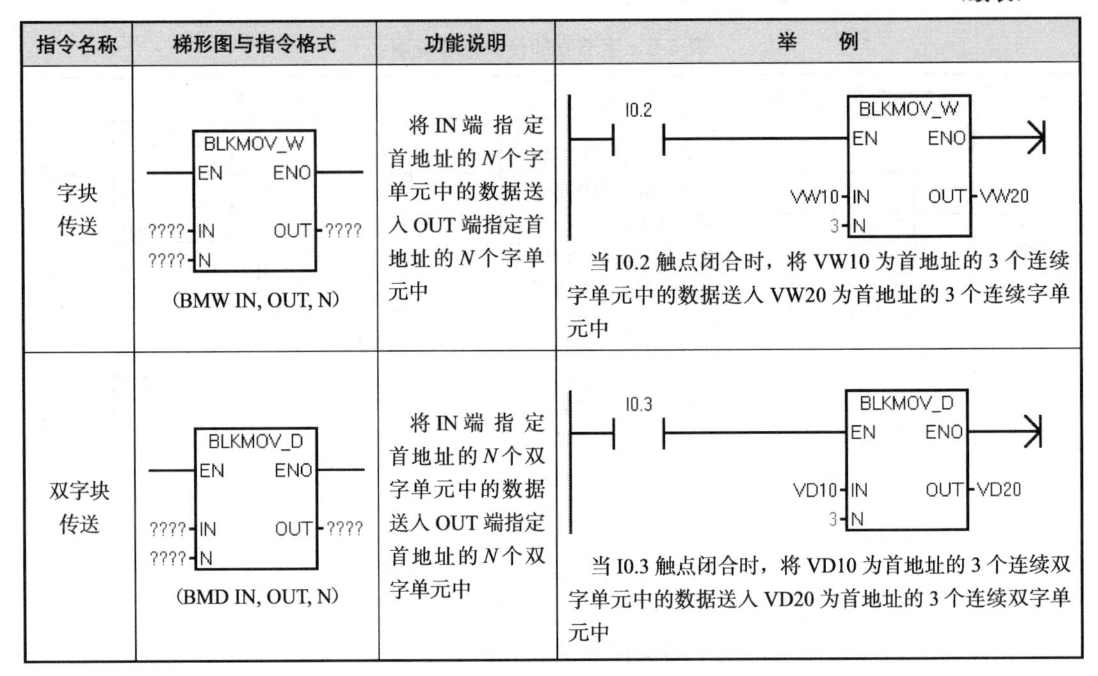

| 指令名称 | 梯形图与指令格式 | 功能说明 | 举　例 |
| --- | --- | --- | --- |
| 字块传送 | BLKMOV_W<br>EN ENO<br>????-IN OUT-????<br>????-N<br>(BMW IN, OUT, N) | 将 IN 端指定首地址的 *N* 个字单元中的数据送入 OUT 端指定首地址的 *N* 个字单元中 | I0.2<br>BLKMOV_W<br>EN ENO<br>VW10-IN OUT-VW20<br>3-N<br>当 I0.2 触点闭合时，将 VW10 为首地址的 3 个连续字单元中的数据送入 VW20 为首地址的 3 个连续字单元中 |
| 双字块传送 | BLKMOV_D<br>EN ENO<br>????-IN OUT-????<br>????-N<br>(BMD IN, OUT, N) | 将 IN 端指定首地址的 *N* 个双字单元中的数据送入 OUT 端指定首地址的 *N* 个双字单元中 | I0.3<br>BLKMOV_D<br>EN ENO<br>VD10-IN OUT-VD20<br>3-N<br>当 I0.3 触点闭合时，将 VD10 为首地址的 3 个连续双字单元中的数据送入 VD20 为首地址的 3 个连续双字单元中 |

字节、字、双字块传送指令允许使用的操作数见表 6-8。

**表 6-8　字节、字、双字块传送指令允许使用的操作数**

| 传送指令 | 输入 / 输出 | 允许使用的操作数 | 数据类型 | 参数（N） |
| --- | --- | --- | --- | --- |
| BMB | IN | IB、QB、VB、MB、SMB、SB、LB、*VD、*LD、*AC | 字节 | IB、QB、VB、MB、SMB、SB、LB、AC、常数、*VD、*LD、*AC、字节型 |
| | OUT | IB、QB、VB、MB、SMB、SB、LB、*VD、*LD、*AC | | |
| BMW | IN | IW、QW、VW、SMW、SW、T、C、LW、AIW、*VD、*LD、*AC | 字、整数型 | |
| | OUT | IW、QW、VW、MW、SMW、SW、T、C、LW、AQW、*VD、*LD、*AC | | |
| BMD | IN | ID、QD、VD、MD、SMD、SD、LD、*VD、*LD、*AC | 双字、双整数型 | |
| | OUT | ID、QD、VD、MD、SMD、SD、LD、*VD、*LD、AC | | |

## 6.2.4　字节交换指令

**字节交换指令的功能是在 EN 端有输入时，将 IN 端指定单元中的数据的高字节与低字节进行交换。**

字节交换指令说明如表 6-9 所示。

表 6-9　字节交换指令说明

| 指令名称 | 梯形图与指令格式 | 功能说明 | 举　例 |
|---|---|---|---|
| 字节交换 | 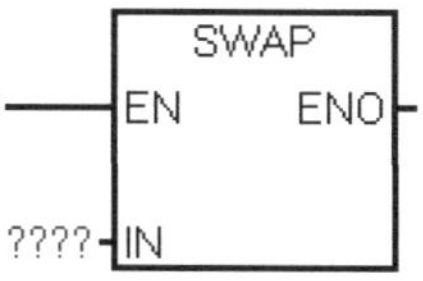 SWAP<br>EN　ENO<br>????-IN<br>(SWAP IN) | 将 IN 端指定单元中的数据的高字节与低字节交换。<br>IN 端的操作数类型为字型，具体有 IW、QW、VW、MW、SMW、SW、LW、T、C、AC、*VD、*LD、*AC | 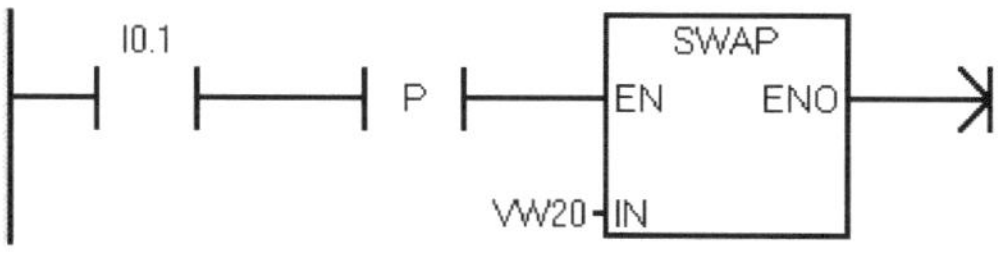 I0.1　P　SWAP EN ENO　VW20-IN<br>当 I0.1 触点闭合时，P 触点接通一个扫描周期，EN = 1，SWAP 指令将 VW20 单元的高字节与低字节交换，例如交换前 VW20 = 16#1066，交换后变为 VW20 = 16#6610。<br>字节交换 SWAP 指令常用脉冲型触点驱动，采用普通触点会在每次扫描时将字节交换一次，很可能得不到希望的结果 |

## 6.3 比较指令

**比较指令又称触点比较指令，其功能是将两个数据按指定条件进行比较，条件成立时触点闭合，否则触点断开。**根据比较数据类型的不同，比较指令可分为字节触点比较指令、整数触点比较指令、双字整数触点比较指令、实数触点比较指令和字符串触点比较指令；根据比较运算关系的不同，数值比较可分为 =（等于）、>（大于）、>=（大于或等于）、<（小于）、<=（小于或等于）和 <>（不等于）共 6 种，而字符串比较只有 =（等于）和 <>（不等于）共 2 种。比较指令有与（LD）、串联（A）和并联（O）3 种触点。

### 6.3.1　字节触点比较指令

**字节触点比较指令用于比较两个字节型整数值 IN1 和 IN2 的大小，字节比较的数值是无符号的。**

字节触点比较指令说明如表 6-10 所示。

表 6-10　字节触点比较指令说明

| 梯形图与指令格式 | 功能说明 | 举　例 | 操作数（IN1/IN2） |
|---|---|---|---|
| 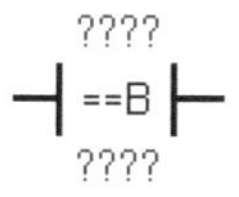 ????<br>==B<br>????<br>（LDB=　IN1, IN2） | 当 IN1=IN2 时，“= =B”触点闭合 | 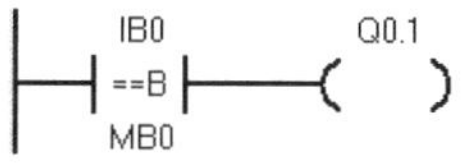 IB0 ==B MB0　Q0.1 ( )<br>LDB=　IB0, MB0<br>=　Q0.1<br>当 IB0=MB0（即两单元的数据相等）时，“= =B”触点闭合，Q0.1 线圈得电 | IB、QB、VB、MB、SMB、SB、LB、AC、*VD、*LD、*AC、常数（字节型） |
| 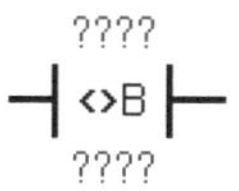 ????<br><>B<br>????<br>（LDB<>　IN1, IN2） | 当 IN1 ≠ IN2 时，“<>B”触点闭合 | 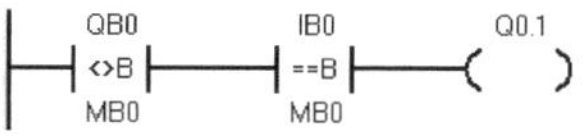 QB0 <>B MB0　IB0 ==B MB0　Q0.1 ( )<br>LDB<>　QB0, MB0<br>AB=　IB0, MB0<br>=　Q0.1<br>当 QB0 ≠ MB0，且 IB0=MB0 时，两触点均闭合，Q0.1 线圈得电。注：“串联 = =B”比较指令用“AB=”表示 | |

（续表）

| 梯形图与指令格式 | 功能说明 | 举　例 | 操作数（IN1/IN2） |
|---|---|---|---|
| ????<br>─┤>=B├─<br>????<br>（LDB>= IN1, IN2） | 当 IN1 ≥ IN2 时，“>=B”触点闭合 | 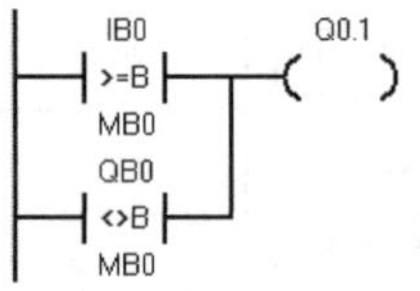 IB0 >=B MB0，QB0 <>B MB0 → Q0.1<br>LDB>= IB0, MB0<br>OB<> QB0, MB0<br>= Q0.1<br>当 IB0 ≥ MB0 时，>=B 触点闭合，或 QB0 ≠ MB0 时，<>B 触点闭合，Q0.1 线圈得电。注：“并联<>B”比较指令用“OB<>”表示 | IB、QB、VB、MB、SMB、SB、LB、AC、*VD、*LD、*AC、常数（字节型） |
| ????<br>─┤<=B├─<br>????<br>（LDB<= IN1, IN2） | 当 IN1 ≤ IN2 时，“<=B”触点闭合 | 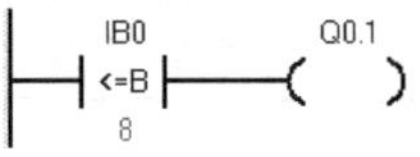 IB0 <=B 8 → Q0.1<br>LDB<= IB0, 8<br>= Q0.1<br>当 IB0 单元中的数据小于或等于 8 时，触点闭合，Q0.1 线圈得电 | |
| ????<br>─┤>B├─<br>????<br>（LDB> IN1, IN2） | 当 IN1>IN2 时，“>B”触点闭合 | 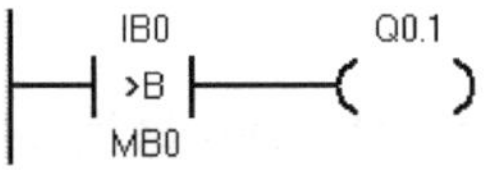 IB0 >B MB0 → Q0.1<br>LDB> IB0, MB0<br>= Q0.1<br>当 IB0>MB0 时，“>B”触点闭合，Q0.1 线圈得电 | |
| ????<br>─┤<B├─<br>????<br>（LDB< IN1, IN2） | 当 IN1<IN2 时，“<B”触点闭合 | 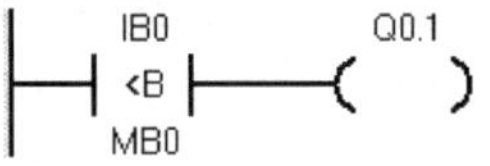 IB0 <B MB0 → Q0.1<br>LDB< IB0, MB0<br>= Q0.1<br>当 IB0<MB0 时，“<B”触点闭合，Q0.1 线圈得电 | |

## 6.3.2　整数触点比较指令

**整数触点比较指令用于比较两个字型整数值 IN1 和 IN2 的大小，整数比较的数值是有符号的，**比较的整数范围是 -32768 ～ +32767，用十六进制表示为 16#8000 ～ 16#7FFFF。

整数触点比较指令说明如表 6-11 所示。

表 6-11　整数触点比较指令说明

| 梯形图与指令格式 | 功能说明 | 操作数（IN1/IN2） |
|---|---|---|
| ????<br>─┤==I├─<br>????<br>（LDW= IN1, IN2） | 当 IN1=IN2 时，“==I”触点闭合 | IW、QW、VW、MW、SMW、SW、LW、T、C、AC、AIW、*VD、*LD、*AC、常数（整数型） |
| ????<br>─┤<>I├─<br>????<br>（LDW<> IN1, IN2） | 当 IN1 ≠ IN2 时，“<>I”触点闭合 | |

（续表）

| 梯形图与指令格式 | 功能说明 | 操作数（IN1/IN2） |
| --- | --- | --- |
| ????<br>┤ >=I ├<br>????<br>（LDW>= IN1, IN2） | 当 IN1 ≥ IN2 时，“>=I”触点闭合 | IW、QW、VW、MW、SMW、SW、LW、T、C、AC、AIW、*VD、*LD、*AC、常数（整数型） |
| ????<br>┤ <=I ├<br>????<br>（LDW<= IN1, IN2） | 当 IN1 ≤ IN2 时，“<=I”触点闭合 | |
| ????<br>┤ >I ├<br>????<br>（LDW> IN1, IN2） | 当 IN1>IN2 时，“>I”触点闭合 | |
| ????<br>┤ <I ├<br>????<br>（LDW< IN1, IN2） | 当 IN1<IN2 时，“<I”触点闭合 | |

## 6.3.3　双字整数触点比较指令

**双字整数触点比较指令用于比较两个双字型整数值 IN1 和 IN2 的大小，双字整数比较的数值是有符号的，**比较的整数范围是 -2147483648 ～ +2147483647，用十六进制表示为 16#80000000 ～ 16#7FFFFFFF。

双字整数触点比较指令说明如表 6-12 所示。

**表 6-12　双字整数触点比较指令说明**

| 梯形图与指令格式 | 功能说明 | 操作数（IN1/IN2） |
| --- | --- | --- |
| ????<br>┤ ==D ├<br>????<br>（LDD= IN1, IN2） | 当 IN1=IN2 时，“= =D”触点闭合 | ID、QD、VD、MD、SMD、SD、LD、AC、HC、*VD、*LD、*AC、常数（双整数型） |
| ????<br>┤ <>D ├<br>????<br>（LDD<> IN1, IN2） | 当 IN1 ≠ IN2 时，“<>D”触点闭合 | |
| ????<br>┤ >=D ├<br>????<br>（LDD>= IN1, IN2） | 当 IN1 ≥ IN2 时，“>=D”触点闭合 | |
| ????<br>┤ <=D ├<br>????<br>（LDD<= IN1, IN2） | 当 IN1 ≤ IN2 时，“<=D”触点闭合 | |

（续表）

| 梯形图与指令格式 | 功能说明 | 操作数（IN1/IN2） |
|---|---|---|
| ????<br>┤ >D ├<br>????<br>（LDD> IN1, IN2） | 当 IN1>IN2 时，“>D”触点闭合 | ID、QD、VD、MD、SMD、SD、LD、AC、HC、*VD、*LD、*AC、常数（双整数型） |
| ????<br>┤ <D ├<br>????<br>（LDD< IN1, IN2） | 当 IN1<IN2 时，“<D”触点闭合 | |

### 6.3.4 实数触点比较指令

**实数触点比较指令用于比较两个双字长实数值 IN1 和 IN2 的大小，实数比较的数值是有符号的，**负实数范围是 -1.175495E-38 ～ -3.402823E+38，正实数范围是 +1.175495E-38 ～ +3.402823E+38。

实数触点比较指令说明如表 6-13 所示。

**表 6-13 实数触点比较指令说明**

| 梯形图与指令格式 | 功能说明 | 操作数（IN1/IN2） |
|---|---|---|
| ????<br>┤ ==R ├<br>????<br>（LDR= IN1, IN2） | 当 IN1=IN2 时，“= =R”触点闭合 | ID、QD、VD、MD、SMD、SD、LD、AC、*VD、*LD、*AC、常数（实数型） |
| ????<br>┤ <>R ├<br>????<br>（LDR<> IN1, IN2） | 当 IN1 ≠ IN2 时，“<>R”触点闭合 | |
| ????<br>┤ >=R ├<br>????<br>（LDR>= IN1, IN2） | 当 IN1 ≥ IN2 时，“>=R”触点闭合 | |
| ????<br>┤ <=R ├<br>????<br>（LDR<= IN1, IN2） | 当 IN1 ≤ IN2 时，“<=R”触点闭合 | |
| ????<br>┤ >R ├<br>????<br>（LDR> IN1, IN2） | 当 IN1>IN2 时，“>R”触点闭合 | |
| ????<br>┤ <R ├<br>????<br>（LDR< IN1, IN2） | 当 IN1<IN2 时，“<R”触点闭合 | |

### 6.3.5　字符串触点比较指令

**字符串触点比较指令用于比较字符串 IN1 和 IN2 的 ASCII 码，满足条件时触点闭合，否则断开。**

字符串触点比较指令说明如表 6-14 所示。

表 6-14　字符串触点比较指令说明

| 梯形图与指令格式 | 功能说明 | 操作数（IN1/IN2） |
| --- | --- | --- |
| ????<br>─┤==S├─<br>????<br>（LDS= IN1, IN2） | 当 IN1=IN2 时，“= =S”触点闭合 | VB、LB、*VD、*LD、*AC、常数（IN2 不能为常数） |
| ????<br>─┤<>S├─<br>????<br>（LDS<> IN1, IN2） | 当 IN1 ≠ IN2 时，“<>S”触点闭合 | |

### 6.3.6　比较指令应用举例

有一个 PLC 控制的自动仓库，该自动仓库最多装货量为 600，在装货量达到 600 时入仓门自动关闭，在出货时装货量为 0 自动关闭出仓门，仓库采用一只指示灯来指示是否有货，灯亮表示有货。图 6-4 是自动仓库控制程序。I0.0 用作入仓检测，I0.1 用作出仓检测，I0.2 用作计数清 0，Q0.0 用作有货指示，Q0.1 用来关闭入仓门，Q0.2 用来关闭出仓门。

自动仓库控制程序工作原理：装货物前，让 I0.2 闭合一次，对计数器 C30 进行复位清 0。在装货时，每入仓一个货物，I0.0 闭合一次，计数器 C30 的计数值增 1，当 C30 计数值大于 0 时，[2]>I 触点闭合，Q0.0 得电，有货指示灯亮；当 C30 计数值等于 600 时，[3]==I 触点闭合，Q0.1 得电，关闭入仓门，禁止再装入货物。在卸货时，每出仓一个货物，I0.1 闭合一次，计数器 C30 的计数值减 1，当 C30 计数值为 0 时，[2]>I 触点断开，Q0.0 失电，有货指示灯灭，同时 [4]==I 触点闭合，Q0.2 得电，关闭出仓门。

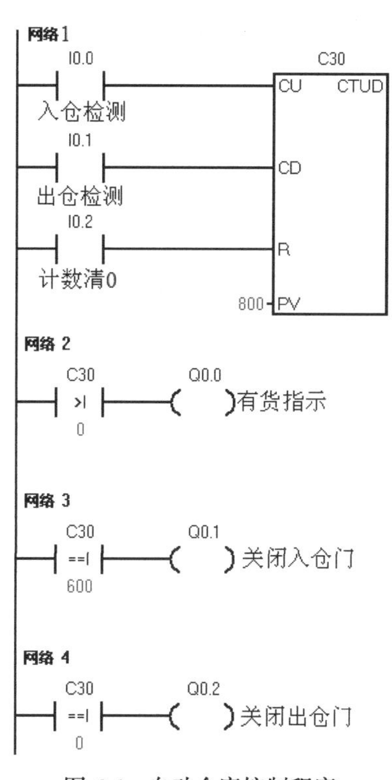


图 6-4　自动仓库控制程序

## 6.4　数学运算指令

**数学运算指令可分为加减乘除运算指令和浮点数函数运算指令。**加减乘除运算指令包括加法指令、减法指令、乘法指令、除法指令、加 1 指令和减 1 指令；浮点数函数运算指令主要包括正弦指令、余弦指令、正切指令、平方根指令、自然对数指令和自然指数指令。

## 6.4.1　加减乘除运算指令

### 1. 加法指令

**加法指令的功能是将两个有符号的数相加后输出，它可分为整数加法指令、双整数加法指令和实数加法指令。**

（1）指令说明

加法指令说明如表 6-15 所示。

**表 6-15　加法指令说明**

| 加法指令 | 梯 形 图 | 功能说明 | 操 作 数 | |
|---|---|---|---|---|
| | | | IN1、IN2 | OUT |
| 整数加法指令 | ADD_I<br>EN ENO<br>????-IN1 OUT-????<br>????-IN2 | 将 IN1 端指定单元的整数与 IN2 端指定单元的整数相加，结果存入 OUT 端指定的单元中，即<br>IN1+IN2 = OUT | IW、QW、VW、MW、SMW、SW、T、C、LW、AC、AIW、*VD、*AC、*LD、常数 | IW、QW、VW、MW、SMW、SW、LW、T、C、AC、*VD、*AC、*LD |
| 双整数加法指令 | ADD_DI<br>EN ENO<br>????-IN1 OUT-????<br>????-IN2 | 将 IN1 端指定单元的双整数与 IN2 端指定单元的双整数相加，结果存入 OUT 端指定的单元中，即<br>IN1+IN2 = OUT | ID、QD、VD、MD、SMD、SD、LD、AC、HC、*VD、*LD、*AC、常数 | ID、QD、VD、MD、SMD、SD、LD、AC、*VD、*LD、*AC |
| 实数加法指令 | ADD_R<br>EN ENO<br>????-IN1 OUT-????<br>????-IN2 | 将 IN1 端指定单元的实数与 IN2 端指定单元的实数相加，结果存入 OUT 端指定的单元中，即<br>IN1+IN2 = OUT | ID、QD、VD、MD、SMD、SD、LD、AC、*VD、*LD、*AC、常数 | |

（2）指令使用举例

加法指令使用如图 6-5 所示。当 I0.0 触点闭合时，P 触点接通一个扫描周期，ADD_I 和 ADD_DI 指令同时执行，ADD_I 指令将 VW10 单元中的整数（16 位）与 +200 相加，结果送入 VW30 单元中，ADD_DI 指令将 MD0、MD10 单元中的双整数（32 位）相加，结果送入 MD20 单元中；当 I0.1 触点闭合时，ADD_R 指令执行，将 AC0、AC1 单元中的实数（32 位）相加，结果保存在 AC1 单元中。

### 2. 减法指令

**减法指令的功能是将两个有符号的数相减后输出，它可分为整数减法指令、双整数减法指令和实数减法指令。**

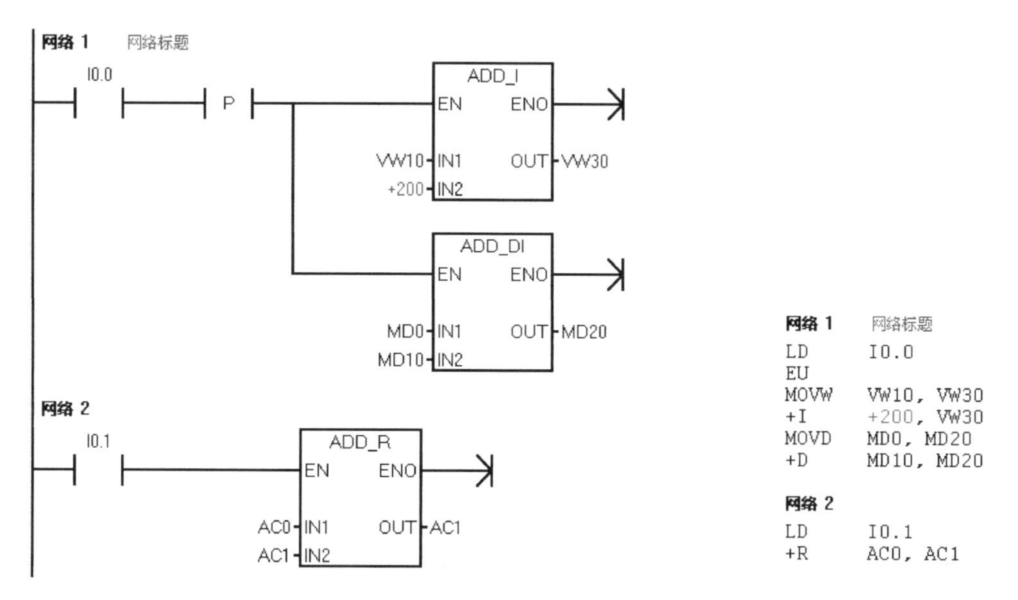


图 6-5　加法指令使用举例

减法指令说明如表 6-16 所示。

表 6-16　减法指令说明

| 减法指令 | 梯 形 图 | 功能说明 | 操 作 数 | |
|---|---|---|---|---|
| | | | IN1、IN2 | OUT |
| 整数减法指令 | SUB_I<br>EN ENO<br>????-IN1 OUT-????<br>????-IN2 | 将 IN1 端指定单元的整数与 IN2 端指定单元的整数相减，结果存入 OUT 端指定的单元中，即<br>IN1−IN2 = OUT | IW、QW、VW、MW、SMW、SW、T、C、LW、AC、AIW、*VD、*AC、*LD、常数 | IW、QW、VW、MW、SMW、SW、LW、T、C、AC、*VD、*AC、*LD |
| 双整数减法指令 | SUB_DI<br>EN ENO<br>????-IN1 OUT-????<br>????-IN2 | 将 IN1 端指定单元的双整数与 IN2 端指定单元的双整数相减，结果存入 OUT 端指定的单元中，即<br>IN1−IN2 = OUT | ID、QD、VD、MD、SMD、SD、LD、AC、HC、*VD、*LD、*AC、常数 | ID、QD、VD、MD、SMD、SD、LD、AC、*VD、*LD、*AC |
| 实数减法指令 | SUB_R<br>EN ENO<br>????-IN1 OUT-????<br>????-IN2 | 将 IN1 端指定单元的实数与 IN2 端指定单元的实数相减，结果存入 OUT 端指定的单元中，即<br>IN1−IN2 = OUT | ID、QD、VD、MD、SMD、SD、LD、AC、*VD、*LD、*AC、常数 | |

### 3. 乘法指令

**乘法指令的功能是将两个有符号的数相乘后输出，它可分为整数乘法指令、双整数乘法指令、实数乘法指令和完全整数乘法指令。**

乘法指令说明如表 6-17 所示。

表 6-17　乘法指令说明

| 乘法指令 | 梯 形 图 | 功能说明 | 操 作 数 | |
|---|---|---|---|---|
| | | | IN1、IN2 | OUT |
| 整数乘法指令 | MUL_I<br>EN　ENO<br>????-IN1　OUT-????<br>????-IN2 | 将 IN1 端指定单元的整数与 IN2 端指定单元的整数相乘，结果存入 OUT 端指定的单元中，即<br>IN1*IN2 = OUT | IW、QW、VW、MW、SMW、SW、T、C、LW、AC、AIW、*VD、*AC、*LD、常数 | IW、QW、VW、MW、SMW、SW、LW、T、C、AC、*VD、*AC、*LD |
| 双整数乘法指令 | MUL_DI<br>EN　ENO<br>????-IN1　OUT-????<br>????-IN2 | 将 IN1 端指定单元的双整数与 IN2 端指定单元的双整数相乘，结果存入 OUT 端指定的单元中，即<br>IN1*IN2 = OUT | ID、QD、VD、MD、SMD、SD、LD、AC、HC、*VD、*LD、*AC、常数 | ID、QD、VD、MD、SMD、SD、LD、AC、*VD、*LD、*AC |
| 实数乘法指令 | MUL_R<br>EN　ENO<br>????-IN1　OUT-????<br>????-IN2 | 将 IN1 端指定单元的实数与 IN2 端指定单元的实数相乘，结果存入 OUT 端指定的单元中，即<br>IN1*IN2 = OUT | ID、QD、VD、MD、SMD、SD、LD、AC、*VD、*LD、*AC、常数 | |
| 完全整数乘法指令 | MUL<br>EN　ENO<br>????-IN1　OUT-????<br>????-IN2 | 将 IN1 端指定单元的整数与 IN2 端指定单元的整数相乘，结果存入 OUT 端指定的单元中，即<br>IN1*IN2 = OUT<br>由于完全整数乘法指令是将两个有符号整数（16 位）相乘，产生一个 32 位双整数存入 OUT 单元中，因此 IN 端的操作数类型为字型，OUT 端的操作数类型为双字型 | IW、QW、VW、MW、SMW、SW、T、C、LW、AC、AIW、*VD、*AC、*LD、常数 | |

### 4. 除法指令

**除法指令的功能是将两个有符号的数相除后输出，它可分为整数除法指令、双整数除法指令、实数除法指令和带余数的整数除法指令。**

除法指令说明如表 6-18 所示。

表 6-18　除法指令说明

| 除法指令 | 梯 形 图 | 功能说明 | 操 作 数 | |
|---|---|---|---|---|
| | | | IN1、IN2 | OUT |
| 整数除法指令 | DIV_I<br>EN　ENO<br>????-IN1　OUT-????<br>????-IN2 | 将 IN1 端指定单元的整数与 IN2 端指定单元的整数相除，结果存入 OUT 端指定的单元中，即<br>IN1/IN2 = OUT | IW、QW、VW、MW、SMW、SW、T、C、LW、AC、AIW、*VD、*AC、*LD、常数 | IW、QW、VW、MW、SMW、SW、LW、T、C、AC、*VD、*AC、*LD |

（续表）

| 除法指令 | 梯 形 图 | 功能说明 | 操 作 数 | |
|---|---|---|---|---|
| | | | IN1、IN2 | OUT |
| 双整数除法指令 | DIV_DI<br>EN ENO<br>????-IN1 OUT-????<br>????-IN2 | 将 IN1 端指定单元的双整数与 IN2 端指定单元的双整数相除，结果存入 OUT 端指定的单元中，即<br>IN1/IN2 = OUT | ID、QD、VD、MD、SMD、SD、LD、AC、HC、*VD、*LD、*AC、常数 | |
| 实数除法指令 | DIV_R<br>EN ENO<br>????-IN1 OUT-????<br>????-IN2 | 将 IN1 端指定单元的实数与 IN2 端指定单元的实数相除，结果存入 OUT 端指定的单元中，即<br>IN1/IN2 = OUT | ID、QD、VD、MD、SMD、SD、LD、AC、*VD、*LD、*AC、常数 | ID、QD、VD、MD、SMD、SD、LD、AC、*VD、*LD、*AC |
| 带余数的整数除法指令 | DIV<br>EN ENO<br>????-IN1 OUT-????<br>????-IN2 | 将 IN1 端指定单元的整数与 IN2 端指定单元的整数相除，结果存入 OUT 端指定的单元中，即<br>IN1/IN2 = OUT<br>由于该指令是将两个 16 位整数相除，得到一个 32 位结果，其中低 16 位为商，高 16 位为余数，因此 IN 端的操作数类型为字型，OUT 端的操作数类型为双字型 | IW、QW、VW、MW、SMW、SW、T、C、LW、AC、AIW、*VD、*AC、*LD、常数 | |

## 5. 加 1 指令

**加 1 指令的功能是将 IN 端指定单元的数加 1 后存入 OUT 端指定的单元中，它可分为字节加 1 指令、字加 1 指令和双字加 1 指令。**

加 1 指令说明如表 6-19 所示。

**表 6-19　加 1 指令说明**

| 加 1 指令 | 梯 形 图 | 功能说明 | 操 作 数 | |
|---|---|---|---|---|
| | | | IN | OUT |
| 字节加 1 指令 | INC_B<br>EN ENO<br>????-IN OUT-???? | 将 IN 端指定字节单元的数加 1，结果存入 OUT 端指定的单元中，即<br>IN+1 = OUT<br>如果 IN、OUT 操作数相同，则为 IN 增 1 | IB、QB、VB、MB、SMB、SB、LB、AC、*VD、*LD、*AC、常数 | IB、QB、VB、MB、SMB、SB、LB、AC、*VD、*AC、*LD |
| 字加 1 指令 | INC_W<br>EN ENO<br>????-IN OUT-???? | 将 IN 端指定字单元的数加 1，结果存入 OUT 端指定的单元中，即<br>IN+1 = OUT | IW、QW、VW、MW、SMW、SW、LW、T、C、AC、AIW、*VD、*LD、*AC、常数 | IW、QW、VW、MW、SMW、SW、T、C、LW、AC、*VD、*LD、*AC |

（续表）

| 加 1 指令 | 梯形图 | 功能说明 | 操作数 | |
|---|---|---|---|---|
| | | | IN | OUT |
| 双字加 1 指令 | INC_DW<br>EN ENO<br>????-IN OUT-???? | 将 IN 端指定双字单元的数加 1，结果存入 OUT 端指定的单元中，即<br>IN+1 = OUT | ID、QD、VD、MD、SMD、SD、LD、AC、HC、*VD、*LD、*AC、常数 | ID、QD、VD、MD、SMD、SD、LD、AC、*VD、*LD、*AC |

### 6. 减 1 指令

**减 1 指令的功能是将 IN 端指定单元的数减 1 后存入 OUT 端指定的单元中，它可分为字节减 1 指令、字减 1 指令和双字减 1 指令。**

减 1 指令说明如表 6-20 所示。

表 6-20　减 1 指令说明

| 减 1 指令 | 梯形图 | 功能说明 | 操作数 | |
|---|---|---|---|---|
| | | | IN1 | OUT |
| 字节减 1 指令 | DEC_B<br>EN ENO<br>????-IN OUT-???? | 将 IN 端指定字节单元的数减 1，结果存入 OUT 端指定的单元中，即<br>IN−1 = OUT<br>如果 IN、OUT 操作数相同，则为 IN 减 1 | IB、QB、VB、MB、SMB、SB、LB、AC、*VD、*LD、*AC、常数 | IB、QB、VB、MB、SMB、SB、LB、AC、*VD、*AC、*LD |
| 字减 1 指令 | DEC_W<br>EN ENO<br>????-IN OUT-???? | 将 IN 端指定字单元的数减 1，结果存入 OUT 端指定的单元中，即<br>IN−1 = OUT | IW、QW、VW、MW、SMW、SW、LW、T、C、AC、AIW、*VD、*LD、*AC、常数 | IW、QW、VW、MW、SMW、SW、T、C、LW、AC、*VD、*LD、*AC |
| 双字减 1 指令 | DEC_DW<br>EN ENO<br>????-IN OUT-???? | 将 IN 端指定双字单元的数减 1，结果存入 OUT 端指定的单元中，即<br>IN−1 = OUT | ID、QD、VD、MD、SMD、SD、LD、AC、HC、*VD、*LD、*AC、常数 | ID、QD、VD、MD、SMD、SD、LD、AC、*VD、*LD、*AC |

### 7. 加减乘除运算指令应用举例

编写实现 $Y=\frac{X+30}{6}\times 2-8$ 运算的程序，如图 6-6 所示。

在 PLC 运行时 SM0.0 触点始终闭合，先执行 MOV_B 指令，将 IB0 单元的一个字节数据（由 IB0.0 ～ IB0.7 端子输入）送入 VB1 单元，然后由 ADD_I 指令将 VW0 单元数据（即 VB0、VB1 单元的数据，VB1 为低字节）加 30 后存入 VW2 单元中，再依次执行除法、乘法和减法指令，最后将 VB9 中的运算结果作为 $Y$ 送入 QB0 单元，由 Q0.0 ～ Q0.7 端子外接的显示装置将 $Y$ 值显示出来。

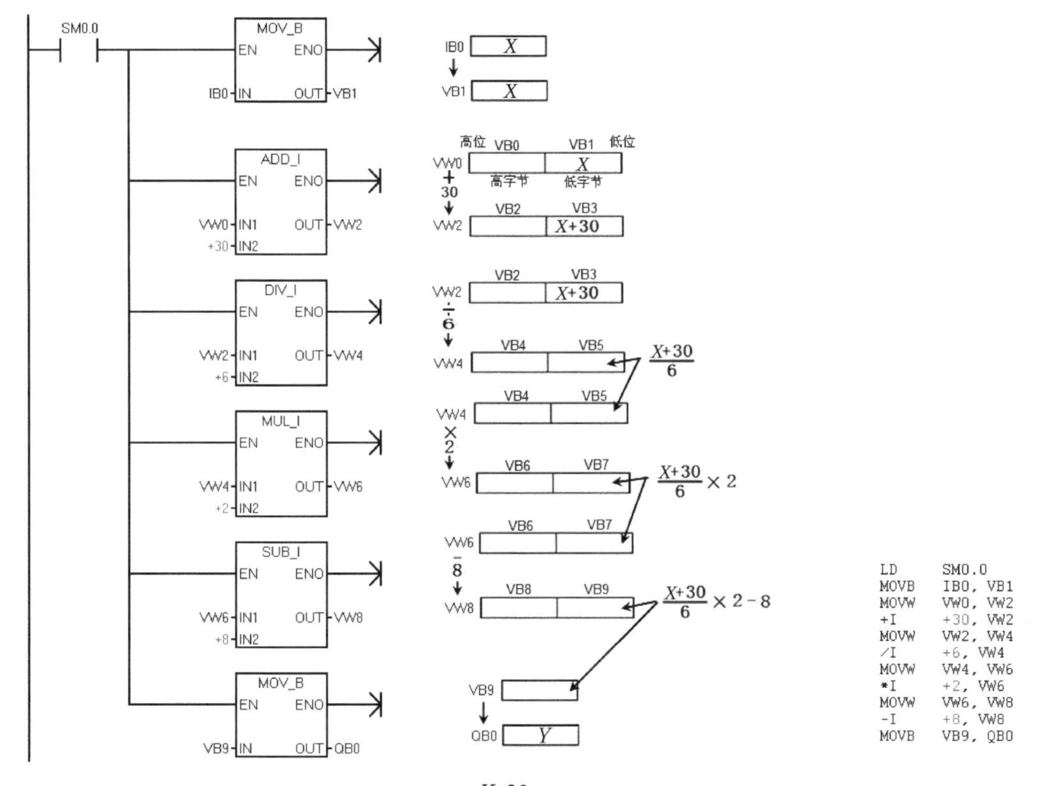


图 6-6　实现 $Y=\dfrac{X+30}{6}\times 2-8$ 运算的程序

## 6.4.2　浮点数函数运算指令

**浮点数函数运算指令包括多个，**下面仅介绍正弦指令、余弦指令、正切指令、平方根指令、自然对数指令、自然指数指令。

浮点数函数运算指令说明如表 6-21 所示。

表 6-21　浮点数函数运算指令说明

| 浮点数函数运算指令 | 梯 形 图 | 功能说明 | 操 作 数 | |
|---|---|---|---|---|
| | | | IN | OUT |
| 正弦指令 | SIN<br>EN ENO<br>???? IN OUT ???? | 将 IN 端指定单元的实数取正弦，结果存入 OUT 端指定的单元中，即<br>SIN(IN)=OUT | ID、QD、VD、MD、SMD、SD、LD、AC、*VD、*LD、*AC、常数 | ID、QD、VD、MD、SMD、SD、LD、AC、*VD、*LD、AC |
| 余弦指令 | COS<br>EN ENO<br>???? IN OUT ???? | 将 IN 端指定单元的实数取余弦，结果存入 OUT 端指定的单元中，即<br>COS(IN)=OUT | | |

（续表）

| 浮点数函数运算指令 | 梯形图 | 功能说明 | 操作数 | |
|---|---|---|---|---|
| | | | IN | OUT |
| 正切指令 | TAN<br>EN ENO<br>????-IN OUT-???? | 将 IN 端指定单元的实数取正切，结果存入 OUT 端指定的单元中，即<br>TAN(IN)=OUT<br>正切、正弦和余弦的 IN 值要以弧度为单位，在求角度的三角函数时，要先将角度值乘以 π/180（即 0.01745329）转换成弧度值后，再存入 IN，之后用指令求 OUT | ID、QD、VD、MD、SMD、SD、LD、AC、*VD、*LD、*AC、常数 | ID、QD、VD、MD、SMD、SD、LD、AC、*VD、*LD、AC |
| 平方根指令 | SQRT<br>EN ENO<br>????-IN OUT-???? | 将 IN 端指定单元的实数（即浮点数）取平方根，结果存入 OUT 端指定的单元中，即<br>SQRT(IN)=OUT<br>也即$\sqrt{IN}$=OUT | | |
| 自然对数指令 | LN<br>EN ENO<br>????-IN OUT-???? | 将 IN 端指定单元的实数取自然对数，结果存入 OUT 端指定的单元中，即<br>LN(IN)=OUT | | |
| 自然指数指令 | EXP<br>EN ENO<br>????-IN OUT-???? | 将 IN 端指定单元的实数取自然指数值，结果存入 OUT 端指定的单元中，即<br>EXP(IN)=OUT | | |

## 6.5 逻辑运算指令

逻辑运算指令包括取反指令、与指令、或指令和异或指令，每种指令又分为字节、字和双字指令。

### 6.5.1 取反指令

取反指令的功能是将 IN 端指定单元的数据逐位取反，结果存入 OUT 端指定的单元中。取反指令可分为字节取反指令、字取反指令和双字取反指令。

#### 1. 指令说明

取反指令说明如表 6-22 所示。

表 6-22 取反指令说明

| 取反指令 | 梯形图 | 功能说明 | 操作数 | |
|---|---|---|---|---|
| | | | IN | OUT |
| 字节取反指令 | INV_B<br>EN ENO<br>????-IN OUT-???? | 将 IN 端指定字节单元中的数据逐位取反，结果存入 OUT 端指定的单元中 | IB、QB、VB、MB、SMB、SB、LB、AC、*VD、*LD、*AC、常数 | IB、QB、VB、MB、SMB、SB、LB、AC、*VD、*AC、*LD |
| 字取反指令 | INV_W<br>EN ENO<br>????-IN OUT-???? | 将 IN 端指定字单元中的数据逐位取反，结果存入 OUT 端指定的单元中 | IW、QW、VW、MW、SMW、SW、LW、T、C、AC、AIW、*VD、*LD、*AC、常数 | IW、QW、VW、MW、SMW、SW、T、C、LW、AIW、AC、*VD、*LD、*AC |
| 双字取反指令 | INV_DW<br>EN ENO<br>????-IN OUT-???? | 将 IN 端指定双字单元中的数据逐位取反，结果存入 OUT 端指定的单元中 | ID、QD、VD、MD、SMD、SD、LD、AC、HC、*VD、*LD、*AC、常数 | ID、QD、VD、MD、SMD、SD、LD、AC、*VD、*LD、*AC |

2. 指令使用举例

取反指令使用如图 6-7 所示，当 I1.0 触点闭合时，执行 INV_W 指令，将 AC0 中的数据逐位取反。

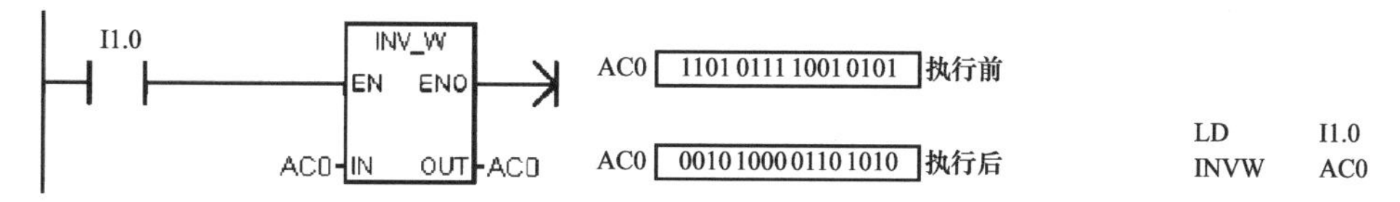


图 6-7 取反指令使用举例

## 6.5.2 与指令

与指令的功能是将 IN1、IN2 端指定单元的数据按位相与，结果存入 OUT 端指定的单元中。与指令可分为字节与指令、字与指令和双字与指令。

1. 指令说明

与指令说明如表 6-23 所示。

表 6-23 与指令说明

| 与指令 | 梯形图 | 功能说明 | 操作数 | |
|---|---|---|---|---|
| | | | IN1、IN2 | OUT |
| 字节与指令 | WAND_B<br>EN ENO<br>????-IN1 OUT-????<br>????-IN2 | 将 IN1、IN2 端指定字节单元中的数据按位相与，结果存入 OUT 端指定的单元中 | IB、QB、VB、MB、SMB、SB、LB、AC、*VD、*LD、*AC、常数 | IB、QB、VB、MB、SMB、SB、LB、AC、*VD、*AC、*LD |

（续表）

| 与指令 | 梯 形 图 | 功能说明 | 操 作 数 | |
|---|---|---|---|---|
| | | | IN1、IN2 | OUT |
| 字与指令 | WAND_W<br>EN ENO<br>????-IN1 OUT-????<br>????-IN2 | 将 IN1、IN2 端指定字单元中的数据按位相与，结果存入 OUT 端指定的单元中 | IW、QW、VW、MW、SMW、SW、LW、T、C、AC、AIW、*VD、*LD、*AC、常数 | IW、QW、VW、MW、SMW、SW、T、C、LW、AIW、AC、*VD、*LD、*AC |
| 双字与指令 | WAND_DW<br>EN ENO<br>????-IN1 OUT-????<br>????-IN2 | 将 IN1、IN2 端指定双字单元中的数据按位相与，结果存入 OUT 端指定的单元中 | ID、QD、VD、MD、SMD、SD、LD、AC、HC、*VD、*LD、*AC、常数 | ID、QD、VD、MD、SMD、SD、LD、AC、*VD、*LD、*AC |

**2. 指令使用举例**

与指令使用如图 6-8 所示，当 I1.0 触点闭合时，执行 WAND_W 指令，将 AC1、AC0 中的数据按位相与，结果存入 AC0。

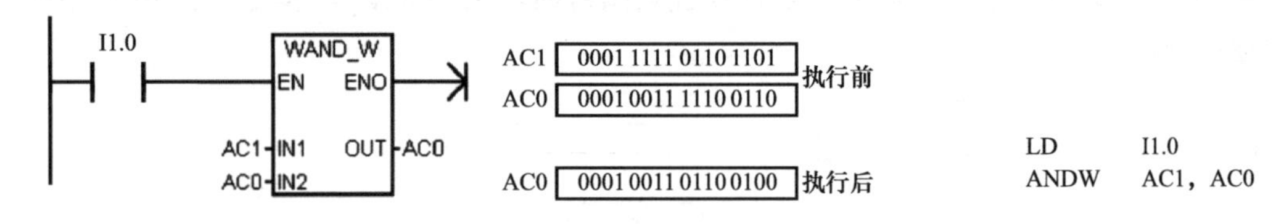


图 6-8　与指令使用举例

## 6.5.3　或指令

**或指令的功能是将 IN1、IN2 端指定单元的数据按位相或，结果存入 OUT 端指定的单元中。或指令可分为字节或指令、字或指令和双字或指令。**

**1. 指令说明**

或指令说明如表 6-24 所示。

**表 6-24　或指令说明**

| 或指令 | 梯 形 图 | 功能说明 | 操 作 数 | |
|---|---|---|---|---|
| | | | IN1、IN2 | OUT |
| 字节或指令 | WOR_B<br>EN ENO<br>????-IN1 OUT-????<br>????-IN2 | 将 IN1、IN2 端指定字节单元中的数据按位相或，结果存入 OUT 端指定的单元中 | IB、QB、VB、MB、SMB、SB、LB、AC、*VD、*LD、*AC、常数 | IB、QB、VB、MB、SMB、SB、LB、AC、*VD、*AC、*LD |

（续表）

| 或指令 | 梯 形 图 | 功能说明 | 操 作 数 | |
|---|---|---|---|---|
| | | | IN1、IN2 | OUT |
| 字或指令 | WOR_W<br>EN ENO<br>????-IN1 OUT-????<br>????-IN2 | 将 IN1、IN2 端指定字单元中的数据按位相或，结果存入 OUT 端指定的单元中 | IW、QW、VW、MW、SMW、SW、LW、T、C、AC、AIW、*VD、*LD、*AC、常数 | IW、QW、VW、MW、SMW、SW、T、C、LW、AIW、AC、*VD、*LD、*AC |
| 双字或指令 | WOR_DW<br>EN ENO<br>????-IN1 OUT-????<br>????-IN2 | 将 IN1、IN2 端指定双字单元中的数据按位相或，结果存入 OUT 端指定的单元中 | ID、QD、VD、MD、SMD、SD、LD、AC、HC、*VD、*LD、*AC、常数 | ID、QD、VD、MD、SMD、SD、LD、AC、*VD、*LD、*AC |

### 2. 指令使用举例

或指令使用如图 6-9 所示，当 I1.0 触点闭合时，执行 WOR_W 指令，将 AC1、VW100 中的数据按位相或，结果存入 VW100。

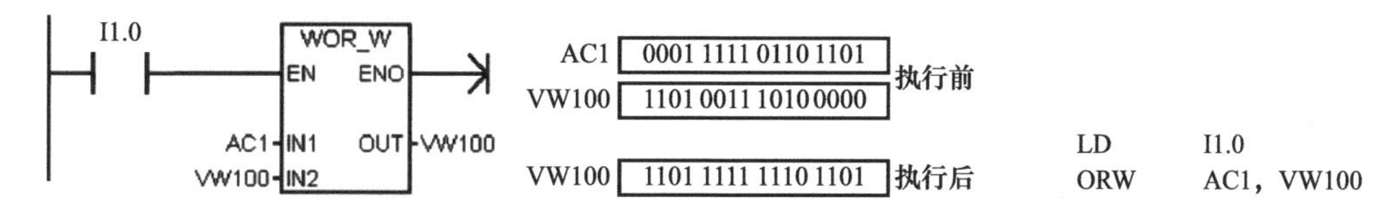


图 6-9　或指令使用举例

## 6.5.4　异或指令

**异或指令的功能是将 IN1、IN2 端指定单元的数据按位进行异或运算，结果存入 OUT 端指定的单元中。进行异或运算时，两位数相同，异或结果为 0；两位数相反，异或结果为 1。异或指令可分为字节异或指令、字异或指令和双字异或指令。**

### 1. 指令说明

异或指令说明如表 6-25 所示。

表 6-25　异或指令说明

| 异或指令 | 梯 形 图 | 功能说明 | 操 作 数 | |
|---|---|---|---|---|
| | | | IN1、IN2 | OUT |
| 字节异或指令 | WXOR_B<br>EN ENO<br>????-IN1 OUT-????<br>????-IN2 | 将 IN1、IN2 端指定字节单元中的数据按位相异或，结果存入 OUT 端指定的单元中 | IB、QB、VB、MB、SMB、SB、LB、AC、*VD、*LD、*AC、常数 | IB、QB、VB、MB、SMB、SB、LB、AC、*VD、*AC、*LD |

（续表）

| 异或指令 | 梯 形 图 | 功能说明 | 操 作 数 | |
|---|---|---|---|---|
| | | | IN1、IN2 | OUT |
| 字异或指令 | WXOR_W<br>EN ENO<br>????-IN1 OUT-????<br>????-IN2 | 将 IN1、IN2 端指定字单元中的数据按位相异或，结果存入 OUT 端指定的单元中 | IW、QW、VW、MW、SMW、SW、LW、T、C、AC、AIW、*VD、*LD、*AC、常数 | IW、QW、VW、MW、SMW、SW、T、C、LW、AIW、AC、*VD、*LD、*AC |
| 双字异或指令 | WXOR_DW<br>EN ENO<br>????-IN1 OUT-????<br>????-IN2 | 将 IN1、IN2 端指定双字单元中的数据按位相异或，结果存入 OUT 端指定的单元中 | ID、QD、VD、MD、SMD、SD、LD、AC、HC、*VD、*LD、*AC、常数 | ID、QD、VD、MD、SMD、SD、LD、AC、*VD、*LD、*AC |

2. 指令使用举例

异或指令使用如图 6-10 所示，当 I1.0 触点闭合时，执行 WXOR_W 指令，将 AC1、AC0 中的数据按位相异或，结果存入 AC0。

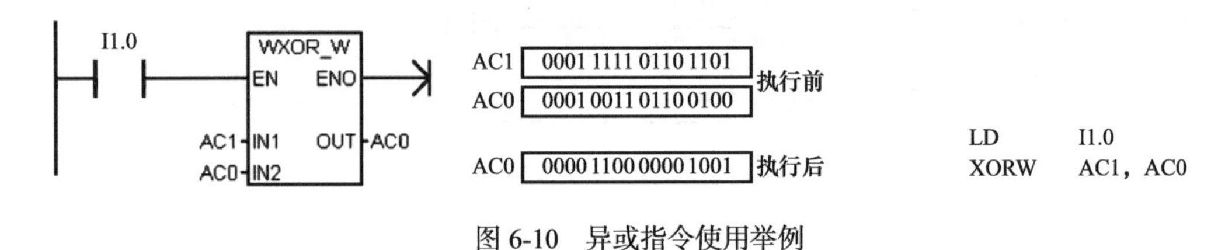


图 6-10 异或指令使用举例

## 6.6 移位与循环指令

移位与循环指令包括左移位指令、右移位指令、循环左移位指令、循环右移位指令和移位寄存器指令。

### 6.6.1 左移位指令与右移位指令

左移位指令与右移位指令的功能是将 IN 端指定单元的各位数向左或向右移动 *N* 位，结果保存在 OUT 端指定的单元中。根据操作数的不同，左移位指令与右移位指令又分为字节、字和双字指令。

1. 指令说明

左移位指令与右移位指令说明如表 6-26 所示。

**表 6-26　左移位指令与右移位指令说明**

| 指令名称 | | 梯形图 | 功能说明 | 操作数 | | |
|---|---|---|---|---|---|---|
| | | | | IN | OUT | N |
| 左移位指令 | 字节左移位指令 | SHL_B<br>EN　ENO<br>????-IN　OUT-????<br>????-N | 将 IN 端指定字节单元中的数据向左移动 *N* 位，结果存入 OUT 端指定的单元中 | IB、QB、VB、MB、SMB、SB、LB、AC、*VD、*LD、*AC、常数 | IB、QB、VB、MB、SMB、SB、LB、AC、*VD、*AC、*LD | IB、QB、VB、MB、SMB、SB、LB、AC、*VD、*LD、*AC、常数 |
| | 字左移位指令 | SHL_W<br>EN　ENO<br>????-IN　OUT-????<br>????-N | 将 IN 端指定字单元中的数据向左移动 *N* 位，结果存入 OUT 端指定的单元中 | IW、QW、VW、MW、SMW、SW、LW、T、C、AC、AIW、*VD、*LD、*AC、常数 | IW、QW、VW、MW、SMW、SW、T、C、LW、AIW、AC、*VD、*LD、*AC | |
| | 双字左移位指令 | SHL_DW<br>EN　ENO<br>????-IN　OUT-????<br>????-N | 将 IN 端指定双字单元中的数据向左移动 *N* 位，结果存入 OUT 端指定的单元中 | ID、QD、VD、MD、SMD、SD、LD、AC、HC、*VD、*LD、*AC、常数 | ID、QD、VD、MD、SMD、SD、LD、AC、*VD、*LD、*AC | |
| 右移位指令 | 字节右移位指令 | SHR_B<br>EN　ENO<br>????-IN　OUT-????<br>????-N | 将 IN 端指定字节单元中的数据向右移动 *N* 位，结果存入 OUT 端指定的单元中 | IB、QB、VB、MB、SMB、SB、LB、AC、*VD、*LD、*AC、常数 | IB、QB、VB、MB、SMB、SB、LB、AC、*VD、*AC、*LD | |
| | 字右移位指令 | SHR_W<br>EN　ENO<br>????-IN　OUT-????<br>????-N | 将 IN 端指定字单元中的数据向右移动 *N* 位，结果存入 OUT 端指定的单元中 | IW、QW、VW、MW、SMW、SW、LW、T、C、AC、AIW、*VD、*LD、*AC、常数 | IW、QW、VW、MW、SMW、SW、T、C、LW、AIW、AC、*VD、*LD、*AC | |
| | 双字右移位指令 | SHR_DW<br>EN　ENO<br>????-IN　OUT-????<br>????-N | 将 IN 端指定双字单元中的数据向右移动 *N* 位，结果存入 OUT 端指定的单元中 | ID、QD、VD、MD、SMD、SD、LD、AC、HC、*VD、*LD、*AC、常数 | ID、QD、VD、MD、SMD、SD、LD、AC、*VD、*LD、*AC | |

### 2. 指令使用举例

移位指令使用如图 6-11 所示，当 I1.0 触点闭合时，执行 SHL_W 指令，将 VW200 中的数据向左移 3 位，最后一位移出值“1”保存在溢出标志位 SM1.1 中。

移位指令对移走而变空的位自动补 0。如果将移位数 *N* 设为大于或等于最大允许值(对于字节操作为 8，对于字操作为 16，对于双字操作为 32)，则移位操作的次数自动为最大允许位。如果移位数 *N* 大于 0，则溢出标志位 SM1.1 保存最后一次移出的位值；如果移位操作的结果为 0，则零标志位 SM1.0 置 1。字节操作是无符号的，对于字和双字操作，当使用有符号数据类型时，符号位也被移动。

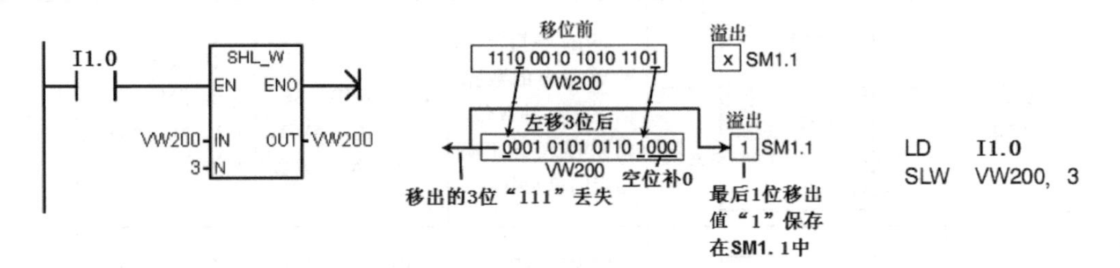


图 6-11　移位指令使用举例

## 6.6.2　循环左移位指令与循环右移位指令

**循环左移位指令与循环右移位指令的功能是将 IN 端指定单元的各位数向左或向右循环移动 *N* 位，结果保存在 OUT 端指定的单元中。循环移位是环形的，一端移出的位会从另一端移入。**根据操作数不同，循环左移位指令与循环右移位指令又分为字节、字和双字指令。

### 1. 指令说明

循环左移位指令与循环右移位指令说明如表 6-27 所示。

表 6-27　循环左移位指令与循环右移位指令说明

| 指令名称 | | 梯 形 图 | 功能说明 | 操 作 数 | | |
|---|---|---|---|---|---|---|
| | | | | IN | OUT | N |
| 循环左移位指令 | 字节循环左移位指令 | ROL_B<br>EN ENO<br>????-IN OUT-????<br>????-N | 将 IN 端指定字节单元中的数据向左循环移动 *N* 位，结果存入 OUT 端指定的单元中 | IB、QB、VB、MB、SMB、SB、LB、AC、*VD、*LD、*AC、常数 | IB、QB、VB、MB、SMB、SB、LB、AC、*VD、*AC、*LD | IB、QB、VB、MB、SMB、SB、LB、AC、*VD、*LD、*AC、常数 |
| | 字循环左移位指令 | ROL_W<br>EN ENO<br>????-IN OUT-????<br>????-N | 将 IN 端指定字单元中的数据向左循环移动 *N* 位，结果存入 OUT 端指定的单元中 | IW、QW、VW、MW、SMW、SW、LW、T、C、AC、AIW、*VD、*LD、*AC、常数 | IW、QW、VW、MW、SMW、SW、T、C、LW、AIW、AC、*VD、*LD、*AC | |
| | 双字循环左移位指令 | ROL_DW<br>EN ENO<br>????-IN OUT-????<br>????-N | 将 IN 端指定双字单元中的数据向左循环移动 *N* 位，结果存入 OUT 端指定的单元中 | ID、QD、VD、MD、SMD、SD、LD、AC、HC、*VD、*LD、*AC、常数 | ID、QD、VD、MD、SMD、SD、LD、AC、*VD、*LD、*AC | |

（续表）

| 指令名称 | | 梯 形 图 | 功 能 说 明 | 操 作 数 | | |
|---|---|---|---|---|---|---|
| | | | | IN | OUT | N |
| 循环右移位指令 | 字节循环右移位指令 | ROR_B<br>EN ENO<br>????-IN OUT-????<br>????-N | 将 IN 端指定字节单元中的数据向右循环移动 *N* 位，结果存入 OUT 端指定的单元中 | IB、QB、VB、MB、SMB、SB、LB、AC、*VD、*LD、*AC、常数 | IB、QB、VB、MB、SMB、SB、LB、AC、*VD、*AC、*LD | IB、QB、VB、MB、SMB、SB、LB、AC、*VD、*LD、*AC、常数 |
| | 字循环右移位指令 | ROR_W<br>EN ENO<br>????-IN OUT-????<br>????-N | 将 IN 端指定字单元中的数据向右循环移动 *N* 位，结果存入 OUT 端指定的单元中 | IW、QW、VW、MW、SMW、SW、LW、T、C、AC、AIW、*VD、*LD、*AC、常数 | IW、QW、VW、MW、SMW、SW、T、C、LW、AIW、AC、*VD、*LD、*AC | |
| | 双字循环右移位指令 | ROR_DW<br>EN ENO<br>????-IN OUT-????<br>????-N | 将 IN 端指定双字单元中的数据向右循环移动 *N* 位，结果存入 OUT 端指定的单元中 | ID、QD、VD、MD、SMD、SD、LD、AC、HC、*VD、*LD、*AC、常数 | ID、QD、VD、MD、SMD、SD、LD、AC、*VD、*LD、*AC | |

## 2. 指令使用举例

循环移位指令使用如图 6-12 所示，当 I1.0 触点闭合时，执行 ROR_W 指令，将 AC0 中的数据循环右移 2 位，最后一位移出值“0”保存在溢出标志位 SM1.1 中。

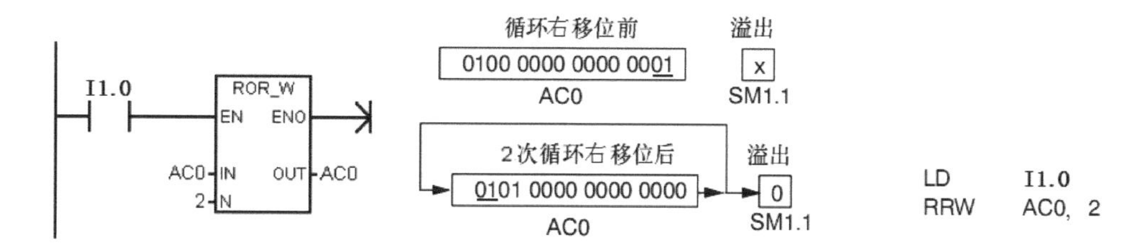


图 6-12　循环移位指令使用举例

如果移位数 *N* 大于或者等于最大允许值（字节操作为 8，字操作为 16，双字操作为 32），则在执行循环移位之前，会执行取模操作。例如，对于字节操作，取模操作过程是将 *N* 除以 8 取余数作为实际移位数，字节操作实际移位数是 0 ～ 7，字操作是 0 ～ 15，双字操作是 0 ～ 31。如果移位次数为 0，则循环移位指令不执行。

执行循环移位指令时，最后一个移位值会移入溢出标志位 SM1.1。当循环移位结果是

0 时，零标志位（SM1.0）被置 1。字节操作是无符号的，对于字和双字操作，当使用有符号数据类型时，符号位也被移位。

### 6.6.3　移位寄存器指令

**移位寄存器指令的功能是将一个数值移入移位寄存器中（在每个扫描周期，整个移位寄存器的数据移动一位）。**

**1. 指令说明**

移位寄存器指令说明如表 6-28 所示。

表 6-28　移位寄存器指令说明

| 指令名称 | 梯形图及指令格式 | 功能说明 | 操作数 | |
|---|---|---|---|---|
| | | | DATA、S_BIT | N |
| 移位寄存器指令 | SHRB<br>EN　ENO<br>??.?-DATA<br>??.?-S_BIT<br>????-N<br>SHRB DATA，S_BIT，N | 将 S_BIT 端最低地址的 *N* 个位单元设为移动寄存器，DATA 端用于指定数据输入的位单元。<br>N 用于指定移位寄存器的长度和移位方向。当 N 为正值时正向移动，输入数据从最低位 S_BIT 移入，从最高位移出，移出的数据放在溢出标志位 SM1.1 中；当 N 为负值时反向移动，输入数据从最高位移入，从最低位 S_BIT 移出，移出的数据放在溢出标志位 SM1.1。<br>移位寄存器的最大长度为 64 位，可正可负 | I、Q、V、M、SM、S、T、C、L（位型） | IB、QB、VB、MB、SMB、SB、LB、AC、*VD、*LD、*AC、常数（字节型） |

**2. 指令使用举例**

移位寄存器指令使用如图 6-13 所示，当 I1.0 触点第一次闭合时，P 触点接通一个扫描周期，执行 SHRB 指令，将 V100.0（S_BIT）中最低地址的 4（N）个连续位单元 V100.3 ～ V100.0 定义为一个移位寄存器，并把 I0.3（DATA）位单元送来的数据“1”移入 V100.0 单元中，V100.3 ～ V100.0 原先的数据都会随之移动一位，V100.3 中先前的数据“0”被移到溢出标志位 SM1.1 中；当 I1.0 触点第二次闭合时，P 触点又接通一个扫描周期，又执行 SHRB 指令，将 I0.3 送来的数据“0”移入 V100.0 单元中，V100.3 ～ V100.1 的数据也都会移动一位，V100.3 中的数据“1”被移到溢出标志位 SM1.1 中。

在图 6-13 中，如果 N = −4，I0.3 位单元送来的数据会从移位寄存器的最高位 V100.3 移入，最低位 V100.0 移出的数据会移到溢出标志位 SM1.1 中。

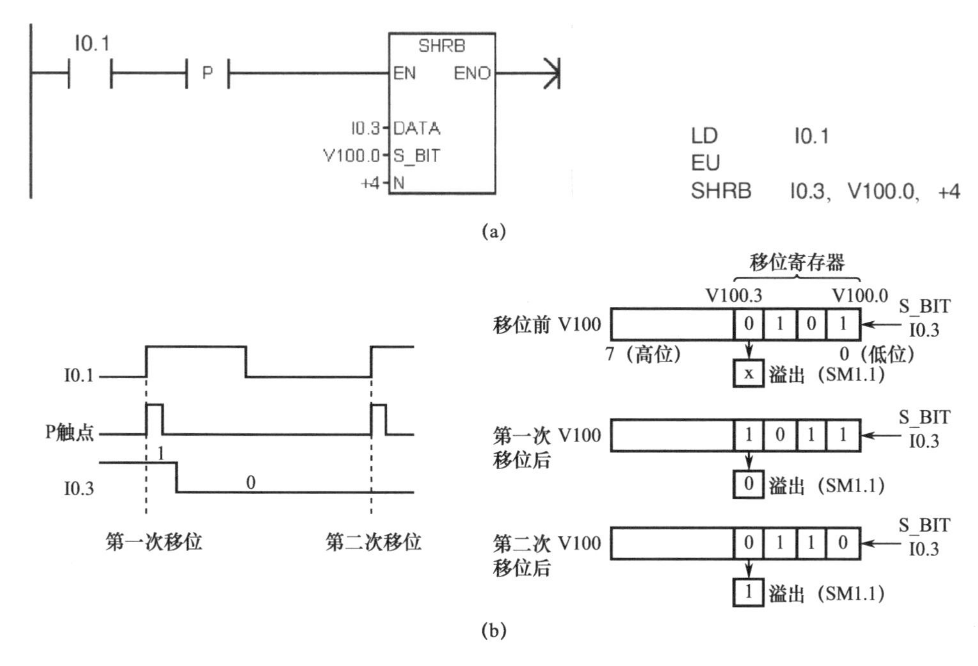


图 6-13　移位寄存器指令使用举例

## 6.7 转换指令

PLC 的主要数据类型有字节型、整数型、双整数型和实数型，数据的编码类型主要有二进制、十进制、十六进制、BCD 码和 ASCII 码等。在编程时，指令对操作数类型有一定的要求，如字节型与字型数据不能直接进行相加运算。为了让指令能对不同类型的数据进行处理，要先对数据的类型进行转换。

**转换指令是一种转换不同类型数据的指令。转换指令可分为标准转换指令、ASCII 码转换指令、字符串转换指令、编码与解码指令。**

### 6.7.1 标准转换指令

**标准转换指令可分为数字转换指令、四舍五入取整指令和段译码指令。**

#### 1. 数字转换指令

**数字转换指令有字节与整数间的转换指令、整数与双整数间的转换指令、BCD 码与整数间的转换指令、双整数与实数间的转换指令。**

**BCD 码是一种用 4 位二进制数组合来表示十进制数的编码。**BCD 码的 0000 ～ 1001 分别对应十进制数的 0 ～ 9。一位十进制数的二进制编码和 BCD 码是相同的，例如 6 的二进制编码为 0110，BCD 码也为 0110；但多位十进制数的两种编码是不同的，例如 64 的 8 位二进制编码为 0100 0000，BCD 码则为 0110 0100。由于 BCD 码采用 4 位二进制数来表示 1 位十进制数，故 16 位 BCD 码能表示十进制数的范围是 0000 ～ 9999。

（1）指令说明

数字转换指令说明如表 6-29 所示。

表 6-29 数字转换指令说明

| 指令名称 | 梯形图 | 功能说明 | 操作数 | |
|---|---|---|---|---|
| | | | IN | OUT |
| 字节转整数指令 | B_I<br>EN ENO<br>????-IN OUT-???? | 将 IN 端指定字节单元中的数据（8 位）转换成整数（16 位），结果存入 OUT 端指定的单元中。<br>字节是无符号的，因而没有符号位扩展 | IB、QB、VB、MB、SMB、SB、LB、AC、*VD、*LD、*AC、常数<br>（字节型） | IW、QW、VW、MW、SMW、SW、T、C、LW、AIW、AC、*VD、*LD、*AC<br>（整数型） |
| 整数转字节指令 | I_B<br>EN ENO<br>????-IN OUT-???? | 将 IN 端指定单元的整数（16 位）转换成字节数据（8 位），结果存入 OUT 端指定的单元中。<br>IN 中只有 0 ～ 255 范围内的数值能被转换，其他值不会转换，但会使溢出位 SM1.1 置 1 | IW、QW、VW、MW、SMW、SW、LW、T、C、AC、AIW、*VD、*LD、*AC、常数<br>（整数型） | IB、QB、VB、MB、SMB、SB、LB、AC、*VD、*LD、*AC<br>（字节型） |
| 整数转双整数指令 | I_DI<br>EN ENO<br>????-IN OUT-???? | 将 IN 端指定单元的整数（16 位）转换成双整数（32 位），结果存入 OUT 端指定的单元中。符号位可扩展到高字节中 | IW、QW、VW、MW、SMW、SW、LW、T、C、AC、AIW、*VD、*LD、*AC、常数<br>（整数型） | ID、QD、VD、MD、SMD、SD、LD、AC、*VD、*LD、*AC<br>（双整数型） |
| 双整数转整数指令 | DI_I<br>EN ENO<br>????-IN OUT-???? | 将 IN 端指定单元的双整数转换成整数，结果存入 OUT 端指定的单元中。<br>若需转换的数值太大，无法在输出中表示，则不会转换，但会使溢出标志位 SM1.1 置 1 | ID、QD、VD、MD、SMD、SD、LD、AC、HC、*VD、*LD、*AC、常数<br>（双整数型） | IW、QW、VW、MW、SMW、SW、T、C、LW、AIW、AC、*VD、*LD、*AC<br>（整数型） |
| 双整数转实数指令 | DI_R<br>EN ENO<br>????-IN OUT-???? | 将 IN 端指定单元的双整数（32 位）转换成实数（32 位），结果存入 OUT 端指定的单元中 | ID、QD、VD、MD、SMD、SD、LD、AC、HC、*VD、*LD、*AC、常数<br>（双整数型） | ID、QD、VD、MD、SMD、SD、LD、AC、*VD、*LD、*AC<br>（实数型） |
| 整数转 BCD 码指令 | I_BCD<br>EN ENO<br>????-IN OUT-???? | 将 IN 端指定单元的整数（16 位）转换成 BCD 码（16 位），结果存入 OUT 端指定的单元中。<br>IN 是 0 ～ 9999 范围的整数，如果超出该范围，则会使 SM1.6 置 1 | IW、QW、VW、MW、SMW、SW、LW、T、C、AC、AIW、*VD、*LD、*AC、常数<br>（整数型） | IW、QW、VW、MW、SMW、SW、T、C、LW、AIW、AC、*VD、*LD、*AC<br>（整数型） |
| BCD 码转整数指令 | BCD_I<br>EN ENO<br>????-IN OUT-???? | 将 IN 端指定单元的 BCD 码转换成整数，结果存入 OUT 端指定的单元中。<br>IN 是 0 ～ 9999 范围的 BCD 码 | | |

（2）指令使用举例

数字转换指令的使用如图 6-14 所示，当 I0.0 触点闭合时，执行 I_DI 指令，将 C10 中的整数转换成双整数，之后存入 AC1 中。当 I0.1 触点闭合时，执行 BCD_I 指令，将 AC0 中的 BCD 码转换成整数，例如指令执行前 AC0 中的 BCD 码为 0000 0001 0010 0110（即 126），BCD_I 指令执行后，AC0 中的 BCD 码被转换成整数 0000000001111110。

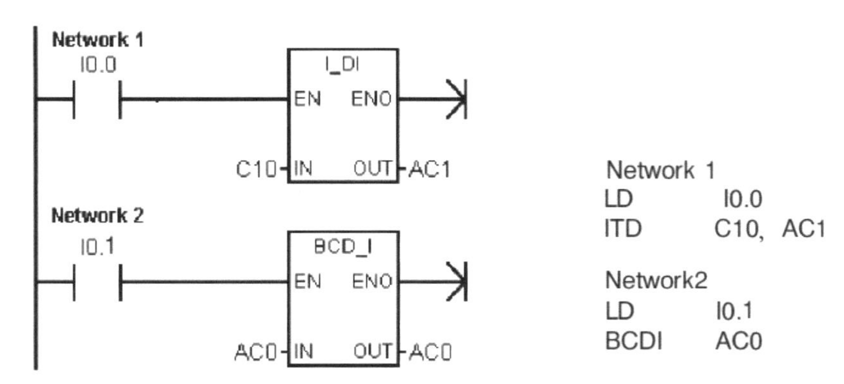


图 6-14　数字转换指令使用举例

## 2. 四舍五入取整指令

（1）指令说明

四舍五入取整指令说明如表 6-30 所示。

表 6-30　四舍五入取整指令说明

| 指令名称 | 梯 形 图 | 功能说明 | 操 作 数 | |
|---|---|---|---|---|
| | | | IN | OUT |
| 四舍五入取整指令 | ROUND<br>EN ENO<br>???? IN OUT ???? | 将 IN 端指定单元的实数转换成双整数，结果存入 OUT 端指定的单元中。<br>在转换时，如果实数的小数部分大于 0.5，则整数部分加 1，再将加 1 后的整数送入 OUT 单元中；如果实数的小数部分小于 0.5，则将小数部分舍去，只将整数部分送入 OUT 单元。<br>如果要转换的不是一个有效的或者数值太大的实数，则转换不会进行，但会使溢出标志位 SM1.1 置 1 | ID、QD、VD、MD、SMD、SD、LD、AC、*VD、*LD、*AC、常数（实数型） | ID、QD、VD、MD、SMD、SD、LD、AC、*VD、*LD、*AC（双整数型） |
| 舍小数点取整指令 | TRUNC<br>EN ENO<br>???? IN OUT ???? | 将 IN 端指定单元的实数转换成双整数，结果存入 OUT 端指定的单元中。<br>在转换时，将实数的小数部分舍去，仅将整数部分送入 OUT 单元中 | | |

（2）指令使用举例

四舍五入取整指令的使用如图 6-15 所示，当 I0.0 触点闭合时，先执行 ROUND 指令，将 VD8 中的实数采用四舍五入取整的方式转换成双整数，然后存入 VD12 中。

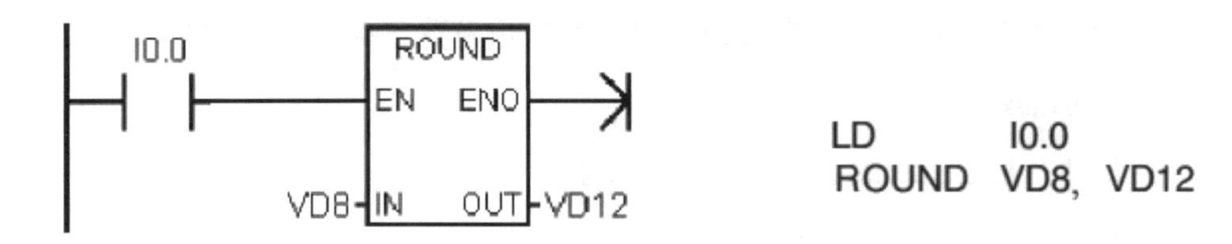


图 6-15　四舍五入取整指令使用举例

### 3. 段译码指令

**段译码指令的功能是将 IN 端指定单元中的低 4 位数转换成能驱动七段数码显示器显示相应字符的七段码。**

（1）七段数码显示器与七段码

七段数码显示器是一种采用七段发光体来显示十进制数 0 ～ 9 的显示装置，其结构和外形如图 6-16 所示。当某段加有高电平“1”时，该段发光。例如，要显示十进制数“5”，可让 gfedcba=1101101，这里的 1101101 为七段码，七段码只有七位，通常在最高位补 0 组成 8 位（一个字节）。段译码指令 IN 端指定单元中的低 4 位实际上是十进制数的二进制编码值，经指令转换后变成七段码存入 OUT 端指定的单元中。十进制数、二进制数、七段码及显示字符的对应关系见表 6-31。

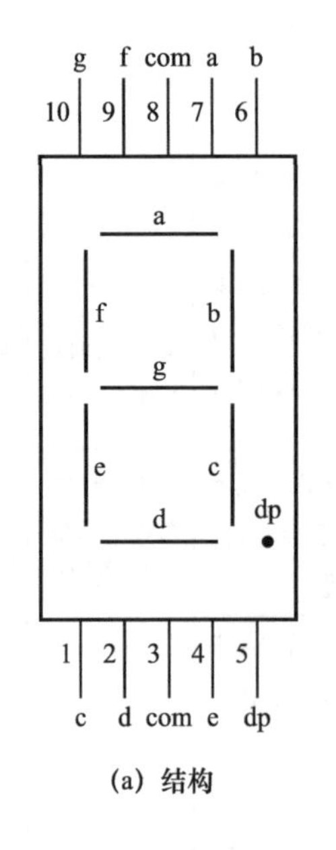


(a) 结构

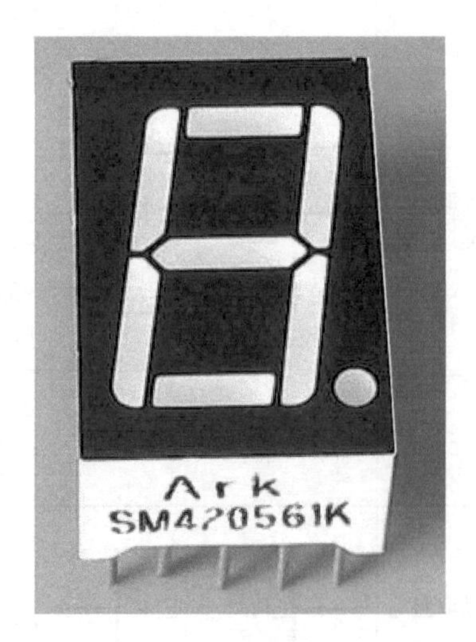


(b) 外形

图 6-16　七段数码显示器

表 6-31　十进制数、二进制数、七段码及显示字符的对应关系

| 十进制数 | 二进制数（IN 低 4 位） | 七段码（OUT）<br>- g f e d c b a | 显示字符 | 七段码显示器 |
|---|---|---|---|---|
| 0 | 0 0 0 0 | 0 0 1 1 1 1 1 1 | 0 | a f g b e c d |
| 1 | 0 0 0 1 | 0 0 0 0 0 1 1 0 | 1 | |
| 2 | 0 0 1 0 | 0 1 0 1 1 0 1 1 | 2 | |
| 3 | 0 0 1 1 | 0 1 0 0 1 1 1 1 | 3 | |
| 4 | 0 1 0 0 | 0 1 1 0 0 1 1 0 | 4 | |
| 5 | 0 1 0 1 | 0 1 1 0 1 1 0 1 | 5 | |
| 6 | 0 1 1 0 | 0 1 1 1 1 1 0 1 | 6 | |
| 7 | 0 1 1 1 | 0 0 0 0 0 1 1 1 | 7 | |
| 8 | 1 0 0 0 | 0 1 1 1 1 1 1 1 | 8 | |
| 9 | 1 0 0 1 | 0 1 1 0 0 1 1 1 | 9 | |
| A | 1 0 1 0 | 0 1 1 1 0 1 1 1 | A | |
| B | 1 0 1 1 | 0 1 1 1 1 0 0 1 | b | |
| C | 1 1 0 0 | 0 0 1 1 1 0 0 1 | C | |
| D | 1 1 0 1 | 0 1 0 1 1 1 1 0 | d | |
| E | 1 1 1 0 | 0 1 1 1 1 0 0 1 | E | |
| F | 1 1 1 1 | 0 1 1 1 0 0 0 1 | F | |

（2）指令说明

段译码指令说明如表 6-32 所示。

表 6-32　段译码指令说明

| 指令名称 | 梯 形 图 | 功能说明 | 操 作 数 | |
|---|---|---|---|---|
| | | | IN | OUT |
| 段译码指令 | SEG<br>EN　ENO<br>????-IN　OUT-???? | 将 IN 端指定单元的低 4 位数转换成七段码，结果存入 OUT 端指定的单元中 | IB、QB、VB、MB、SMB、SB、LB、AC、*VD、*LD、*AC、常数（字节型） | IB、QB、VB、MB、SMB、SB、LB、AC、*VD、*LD、*AC（字节型） |

（3）指令使用举例

段译码指令的使用如图 6-17 所示，当 I0.0 触点闭合时，执行 SEG 指令，先将 VB40 中的低 4 位数转换成七段码，然后存入 AC0 中。例如，VB40 中的数据为 00000110，执行 SEG 指令后，低 4 位 0110 转换成七段码 01111101，存入 AC0 中。

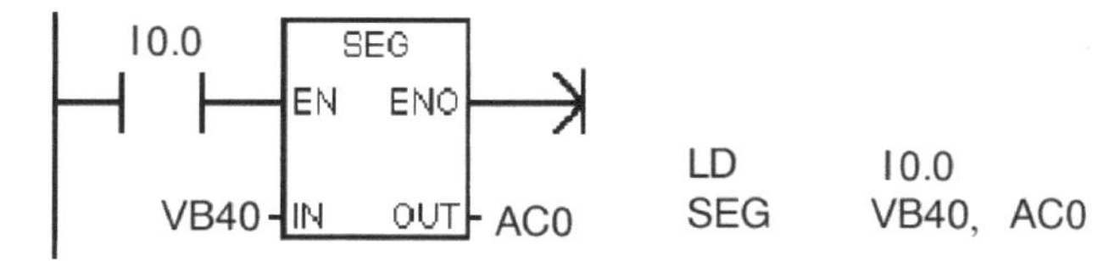


图 6-17　段译码指令使用举例

### 6.7.2 ASCII 码转换指令

ASCII 码转换指令包括整数、双整数、实数等与 ASCII 码的转换指令，以及十六进制数与 ASCII 码的转换指令。

#### 1. 关于 ASCII 码知识

ASCII 码意为美国标准信息交换码，是一种使用 7 位或 8 位二进制数编码的方案，最多可以对 256 个字符（包括字母、数字、标点符号、控制字符及其他符号）进行编码。ASCII 编码表见表 6-33。计算机等很多数字设备的字符采用 ASCII 码的编码方式，例如，当按下键盘上的“8”键时，键盘内的编码电路就将该键编码成 011 1000，再送入计算机处理，如果在 7 位 ASCII 码的最高位加 0，就是 8 位 ASCII 码。

表 6-33　ASCII 编码表

| $b_7b_6b_5$ / $b_4b_3b_2b_1$ | 000 | 001 | 010 | 011 | 100 | 101 | 110 | 111 |
|---|---|---|---|---|---|---|---|---|
| 0000 | nul | dle | sp | 0 | @ | P | 、 | p |
| 0001 | soh | dc1 | ! | 1 | A | Q | a | q |
| 0010 | stx | dc2 | 〃 | 2 | B | R | b | r |
| 0011 | etx | dc3 | # | 3 | C | S | c | s |
| 0100 | eot | dc4 | $ | 4 | D | T | d | t |
| 0101 | enq | nak | % | 5 | E | U | e | u |
| 0110 | ack | svn | & | 6 | F | V | f | v |
| 0111 | bel | etb | ’ | 7 | G | W | g | w |
| 1000 | bs | can | （ | 8 | H | X | h | x |
| 1001 | ht | em | ） | 9 | I | Y | i | y |
| 1010 | if | sub | * | : | J | Z | j | z |
| 1011 | vt | esc | + | ; | K | [ | k | { |
| 1100 | ff | fs | ， | < | L | \ | l | \| |
| 1101 | cr | gs | - | = | M | ] | m | } |
| 1110 | so | rs | 。 | > | N | ∧ | n | ~ |
| 1111 | si | us | / | ? | O | _ | o | del |

#### 2. 整数转 ASCII 码指令

（1）指令说明

整数转 ASCII 码指令说明如表 6-34 所示。

表 6-34　整数转 ASCII 码指令说明

| 指令名称 | 梯形图 | 功能说明 | 操作数 | |
|---|---|---|---|---|
| | | | IN | FMT、OUT |
| 整数转 ASCII 码指令 | ITA<br>EN ENO<br>????-IN OUT-????<br>????-FMT | 将 IN 端指定单元中的整数转换成 ASCII 码字符串，存入 OUT 端指定首地址的 8 个连续字节单元中。<br>FMT 端单元中的数据用来定义 ASCII 码字符串在 OUT 存储区的存放形式 | IW、QW、VW、MW、SMW、SW、LW、T、C、AC、AIW、*VD、*LD、*AC、常数<br>（整数型） | IB、QB、VB、MB、SMB、SB、LB、AC、*VD、*LD、*AC、常数<br>OUT 禁用 AC 和常数<br>（字节型） |

在 ITA 指令中，IN 端为整数型操作数，FMT 端单元中的数据用来定义 ASCII 码字符串在 OUT 存储区的存放格式，OUT 存储区是指 OUT 端指定首地址的 8 个连续字节单元，又称输出存储区。FMT 端单元中的数据定义如下：

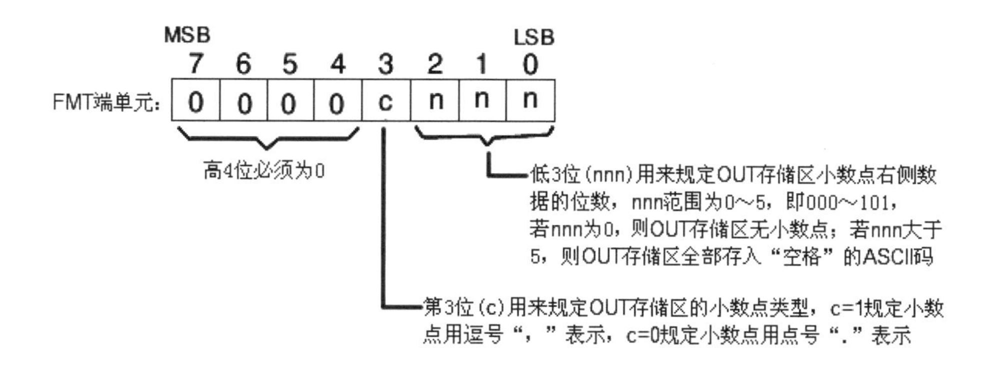


（2）指令使用举例

整数转 ASCII 码指令的使用如图 6-18 所示，当 I0.0 触点闭合时，执行 ITA 指令，将 IN 端 VW10 中的整数转换成 ASCII 码字符串，保存在 OUT 端指定首地址的 8 个连续单元（VB12 ～ VB19）构成的存储区中，ASCII 码字符串在存储区的存放形式由 FMT 端 VB0 单元中的数据低 4 位规定。

例如，VW10 中的整数为 12，VB0 中的数据为 3（即 00000011），执行 ITA 指令后，VB12 ～ VB19 单元中存储的 ASCII 码字符串为“0.012”，各单元具体存储的 ASCII 码见表 6-35，其中 VB19 单元存储的为“2”的 ASCII 码“00110010”。

输出存储区的 ASCII 码字符串格式有以下规律：

① 正数值写入输出存储区时没有符号位。

② 负数值写入输出存储区时以负号（-）开头。

③ 除小数点左侧最靠近的 0 外，去掉其他 0。

④ 输出存储区中的数值是右对齐的。

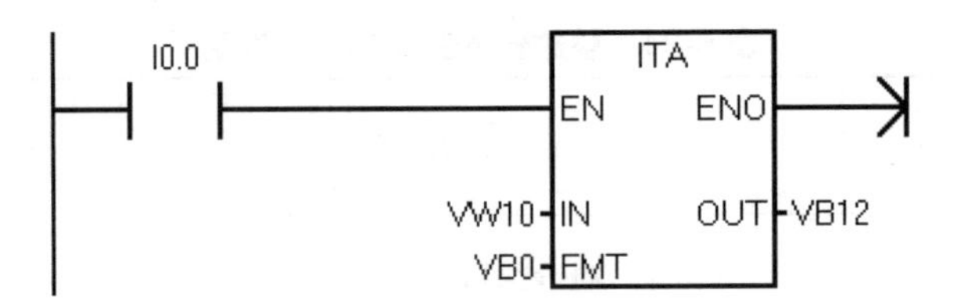


图 6-18 整数转 ASCII 码指令使用举例

**表 6-35 FMT 单元取不同值时存储区中 ASCII 码的存储形式**

| FMT | IN | OUT | | | | | | | |
|---|---|---|---|---|---|---|---|---|---|
| VB0 | VW10 | VB12 | VB13 | VB14 | VB15 | VB16 | VB17 | VB | VB19 |
| 3（00000011） | 12 | | | | 0 | . | 0 | 1 | 2 |
| | 1234 | | | | 1 | . | 2 | 3 | 4 |
| 11（0001011） | -12345 | | – | 1 | 2 | , | 3 | 4 | 5 |
| 0（00000000） | -12345 | | | – | 1 | 2 | 3 | 4 | 5 |
| 7（00000111） | -12345 | | 空格<br>ASCII 码 | 空格<br>ASCII 码 | 空格<br>ASCII 码 | 空格<br>ASCII 码 | 空格<br>ASCII 码 | 空格<br>ASCII 码 | 空格<br>ASCII 码 |

### 3. 双整数转 ASCII 码指令

（1）指令说明

双整数转 ASCII 码指令说明如表 6-36 所示。

**表 6-36 双整数转 ASCII 码指令说明**

| 指令名称 | 梯 形 图 | 功能说明 | 操 作 数 | |
|---|---|---|---|---|
| | | | IN | FMT、OUT |
| 双整数转 ASCII 码指令 | DTA<br>EN ENO<br>????-IN OUT-????<br>????-FMT | 将 IN 端指定单元中的双整数转换成 ASCII 码字符串，存入 OUT 端指定首地址的 12 个连续字节单元中。<br>FMT 端指定单元中的数据用来定义 ASCII 码字符串在 OUT 存储区的存放形式 | ID、QD、VD、MD、SMD、SD、LD、AC、HC、*VD、*LD、*AC、常数<br>（双整数型） | IB、QB、VB、MB、SMB、SB、LB、AC、*VD、*LD、*AC、常数<br>OUT 禁用 AC 和常数<br>（字节型） |

在 DTA 指令中，IN 端为双整数型操作数，FMT 端字节单元中的数据用来指定 ASCII 码字符串在 OUT 存储区的存放格式，OUT 存储区是指 OUT 端指定首地址的 12 个连续字节单元。FMT 端单元中的数据定义与整数转 ASCII 码指令相同。

（2）指令使用举例

双整数转 ASCII 码指令的使用如图 6-19 所示，当 I0.0 触点闭合时，执行 DTA 指令，将 IN 端 VD10 中的双整数转换成 ASCII 码字符串，保存在 OUT 端指定首地址的 8 个连续单元（VB14 ～ VB21）构成的存储区中，ASCII 码字符串在存储区的存放形式由 VB0 单元（FMT 端指定）中的低 4 位数据规定。

例如，VD10 中的双整数为 3456789，VB0 中的数据为 3（即 00000011），执行 DTA 指令后，VB14 ~ VB21 中存储的 ASCII 码字符串为“3456.789”。

输出存储区的 ASCII 码字符串格式有以下规律：

① 正数值写入输出存储区时没有符号位。

② 负数值写入输出存储区时以负号（-）开头。

③ 除小数点左侧最靠近的 0 外，去掉其他 0。

④ 输出存储区中的数值是右对齐的。

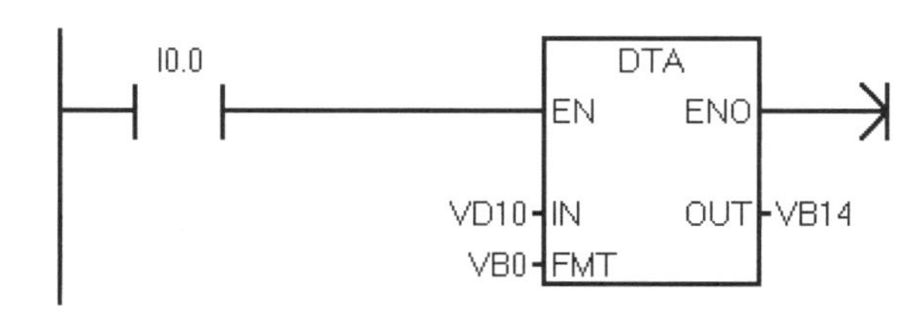


图 6-19　双整数转 ASCII 码指令使用举例

### 4. 实数转 ASCII 码指令

（1）指令说明

实数转 ASCII 码指令说明如表 6-37 所示。

**表 6-37　实数转 ASCII 码指令说明**

| 指令名称 | 梯 形 图 | 功能说明 | 操 作 数 | |
|---|---|---|---|---|
| | | | IN | FMT、OUT |
| 实数转 ASCII 码指令 | RTA<br>EN　ENO<br>????-IN　OUT-????<br>????-FMT | 将 IN 端指定单元中的实数转换成 ASCII 码字符串，存入 OUT 端指定首地址的 3 ~ 15 个连续字节单元中。<br>FMT 端单元中的数据用来定义 OUT 存储区的长度和 ASCII 码字符串在 OUT 存储区的存放形式 | ID、QD、VD、MD、SMD、SD、LD、AC、HC、*VD、*LD、*AC、常数<br>（实数型） | IB、QB、VB、MB、SMB、SB、LB、AC、*VD、*LD、*AC、常数<br>OUT 禁用 AC 和常数<br>（字节型） |

在 RTA 指令中，IN 端为实数型操作数，FMT 端单元中的数据用来定义 OUT 存储区的长度和 ASCII 码字符串在 OUT 存储区的存放形式。FMT 端单元中的数据定义如下：

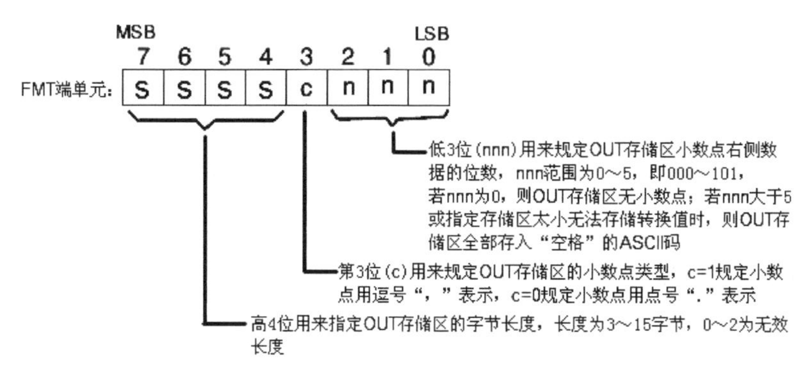

（2）指令使用举例

实数转 ASCII 码指令的使用如图 6-20 所示，当 I0.0 触点闭合时，执行 RTA 指令，将 IN 端 VD10 中的实数转换成 ASCII 码字符串，保存在 OUT 端指定首地址的存储区中，存储区的长度由 FMT 端 VB0 单元中的高 4 位数据规定，ASCII 码字符串在存储区的存放形式由 FMT 端 VB0 单元中的低 4 位数据规定。

例如，VD10 中的实数为 1234.5，VB0 中的数据为 97（即 01100001），执行 RTA 指令后，VB14 ～ VB19 中存储的 ASCII 码字符串为“1234.5”。 FMT 单元取不同值时存储区中 ASCII 码的存储格式见表 6-38。

输出存储区的 ASCII 码字符串格式有以下规律：

① 正数值写入输出存储区时没有符号位。

② 负数值写入输出存储区时以负号（-）开头。

③ 除小数点左侧最靠近的 0 外，去掉其他 0。

④ 若小数点右侧数据超过规定位数，则按四舍五入的方式去掉低位，以满足位数要求。

⑤ 输出存储区的大小应至少比小数点右侧的数字位数多三个字节。

⑥ 输出存储区中的数值是右对齐的。

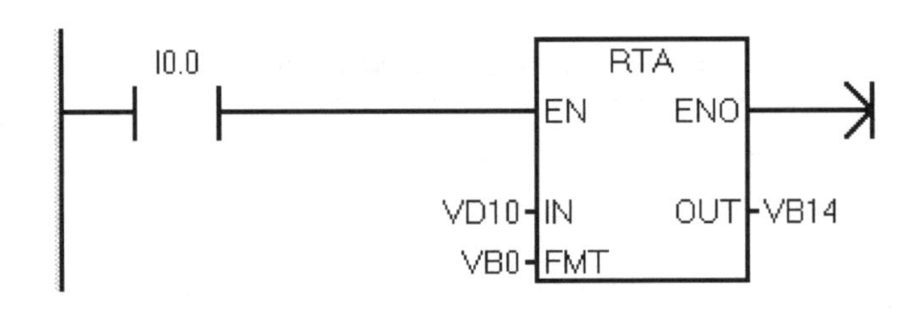


图 6-20　实数转 ASCII 码指令使用举例

表 6-38　FMT 单元取不同值时存储区中 ASCII 码的存储格式

| FMT | IN | OUT | | | | | |
|---|---|---|---|---|---|---|---|
| VB0 | VD10 | VB14 | VB15 | VB16 | VB17 | VB18 | VB19 |
| 97（01100001） | 1234.5 | 1 | 2 | 3 | 4 | . | 5 |
| | -0.0004 | | | | 0 | . | 0 |
| | -3.67526 | | | | 3 | . | 7 |
| | 1.95 | | | | 2 | . | 0 |

## 5．ASCII 码转十六进制数指令

（1）指令说明

ASCII 码转十六进制数指令说明如表 6-39 所示。

表 6-39　ASCII 码转十六进制数指令说明

| 指令名称 | 梯 形 图 | 功能说明 | 操 作 数 | |
|---|---|---|---|---|
| | | | IN、OUT | LEN |
| ASCII 码转十六进制数指令 | ATH<br>EN ENO<br>????-IN OUT-????<br>????-LEN | 将 IN 端指定首地址、LEN 端指定长度的连续字节单元中的 ASCII 码字符串转换成十六进制数，存入 OUT 端指定首地址的连续字节单元中。<br>IN 端用来指定待转换字节单元中的首地址，LEN 用来指定待转换连续字节单元的个数，OUT 端用来指定转换后数据存放单元的首地址 | IB、QB、VB、MB、SMB、SB、LB、*VD、*LD、*AC<br>(字节型) | IB、QB、VB、MB、SMB、SB、LB、AC、*VD、*LD、*AC、常数<br>(字节型) |

（2）指令使用举例

ASCII 码转十六进制数指令的使用如图 6-21 所示，当 I1.0 触点闭合时，执行 ATH 指令，将 IN 端 VB30 为首地址的连续 3 个（LEN 端指定）字节单元（VB30 ～ VB32）中的 ASCII 码字符转换成十六进制数，保存在 OUT 端以 VB40 为首地址的连续字节单元中。

例如，VB30、VB31、VB32 单元中的 ASCII 码字符分别是 3（00110011）、E（01000101）、A（01000001），执行 ATH 指令后，将 VB30 ～ VB32 中的 ASCII 码转换成十六进制数，并存入 VB40、VB41 单元，其中 VB40 存放十六进制数 3E（即 0011 1110），VB41 存放 Ax（即 1010 xxxx），x 表示 VB41 原先的数值不变。

在 ATH、HTA 指令中，有效的 ASCII 码字符为 0 ～ 9、A ～ F，用二进制数表示为 00110011 ～ 00111001、01000001 ～ 01000110，用十六进制数表示为 33 ～ 39、41 ～ 46。另外，ATH、HTA 指令可转换的 ASCII 码和十六进制数字的最大个数为 255 个。

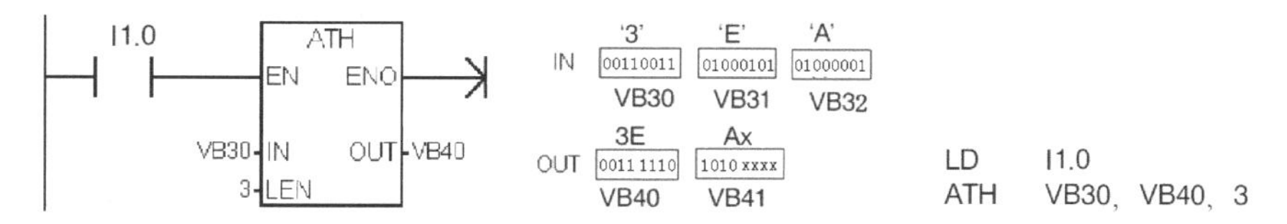


图 6-21　ASCII 码转十六进制数指令使用举例

## 6. 十六进制数转 ASCII 码指令

（1）指令说明

十六进制数转 ASCII 码指令说明如表 6-40 所示。

表 6-40　十六进制数转 ASCII 码指令说明

| 指令名称 | 梯 形 图 | 功能说明 | 操 作 数 | |
|---|---|---|---|---|
| | | | IN、OUT | LEN |
| 十六进制数转 ASCII 码指令 | HTA<br>EN ENO<br>????-IN OUT-????<br>????-LEN | 将 IN 端指定首地址、LEN 端指定长度的连续字节单元中的十六进制数转换成 ASCII 码字符，存入 OUT 端指定首地址的连续字节单元中。<br>IN 端用来指定待转换字节单元的首地址，LEN 用来指定待转换连续字节单元的个数，OUT 端用来指定转换后数据存放单元的首地址 | IB、QB、VB、MB、SMB、SB、LB、*VD、*LD、*AC<br>(字节型) | IB、QB、VB、MB、SMB、SB、LB、AC、*VD、*LD、*AC、常数<br>(字节型) |

（2）指令使用举例

十六进制数转 ASCII 码指令的使用如图 6-22 所示，当 I1.0 触点闭合时，执行 HTA 指令，将 IN 端 VB30 为首地址的连续 2 个（LEN 端指定）字节单元（VB30、VB31）中的十六进制数转换成 ASCII 码字符，保存在 OUT 端以 VB40 为首地址的连续字节单元中。

例如，VB30、VB31 单元中的十六进制数分别是 3E（0011 1110）、1A（00011010），执行 HTA 指令后，VB30、VB31 中的十六进制数转换成 ASCII 码，并存入 VB40 ～ VB43 单元中，其中 VB40 存放 3 的 ASCII 码（00110011），VB41 存放 E 的 ASCII 码，VB42 存放 1 的 ASCII 码，VB43 存放 A 的 ASCII 码。

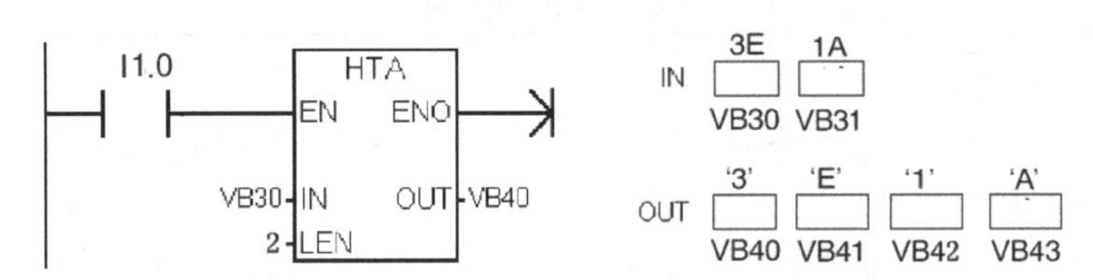


图 6-22　十六进制数转 ASCII 码指令使用举例

## 6.7.3　字符串转换指令

**字符串转换指令包括整数、双整数、实数转字符串指令和字符串转整数、双整数、实数指令。**

### 1. 整数、双整数、实数转字符串指令

（1）指令说明

整数、双整数、实数转字符串指令说明如表 6-41 所示。

**表 6-41　整数、双整数、实数转字符串指令说明**

| 指令名称 | 梯形图 | 功能说明 | 操作数 | | |
|---|---|---|---|---|---|
| | | | IN | FMT | OUT |
| 整数转字符串指令 | I_S<br>EN　ENO<br>????-IN　OUT-????<br>????-FMT | 将 IN 端指定单元中的整数转换成 ASCII 码字符串，存入 OUT 端指定首地址的 9 个连续字节单元中。<br>FMT 端指定单元中的数据用来定义 ASCII 码字符串在 OUT 存储区的存放形式 | IW、QW、VW、MW、SMW、SW、T、C、LW、AIW、*VD、*LD、*AC、常数<br>（整数型） | IB、QB、VB、MB、SMB、SB、LB、AC、*VD、*LD、*AC、常数<br>（字节型） | VB、LB、*VD、*LD、*AC<br>（字符型） |
| 双整数转字符串指令 | DI_S<br>EN　ENO<br>????-IN　OUT-????<br>????-FMT | 将 IN 端指定单元中的双整数转换成 ASCII 码字符串，存入 OUT 端指定首地址的 13 个连续字节单元中。<br>FMT 端指定单元中的数据用来定义 ASCII 码字符串在 OUT 存储区的存放形式 | ID、QD、VD、MD、SMD、SD、LD、AC、HC、*VD、*LD、*AC、常数<br>（双整数型） | | |

（续表）

| 指令名称 | 梯形图 | 功能说明 | 操作数 | | |
|---|---|---|---|---|---|
| | | | IN | FMT | OUT |
| 实数转字符串指令 | R_S<br>EN　ENO<br>????-IN　OUT-????<br>????-FMT | 将 IN 端指定单元中的实数转换成 ASCII 码字符串，存入 OUT 端指定首地址的 3 ～ 15 个连续字节单元中。<br>FMT 端指定单元中的数据用来定义 OUT 存储区的长度和 ASCII 码字符串在 OUT 存储区的存放形式 | ID、QD、VD、MD、SMD、SD、LD、AC、*VD、*LD、*AC、常数（实数型） | IB、QB、VB、MB、SMB、SB、LB、AC、*VD、*LD、*AC、常数（字节型） | VB、LB、*VD、*LD、*AC（字符型） |

在整数、双整数、实数转字符串指令中，FMT 的定义与整数、双整数、实数转 ASCII 码指令基本相同，两者的区别在于：字符串转换指令中 OUT 端指定的首地址单元用来存放字符串的长度，其后单元才存入转换后的字符串。对于整数、双整数转字符串指令，OUT 端首地址单元的字符串长度值分别固定为 8、12；对于实数转字符串指令，OUT 端首地址单元的字符串长度值由 FMT 的高 4 位来决定。

（2）指令使用举例

图 6-23 为实数转字符串指令的使用，当 I0.0 触点闭合时，执行 R_S 指令，将 IN 端 VD10 中的实数转换成 ASCII 码字符串，保存在 OUT 端指定首地址的存储区中，存储区的长度由 FMT 端 VB0 单元中的高 4 位数据规定，ASCII 码字符串在存储区的存放形式由 FMT 端 VB0 单元中的低 4 位数据规定。

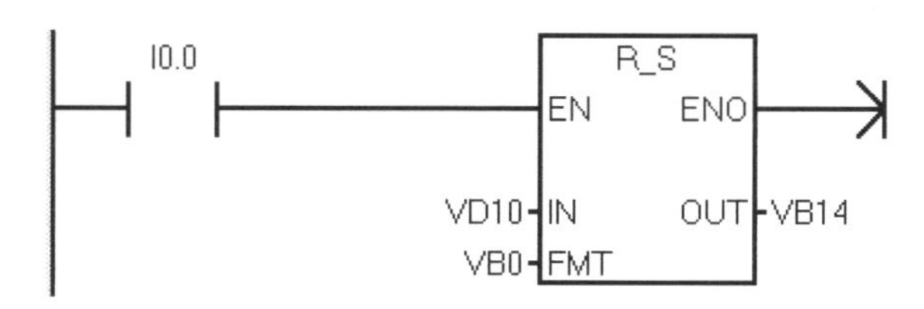


图 6-23　实数转字符串指令使用举例

例如，VD10 中的实数为 1234.5，VB0 中的数据为 97（即 01100001），执行 R_S 指令后，VB14 ～ VB20 中存储的 ASCII 码字符串为“61234.5”。FMT 单元取不同值时存储区中 ASCII 码字符串的存储形式见表 6-42。

**表 6-42　FMT 单元取不同值时存储区中 ASCII 码字符串的存储形式**

| FMT | IN | OUT | | | | | | |
|---|---|---|---|---|---|---|---|---|
| VB0 | VD10 | VB14 | VB15 | VB16 | VB17 | VB18 | VB19 | VB20 |
| 97（01100001） | 1234.5 | 6 | 1 | 2 | 3 | 4 | . | 5 |
| | −0.0004 | 6 | | | | 0 | . | 0 |
| | −3.67526 | 6 | | | − | 3 | . | 7 |
| | 1.95 | 6 | | | | 2 | . | 0 |

**整数、双整数、实数转字符串指令中的输出存储区存放 ASCII 码字符串格式与整数、**

**双整数、实数转 ASCII 码指令基本相同，主要区别在于前者的输出存储区首地址单元存放字符串长度，其后才存入字符串。**

### 2. 字符串转整数、双整数、实数指令

（1）指令说明

字符串转整数、双整数、实数指令说明如表 6-43 所示。

**表 6-43　字符串转整数、双整数、实数指令说明**

| 指令名称 | 梯形图 | 功能说明 | 操作数 | | |
|---|---|---|---|---|---|
| | | | IN | INDX | OUT |
| 字符串转整数指令 | S_I<br>EN　ENO<br>????-IN　OUT-????<br>????-INDX | 将 IN 端指定首地址的第 INDX 个及后续单元中的字符串转换成整数，存入 OUT 端指定的单元中 | IB、QB、VB、MB、SMB、SB、LB、*VD、*LD、*AC、常数<br>（字符型） | VB、IB、QB、MB、SMB、SB、LB、AC、*VD、*LD、*AC、常数<br>（字节型） | VW、IW、QW、MW、SMW、SW、T、C、LW、AC、AQW、*VD、*LD、*AC<br>（整数型） |
| 字符串转双整数指令 | S_DI<br>EN　ENO<br>????-IN　OUT-????<br>????-INDX | 将 IN 端指定首地址的第 INDX 个及后续单元中的字符串转换成双整数，存入 OUT 端指定的单元中 | | | VD、ID、QD、MD、SMD、SD、LD、AC、*VD、*LD、*AC<br>（双整数型和实数型） |
| 字符串转实数指令 | S_R<br>EN　ENO<br>????-IN　OUT-????<br>????-INDX | 将 IN 端指定首地址的第 INDX 个及后续单元中的字符串转换成实数，存入 OUT 端指定的单元中 | | | |

在字符串转整数、双整数、实数指令中，INDX 端用于设置开始转换单元相对首地址的偏移量，通常设置为 1，即从首地址单元中的字符串开始转换。INDX 也可以被设置为其他值，用于避开转换非法字符（非 0 ～ 9 的字符）。例如，IN 端指定首地址为 VB10，VB10 ～ VB17 单元存储的字符串为“Key: 1236”，如果将 INDX 设为 5，则转换从 VB14 单元开始，VB10 ～ VB13 单元中的字符串“Key”不会被转换。

字符串转实数指令不能用于转换以科学记数法或者指数形式表示实数的字符串，强行转换时，指令不会产生溢出错误（SM1.1 = 1），但会转换指数之前的字符串，之后停止转换。例如，转换字符串“1.234E6”时，转换后的实数值为 1.234，并且没有错误提示。

指令在转换时，当到达字符串的结尾或者遇到第一个非法字符时，转换指令结束。当转换产生的整数值过大以致输出值无法表示时，溢出标志（SM1.1）会置位。

（2）指令使用举例

字符串转整数、双整数、实数指令的使用如图 6-24 所示，当 I0.0 触点闭合时，依次执行 S_I、S_DI、S_R 指令。S_I 指令将相对 VB0 偏移量为 7 的 VB6 及后续单元中的字符串转换成整数，并保存在 VW100 单元中；S_DI 指令将相对 VB0 偏移量为 7 的 VB7 及后

续单元中的字符串转换成双整数，并保存在 VD200 单元中；S_R 指令将相对 VB0 偏移量为 7 的 VB7 及后续单元中的字符串转换成实数，并保存在 VD300 单元中。

如果 VB0 ～ VB11 单元中存储的 ASCII 码字符串为“11、T、3、m、p、空格、空格、9、8、.、6、F”，则执行 S_I、S_DI、S_R 指令后，在 VW100 单元中得到整数 98，在 VD200 单元中得到双整数 98，在 VD300 单元中得到实数 98.6。

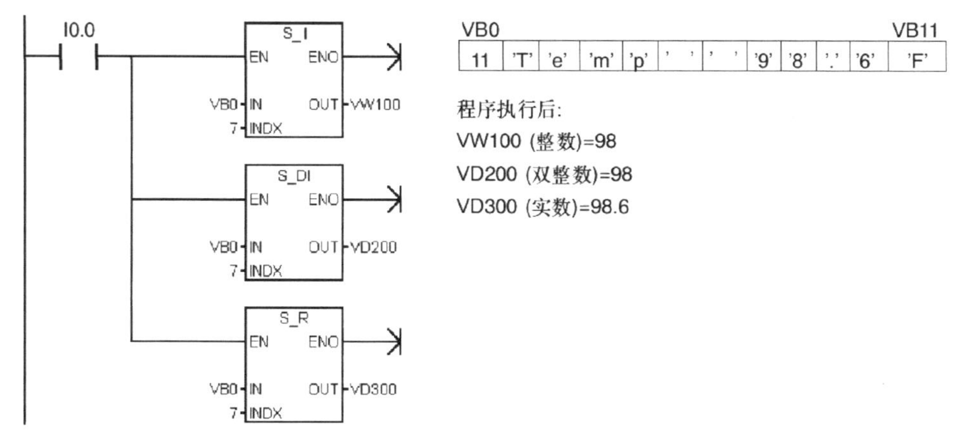


图 6-24　字符串转整数、双整数、实数指令使用举例

## 6.7.4　编码与解码指令

### 1. 指令说明

编码与解码指令说明如表 6-44 所示。

表 6-44　编码与解码指令说明

| 编码与解码指令 | 梯形图 | 功能说明 | 操作数 | |
|---|---|---|---|---|
| | | | IN | OUT |
| 编码指令 | ENCO<br>EN ENO<br>????-IN OUT-???? | 将 IN 字单元中最低有效位（即最低位中的 1）的位号写入 OUT 字节单元的低半字节中 | IW、QW、VW、MW、SMW、SW、LW、T、C、AC、AIW、*VD、*LD、*AC、常数<br>（整数型） | IB、QB、VB、MB、SMB、SB、LB、AC、*VD、*LD、*AC<br>（字节型） |
| 解码指令 | DECO<br>EN ENO<br>????-IN OUT-???? | 根据 IN 字节单元中低半字节表示的位号，将 OUT 字单元相应的位置 1，字单元其他的位全部清 0 | IB、QB、VB、MB、SMB、SB、LB、AC、*VD、*LD、*AC、常数<br>（字节型） | IW、QW、VW、MW、SMW、SW、T、C、LW、AC、AQW、*VD、*LD、*AC<br>（整数型） |

### 2. 指令使用举例

编码与解码指令的使用如图 6-25 所示，当 I0.0 触点闭合时，执行 ENCO 和 DECO 指令，在执行 ENCO（编码）指令时，将 AC3 中最低有效位 1 的位号“9”写入 VB50 单元的低 4 位；在执行 DECO 指令时，根据 AC2 中低半字节表示的位号“3”将 VW40 中的第 3 位置 1，其他位全部清 0。

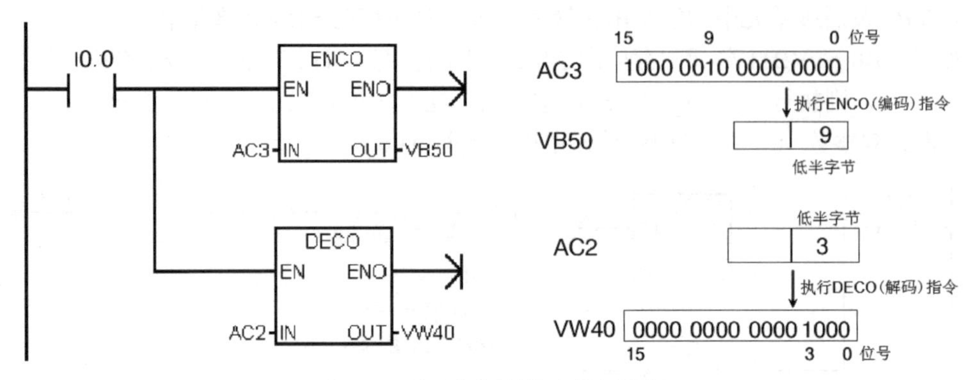


图 6-25　编码与解码指令使用举例

## 6.8 表格指令

**表格指令包括填表指令、查表指令、先进先出提令、后进先出指令和存储区填充指令。**

### 6.8.1　填表指令

#### 1．指令说明

填表指令说明如表 6-45 所示。

表 6-45　填表指令说明

| 指令名称 | 梯 形 图 | 功能说明 | 操 作 数 | |
|---|---|---|---|---|
| | | | DATA | TBL |
| 填表指令（ATT） | AD_T_TBL<br>EN ENO<br>????-DATA<br>????-TBL | 将 DATA 端指定单元中的整数填入 TBL 端指定首地址的表中。<br>TBL 端用于指定表的首单元地址，表的第 1 个单元存放的数用于定义表的最大格数值（不能超过 100）；第 2 单元存放的数为表实际使用的格数值，当表实际使用的格数变化时该值会自动变化；表的其他单元存放 DATA 单元填入的数据 | IW、QW、VW、MW、SMW、SW、LW、T、C、AC、AIW、*VD、*LD、*AC、常数（整数型） | IW、QW、VW、MW、SMW、SW、T、C、LW、*VD、*LD、*AC（字型） |

#### 2．指令使用举例

填表指令的使用如图 6-26 所示，在 PLC 上电运行时，SM0.1 触点接通一个扫描周期，MOV_W 指令执行，将“6”送入 VW200 单元中（用来定义表的最大格数）；当 I0.0 触点闭合时，上升沿 P 触点接通一个扫描周期，ATT（AD_T_TBL）指令执行，由于 VW200 单元中的数据为 6，ATT 指令则将 VW200 ～ VW214 共 8 个单元定义为表。其中，第 3 ～ 8

共 6 个单元（VW204 ～ VW214）定义为表的填表区，第 1 单元（VW200）为填表区最大格数，第 2 单元（VW202）为填表区实际使用格数，如果先前表的第 2 单元 VW202 中的数据为 0002，则指令认为填表区的两个单元 V204、V206 已填入数据，会将 VW100 中的数据填入后续单元 VW208 中，同时 VW202 单元数据自动加 1，变为 0003。如果 I0.0 触点第二次闭合时 VW100 中的数据仍为 1234，则 ATT 指令第二次执行后，1234 被填入 VW210 单元，VW202 中的数据会自动变为 0004。

当表的第 2 单元的数值（实际使用格数）等于第 1 单元的数值（表的最大格数）时，如果再执行 ATT 指令，则表出现溢出，会使 SM1.4 ＝ 1。

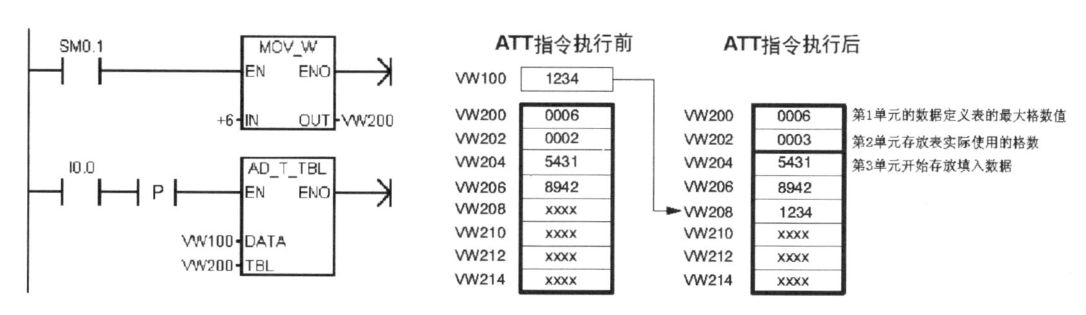


图 6-26　填表指令使用举例

## 6.8.2　查表指令

### 1. 指令说明

查表指令说明如表 6-46 所示。

表 6-46　查表指令说明

| 指令名称 | 梯 形 图 | 功能说明 | 操 作 数 | | | |
|---|---|---|---|---|---|---|
| | | | TBL | PTN | INDX | CMD |
| 查表指令（FND） | TBL_FIND<br>EN ENO<br>????-TBL<br>????-PTN<br>????-INDX<br>????-CMD | 从 TBL 端指定首地址的表中查找满足 CMD、PTN 端设定条件的数据，并将该数据所在单元的编号存入 INDX 端指定的单元中。<br>TBL 端指定表的首地址单元，该单元用于存放表的实际使用格数值；PTN、CMD 端用于共同设定查表条件，其中 CMD ＝ 1 ～ 4，1 代表“＝（等于）”，2 代表“<>（不等于）”，3 代表“<（小于）”，4 代表“>（大于）”；INDX 端指定的单元用于存放满足条件的单元编号 | IW、QW、VW、MW、SMW、T、C、LW、*VD、*LC、*AC（字型） | IW、QW、VW、MW、SMW、SW、LW、T、C、AC、AIW、*VD、*LD、*AC、常数（整数型） | IW、QW、VW、MW、SMW、SW、T、C、LW、AIW、AC、*VD、*LD、*AC（字型） | 1：等于（=）<br>2:不等于（<>）<br>3：小于（<）<br>4：大于（>）<br>（字节型） |

### 2. 指令使用举例

查表指令的使用如图 6-27 所示，当 I0.0 触点闭合时，执行 FND 指令，从 VW202 为首地址单元的表中查找数据等于 3130（由 CMD 和 PTN 设定的条件）的单元，再将查找到的满足条件的单元编号存入 AC1 中。

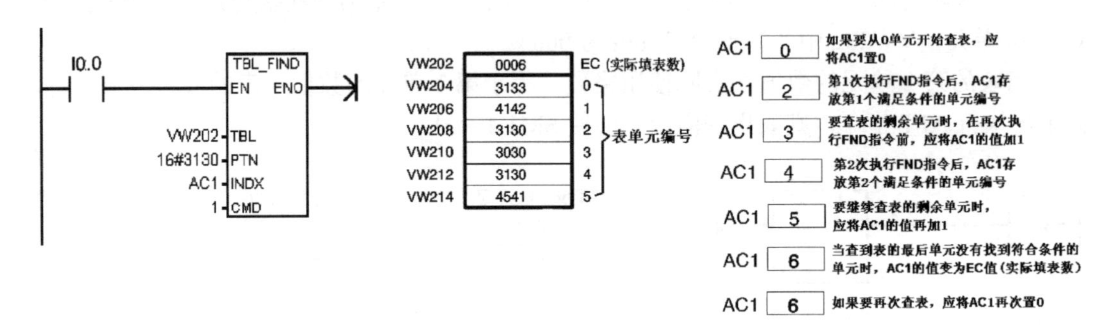


图 6-27　查表指令使用举例

如果要从表的 0 单元开始查表，则在执行 FND 指令查表前，应利用有关指令将 AC1 置 0；执行 FND 指令后，AC1 中存放的为第 1 个满足条件的单元编号。如果需要查表的剩余单元，则在再次执行 FND 指令前，须将 AC1 的值加 1，当查到表的最后单元没有找到符号条件的单元时，AC1 的值变为 EC 值（实际填表数）。

FND 指令的 TBL 端指定单元存放的是实际使用填表数，而 ATT 指令的 TBL 端指定单元存放的是最大填表数，因此，如果要用 FND 指令查 ATT 指令建立的表，则 FND 指令的 TBL 端指定单元应较 ATT 指令高 2 个字节。

## 6.8.3　先进先出和后进先出指令

### 1. 指令说明

先进先出和后进先出指令说明如表 6-47 所示。

表 6-47　先进先出和后进先出指令说明

<table>
<tr><th rowspan="2">指令名称</th><th rowspan="2">梯 形 图</th><th rowspan="2">功能说明</th><th colspan="2">操 作 数</th></tr>
<tr><th>TBL</th><th>DATA</th></tr>
<tr><td>先进先出指令（FIFO）</td><td>FIFO<br>EN ENO<br>????-TBL DATA-????</td><td>将 TBL 端指定首地址的表中第一个数据移到 DATA 端指定的单元中，表中后续数据依次上移一个单元，同时表的实际填表数减 1</td><td rowspan="2">IW、QW、VW、MW、SMW、SW、T、C、LW、*VD、*LD、*AC<br>（字型）</td><td rowspan="2">IW、QW、VW、MW、SMW、SW、T、C、LW、AC、AQW、*VD、*LD、*AC<br>（整数型）</td></tr>
<tr><td>后进先出指令（LIFO）</td><td>LIFO<br>EN ENO<br>????-TBL DATA-????</td><td>将 TBL 端指定首地址的表中最后一个数据移到 DATA 端指定的单元中，同时表的实际填表数减 1</td></tr>
</table>

### 2. 指令使用举例

先进先出指令的使用如图 6-28 所示，当 I0.0 触点闭合时，执行 FIFO 指令，将 VW200 为首地址的表中第一个数据移到 VW400 单元，如果 FIFO 执行前表中第一个数据为 5431，则 FIFO 指令执行后，5431 被移到 VW400 中；表中第二个及后续数据（8942、1234）会依次上移一个单元，同时表的实际填表数（VW202 单元中的数）会减 1，由 0003 变为 0002。

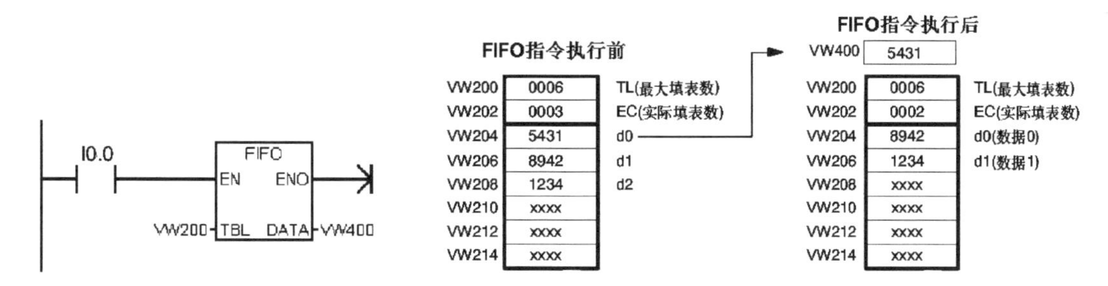


图 6-28　先进先出指令使用举例

后进先出指令的使用如图 6-29 所示，当 I0.1 触点闭合时，执行 LIFO 指令，将 VW200 为首地址的表中最后一个数据移到 VW300 单元，如果 LIFO 执行前表中最后一个数据为 1234，则 LIFO 指令执行后，1234 被移到 VW300 中，表的实际填表数（VW202 单元中的数）会减 1，由 0003 变为 0002。

如果试图从空表中移走数据，则会使 SM1.5 = 1。

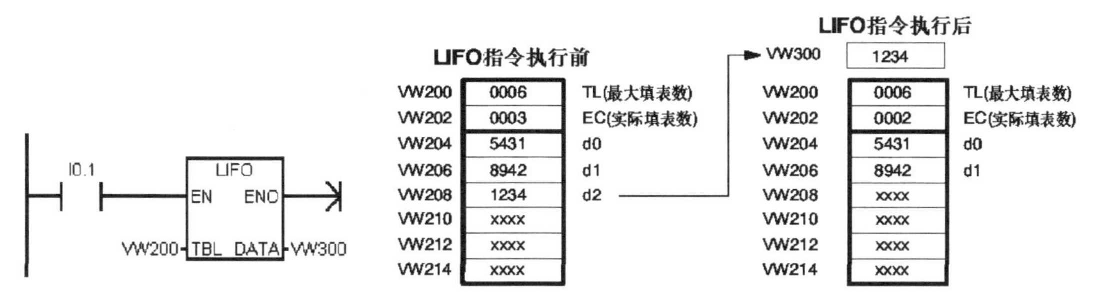


图 6-29　后进先出指令使用举例

## 6.8.4　存储区填充指令

### 1. 指令说明

存储区填充指令说明如表 6-48 所示。

### 2. 指令使用举例

存储区填充指令的使用如图 6-30 所示，当 I0.1 触点闭合时，FILL 指令执行，将 IN 端指定的数据 0 填充到以 VW200 为首地址（OUT 端指定）的 10 个（N 端指定）连续字单元中，并且 VW200、VW202 ～ VW218 共 10 个单元中的数据全部为 0。

**表 6-48　存储区填充指令说明**

| 指令名称 | 梯 形 图 | 功能说明 | 操 作 数 | | |
|---|---|---|---|---|---|
| | | | IN | N | OUT |
| 存储区填充指令（FILL） | FILL_N<br>EN　ENO<br>????-IN　OUT-????<br>????-N | 将 IN 端指定的数据填充到 OUT 端指定首地址的 *N* 个字单元中。<br>*N* 的范围为 1 ～ 255 | IW、QW、VW、MW、SMW、SW、LW、T、C、AC、AIW、*VD、*LD、*AC、常数（整数型） | IB、QB、VB、MB、SMB、SB、LB、AC、*VD、*LD、*AC、常数（字节型） | IW、QW、VW、MW、SMW、SW、T、C、LW、AQW、*VD、*LD、*AC（整数型） |

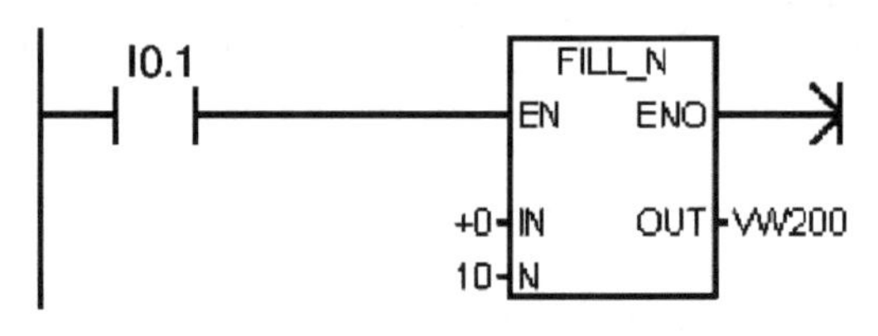


图 6-30　存储区填充指令使用举例

# 6.9　字符串指令

**字符串是指由很多字符（数字、字母、符号）组成的集合，其中的每个字符都以一个 ASCII 码的形式占用一个字节的存储空间。**字符串指令共有 6 条，包括字符串长度指令、字符串复制指令、字符串连接指令、复制子字符串指令、字符串搜索指令和字符搜索指令。

## 6.9.1　字符串长度指令、字符串复制指令和字符串连接指令

### 1．指令说明

字符串长度指令、字符串复制指令和字符串连接指令说明如表 6-49 所示。

**表 6-49　字符串长度指令、字符串复制指令和字符串连接指令说明**

| 指令名称 | 梯 形 图 | 功能说明 | 操 作 数 | |
|---|---|---|---|---|
| | | | IN | OUT |
| 字符串长度指令（STRLEN） | STR_LEN<br>EN　ENO<br>????-IN　OUT-???? | 将 IN 端指定字符串（或指定单元中的字符串）的长度值送入 OUT 端指定的单元中 | VB、LB、*VD、*LD、*AC、字符串常数（字符型） | IB、QB、VB、MB、SMB、SB、LB、AC、*VD、*LD、*AC（字节型） |

（续表）

| 指令名称 | 梯形图 | 功能说明 | 操作数 | |
|---|---|---|---|---|
| | | | IN | OUT |
| 字符串复制指令（STRCPY） | STR_CPY<br>EN ENO<br>????-IN OUT-???? | 将 IN 端指定字符串（或指定单元中的字符串）复制到 OUT 端指定首地址的连续单元中 | VB、LB、*VD、*LD、*AC、字符串常数<br>（字符型） | VB、LB、*VD、*AC、*LD<br>（字符型） |
| 字符串连接指令（SCAT） | STR_CAT<br>EN ENO<br>????-IN OUT-???? | 将 IN 端指定字符串（或指定单元中的字符串）放到 OUT 端指定单元中的字符串后面 | | |

## 2．指令使用举例

字符串长度指令、字符串复制指令和字符串连接指令的使用如图 6-31 所示。

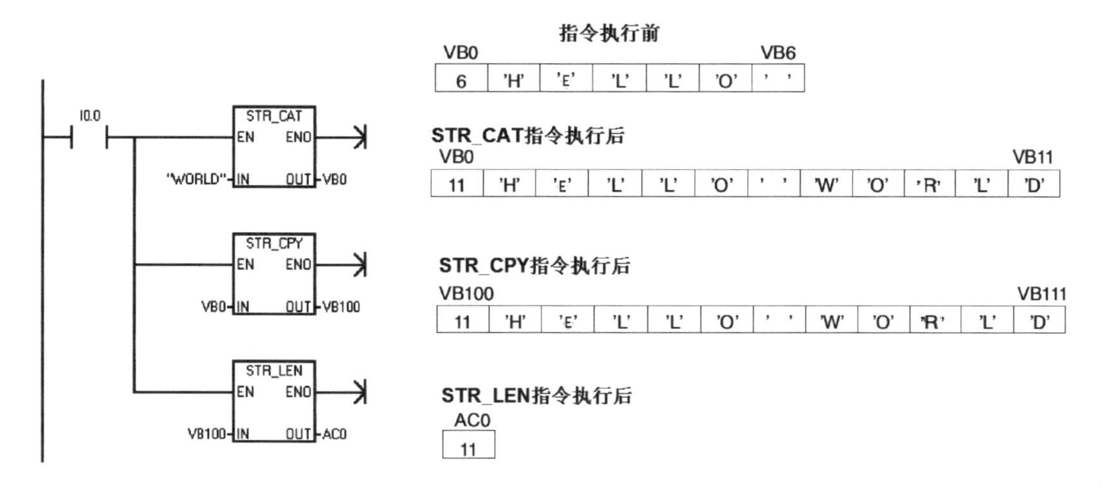


图 6-31　字符串长度指令、字符串复制指令和字符串连接指令使用举例

在 I0.0 触点闭合前（即指令执行前），VB0 ～ VB6 单元存有字符串“HELLO 空格”（第一个单元 VB0 存放字符串长度值）；当 I0.0 触点闭合时，先执行 STR_CAT 指令，将字符串“WORLD”放到“HELLO 空格”后面，同时 VB0 中的字符串长度值自动由 6 变为 11，然后执行 STR_CPY 指令，将 VB0 中的字符串长度值“11”及后续 11 个连续单元中的字符串复制到以 VB100 为首地址的连续单元中，最后执行 STR_LEN 指令，将 VB100 中的字符串长度值送入 AC0 中。

在使用字符串指令时需注意以下要点：

① 字符串又称字符串常数，由多个字符（数字、字母、符号）组成，每个字符以 ASCII 码的形式占用一个字节空间。

② 字符串存储区的第一个单元用于存放字符串长度值，该值随字符串长度的变化而

变化。单个字符串长度不允许超过 126 个字节。

③ 在编写程序输入字符串时，需给字符串加英文双引号，如图 6-31 所示梯形图中的“WORLD”。

## 6.9.2 复制子字符串指令

### 1. 指令说明

复制子字符串指令说明如表 6-50 所示。

表 6-50 复制子字符串指令说明

| 指令名称 | 梯 形 图 | 功能说明 | 操 作 数 | | |
|---|---|---|---|---|---|
| | | | IN | OUT | INDX、IN |
| 复制子字符串指令（SSCPY） | SSTR_CPY: EN ENO; ????-IN OUT-????; ????-INDX; ????-N | 将 IN 端字符串的第 INDX 位起连续 *N* 个字符复制到 OUT 端指定的单元中 | VB、LB、*VD、*LD、*AC、字符串常数（字符型） | VB、LB、*VD、*LD、*AC（字符型） | IB、QB、VB、MB、SMB、SB、LB、AC、*VD、*LD、*AC、常数（字节型） |

### 2. 指令使用举例

复制子字符串指令的使用如图 6-32 所示。

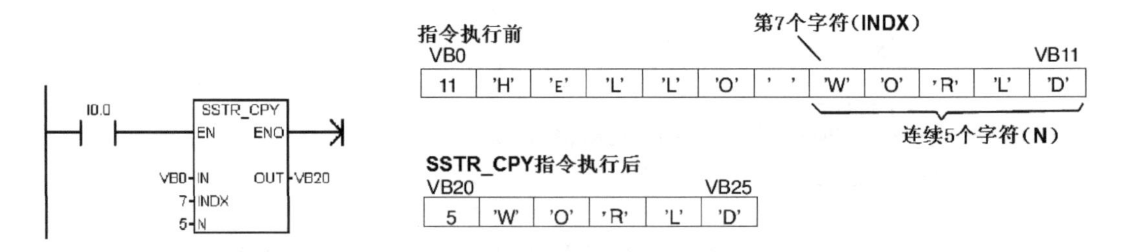


图 6-32 复制子字符串指令使用举例

在 I0.0 触点闭合前，VB0 ～ VB11 单元存有字符串“HELLO 空格 WORLD”；当 I0.0 触点闭合时，执行 SSTR_CPY 指令，将 VB0 后续 11 个单元（VB1 ～ VB11）中的第 7 个字符起连续 5 个字符复制到以 VB20 为首地址的连续单元中，并在 VB21 ～ VB25 中存入字符串“WORLD”，VB20 中为字符串的长度值 5。

## 6.9.3 字符串搜索指令与字符搜索指令

### 1. 指令说明

字符串搜索指令与字符搜索指令说明如表 6-51 所示。

表 6-51　字符串搜索指令与字符搜索指令说明

| 指令名称 | 梯 形 图 | 功能说明 | 操 作 数 | |
|---|---|---|---|---|
| | | | IN1、IN2 | OUT |
| 字符串搜索指令（SFND） | STR_FIND<br>EN　ENO<br>????-IN1　OUT-????<br>????-IN2 | 在 IN1 指定首地址的字符串存储区中，从 OUT 指定的起始位置查找与 IN2 相同的一段字符。如果找到了相同字符段，则将该段字符的第一个字符位置号存入 OUT 单元中；如果找不到相同的字符段，则将 OUT 单元清 0。<br>OUT 单元中的值必须在 1 ～字符串长度值范围内 | VB、LB、*VD、*LD、*AC、字符串常数（字符型） | IB、QB、VB、MB、SMB、SB、LB、AC、*VD、*LD、*AC（字节型） |
| 字符搜索指令（CFND） | CHR_FIND<br>EN　ENO<br>????-IN1　OUT-????<br>????-IN2 | 在 IN1 指定首地址的字符串存储区中，从 OUT 指定的起始位置查找与 IN2 相同的任意字符。找到后，就将这些字符的首字符位置号存入 OUT 单元中；如果找不到，则将 OUT 单元清 0。<br>OUT 单元中的值必须在 1 ～字符串长度值范围内 | | |

## 2. 指令使用举例

字符串搜索 STR_FIND 指令的使用如图 6-33 所示。

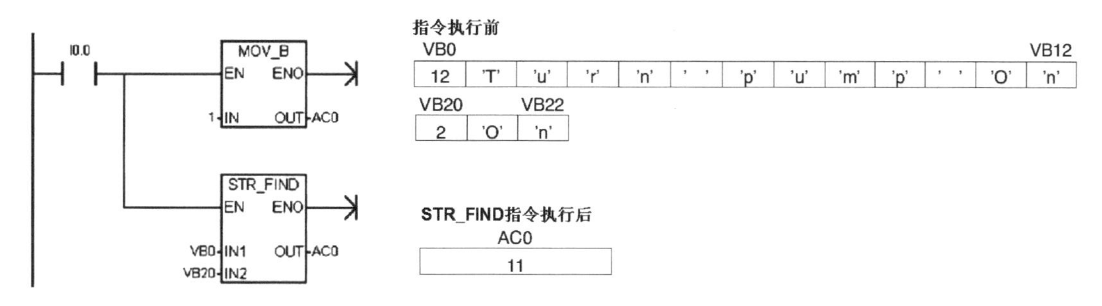


图 6-33　字符串搜索 STR_FIND 指令使用举例

在 I0.0 触点闭合前，以 VB0 为首地址的字符串存储区（VB0 ～ VB12）存有字符串“Turn 空格 pump 空格 On”，以 VB20 为首地址的字符串存储区存有字符串“On”；当 I0.0 触点闭合时，先执行 MOV_B 指令，让 AC0 的值为 1，然后执行 STR_FIND 指令，从 VB0 字符串存储区的第 1 个字符（由 AC0 指定）开始搜索与 VB20 字符串存储区相同的字符串“On”，找到后，将该字符串首字符“O”的位置号“11”存入 AC0 中，若未找到相同字符串，则会让 AC0 为 0。

CHR_FIND 指令的使用如图 6-34 所示。

在 I0.0 触点闭合前，以 VB0 为首地址的字符串存储区（VB0 ～ VB11）存有字符串“Temp 空格空格 98.6 F，以 VB20 为首地址的字符串存储区存有字符串“1234567890+–”；当 I0.0 触点闭合时，先执行 MOV_B 指令，让 AC0 的值为 1，然后执行 CHR_FIND 指令，从 VB0 字符串存储区的第 1 个字符（由 AC0 指定）开始搜索与 VB20 字符串存储区中相同的字符，找到后，将这些字符的首字符（“9”）位置号“7”存入 AC0 中，接着 S_R 指令执行，将 VB0 字符串存储区的第 7 个及后续的字符转换成实数，再保存到 VD200 单元中。注：VB11 单元中的“F”对 S_R 指令来说为非法字符，若遇到非法字符，则转换自动停止。

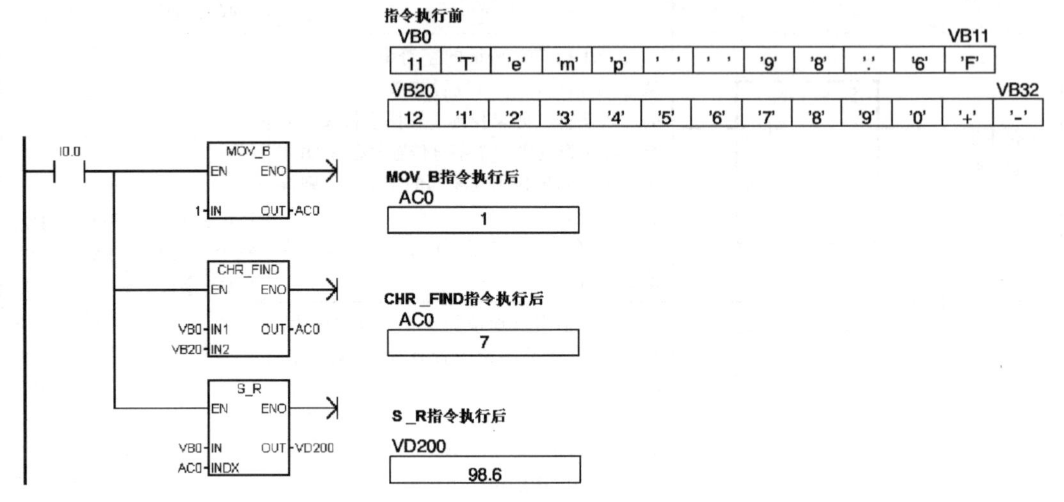


图 6-34　CHR_FIND 指令使用举例

## 6.10　时钟指令

**时钟指令的功能是调取系统的实时时钟和设置系统的实时时钟，包括读取实时时钟指令和设置实时时钟指令（又称写实时时钟指令）。**这里的系统实时时钟是指 PLC 内部时钟，其时间值会随实际时间的变化而变化，在 PLC 切断外接电源时依靠内部电容或电池供电。

### 6.10.1　时钟指令说明

时钟指令说明如表 6-52 所示。

表 6-52　时钟指令说明

| 指令名称 | 梯 形 图 | 功能说明 | 操 作 数 |
|---|---|---|---|
| | | | T |
| 设置实时时钟指令（TODW） | SET_RTC<br>EN ENO<br>????-T | 将 T 端指定首地址的 8 个连续字节单元中的日期和时间值写入系统的硬件时钟 | IB、QB、VB、MB、SMB、SB、LB、*VD、*LD、*AC（字节型） |
| 读取实时时钟指令（TODR） | READ_RTC<br>EN ENO<br>????-T | 将系统的硬件时钟的日期和时间值读入 T 端指定首地址的 8 个连续字节单元中 | |

时钟指令 T 端指定首地址的 8 个连续字节单元（T ～ T+7）存放不同的日期时间值，

其格式为：

| T | T+1 | T+2 | T+3 | T+4 | T+5 | T+6 | T+7 |
|---|---|---|---|---|---|---|---|
| 年<br>00 - 99 | 月<br>01 - 12 | 日<br>01 - 31 | 小时<br>00 - 23 | 分钟<br>00 - 59 | 秒<br>00 - 59 | 0 | 星期几<br>0 - 7<br>1=星期日 7=星期六<br>0禁止星期 |

在使用时钟指令时应注意以下要点：

① 日期和时间的值都要用 BCD 码表示。例如，对于年，16#10（即 00010000）表示 2010 年；对于小时，16#22 表示晚上 10 点；对于星期，16#07 表示星期六。

② 在设置实时时钟时，系统不会检查时钟值是否正确。例如，2 月 31 日虽是无效日期，但系统仍可接受，因此要保证设置时输入正确的时钟数据。

③ 在编程时，不能在主程序和中断程序中同时使用读 / 写时钟指令，否则会产生错误，中断程序中的实时时钟指令不能执行。

④ 只有 CPU 224 型以上的 PLC 才有硬件时钟，低端型号的 PLC 要使用实时时钟，外插带电池的实时时钟卡。

⑤ 对于没有使用过时钟指令的 PLC，在使用指令前需要设置实时时钟，既可使用 TODW 指令来设置，也可以通过在编程软件中执行菜单命令“PLC →实时时钟”来设置和启动实时时钟。

### 6.10.2　时钟指令使用举例

时钟指令的使用如图 6-35 所示，其实现的控制功能是：在 12:00~20:00 时让 Q0.0 线圈得电，在 7:30~22:30 时让 Q0.1 线圈得电。

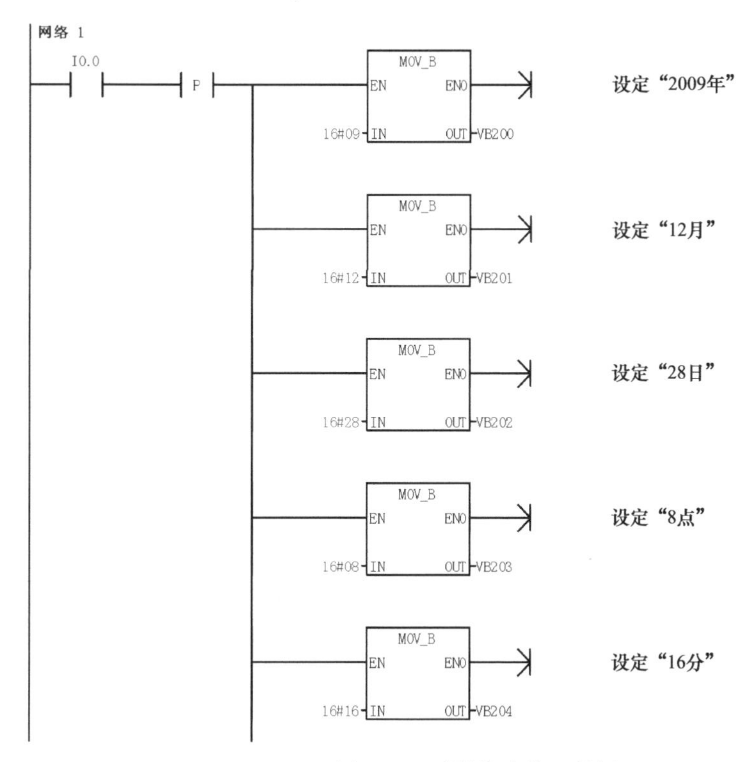


图 6-35　时钟指令使用举例

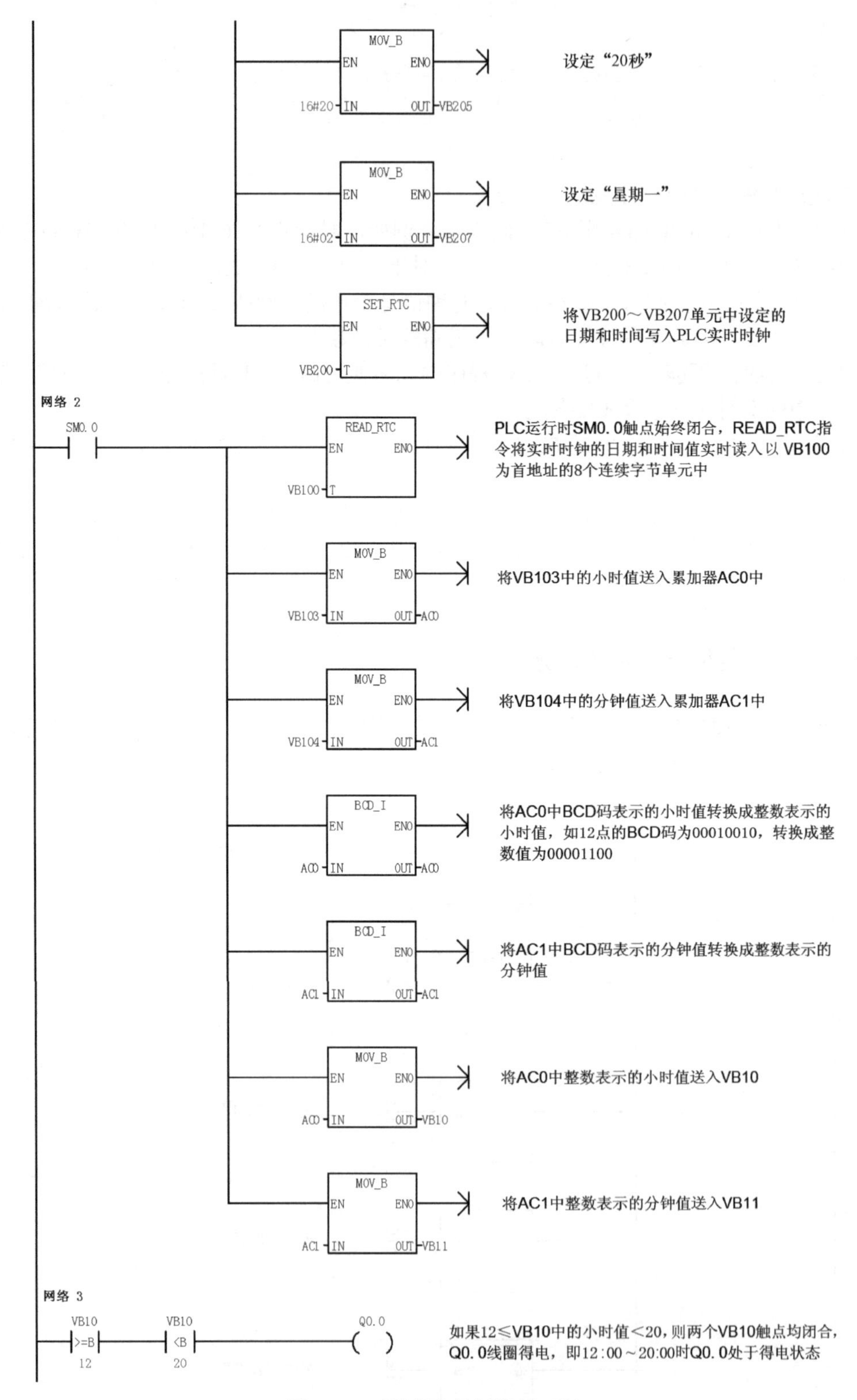


图 6-35　时钟指令使用举例（续）

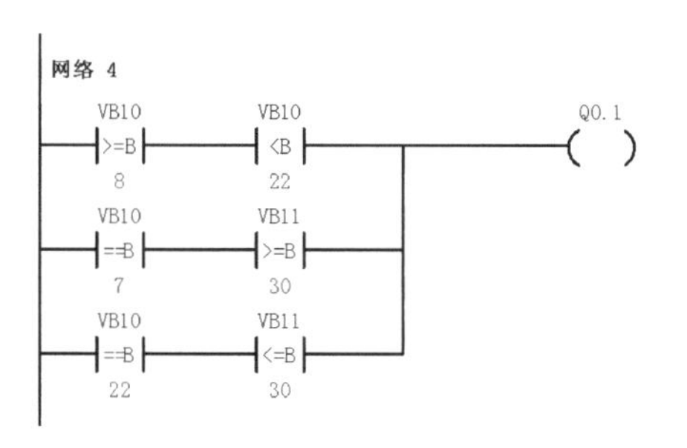


如果8≤VB10中的小时值<22，则两个VB10触点均闭合，Q0.1线圈得电，即8:00～22:00 时Q0.1处于得电状态

如果VB10中的小时值=7，VB11中的分钟值≥30，则VB10、VB11触点均闭合，Q0.1线圈得电，即7:30～8:00 时Q0.1处于得电状态

如果VB10中的小时值=22，VB11中的分钟值≤30，则VB10、VB11触点均闭合，Q0.1线圈得电，即22:00～22:30时Q0.1处于得电状态

图 6-35　时钟指令使用举例（续）

网络 1 程序用于设置 PLC 的实时时钟，当 I0.0 触点闭合时，上升沿 P 触点接通一个扫描周期，开始由上往下执行 MOV_B 和 SET_RTC 指令，指令执行的结果是将 PLC 的实时时钟设置为“2009 年 12 月 28 日 8 点 16 分 20 秒星期一”。网络 2 程序用于读取实时时钟，并将实时读取的用 BCD 码表示的小时、分钟值转换成用整数表示的小时、分钟值。网络 3 程序的功能是让 Q0.0 线圈在 12:00~20:00 时内得电。网络 4 程序的功能是让 Q0.1 线圈在 7:30~22:30 时得电，它将整个时间分成 8:00~22:00 时、7:30~8:00 时和 22:00~22:30 时三段来控制。

# 6.11 程序控制指令

## 6.11.1 跳转与标签指令

### 1. 指令说明

跳转与标签指令说明如表 6-53 所示。

表 6-53　跳转与标签指令说明

| 指令名称 | 梯 形 图 | 功能说明 | 操 作 数 |
|---|---|---|---|
| | | | N |
| 跳转指令（JMP） | ????<br>—( JMP ) | 让程序跳转并执行标签为 N（????）的程序段 | 常数（0~255）（字型） |
| 标签指令（LBL） | ????<br>LBL | 用来对某程序段进行标号，为跳转指令设定跳转目标 | |

**跳转与标签指令可用在主程序、子程序或者中断程序中，但跳转和与之相应的标签指令必须位于同性质程序段中，**既不能从主程序跳到子程序或中断程序，也不能从子程序或中断程序跳出。**在顺序控制 SCR 程序段中也可使用跳转指令，但相应的标签指令必须在**

同一个 SCR 段中。

### 2. 指令使用举例

跳转与标签指令使用如图 6-36 所示，当 I0.2 触点闭合时，JMP 4 指令执行，程序马上跳转到网络 10 处的 LBL 4 标签，开始执行该标签后面的程序段；如果 I0.2 触点未闭合，则程序从网络 2 开始依次往下执行。

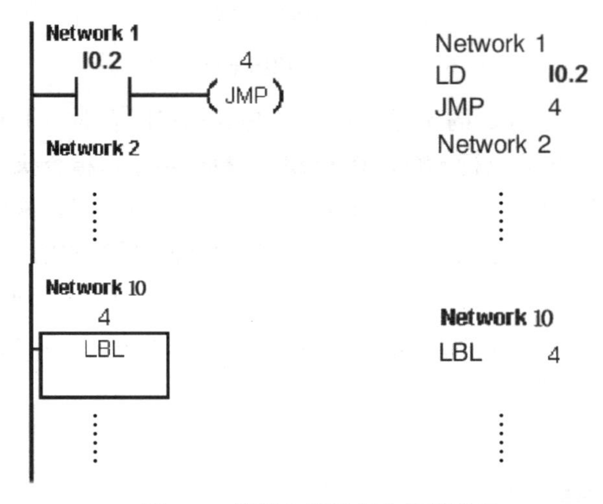


图 6-36　跳转与标签指令使用举例

## 6.11.2　循环指令

**循环指令包括循环开始指令（FOR）、循环结束指令（NEXT）两条指令，这两条指令必须成对使用，当需要某个程序段反复执行多次时，可以使用循环指令。**

### 1. 指令说明

循环指令说明如表 6-54 所示。

表 6-54　循环指令说明

| 指令名称 | 梯 形 图 | 功能说明 | 操 作 数 | |
|---|---|---|---|---|
| | | | INDX | INIT、FINAL |
| 循环开始指令（FOR） | FOR<br>EN ENO<br>????-INDX<br>????-INIT<br>????-FINAL | 循环程序段开始，INDX 端指定单元对循环次数进行计数，INIT 端为循环起始值，FINAL 端为循环结束值 | IW、QW、VW、MW、SMW、SW、T、C、LW、AIW、AC、*VD、*LD、*AC<br>（整数型） | VW、IW、QW、MW、SMW、SW、T、C、LW、AC、AIW、*VD、*AC、常数<br>（整数型） |
| 循环结束指令（NEXT） | —(NEXT) | 循环程序段结束 | | |

#### 2. 指令使用举例

循环指令的使用如图 6-37 所示，该程序有两个循环程序段（循环体），循环程序段 2（网络 2 ～网络 3）处于循环程序段 1（网络 1 ～网络 4）内部，这种一个程序段包含另一个程序段的形式称为嵌套，一个 FOR、NEXT 循环体内部最多可嵌套 8 个 FOR、NEXT 循环体。

在图 6-37 中，当 I0.0 触点闭合时，循环程序段 1 开始执行。如果在 I0.0 触点闭合期间 I0.1 触点也闭合，那么在循环程序段 1 执行一次时，内部嵌套的循环程序段 2 需要反复执行 3 次。循环程序段 2 每执行完一次后，INDX 端指定单元 VW22 中的值会自动增 1（在第一次执行 FOR 指令时，INIT 值会传送给 INDX）。循环程序段 2 执行 3 次后，VW22 中的值由 1 增到 3，之后程序执行网络 4 中的 NEXT 指令，该指令使程序又回到网络 1，开始下一次循环。

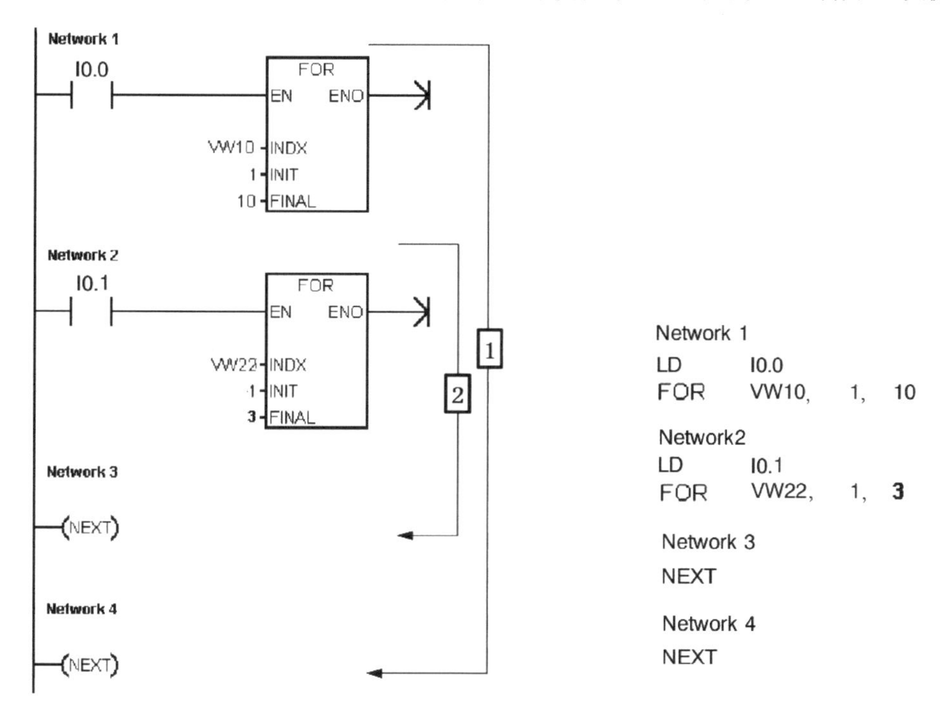


图 6-37　循环指令使用举例

使用循环指令时应注意以下要点：

① FOR、NEXT 指令必须成对使用。

② 循环允许嵌套，但不能超过 8 层。

③ 每次循环指令重新有效时，指令会自动将 INIT 值传送给 INDX。

④ 当 INDX 值大于 FINAL 值时，循环不被执行。

⑤ 在循环程序执行过程中，可以改变循环参数。

### 6.11.3　条件结束指令、停止指令和监视定时器复位指令

#### 1. 指令说明

条件结束指令、停止指令和监视定时器复位指令说明如表 6-55 所示。

表 6-55　条件结束指令、停止指令和监视定时器复位指令说明

| 指令名称 | 梯 形 图 | 功能说明 |
|---|---|---|
| 条件结束指令<br>(END) | ——(END) | 该指令的功能是根据前面的逻辑条件终止当前扫描周期。它可以用在主程序中，不能用在子程序或中断程序中 |
| 停止指令<br>(STOP) | ——(STOP) | 该指令的功能是让 PLC 从 RUN（运行）模式转到 STOP（停止）模式，从而立即终止程序的执行。<br>如果在中断程序中使用 STOP 指令，则该中断立即终止，并且忽略所有等待的中断，继续扫描执行主程序的剩余部分，并在主程序的结束处完成从 RUN 到 STOP 模式的转变 |
| 监视定时器复位指令<br>(WDR) | ——(WDR) | 监视定时器又称看门狗，其定时时间为 500ms，每次扫描后会自动复位，之后开始对扫描时间进行计时，若程序执行时间超过 500ms，则监视定时器会使程序停止执行，一般情况下若程序执行周期小于 500ms，则监视定时器不起作用。<br>在程序适当位置插入 WDR 指令对监视定时器进行复位时，可以延长程序执行时间 |

## 2. 指令使用举例

条件结束指令、停止指令和监视定时器复位指令的使用如图 6-38 所示。当 PLC 的 I/O 端口发生错误时，SM5.0 触点闭合，STOP 指令执行，让 PLC 由 RUN 转为 STOP 模式；当 I0.0 触点闭合时，WDR 指令执行，监视定时器复位，重新开始计时；当 I0.1 触点闭合时，END 指令执行，结束当前的扫描周期，后面的程序不会执行，即 I0.2 触点闭合时 Q0.0 线圈不会得电。

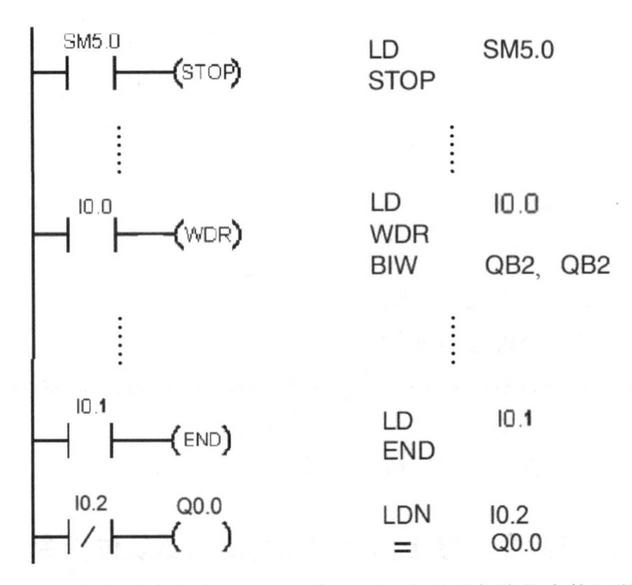


图 6-38　条件结束指令、停止指令和监视定时器复位指令使用举例

在使用 WDR 指令时，如果用循环指令去阻止扫描完成或过度延迟扫描时间，则下列程序只有在扫描周期完成后才能执行：

① 通信（自由端口方式除外）；
② I/O 更新（立即 I/O 除外）；
③ 强制更新；
④ SM 位更新（不能更新 SM0、SM5 ～ SM29）；
⑤ 运行时间诊断；
⑥ 如果扫描时间超过 25s，则 10ms 和 100ms 定时器将不会正确累计时间；
⑦ 中断程序中的 STOP 指令。

## 6.12　子程序与子程序指令

### 6.12.1　子程序

在编程时经常会遇到相同的程序段需要多次执行的情况，如图 6-39 所示，程序段 A 要执行两次，编程时要写两段相同的程序段，这样比较麻烦。解决这个问题的方法是先将需要多次执行的程序段从主程序中分离出来，单独写成一个程序，这个程序称为子程序，然后在主程序相应的位置进行子程序调用即可。

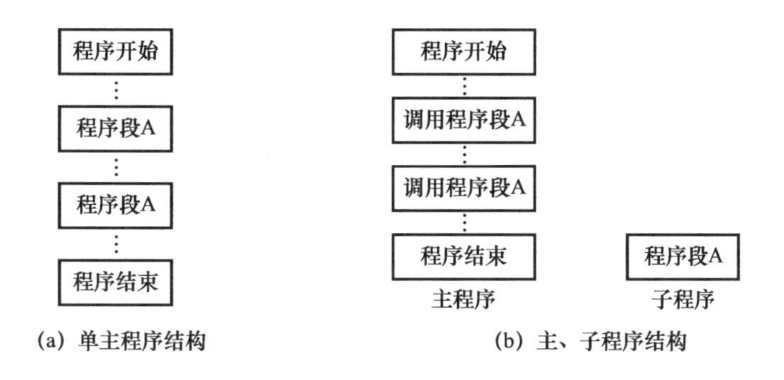


图 6-39　两种程序结构

在编写复杂的 PLC 程序时，可以将全部的控制功能划分为几个功能块，每个功能块的控制功能可用子程序来实现，这样会使整个程序结构清晰简单，易于调试、查找错误和维护。

### 6.12.2　子程序指令

**子程序指令有两条：子程序调用指令（CALL）和子程序条件返回指令（CRET）。**

**1. 指令说明**

子程序指令说明如表 6-56 所示。

表 6-56　子程序指令说明

| 指令名称 | 梯形图 | 功能说明 |
| --- | --- | --- |
| 子程序调用指令（CALL） | SBR_N<br>EN | 用于调用并执行名称为 SBR_N 的子程序。调用子程序时可以带参数，也可以不带参数。子程序执行完成后，返回到调用程序的子程序调用指令的下一条指令。<br>$N$ 为常数，$N$=0 ～ 127。<br>该指令位于项目指令树区域的“调用子例程”指令包内 |
| 子程序条件返回指令（CRET） | —( RET ) | 根据该指令前面的条件决定是否终止当前子程序，并返回调用程序。<br>该指令位于项目指令树区域的“程序控制”指令包内 |

子程序指令使用要点：

① CRET 指令多用于子程序内部，该指令是否执行取决于它前面的条件，该指令执行的结果是结束当前的子程序返回调用程序。

② 子程序允许嵌套使用，即在一个子程序内部可以调用另一个子程序，但子程序的嵌套深度最多为 9 级。

③ 当子程序在一个扫描周期内被多次调用时，在子程序中不能使用上升沿、下降沿、定时器和计数器指令。

④ 在子程序中不能使用 END（结束）指令。

### 2. 子程序的建立

编写子程序要在编程软件中进行，打开 STEP 7-Micro/WIN SMART 编程软件，在程序编辑器上方有“MAIN（主程序）”“SBR_0（子程序）”“INT_0（中断程序）”三个标签，默认打开主程序编辑器。单击“SBR_0”标签即可切换到子程序编辑器，如图 6-40（a）所示，在下面的编辑器中可以编写名称为“SBR_0”的子程序。另外，在项目指令树区域双击“程序块”内的“SBR_0”，也可以在右边切换到子程序编辑器。

如果需要编写两个或更多的子程序，则可在“SBR_0”标签上右击，在弹出的快捷菜单中选择“插入”→“子程序”，就会新建一个名称为“SBR_1”的子程序（在程序编辑器上方多出一个“SBR_1”标签），如图 6-40（b）所示。在项目指令树区域的“程序块”内也新增了一个“SBR_1”程序块，选中“程序块”内的“SBR_1”，再按键盘上的“Delete”键可将“SBR_1”程序块删除。

### 3. 子程序指令使用举例

下面以主程序调用两个子程序为例，来说明子程序指令的使用：先用图 6-40（b）所示的方法建立一个 SBR_1 子程序块（可先不写具体程序），这样在项目指令树区域的“调用子例程”指令包内新增了一个调用 SBR_1 子程序的指令，如图 6-41（a）所示。在编写主程序时，双击该指令即可将其插入程序中；主程序编写完成后，再编写子程序。图 6-41（b）为编写好的主程序（MAIN），图 6-41（c）、（d）分别为子程序 0（SBR_0）和子程序 1（SBR_1）。

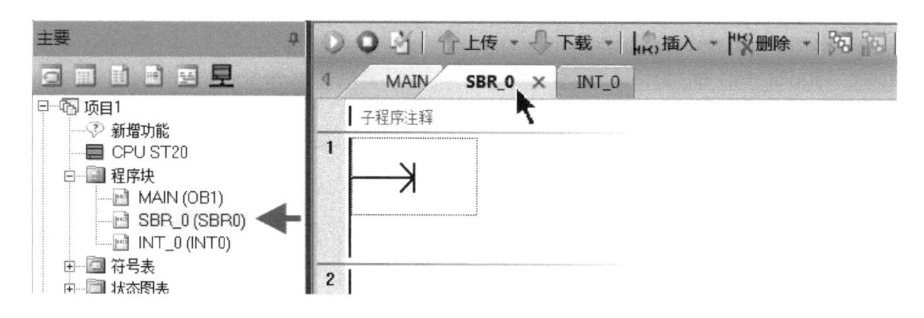


(a) 切换到子程序编辑器

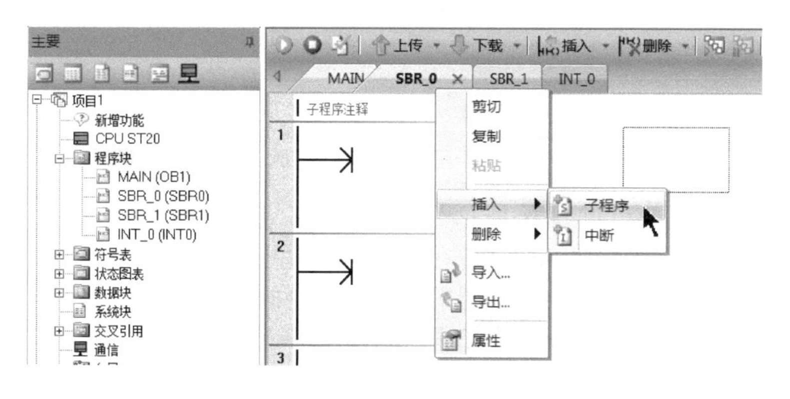


(b) 新建子程序

图 6-40　切换与建立子程序

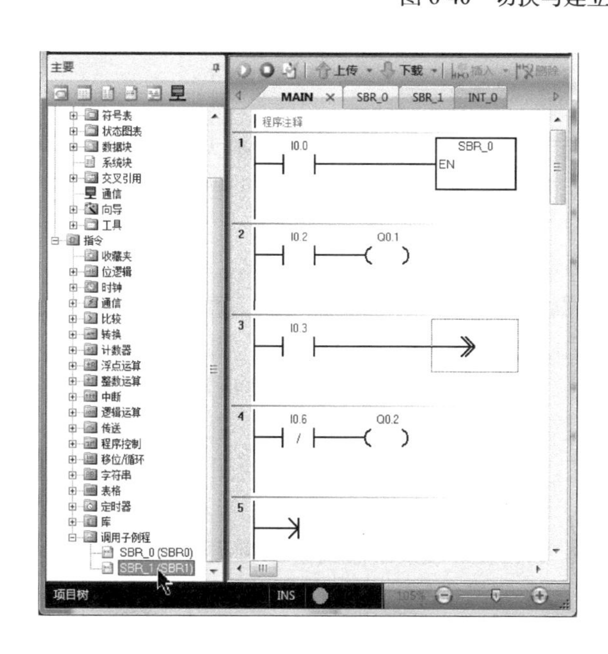


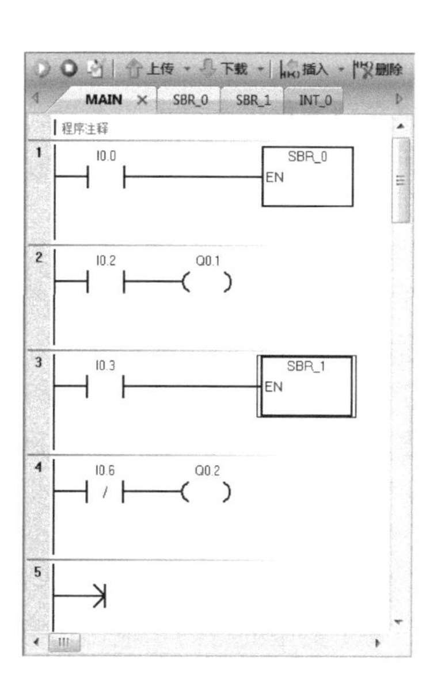


(a) 在主程序中插入调用子程序指令　　(b) 主程序（MAIN）

图 6-41　子程序指令使用举例

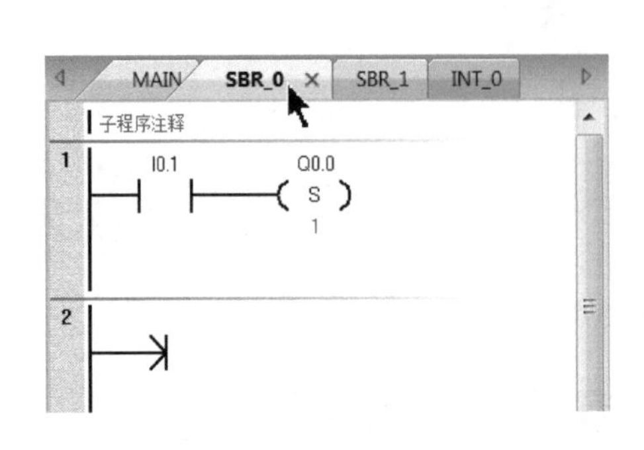


(c) 子程序0（SBR_0）

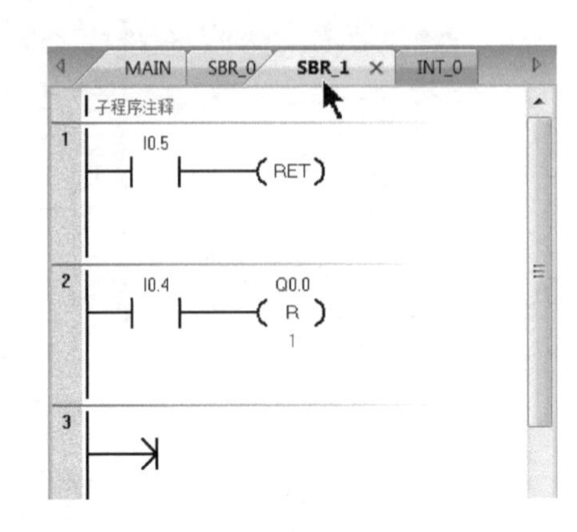


(d) 子程序1（SBR_1）

图 6-41　子程序指令使用举例（续）

主程序、子程序执行的过程是：当主程序（MAIN）中的 I0.0 触点闭合时，调用 SBR_0 指令，转入执行子程序 SBR_0。在 SBR_0 程序中，如果 I0.1 触点闭合，则将 Q0.0 线圈置位，并返回主程序，开始执行调用 SBR_0 指令的下一条指令（即程序段 2）。当程序运行到程序段 3 时，如果 I0.3 触点闭合，则调用子程序 SBR_1 指令，转入执行 SBR_1 程序；如果 I0.3 触点断开，则执行程序段 4 的指令，不会执行 SBR_1。若 I0.3 触点闭合，转入执行 SBR_1 后，如果 SBR_1 程序中的 I0.5 触点处于闭合状态，则条件返回指令执行，提前从 SBR_1 返回主程序，无法执行 SBR_1 中的程序段 2。

### 6.12.3　带参数的子程序调用指令

**子程序调用指令可以带参数，使用带参数的子程序调用指令可以扩大子程序的使用范围。**在子程序调用时，如果存在数据传递，则通常要求子程序调用指令带有相应的参数。

#### 1. 参数的输入

子程序调用指令默认是不带参数的，也无法在指令梯形图符号上直接输入参数，使用子程序编辑器下方的变量表可给子程序调用指令设置参数。

子程序调用指令参数的设置方法是：打开 STEP 7-Micro/WIN SMART 编程软件，单击程序编辑器上方的“SBR_0”标签，切换到 SBR_0 子程序编辑器，在编辑器下方有一个空变量表，如图 6-42（a）所示；如果变量表被关闭，则可执行菜单命令“视图”→“组件”→“变量表”打开变量表，并在变量表内填写输入、输出参数的符号并选择数据类型，如图 6-42（b）所示。输入型参数要填写在变量类型为 IN 的行内，输入/输出型参数要填写在变量类型为 IN_OUT 类型的行内，输出型参数要填写在变量类型为 OUT 的行内，表中参数的地址 LB0、LB1……是自动生成的。在变量表的左上角有“插入行”和“删除行”两个工具，可以对变量表进行插入行和删除行操作。变量表填写后，切换到主程序编辑器，在主程序中输入子程序调用指令，该子程序调用指令自动按变量表生成输入/输出参数，如图 6-42（c）所示。

变量表

| | 地址 | 符号 | 变量类型 | 数据类型 | 注释 |
|---|---|---|---|---|---|
| 1 | | EN | IN | BOOL | |
| 2 | | | IN | | |
| 3 | | | IN_OUT | | |
| 4 | | | OUT | | |
| 5 | | | TEMP | | |

(a) 空变量表

变量表

| | 地址 | 符号 | 变量类型 | 数据类型 | 注释 |
|---|---|---|---|---|---|
| 1 | | EN | IN | BOOL | |
| 2 | LB0 | 输入1 | IN | BYTE | |
| 3 | LB1 | 输入2 | IN | BYTE | |
| 4 | | | IN_OUT | | |
| 5 | LB2 | 输出 | OUT | BYTE | |
| 6 | | | OUT | | |
| 7 | | | TEMP | | |

(b) 已填写输入/输出变量的变量表

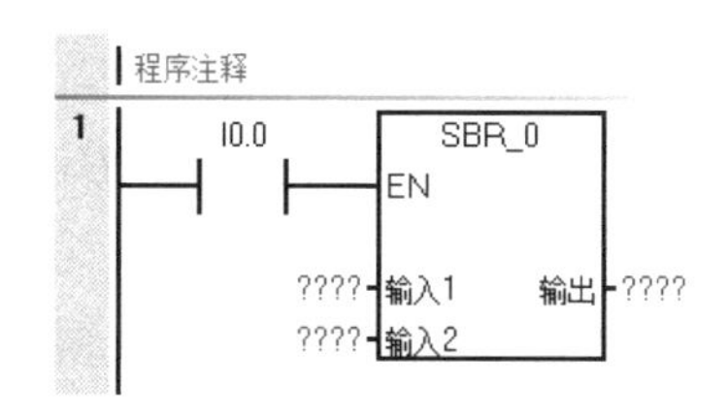


(c) 在子程序中插入自动按变量表生成输入/输出参数的子程序调用指令

图 6-42　子程序调用指令参数的设置

## 2. 指令参数说明

子程序调用指令最多可以设置 16 个参数，每个参数包括变量名（又称符号）、变量类型、数据类型和注释四部分，注释部分不是必需的。

（1）变量名

变量名在局部变量表中称作符号，它需要直接输入，变量名最多可用 23 个字符表示，并且第一个字符不能为数字。

（2）变量类型

变量类型是根据参数传递方向来划分的，它可分为四种类型：IN（传入子程序）、IN_OUT（传入和传出子程序）、OUT（传出子程序）和 TEMP（暂变量）。参数的四种变量类型详细说明如表 6-57 所示。

表 6-57　参数的四种变量类型详细说明

| 变量类型 | 说　明 |
|---|---|
| IN | 将参数传入子程序。该参数可以是直接寻址（如 VB10）、间接寻址（如 *AC1）、常数（如 16#1234），也可以是一个地址（如 &VB100） |
| IN_OUT | 调用子程序时，该参数指定位置的值被传入子程序，子程序返回的结果值被传到同样位置。该参数可采用直接或间接寻址，常数（如 16#1234）和地址（如 &VB100）不允许作为输入 / 输出参数 |
| OUT | 子程序执行得到的结果值被返回到该参数位置。该参数可采用直接或间接寻址，常数和地址不允许作为输出参数 |
| TEMP | 在子程序内部用来暂存数据，任何不用于传递数据的局部存储器都可以在子程序中作为临时存储器使用 |

（3）数据类型

参数的数据类型有布尔型（BOOL）、字节型（BYTE）、字型（WORD）、双字型（DWORD）、整数型（INT）、双整数型（DINT）、实数型（REAL）和字符型（STRING）。

### 3. 指令使用注意事项

在使用带参数子程序调用指令时，要注意以下事项：

① 常数参数必须指明数据类型。例如，输入一个无符号双字常数 12345 时，该常数必须指定为 DW#12345，如果遗漏常数的数据类型，则该常数可能会当作不同的类型使用。

② 输入或输出参数没有自动数据类型转换功能。例如，局部变量表明一个参数为实数型，而在调用时使用一个双字，则子程序中的值就是双字。

③ 在带参数调用的子程序指令中，参数必须按照一定的顺序排列，参数排列顺序依次是：输入、输入 / 输出、输出和暂变量。如果用语句表编程，则 CALL 指令的格式是：

```
CALL 子程序号，参数 1，参数 2，…，参数 n
```

### 4. 指令使用举例

带参数的子程序调用指令使用如图 6-43 所示，主程序、子程序配合，可以实现 $Y=(X+20)\times3\div8$ 运算。

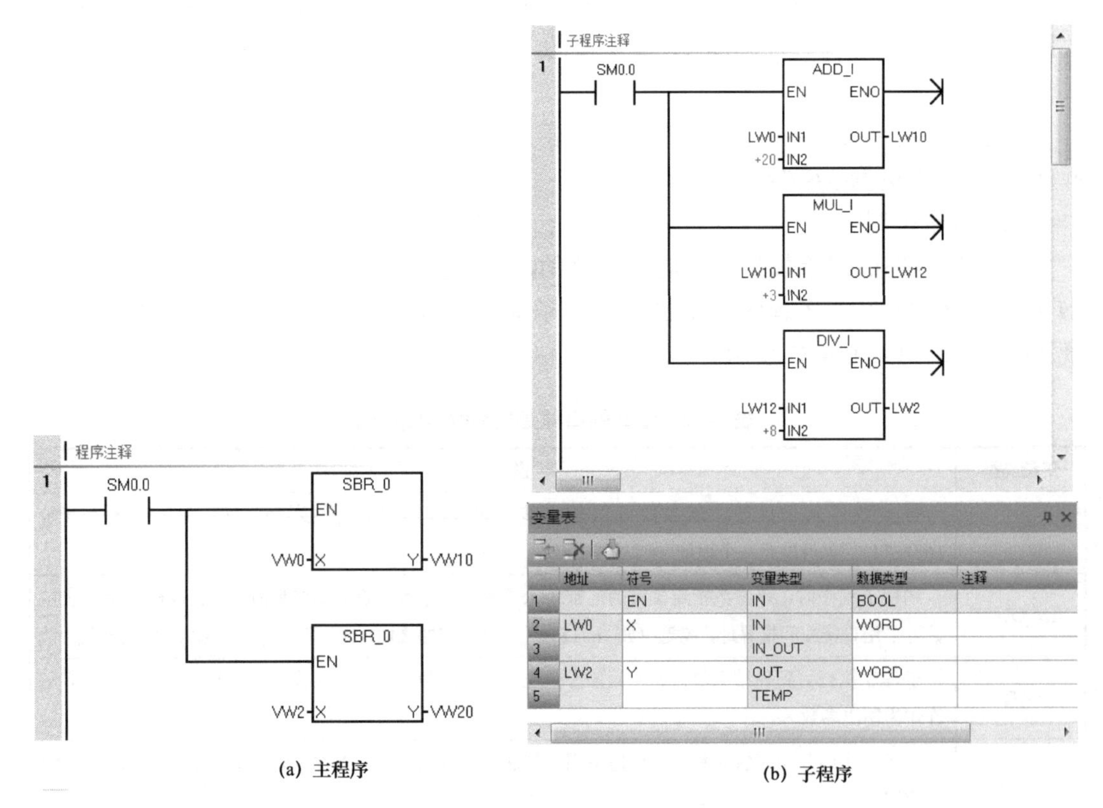


(a) 主程序　　(b) 子程序

图 6-43　带参数的子程序调用指令使用举例

程序执行过程为：在主程序中，SM0.0 处于闭合状态，执行第一个带参数子程序调用指令，转入执行子程序，同时将 VW0 单元中的数据作为 *X* 值传入子程序的 LW0 单元（局部变量存储器）。在子程序中，ADD_I 指令先将 LW0 中的值加 20，结果存入 LW10 中，然后 MUL_I 指令将 LW10 中的值乘以 3，结果存入 LW12 中，DIV_I 指令将 LW12 中的值除以 8，结果存入 LW2 中，最后结束子程序返回主程序，同时子程序 LW2 中的数据作为 *Y* 值被传入主程序的 VW10 单元中。子程序返回主程序后，接着执行主程序中的第二个带参数子程序调用指令，又将 VW2 中的数据作为 *X* 值传入子程序进行 $(X+20)\times3\div8$ 运算，运算结果作为 *Y* 值返回到 VW20 单元中。

## 6.13　中断指令及相关内容说明

在生活中，人们经常遇到这样的情况：当你正在书房看书时，突然客厅的电话响了，此时你会停止看书，转而去接电话，接完电话后又继续看书。**这种停止当前工作，转而去做其他工作，做完后又返回做先前工作的现象称为中断**。

PLC 也有类似的中断现象，当系统正在执行某程序时，如果突然出现意外事情，它就需要停止当前正在执行的程序，转而去处理意外事情，处理完后接着执行原来的程序。

### 6.13.1　中断事件与中断优先级

#### 1. 中断事件

**让 PLC 产生中断的事件称为中断事件。S7-200 SMART PLC 最多有 34 个中断事件**，为了识别这些中断事件，可给每个中断事件分配一个编号（称为中断事件号）。**中断事件主要可分为三类：通信中断、I/O 中断和定时中断**。

（1）通信中断

PLC 的串口通信可以由用户程序控制，通信口的这种控制模式称为自由端口通信模式。在该模式下，接收完成、发送完成均可产生一个中断事件，利用接收、发送中断可以简化程序对通信的控制。

（2）I/O 中断

I/O 中断包括外部输入（上升沿或下降沿）中断、高速计数器（HSC）中断和高速脉冲输出(PTO)中断。外部输入中断是利用 I0.0 ～ I0.3 端口的上升沿或下降沿产生中断请求，这些输入端口可用作连接某些一旦发生就必须及时处理的外部事件；高速计数器中断可以响应当前值等于预设值、计数方向改变、计数器外部复位等事件引起的中断；高速脉冲输出中断可以用来响应给定数量的脉冲输出完成后产生的中断，常用于步进电动机的控制。

（3）定时中断

定时中断包括定时中断和定时器中断。

定时中断可以用来支持一个周期性的活动，以 1ms 为计量单位，周期时间可以是 1 ～ 255ms。对于定时中断 0，必须把周期时间值写入 SMB34；对定时中断 1，必须把周期时间值写入 SMB35。每当到达计时值时，相关定时器溢出，执行中断程序。定时中断可以用固定的时间间隔去控制模拟量输入的采样或者执行一个 PID 回路。如果某个中断程序已连接到一个定时中断事件上，为改变定时中断的时间间隔，首先必须修改 SM3.4 或 SM3.5 的值，然后重新把中断程序连接到定时中断事件上。当重新连接时，定时中断功能会清除前一次连接时的计时值，并用新值重新开始计时。

定时中断一旦允许，中断就连续地运行，每当定时时间到时就会执行被连接的中断程序。如果退出 RUN 模式或分离定时中断，则定时中断被禁止。如果执行了全局中断禁止指令，则定时中断事件仍会继续出现，每个出现的定时中断事件将进入中断队列，直到中断允许或队列满。

定时器中断可以利用定时器来对一个指定的时间段产生中断，这类中断只能使用分辨率为 1ms 的定时器 T32 和 T96 来实现。当所用定时器的当前值等于预设值时，在 CPU 的 1ms 定时刷新中，执行被连接的中断程序。

### 2. 中断优先级

PLC 可以接收的中断事件很多，但如果这些中断事件同时发出中断请求，则要同时处理这些请求是不可能的，正确的处理方法是对这些中断事件进行优先级排序，优先级高的中断事件请求先响应，然后响应优先级低的中断事件请求。

S7-200 SMART PLC 的中断事件优先级从高到低的类别依次是：通信中断、I/O 中断、定时中断。由于每类中断事件中又有多种中断事件，所以每类中断事件内部也要进行优先级排序。所有中断事件的优先级顺序见表 6-58。

PLC 的中断处理规律主要有：

① 当多个中断事件发生时，按事件的优先级顺序依次响应，对于同级别的事件，则按先发生先响应的原则处理。

② 在执行一个中断程序时，不会响应更高级别的中断请求，直到当前中断程序执行完成。

③ 在执行某个中断程序时，若有多个中断事件发生请求，则这些中断事件按优先级顺序排成中断队列等候。中断队列能保存的中断事件个数有限，如果超出了队列的容量，则会产生溢出，将某些特殊标志继电器置位。

S7-200 SMART 系列 PLC 的中断队列容量及溢出置位继电器见表 6-59。

**表 6-58　中断事件的优先级顺序**

| 中断优先级组 | 中断事件编号 | 中断事件说明 | 优先级顺序 |
|---|---|---|---|
| 通信中断（最高优先级） | 8 | 端口 0 接收字符 | 最高 |
| | 9 | 端口 0 发送完成 | |
| | 23 | 端口 0 接收消息完成 | |
| | 24 | 端口 1 接收消息完成 | |
| | 25 | 端口 1 接收字符 | |
| | 26 | 端口 1 发送完成 | ↓ 最低 |

| 中断优先级组 | 中断事件编号 | 中断事件说明 | 优先级顺序 |
|---|---|---|---|
| I/O 中断<br>（中等优先级） | 19 | PLS0 脉冲计数完成 | 最高 |
| | 20 | PLS1 脉冲计数完成 | |
| | 34 | PLS2 脉冲计数完成 | |
| | 0 | I0.0 上升沿 | |
| | 2 | I0.1 上升沿 | |
| | 4 | I0.2 上升沿 | |
| | 6 | I0.3 上升沿 | |
| | 35 | I7.0 上升沿（信号板） | |
| | 37 | I7.1 上升沿（信号板） | |
| | 1 | I0.0 下降沿 | |
| | 3 | I0.1 下降沿 | |
| | 5 | I0.2 下降沿 | |
| | 7 | I0.3 下降沿 | |
| | 36 | I7.0 下降沿（信号板） | |
| | 38 | I7.1 下降沿（信号板） | |
| | 12 | HSC0 CV=PV（当前值 = 预设值） | |
| | 27 | HSC0 方向改变 | |
| | 28 | HSC0 外部复位 | |
| | 13 | HSC1 CV=PV（当前值 = 预设值） | |
| | 16 | HSC2 CV=PV（当前值 = 预设值） | |
| | 17 | HSC2 方向改变 | |
| | 18 | HSC2 外部复位 | |
| | 32 | HSC3 CV=PV（当前值 = 预设值） | |
| 定时中断<br>（最低优先级） | 10 | 定时中断 0 SMB34 | |
| | 11 | 定时中断 1 SMB35 | |
| | 21 | 定时器 T32 CT=PT 中断 | |
| | 22 | 定时器 T96 CT=PT 中断 | 最低 |

注：CR40/CR60（经济型 CPU 模块）不支持 19、20、24、25、26 和 34 ～ 38 号中断。

表 6-59　S7-200 SMART PLC 的中断队列容量及溢出置位继电器

| 中断队列 | 容量（所有 S7-200 SMART CPU） | 溢出置位继电器（0：无溢出，1：溢出） |
|---|---|---|
| 通信中断队列 | 4 | SM4.0 |
| I/O 中断队列 | 16 | SM4.1 |
| 定时中断队列 | 8 | SM4.2 |

### 6.13.2　中断指令

**中断指令有 6 条：中断允许指令、中断禁止指令、中断连接指令、中断分离指令、清除中断事件指令和中断条件返回指令。**

#### 1．指令说明

中断指令说明如表 6-60 所示。

表 6-60　中断指令说明

| 指令名称 | 梯 形 图 | 功能说明 | 操 作 数 | |
|---|---|---|---|---|
| | | | INT | EVNT |
| 中断允许指令<br>（ENI） | —( ENI ) | 允许所有中断事件发出请求 | 常数（中断程序号）：<br>0 ～ 127<br>（字节型） | 常数（中断事件号）<br>CR40、CR60：<br>0 ～ 13、16 ～ 18、21 ～ 23、27、28 和 32；<br>SR20、ST20、SR30、ST30、SR40、ST40、SR60、ST60：<br>0 ～ 13、16 ～ 28、32、34 ～ 38<br>（字节型） |
| 中断禁止指令<br>（DISI） | —( DISI ) | 禁止所有中断事件发出请求 | | |
| 中断连接指令<br>（ATCH） | ATCH<br>EN　ENO<br>????-INT<br>????-EVNT | 将 EVNT 端指定的中断事件与 INT 端指定的中断程序关联起来，并允许该中断事件 | | |
| 中断分离指令<br>（DTCH） | DTCH<br>EN　ENO<br>????-EVNT | 将 EVNT 端指定的中断事件断开，并禁止该中断事件 | | |
| 清除中断事件指令<br>（CEVNT） | CLR_EVNT<br>EN　ENO<br>????-EVNT | 清除 EVNT 端指定的中断事件 | | |
| 中断条件返回指令<br>（CRETI） | —( RETI ) | 若前面的条件使该指令执行，则可让中断程序中断返回 | | |

#### 2．中断程序的建立

**中断程序是为处理中断事件而事先写好的程序，它不像子程序一般要用指令调用，而是当中断事件发生后由系统自动执行。如果中断事件未发生，则中断程序不会执行。**在编写中断程序时，要求程序越短越好，并且在中断程序中不能使用 DISI、ENI、HDEF、LSCR 和 END 指令。

编写中断程序的步骤：打开 STEP 7-Micro/WIN SMART 编程软件，单击程序编辑器上方的“INT_0”标签切换到中断程序编辑器，在此即可编写名称为“INT_0”的中断程序。

如果需要编写两个或更多的中断程序，则可在“INT_0”标签上右击，在弹出的快捷菜单中选择“插入”→“中断”，就会新建一个名称为 INT_1 的中断程序（在程序编辑器上方多出一个“INT_1”标签），如图 6-44 所示。在项目指令树区域的“程序块”内也新增了一个“INT_1”程序块，选中该程序块，按键盘上的“Delete”键可将“INT_1”程序块删除。

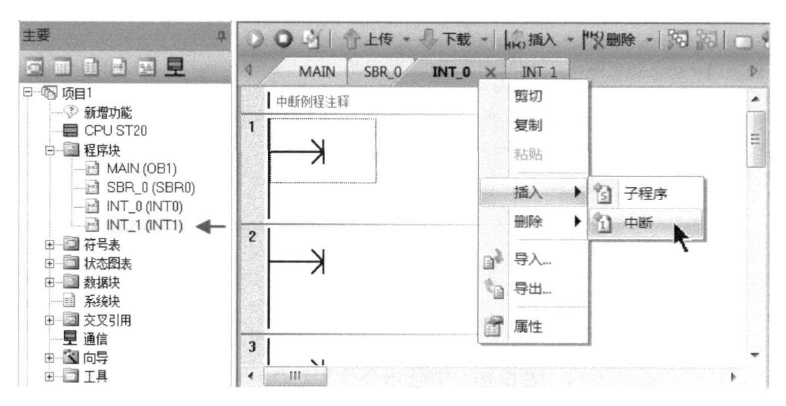


图 6-44　新建中断程序的操作

### 3. 指令使用举例

（1）使用举例一

中断指令的使用如图 6-45 所示。在主程序运行时，若 I0.0 端口输入一个脉冲下降沿（如 I0.0 端口的外接开关突然断开），则会产生一个中断请求，即中断事件 1 产生中断请求，由于在主程序中已用 ATCH 指令将中断事件 1 与 INT_0 中断程序连接起来，故系统响应此请求，停止主程序的运行，转而执行 INT_0 中断程序，中断程序执行完成后又返回主程序。

在主程序运行时，如果系统检测到 I/O 发生错误，则会使 SM5.0 触点闭合，执行 DTCH 指令，禁用中断事件 1，即当 I0.0 端口输入一个脉冲下降沿时，系统不理会该中断，也不会执行 INT_0 中断程序，但还会接收其他中断事件发出的请求；如果 I0.6 触点闭合，则执行 DISI 指令，禁止所有的中断事件。在中断程序运行时，如果 I0.5 触点闭合，则执行 RETI 指令，中断程序提前返回，不会执行该指令后面的内容。

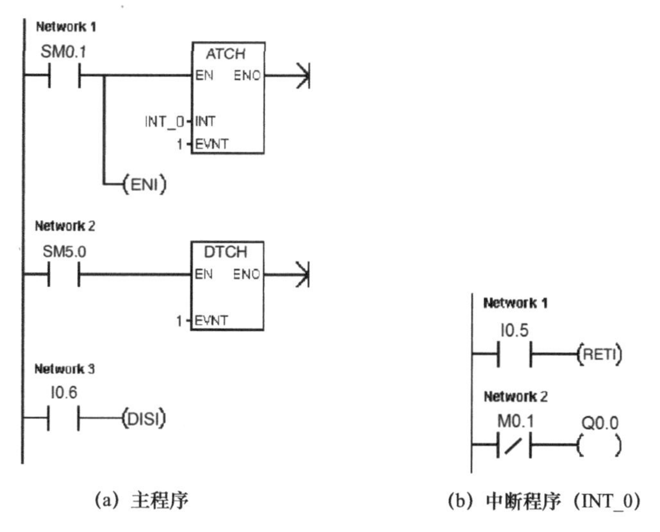


(a) 主程序　　(b) 中断程序（INT_0）

图 6-45　中断指令使用举例一

（2）使用举例二

图 6-46 所示程序的功能是对模拟量输入信号每 10ms 采样一次。

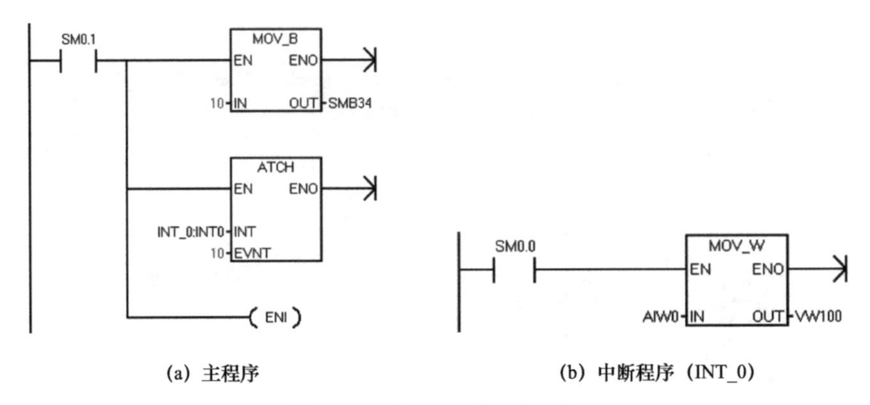


(a) 主程序　　(b) 中断程序（INT_0）

图 6-46　中断指令使用举例二

在主程序运行时，PLC 第一次扫描时 SM0.1 触点接通一个扫描周期，MOV_B 指令首先执行，将常数 10 送入定时中断时间存储器 SMB34 中，并将定时中断时间间隔设为 10ms，然后执行 ATCH 指令，将中断事件 10（即定时器中断 0）与 INT_0 中断程序连接起来，再执行指令 ENI 指令，允许所有的中断事件。当定时中断时间存储器 SMB34 的 10ms 定时中断时间间隔到时，会向系统发出中断请求，由于该中断事件对应 INT_0 中断程序，所以 PLC 马上执行 INT_0 中断程序，将模拟量输入 AIW0 单元中的数据传送到 VW100 单元中；当 SMB34 的下一个 10ms 定时中断时间间隔到时，又会发出中断请求，从而又执行一次中断程序，这样程序就可以每隔 10ms 对模拟量输入一次 AIW0 单元数据采样。

## 6.14　高速计数器指令及相关内容说明

普通计数器的计数速度与 PLC 的扫描周期有关，扫描周期越长，计数速度越慢，即计数频率越低，一般仅为几十赫兹，**普通计数器适用于计数速度要求不高的场合。为了满足高速计数要求，S7-200 SMART PLC 专门设计了高速计数器，其计数速度很快，**C 型 CPU（CR40、CR60）的计数频率最高为 100kHz，S 型 CPU（SR20、ST20……SR60、ST60）最高计数频率达 200kHz，均不受 PLC 扫描周期的影响。

S7-200 SMART PLC 支持 HSC0 ～ HSC3 四个高速计数器，高速计数器有 0、1、3、4、6、7、9、10 共八种计数模式，HSC0 和 HSC2 支持八种计数模式（模式 0、1、3、4、6、7、9 和 10），HSC1 和 HSC3 只支持一种计数模式（模式 0）。

### 6.14.1　高速计数器指令说明

**高速计数器指令包括高速计数器定义指令（HDEF）和高速计数器指令（HSC）。**

高速计数器指令说明如表 6-61 所示。

表 6-61　高速计数器指令说明

| 指令名称 | 梯形图 | 功能说明 | 操作数 | |
|---|---|---|---|---|
| | | | HSC、MODE | N |
| 高速计数器定义指令<br>（HDEF） | HDEF<br>EN　ENO<br>????-HSC<br>????-MODE | 让 HSC 端指定的高速计数器工作在 MODE 端指定的模式下。<br>HSC 端用来指定高速计数器的编号，MODE 端用来指定高速计数器的工作模式 | 常数<br>HSC：0 ～ 3<br>MODE：0 ～ 10（不含 2、5、8）<br>（字节型） | 常数<br>N：0 ～ 5<br>（字型） |
| 高速计数器指令<br>（HSC） | HSC<br>EN　ENO<br>????-N | 让编号为 N 的高速计数器按 HDEF 指令设定的模式，并按有关特殊存储器某些位的设置和控制工作 | | |

## 6.14.2　高速计数器的计数模式

S7-200 SMART PLC 高速计数器有八种计数模式：

① 模式 0 和 1（内部控制方向的单相加 / 减计数），模式 1 具有外部复位功能；

② 模式 3 和 4（外部控制方向的单相加 / 减计数），模式 4 具有外部复位功能；

③ 模式 6 和 7（双相脉冲输入的加 / 减计数），模式 7 具有外部复位功能；

④ 模式 9 和 10（双相脉冲输入的正交加 / 减计数），模式 10 具有外部复位功能。

### 1. 模式 0 和 1（内部控制方向的单相加 / 减计数）

**在模式 0 和 1 时，只有一路脉冲输入，计数器的计数方向（即加计数或减计数）由 PLC 中特定 SM 存储器的某位值来决定：该位值为 1 时为加计数，该位值为 0 时为减计数。**模式 0 和 1 说明如图 6-47 所示，以高速计数器 HSC0 为例，它采用 I0.0 端子为计数脉冲输入端，SM37.3 的位值决定了计数方向，SMD42 用于写入计数预设值。当高速计速器的计数值达到预设值时会产生中断请求，触发中断程序的执行。

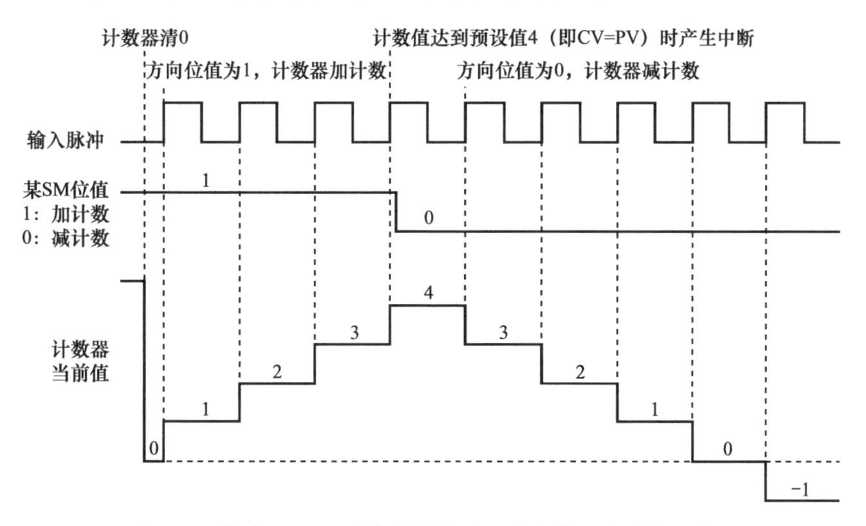


图 6-47　模式 0 和 1（内部控制方向的单相加 / 减计数）说明

模式 0 和 1 的区别在于模式 1 具有外部复位功能，可以通过 PLC 特定的输入端子输入复位信号将计数器复位，模式 0 无此功能。模式 0 和 1 最大允许的输入脉冲频率为 200kHz（S 型 CPU）和 100kHz（C 型 CPU）。

### 2．模式 3 和 4（外部控制方向的单相加 / 减计数）

**在模式 3 和 4 时，只有一路脉冲输入，计数器的计数方向由 PLC 中特定输入端子的输入值来决定：该输入值为 1 时为加计数，该输入值为 0 时为减计数。**模式 3 和 4 说明如图 6-48 所示，以高速计数器 HSC4 为例，它采用 I0.3 端子作为计数脉冲输入端，I0.4 端子输入值决定了计数方向，SMD152 用于写入计数预设值。

模式 3 和 4 的区别在于模式 4 具有外部复位功能，可以通过 PLC 特定的输入端子输入复位信号将计数器复位，模式 3 无此功能。模式 3 和 4 最大允许的输入脉冲频率为 200kHz（S 型 CPU）和 100kHz（C 型 CPU）。

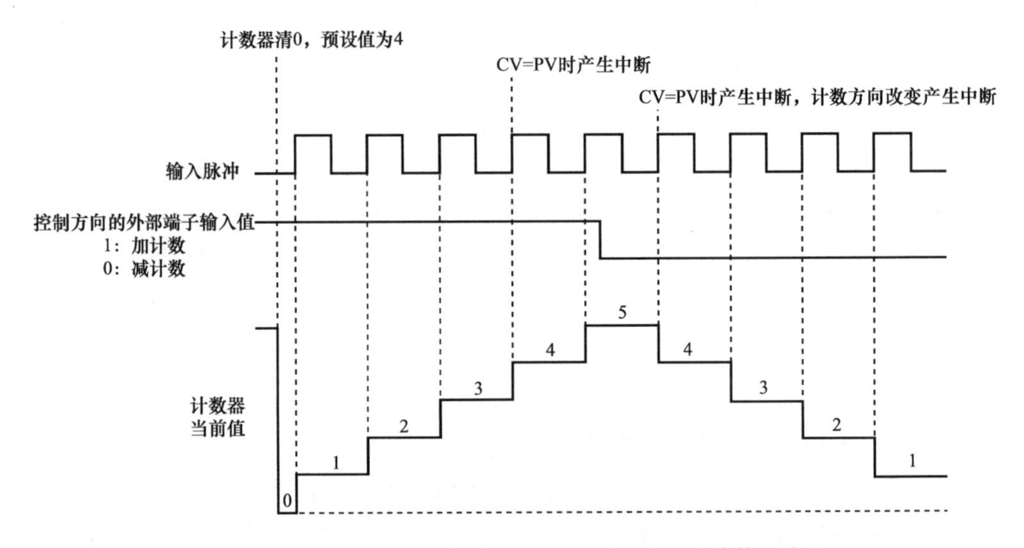


图 6-48　模式 3 和 4（外部控制方向的单相加 / 减计数）说明

### 3．模式 6 和 7（双相脉冲输入的加 / 减计数）

**在模式 6 和 7 时，有两路脉冲输入端：一路为加计数输入端，另一路为减计数输入端。**模式 6 和 7 说明如图 6-49 所示，以高速计数器 HSC0 为例，当其工作模式为 6 时，采用 I0.0 端子作为加计数脉冲输入端，I0.1 为减计数脉冲输入端，SMD42 用于写入计数预设值。

模式 6 和 7 的区别在于模式 7 具有外部复位功能，可以通过 PLC 中特定的输入端子输入复位信号将计数器复位，模式 6 无此功能。模式 6 和 7 最大允许的输入脉冲频率为 100 kHz（S 型 CPU）和 50 kHz（C 型 CPU）。

### 4．模式 9 和 10（双相脉冲输入的正交加 / 减计数）

**在模式 9 和 10 时，有两路脉冲输入端：一路为 A 脉冲输入端，另一路为 B 脉冲输入端，A、B 脉冲相位相差 90°（即正交，A、B 两脉冲相差 1/4 周期）。**若 A 脉冲超前 B 脉冲 90°，则为加计数；若 A 脉冲滞后 B 脉冲 90°，则为减计数。**在这种计数模式下，可选择 1× 模式或 4× 模式，**1× 模式又称单倍频方式，当输入一个脉冲时计数器值增 1 或减 1；

4× 模式又称四倍频方式，当输入一个脉冲时计数器值增 4 或减 4。模式 9 和 10 的 1× 模式和 4× 模式说明如图 6-50 所示。

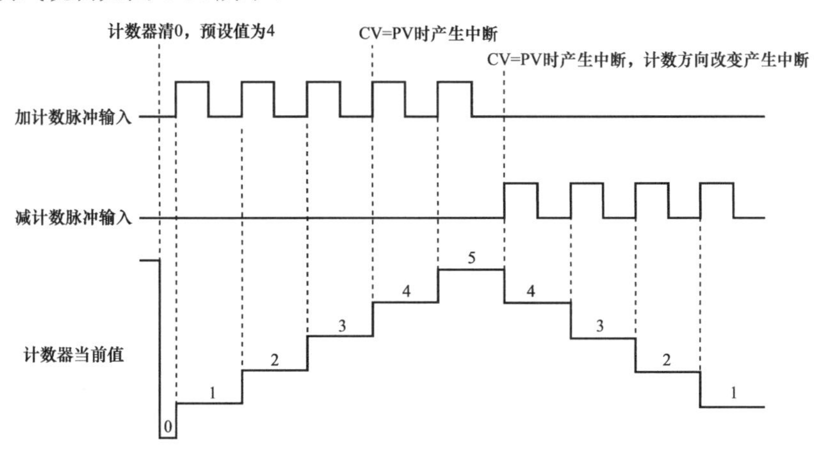


图 6-49　模式 6 和 7（双相脉冲输入的加 / 减计数）说明

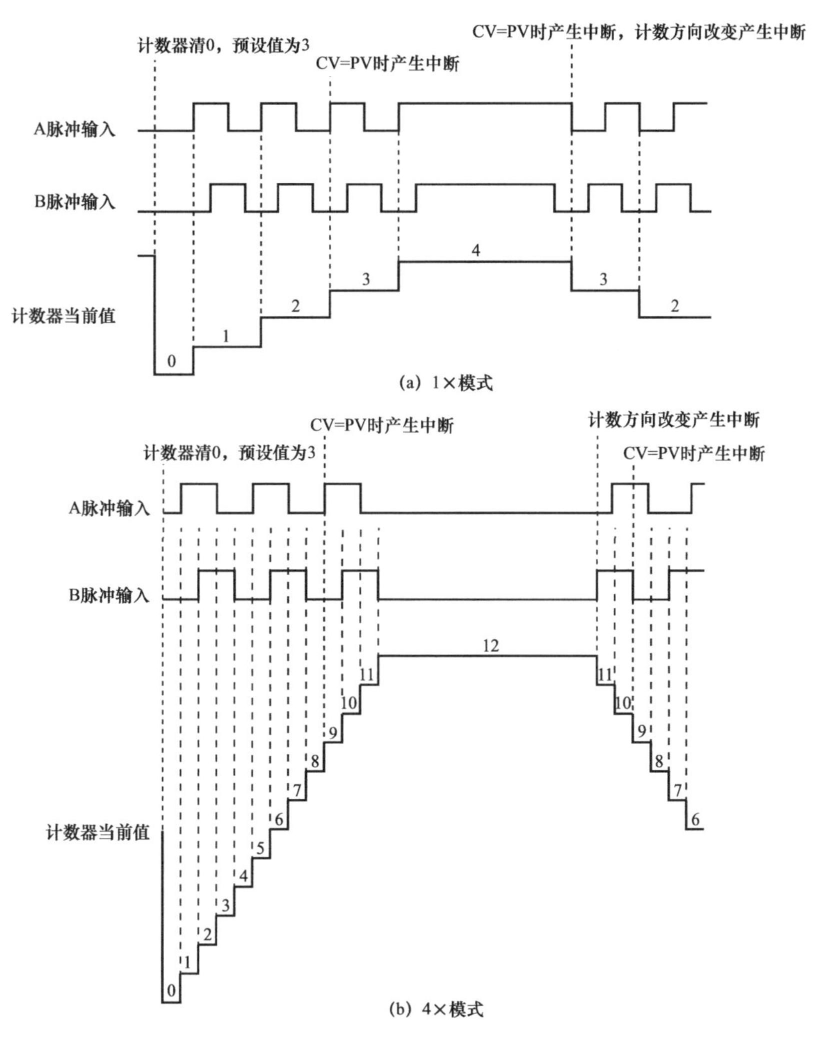


图 6-50　模式 9 和 10（双相脉冲输入的正交加 / 减计数）说明

模式 9 和 10 的区别在于模式 10 具有外部复位功能，可以通过 PLC 中特定的输入端子输入复位信号将计数器复位，模式 9 无此功能。在模式 9 和 10 时，S 型 CPU 的最大允许输入脉冲频率为 100kHz（1× 模式时）和 400kHz（4× 模式时），C 型 CPU 的最大允许输入脉冲频率为 50kHz（1× 模式时）和 400kHz（4× 模式时）。

### 6.14.3 高速计数器的输入端子及各工作模式

高速计数器工作时需要使用一些输入端子，HSC0 ～ HSC3 高速计数器分配的输入端子及在不同工作模式下端子的功能见表 6-62。虽然同一个输入端子不能用于两种不同的功能，但是任何一个没有被高速计数器当前模式使用的输入端子，均可用作其他用途。例如，HSC0 计数器工作在模式 1 时，会分配 I0.0 端子用于脉冲输入，I0.4 端子用于复位信号输入，I0.1 端子在模式 1 时未使用，可以用作 HSC1 计数器工作在模式 0 时的脉冲输入端子。

表 6-62　HSC0 ～ HSC3 高速计数器分配的输入端子及在不同工作模式下端子的功能

| 高速计数器及工作模式 | | 计数器分配的输入端子及在各工作模式下的功能 | | |
|---|---|---|---|---|
| 高速计数器 | HSC0 | I0.0 | I0.1 | I0.4 |
| | HSC1 | I0.1 | | |
| | HSC2 | I0.2 | I0.3 | I0.5 |
| | HSC3 | I0.3 | | |
| 工作模式 | 0 | 脉冲输入 | | |
| | 1 | 脉冲输入 | | 复位输入 |
| | 3 | 脉冲输入 | 加 / 减控制 | |
| | 4 | 脉冲输入 | 加 / 减控制 | 复位输入 |
| | 6 | 加脉冲输入 | 减脉冲输入 | |
| | 7 | 加脉冲输入 | 减脉冲输入 | 复位输入 |
| | 9 | A 脉冲输入 | B 脉冲输入 | |
| | 10 | A 脉冲输入 | B 脉冲输入 | 复位输入 |

### 6.14.4 高速计数器的输入端子滤波时间设置

由于在大多数情况下 PLC 使用时的输入信号频率较低，为了抑制高频信号的干扰，输入端子的默认滤波时间为 6.4ms，该滤波时间较长，最高只允许 78Hz 信号输入。如果要将某些端子用于高速计数器输入，则需要将这些端子的滤波时间设置短些。表 6-63 列出了 PLC 输入端子滤波时间与对应的最大检测频率。

表 6-63　PLC 输入端子滤波时间与对应的最大检测频率

| 输入滤波时间 | 可检测到的最大频率 | 输入滤波时间 | 可检测到的最大频率 |
|---|---|---|---|
| 0.2μs | 200kHz（S 型号 CPU）<br>100kHz（C 型号 CPU） | 6.4μs | 78kHz |
| | | 12.8μs | 39kHz |

（续表）

| 输入滤波时间 | 可检测到的最大频率 | 输入滤波时间 | 可检测到的最大频率 |
|---|---|---|---|
| 0.4μs | 200kHz（S 型号 CPU）<br>100kHz（C 型号 CPU） | 0.2ms | 2.5kHz |
| | | 0.4ms | 1.25kHz |
| 0.8μs | 200kHz（S 型号 CPU）<br>100kHz（C 型号 CPU） | 0.8ms | 625Hz |
| | | 1.6ms | 312Hz |
| 1.6μs | 200kHz（S 型号 CPU）<br>100kHz（C 型号 CPU） | 3.2ms | 156Hz |
| | | 6.4ms | 78Hz |
| 3.2μs | 156kHz（S 型号 CPU）<br>100kHz（C 型号 CPU） | 12.8ms | 39Hz |

注：S 型号 CPU，包括 SR20、ST20、SR30、ST30、SR40、ST40、SR60、ST60；C 型号 CPU，包括 CR40、CR60。

在 STEP 7-Micro/WIN SMART 软件中可以设置（组态）PLC 输入端子的滤波时间，设置操作如图 6-51 所示：在项目指令树区域双击“系统块”，弹出“系统块”对话框，在对话框上方选中 CPU 模块，在左边选择数字量输入项内的 I0.0 ～ I0.7；在右边对高速计数器使用的端子进行滤波时间设置，先勾选端子旁的“脉冲捕捉”复选框，再根据计数可能的最大频率来选择合适的滤波时间，不用作高速计数器的输入端子滤波时间保持默认值；单击“确定”按钮关闭“系统块”对话框，将系统块下载到 CPU 模块即可使滤波时间设置生效。

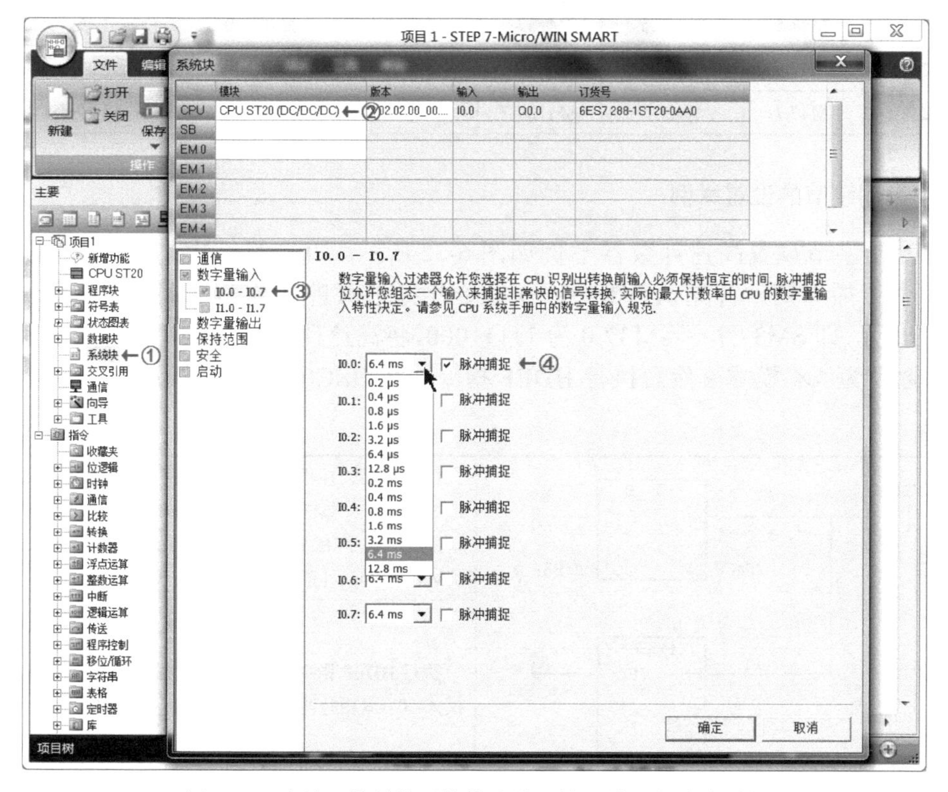


图 6-51　在编程软件的系统块内设置输入端子的滤波时间

### 6.14.5 高速计数器的控制字节

**高速计数器定义指令只能让某编号的高速计数器工作在某种模式，无法设置计数器的方向、复位等内容。为此，每个高速计数器都配备了一个专用的控制字节来对计数器进行各种控制设置。**

#### 1. 控制字节的功能说明

高速计数器 HSC0 ～ HSC3 的控制字节功能说明见表 6-64。例如，高速计数器 HSC0 的控制字节为 SMB37，其中 SM37.0 位用来设置复位有效电平，当该位为 0 时高电平复位有效，该位为 1 时低电平复位有效。

表 6-64　高速计数器 HSC0 ～ HSC3 的控制字节功能说明

| HSC0 (SMB37) | HSC1 (SMB47) | HSC2 (SMB57) | HSC3 (SMB137) | 说　明 |
|---|---|---|---|---|
| SM37.0 | | SM57.0 | | 复位有效电平控制（0：高电平有效；1：低电平有效） |
| SM37.1 | | | | 未用 |
| SM37.2 | | SM57.2 | | 正交计数器计数速率选择（0：4× 计数速率；1：1× 计数速率） |
| SM37.3 | SM47.3 | SM57.3 | SM137.3 | 计数方向控制位（0：减计数；1：加计数） |
| SM37.4 | SM47.4 | SM57.4 | SM137.4 | 将计数方向写入 HSC（0：无更新；1：更新计数方向） |
| SM37.5 | SM47.5 | SM57.5 | SM137.5 | 将新预设值写入 HSC（0：无更新；1：更新预设值） |
| SM37.6 | SM47.6 | SM57.6 | SM137.6 | 将新的当前值写入 HSC（0：无更新；1：更新初始值） |
| SM37.7 | SM47.7 | SM5.7 | SM137.7 | 控制 HSC 指令（0：禁用 HSC；1：启用 HSC） |

#### 2. 控制字节的设置举例

用控制字节设置高速计数器举例如图 6-52 所示。PLC 第一次扫描时 SM0.1 触点接通一个扫描周期，首先执行 MOV_B 指令，将十六进制数 F8（即 11111000）送入 SMB37 单元，即 SM37.7 ～ SM37.0 为 11111000，将高速计数器 HSC0 设为高电平有效，正交计数设为 4× 模式；然后执行 HDEF 指令，将 HSC0 工作模式设为模式 10（正交计数）。

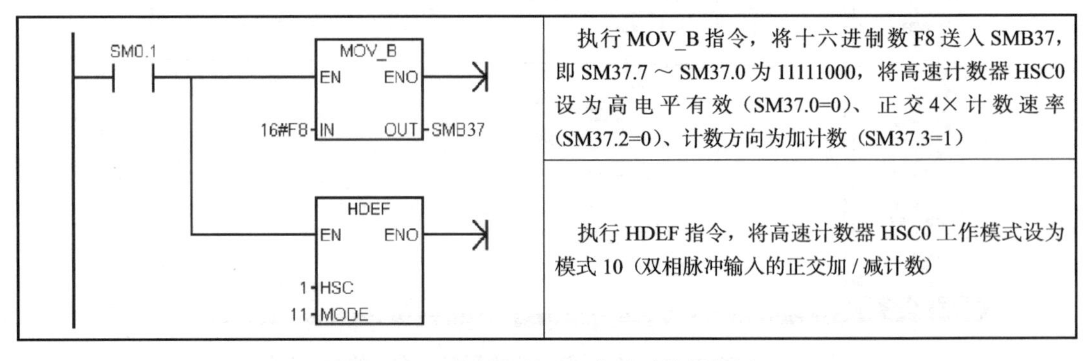


图 6-52　用控制字节设置高速计数器举例

### 6.14.6 高速计数器的计数值读取与设置

#### 1. 计数值的读取

高速计数器的当前计数值保存在 HC 存储单元中，高速计数器 HSC0 ～ HSC3 的当前值分别保存在 HC0 ～ HC3 单元中，这些单元中的数据为只读类型，即不能向这些单元写入数据。

高速计数器的计数值读取如图 6-53 所示。当 I0.0 触点由断开转为闭合时，上升沿 P 触点接通一个扫描周期，MOV_DW 指令执行，将高速计数器 HSC0 的当前计数值（保存在 HC0 单元）读入并保存在 VD200 单元。

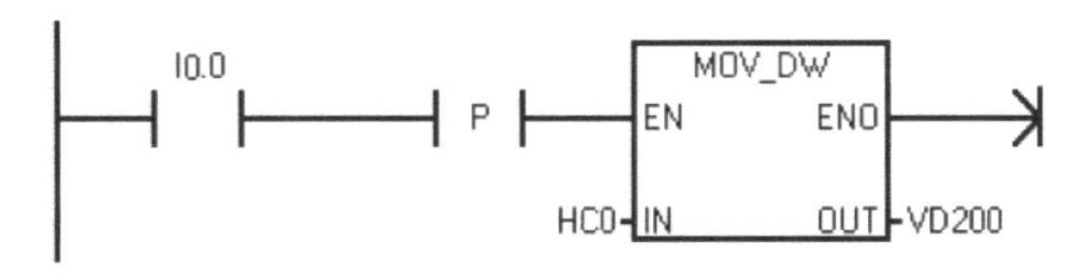


图 6-53 高速计数器的计数值读取

#### 2. 计数值的设置

**每个高速计数器都用两个专用存储单元分别存放当前计数值（CV）和预设计数值（PV），这两个值都是 32 位（双字）**。在高速计数器工作时，当 CV=PV 时会触发 HSC 中断。当前计数值可从 HC 单元中读取，但预设值无法直接读取。若要将新的 CV 值或 PV 值载入高速计数器，必须先设置相应的控制字节和专用双字存储单元，再执行 HSC 指令以将新值传送到高速计数器。

HSC0 ～ HSC3 高速计数器存放 CV 值和 PV 值的专用存储单元见表 6-65。例如，高速计数器 HSC0 采用 SMD38 双字单元存放新 CV 值，采用 SMD42 双字单元存放新 PV 值。

表 6-65 HSC0 ～ HSC3 高速计数器存放 CV 值和 PV 值的专用存储单元

| 两种类型计数值 | 计数值的专用存储单元 | | | |
|---|---|---|---|---|
| | HSC0 | HSC1 | HSC2 | HSC3 |
| 新当前计数值（新 CV 值） | SMD38 | SMD48 | SMD58 | SMD138 |
| 新预设计数值（新 PV 值） | SMD42 | SMD52 | SMD62 | SMD142 |

高速计数器的计数值设置如图 6-54 所示。当 I0.2 触点由断开转为闭合时，上升沿 P 触点接通一个扫描周期，首先执行第 1 个 MOV_DW 指令，将新 CV 值（当前计数值）“100”送入 SMD38 单元；然后执行第 2 个 MOV_DW 指令，将新 PV 值（预设计数值）“200”送入 SMD42 单元；接着高速计数器 HSC0 的控制字节中的 SM37.5、SM37.6 均得电为 1，允许 HSC0 更新 CV 值和 PV 值；最后执行 HSC 指令，将新 CV 值和 PV 值载入高速计数器 HSC0。

在执行 HSC 指令前，设置控制字节和修改 SMD 单元中的新 CV 值、PV 值时不会影响高速计数器的运行；只有在执行 HSC 指令后，高速计数器才按新设置值开始工作。

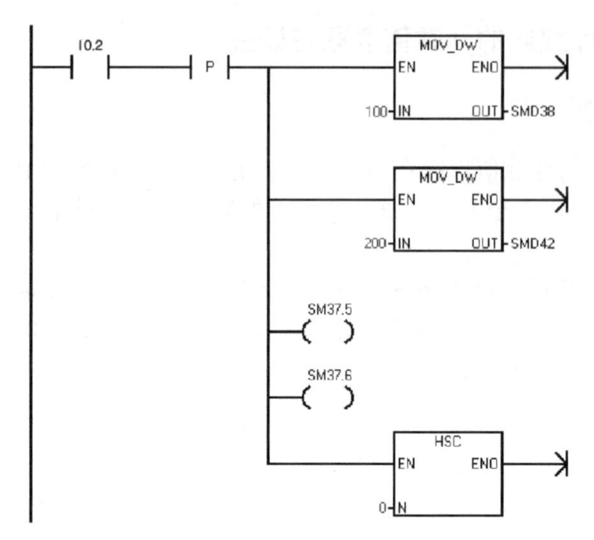


图 6-54 高速计数器的计数值设置

### 6.14.7 高速计数器的状态字节

**每个高速计数器都有一个控制字节和一个状态字节，控制字节用来设置控制计数器的工作，状态字节则用来反映计数器的一些工作状态。**HSC0 ～ HSC3 高速计数器的状态字节见表 6-66，其中每个状态字节的 0 ～ 4 位不用。通过监视高速计数器状态字节的状态位值，除了可以了解计数器当前的工作状态外，还可以用状态位值来触发其他的操作，例如，当 SM36.6=1 时表示 HSC0 的当前计数值等于预设值，可以用 SM36.6=1 触发一段程序。

表 6-66 HSC0 ～ HSC3 高速计数器的状态字节

| HSC0 | HSC1 | HSC2 | HSC3 | 说 明 |
|---|---|---|---|---|
| SM36.5 | SM46.5 | SM56.5 | SM136.5 | 当前计数方向状态位：0= 减计数，1= 加计数 |
| SM36.5 | SM46.6 | SM56.6 | SM136.6 | 当前值等于预设值状态位：0= 不等，1= 相等 |
| SM36.7 | SM46.7 | SM56.7 | SM136.7 | 当前值大于预设值状态位：0= 小于等于，1= 大于 |

### 6.14.8 高速计数器的编程步骤与举例

#### 1. 高速计数器的编程步骤

**高速计数器的编程较为复杂，一般步骤如下：**

**① 根据计数要求设置高速计数器的控制字节。**例如，让 HSC1 的控制字节 SMB47= 16#F8，则将 HSC1 设为允许计数、允许写入计数初始值、允许写入计数预设值、更新计数方向为加计数、正交计数为 4× 模式、高电平复位。

**② 执行 HDEF 指令，将某编号的高速计数器设为某种工作模式。**

**③ 将计数初始值写入当前值存储器。**当前值存储器是指 SMD38、SMD48、SMD58 和 SMD138。

**④ 将计数预设值写入预设值存储器。**预设值存储器是指 SMD42、SMD52、SMD62

和 SMD142。如果往预设值存储器写入 16#00，则高速计数器不工作。

⑤ 为了捕捉当前值（CV）是否等于预设值（PV），可用 ATCH 指令将条件 CV=PV 对应的中断事件（对应中断事件 12）与某中断程序连接起来。

⑥ 为了捕捉计数方向是否改变，可用 ATCH 指令将方向改变对应的中断事件（对应中断事件 27）与某中断程序连接起来。

⑦ 为了捕捉计数器是否外部复位，可用 ATCH 指令将外部复位对应的中断事件（对应中断事件 28）与某中断程序连接起来。

⑧ 执行中断允许 ENI 指令，允许系统接收高速计数器（HSC）产生的中断请求。

⑨ 执行 HSC 指令，启动某高速计数器，并令其按前面的设置工作。

⑩ 编写相关的中断程序。

### 2．高速计数器的编程举例

高速计数器的编程举例见表 6-67，整个程序由 MAIN（主程序）、SBR_0（子程序 0）和 INT_0（中断程序 0）组成。

表 6-67　高速计数器的编程举例

| 程序类型 | 梯形图程序 | 程序说明 |
| --- | --- | --- |
| MAIN<br>（主程序） | 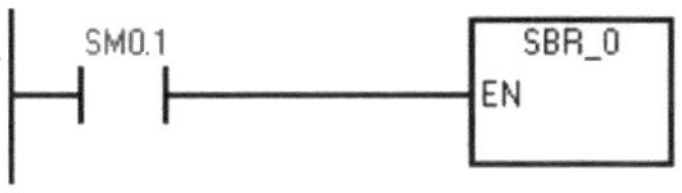 SM0.1<br>SBR_0<br>EN | PLC 进入运行模式，在首次扫描时，SM0.1 触点接通一个扫描周期，执行调用子程序 SBR_0 指令，程序转入执行 SBR_0 子程序 |
| SBR_0<br>（子程序 0） | 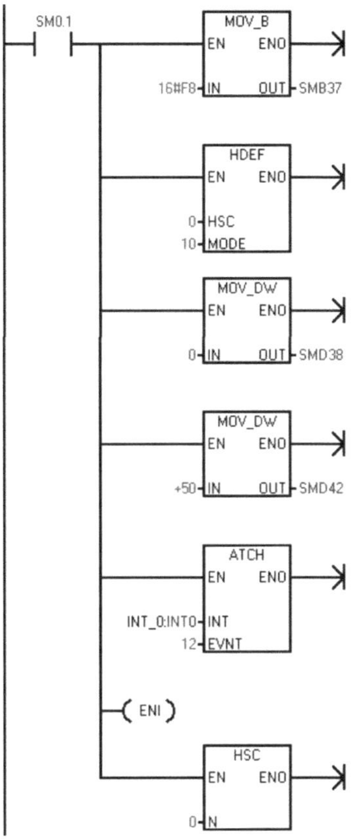 SM0.1<br>MOV_B EN ENO 16#F8-IN OUT-SMB37<br>HDEF EN ENO 0-HSC 10-MODE<br>MOV_DW EN ENO 0-IN OUT-SMD38<br>MOV_DW EN ENO +50-IN OUT-SMD42<br>ATCH EN ENO INT_0:INT0-INT 12-EVNT<br>( ENI )<br>HSC EN ENO 0-N | 子程序首次执行时，SM0.1 触点闭合一个扫描周期，从上到下依次执行 7 个指令。<br>① 执行 MOV_B 指令，把十六进制数 F8（即 11111000）送入 SMB37，将高速计数器 HSC0 设置为：允许使用 HSC；允许写入新当前值；允许写入新预设值；读取计数方向位；计数方向位为加计数；选择 4× 计数方式；复位控制设为高电平有效。<br>② 执行 HDEF 指令，将 HSC0 的工作模式设为模式 10（双相脉冲输入的正交加/减计数）。<br>③ 执行 MOV_DW 指令，把 0 送入 SMD38，将 SMD38 所有位清 0，即清除 SMD38 中的旧当前值，以便计数器工作时存放新当前值（CV）。<br>④ 执行 MOV_DW 指令，将计数器新预设值（PV）50 送入 SMD42。<br>⑤ 执行 ATCH 指令，将中断事件 12（当 HSC0 的 CV=PV 时触发的事件）与中断程序 INT_0 关联起来。<br>⑥ 执行 ENI 指令，允许所有的中断。<br>⑦ 执行 HSC 指令，让高速计数器 HSC0 依照 HDEF 指令设定的模式，并按 SM37、SM38 的设置开始工作 |

（续表）

| 程序类型 | 梯形图程序 | 程序说明 |
| --- | --- | --- |
| INT__0<br>（中断程序 0） | SM0.0<br>MOV_DW EN ENO 0-IN OUT-SMD38<br>MOV_B EN ENO 16#C0-IN OUT-SMB37<br>HSC EN ENO 0-N | SM0.0 触点在程序运行时始终闭合，从上到下依次执行 3 个指令。<br>① 执行 MOV_DW 指令，将 SMD38 中的当前值清 0，以便存放新当前值（CV）。<br>② 执行 MOV_B 指令，把十六进制数 C0（即 11000000）送入 SMB37，将高速计数器 HSC0 设置为：允许使用 HSC；允许写入新当前值；禁止写入新预设值；不读取计数方向位；计数方向位为减计数（由于不读取计数方向位，故减计数设置无效，仍为先前的计数方向）；选择 4× 计数方式；复位控制设为高电平有效。<br>③ 执行 HSC 指令，让高速计数器 HSC0 依照 HDEF 指令设定的模式，并按 SMB37、SMD38 新的设置开始工作 |

注意：高速计数器 HSC0 每计数到 CV=PV 时都会产生中断，执行一次中断程序 INT_0，执行中断程序后，HSC0 又按新的设置重新开始计数，以后不断重复这个过程。

## 6.15 高速脉冲输出指令及相关内容说明

利用高速脉冲输出指令可让 CPU 模块内部的高速脉冲发生器输出占空比为 50%、周期可调的方波脉冲（即 PTO 脉冲），或者输出占空比及周期均可调的脉宽调制脉冲（即 PWM 脉冲）。占空比是指高电平时间与周期时间的比值。PTO 脉冲和 PWM 脉冲如图 6-55 所示。

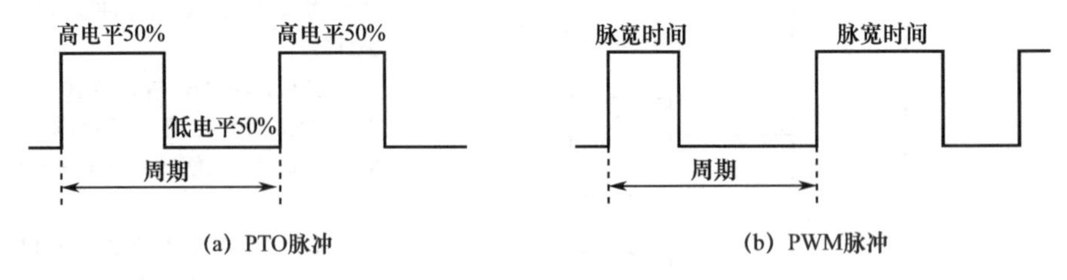


图 6-55　PTO 脉冲和 PWM 脉冲

在使用脉冲发生器功能时，其产生的脉冲从 Q0.0、Q0.1 和 Q0.3 端子输出，并且 **PLC 应选择晶体管输出型，以满足高速输出要求。**

### 6.15.1　指令说明

高速脉冲输出指令说明如表 6-68 所示。

表 6-68 高速脉冲输出指令说明

| 指令名称 | 梯形图 | 功能说明 | 操作数 |
| --- | --- | --- | --- |
| | | | Q0.X |
| 高速脉冲输出指令（PLS） | PID: EN ENO; ????-TBL; ????-LOOP | 根据相关特殊存储器（SM）的控制和参数设置要求，启动高速脉冲发生器，从 Q0.X 指定的端子输出相应的 PTO 或 PWM 脉冲 | 常数：0 对应 Q0.0，1 对应 Q0.1，3 对应 Q0.3 |

S7-200 SMART 经济型 CPU 模块（CR40/CR60）无高速脉冲输出功能，标准型 CPU 模块有 2 个或 3 个脉冲输出端子，具体如下：

① SR20/ST20 有 2 个高速脉冲输出端子（Q0.0、Q0.1）；

② SR30/ST30、SR40/ST40、SR60/ST60 有 3 个高速脉冲输出端子（Q0.0、Q0.1 和 Q0.3）。

## 6.15.2 高速脉冲输出的控制字节、参数设置和状态位

**若要让高速脉冲发生器产生符合要求的脉冲，必须对其进行有关控制及参数设置。另外，通过读取其工作状态可触发需要的操作。**

### 1. 控制字节

**高速脉冲发生器采用一个 SM 控制字节（8 位）进行控制，可设置脉冲输出类型（PTO 或 PWM）、脉冲时间单位等内容。**高速脉冲发生器的控制字节说明见表 6-69。例如，当 SM67.6=0 时，让 Q0.0 端子输出 PTO 脉冲；当 SM77.3=1 时，让 Q0.1 端子输出时间单位为 ms 的脉冲。

表 6-69 高速脉冲发生器的控制字节说明

| Q0.0 | Q0.1 | Q0.3 | 说明 |
| --- | --- | --- | --- |
| SM67.0 | SM77.0 | SM567.0 | PTO/PWM 更新频率 / 周期时间：0= 不更新，1= 更新频率 / 周期时间 |
| SM67.1 | SM77.1 | SM567.1 | PWM 更新脉冲宽度时间：0= 不更新，1= 更新脉冲宽度 |
| SM67.2 | SM77.2 | SM567.2 | PTO 更新脉冲计数值：0= 不更新，1= 更新脉冲计数 |
| SM67.3 | SM77.3 | SM567.3 | PWM 时基：0=1μs/ 时标，1=1ms/ 刻度 |
| SM67.4 | SM77.4 | SM567.4 | 保留 |
| SM67.5 | SM77.5 | SM567.5 | PTO 单 / 多段操作：0= 单端，1= 多段 |
| SM67.6 | SM77.6 | SM567.6 | PTO/PWM 模式选择：0=PWM，1=PTO |
| SM67.7 | SM77.7 | SM567.7 | PWM 使能：0= 禁用，1= 启用 |

高速脉冲发生器的控制字节需要设置的控制位较多，若采用对照表 6-69 来逐位确定各位值，则会比较麻烦，表 6-70 所示为高速脉冲发生器的控制字节常用设置值及对应实现的控制功能。

表 6-70　高速脉冲发生器的控制字节常用设置值及对应实现的控制功能

| 控制字节设置值 | 启用 | 选择模式 | PTO 段操作 | 时基 | 脉冲计数 | 脉冲宽度 | 更新周期时间 / 频率 |
|---|---|---|---|---|---|---|---|
| 16#80 | 是 | PWM | | 1 μs/ 周期 | | | |
| 16#81 | 是 | PWM | | 1 μs/ 周期 | | | 更新周期时间 |
| 16#82 | 是 | PWM | | 1 μs/ 周期 | | 更新 | |
| 16#83 | 是 | PWM | | 1 μs/ 周期 | | 更新 | 更新周期时间 |
| 16#88 | 是 | PWM | | 1 ms/ 周期 | | | |
| 16#89 | 是 | PWM | | 1 ms/ 周期 | | | 更新周期时间 |
| 16#8A | 是 | PWM | | 1 ms/ 周期 | | 更新 | |
| 16#8B | 是 | PWM | | 1 ms/ 周期 | | 更新 | 更新周期时间 |
| 16#C0 | 是 | PTO | 单段 | | | | |
| 16#C1 | 是 | PTO | 单段 | | | | 更新频率 |
| 16#C4 | 是 | PTO | 单段 | | 更新 | | |
| 16#C5 | 是 | PTO | 单段 | | 更新 | | 更新频率 |
| 16#E0 | 是 | PTO | 多段 | | | | |

## 2．参数设置

高速脉冲发生器的参数设置寄存器用来设置脉冲参数等内容，具体见表 6-71。例如，SM67.3=1，SMW68=25，则将脉冲周期设为 25ms。

表 6-71　高速脉冲发生器的参数设置寄存器

| Q0.0 | Q0.1 | Q0.3 | 说　明 |
|---|---|---|---|
| SMW68 | SMW78 | SMW568 | PTO 频率或 PWM 周期时间值：1 ～ 65535Hz（PTO），2 ～ 65535（PWM） |
| SMW70 | SMW80 | SMW570 | PWM 脉冲宽度值：0 ～ 65535 |
| SMD72 | SMD82 | SMD572 | PTO 脉冲计数值：1~2147483647 |
| SMB166 | SMB176 | SMB576 | 进行中段的编号：仅限多段 PTO 操作 |
| SMW168 | SMW178 | SMW578 | 包络表的起始单元（相对 V0 的字节偏移）：仅限多段 PTO 操作 |

## 3．状态位

高速脉冲发生器的状态位用于显示工作状态等信息，通过读取状态位值可触发需要的操作。高速脉冲发生器的状态位功能说明见表 6-72，例如，SM66.7=1 表示 Q0.0 端子的 PTO 脉冲输出完成。

表 6-72　高速脉冲发生器的状态位功能说明

| Q0.0 | Q0.1 | Q0.3 | 说　明 |
|---|---|---|---|
| SM66.4 | SM76.4 | SM566.4 | PTO 增量计算错误（因添加错误导致）：0= 无错误，1= 因错误而中止 |
| SM66.5 | SM76.5 | SM566.5 | PTO 包络被禁用（因用户指令导致）：0= 非手动禁用的包络，1= 用户禁用的包络 |
| SM66.6 | SM76.6 | SM566.6 | PTO/PWM 管道溢出 / 下溢：0= 无溢出 / 下溢，1= 溢出 / 下溢 |
| SM66.7 | SM76.7 | SM566.7 | PTO 空闲：0= 进行中，1=PTO 空闲 |

### 6.15.3　PTO 脉冲的产生与使用

**PTO 脉冲是一种占空比为 50%、周期可调节的方波脉冲。PTO 脉冲的频率范围为 1 ～ 65535 Hz（单段）或 1 ～ 100000 Hz（多段），PTO 脉冲数范围为 1 ～ 2147483647。**

在设置脉冲个数时，若将脉冲个数设为 0，则系统会默认个数为 1；在设置脉冲周期时，如果周期小于两个时间单位，则系统会默认周期值为两个时间单位，比如时间单位为 ms，周期设为 1.3ms，系统会默认周期为 2ms。另外，如果将周期值设为奇数值（如 75ms），则产生的脉冲波形会失真。

**PTO 脉冲可分为单段脉冲串和多段脉冲串，多段脉冲串由多个单段脉冲串组成。**

#### 1．单段脉冲串的产生

**要让高速脉冲输出端子输出单段脉冲串，须先对相关的控制字节和参数进行设置，再执行高速脉冲输出 PLS 指令。**

图 6-56 所示是一段用来产生单段脉冲串的程序。在 PLC 首次扫描时，SM0.1 触点闭合一个扫描周期，复位指令将 Q0.0 输出映像寄存器（即 Q0.0 线圈）置 0，以便将 Q0.0 端子用作高速脉冲输出；当 I0.1 触点闭合时，上升沿 P 触点接通一个扫描周期，MOV_B、MOV_W 和 MOV_DW 依次执行，对高速脉冲发生器的控制字节和参数进行设置，之后执行高速脉冲输出 PLS 指令，让高速脉冲发生器按设置产生单段 PTO 脉冲串，并从 Q0.0 端子输出。在 PTO 脉冲串输出期间，如果 I0.2 触点闭合，则 MOV_B、MOV_DW 依次执行，将控制字节设为禁止脉冲输出，脉冲个数设为 0，之后执行 PLS 指令，高速脉冲发生器马上按新的设置工作，即停止从 Q0.0 端子输出脉冲。单段 PTO 脉冲串输出完成后，状态位 SM66.7 会置 1，表示 PTO 脉冲输出结束。

若网络 2 中不使用边沿 P 触点，那么在单段 PTO 脉冲串输出完成后，如果 I0.1 触点仍处于闭合状态，则会在前一段脉冲串后继续输出相同的下一段脉冲串。

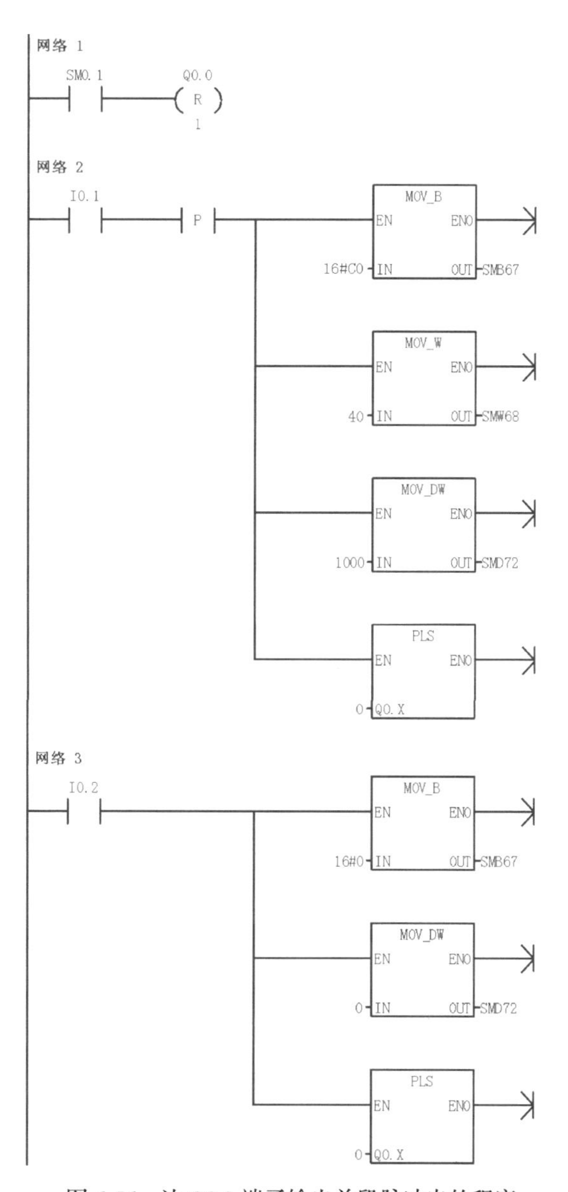


图 6-56　让 Q0.0 端子输出单段脉冲串的程序

### 2．多段脉冲串的产生

**多段脉冲串由多个单段脉冲串组成，每个单段脉冲串的参数可以不同，单段脉冲串中的每个脉冲参数也可以不同。**

（1）参数设置包络表

由于多段脉冲串的各个脉冲串允许有较复杂的变化，无法用产生单段脉冲串的方法来输出多段脉冲串，故 S7-200 SMART PLC 在变量存储区（V 区）建立一个包络表，由该表来设置多段脉冲串中的各个脉冲串的参数。

表 6-73 所示为多段脉冲串参数设置包络表。包络表的第 1 个字节单元 VB*n* 用于存放脉冲串的总段数，此后用 3 个连续的双字单元（每 4 个字节单元组成一个双字单元）分别存放一段脉冲串的起始频率、结束频率和脉冲数。在多段模式下，系统仍使用特殊存储器区的相应控制字节和状态位，每个脉冲串的参数则从包络表的变量存储器区读出。在多段编程时，必须将包络表的变量存储器起始地址（即包络表中的 *n* 值）装入 SMW168（使用 Q0.0 端子输出脉冲时）、SMW178 或 SMW578。在运行时不能改变包络表中的内容，执行 PLS 指令可启动多段操作。

**表 6-73　多段脉冲串参数设置包络表**

| 包络表占用的连续存储单元 | 存储内容及说明 | |
|---|---|---|
| VB*n* | 总段数（1~255） | 段数值不能为 0 |
| VD(*n*+1) | 起始频率（1 ～ 100000Hz） | 第 1 段<br>脉冲串的参数 |
| VD(*n*+5) | 结束频率（1 ～ 100000Hz） | |
| VD(*n*+9) | 脉冲数（1 ～ 2147483647） | |
| VD(*n*+13) | 起始频率（1~100000Hz） | 第 2 段<br>脉冲串的参数 |
| VD(*n*+17) | 结束频率（1~100000Hz） | |
| VD(*n*+21) | 脉冲数（1~2147483647） | |
| VD(*n*+25) | 起始频率（1~100000Hz） | 第 3 段<br>脉冲串的参数 |
| VD(*n*+29) | 结束频率（1~100000Hz） | |
| VD(*n*+33) | 脉冲数（1~2147483647） | |
| 此后类推 | | |

（2）输出多段脉冲串的应用举例

**多段脉冲串常用于步进电动机的控制**。图 6-57 所示是一个步进电动机的控制包络线，包络线分 3 段：第 1 段（*AB* 段）为加速运行，电动机的起始频率为 2kHz，终止频率为 10kHz，要求运行脉冲数目为 200 个；第 2 段（*BC* 段）为恒速运行，电动机的起始和终止频率均为 10kHz，要求运行脉冲数目为 3400 个；第 3 段（*CD* 段）为减速运行，电动机的起始频率为 10kHz，终止频率为 2kHz，要求运行脉冲数目为 400 个。

根据步进电动机的控制包络线可列出相应的包络表，如表 6-74 所示。

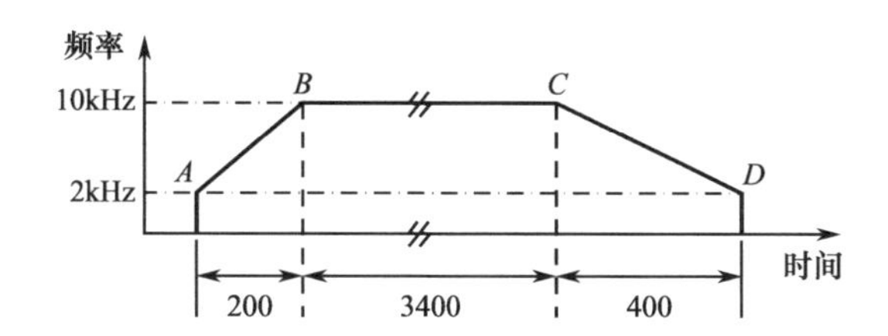


图 6-57　一个步进电动机的控制包络线

**表 6-74　根据步进电动机的控制包络线列出的包络表**

| 包络表占用的连续存储单元 | 值 | 说　明 | |
|---|---|---|---|
| VB500 | 3 | 总段数 | |
| VD501 | 2000 | 起始频率（Hz） | 第 1 段<br>脉冲串的参数 |
| VD505 | 10000 | 结束频率（Hz） | |
| VD509 | 200 | 脉冲数 | |
| VD513 | 10000 | 起始频率（Hz） | 第 2 段<br>脉冲串的参数 |
| VD517 | 10000 | 结束频率（Hz） | |
| VD521 | 3400 | 脉冲数 | |
| VD525 | 10000 | 起始频率（Hz） | 第 3 段<br>脉冲串的参数 |
| VD529 | 2000 | 结束频率（Hz） | |
| VD533 | 400 | 脉冲数 | |

根据包络表可编写出步进电动机的控制程序，如表 6-75 所示，该程序由主程序、SBR_0 子程序和 INT_0 中断程序组成。

**表 6-75　产生多段脉冲串的程序（用于控制步进电动机）及说明**

| 程序类型 | 梯形图程序 | 程序说明 |
|---|---|---|
| MAIN<br>（主程序） | 程序注释<br>程序段 1<br>SM0.1　Q0.0<br>( R )<br>1<br>SBR_0<br>EN | PLC 进入运行模式，在首次扫描时，SM0.1 触点接通一个扫描周期，先执行复位（R）指令，将 Q0.0 线圈复位（即让 Q0.0 输出映像寄存器为 0），以便将该端子用作高速脉冲输出；然后执行调用子程序 SBR_0 指令，程序转入执行 SBR_0 子程序 |

（续表）

| 程序类型 | 梯形图程序 | 程序说明 |
|---|---|---|
| SBR_0<br>（子程序） | 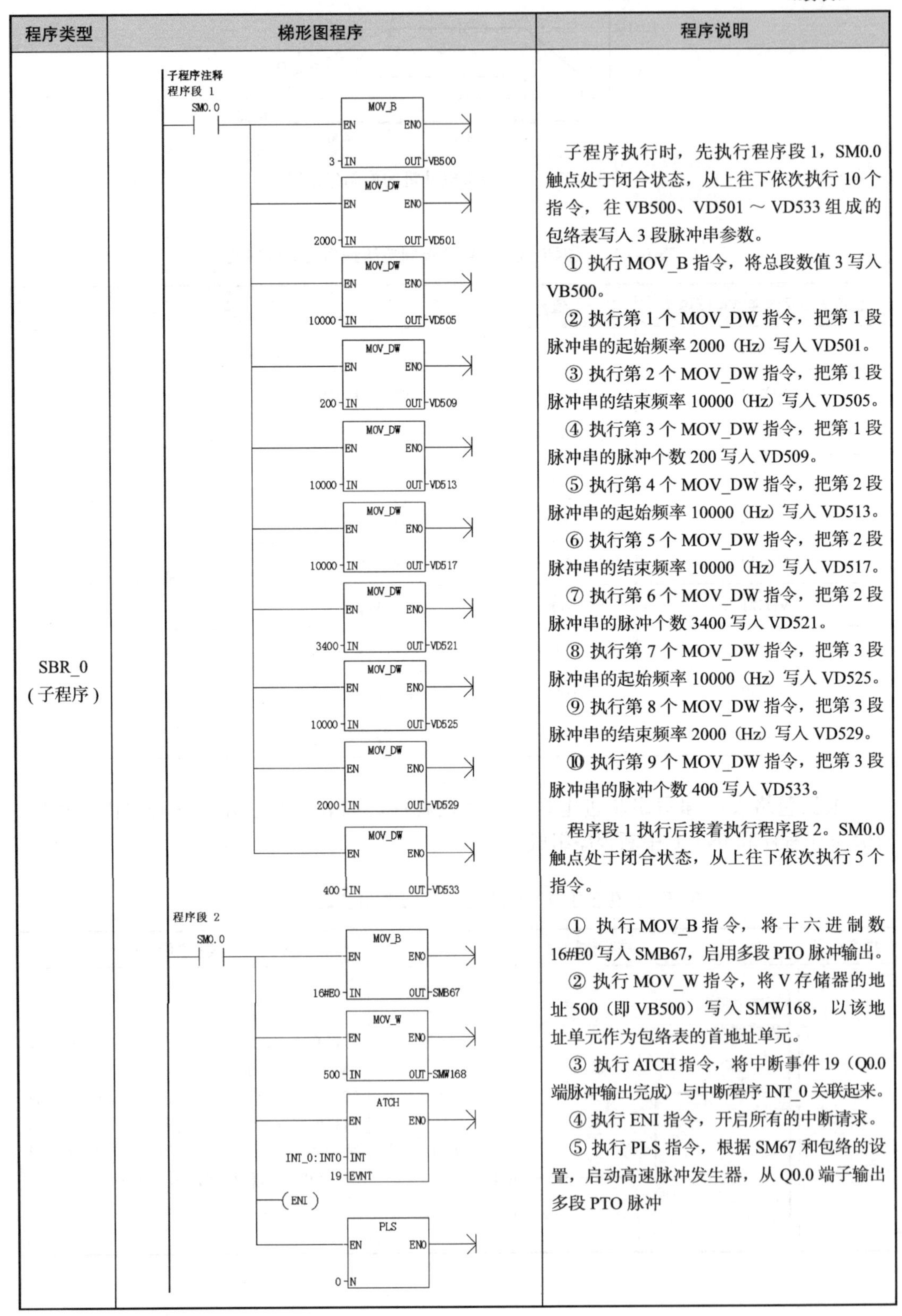 | 子程序执行时，先执行程序段 1，SM0.0 触点处于闭合状态，从上往下依次执行 10 个指令，往 VB500、VD501 ～ VD533 组成的包络表写入 3 段脉冲串参数。<br>① 执行 MOV_B 指令，将总段数值 3 写入 VB500。<br>② 执行第 1 个 MOV_DW 指令，把第 1 段脉冲串的起始频率 2000（Hz）写入 VD501。<br>③ 执行第 2 个 MOV_DW 指令，把第 1 段脉冲串的结束频率 10000（Hz）写入 VD505。<br>④ 执行第 3 个 MOV_DW 指令，把第 1 段脉冲串的脉冲个数 200 写入 VD509。<br>⑤ 执行第 4 个 MOV_DW 指令，把第 2 段脉冲串的起始频率 10000（Hz）写入 VD513。<br>⑥ 执行第 5 个 MOV_DW 指令，把第 2 段脉冲串的结束频率 10000（Hz）写入 VD517。<br>⑦ 执行第 6 个 MOV_DW 指令，把第 2 段脉冲串的脉冲个数 3400 写入 VD521。<br>⑧ 执行第 7 个 MOV_DW 指令，把第 3 段脉冲串的起始频率 10000（Hz）写入 VD525。<br>⑨ 执行第 8 个 MOV_DW 指令，把第 3 段脉冲串的结束频率 2000（Hz）写入 VD529。<br>⑩ 执行第 9 个 MOV_DW 指令，把第 3 段脉冲串的脉冲个数 400 写入 VD533。<br>程序段 1 执行后接着执行程序段 2。SM0.0 触点处于闭合状态，从上往下依次执行 5 个指令。<br>① 执行 MOV_B 指令，将十六进制数 16#E0 写入 SMB67，启用多段 PTO 脉冲输出。<br>② 执行 MOV_W 指令，将 V 存储器的地址 500（即 VB500）写入 SMW168，以该地址单元作为包络表的首地址单元。<br>③ 执行 ATCH 指令，将中断事件 19（Q0.0 端脉冲输出完成）与中断程序 INT_0 关联起来。<br>④ 执行 ENI 指令，开启所有的中断请求。<br>⑤ 执行 PLS 指令，根据 SM67 和包络的设置，启动高速脉冲发生器，从 Q0.0 端子输出多段 PTO 脉冲 |

| 程序类型 | 梯形图程序 | 程序说明 |
| --- | --- | --- |
| INT_0<br>（中断程序） | 中断例程注释<br>程序段 1<br>SM0.0　Q0.5<br>（S）<br>1 | 当 Q0.0 端子脉冲输出完成后会触发中断事件 19，由于已用 ATCH 指令将中断事件 19 与中断程序 INT_0 关联起来，故在 Q0.0 端子脉冲输出完成后马上开始执行 INT_0 程序。<br>SM0.0 触点在程序运行时始终闭合，置位（S）指令执行，将 Q0.5 线圈置 1 |

### 6.15.4　PWM 脉冲的产生与使用

**PWM 脉冲是一种占空比和周期都可调节的脉冲。PWM 脉冲的周期范围为 10 ～ 65535μs 或 2 ～ 65535ms**，在设置脉冲周期时，如果周期小于两个时间单位，则系统会默认周期值为两个时间单位。PWM 脉宽时间为 0 ～ 65535μs 或 0 ～ 65535ms，若设定的脉宽等于周期（即占空比为 100%），则输出一直接通，若设定的脉宽等于 0（即占空比为 0%），则输出断开。

#### 1. 波形改变方式

PWM 脉冲的波形改变方式有两种：同步更新和异步更新。

① 同步更新。如果不需改变时间基准，则可以使用同步更新方式。利用同步更新，信号波形特性的变化发生在周期边沿，使波形能平滑转换。

② 异步更新。如果需要改变 PWM 发生器的时间基准，就要使用异步更新。异步更新会使 PWM 功能被瞬时禁止，PWM 信号波形过渡不平滑，这会引起被控设备的振动。

由于异步更新生成的 PWM 脉冲有较大的缺陷，一般情况下尽量使用脉宽变化、周期不变的 PWM 脉冲，这样可使用同步更新。

#### 2. 产生 PWM 脉冲的编程方法

要让高速脉冲发生器产生 PWM 脉冲，可按以下步骤编程：

① 根据需要设置控制字节 SMB67（Q0.0）、SMB77（Q0.1）或 SMB567（Q0.3）。

② 根据需要设置脉冲的周期值和脉宽值。周期值在 SMW68、SMW78 或 SMB568 中设置，脉宽值在 SMW70、SMW80 或 SMW570 中设置。

③ 执行高速脉冲输出 PLS 指令，系统会让高速脉冲发生器按设置从 Q0.0、Q0.1 或 Q0.3 端子输出 PWM 脉冲。

#### 3. 产生 PWM 脉冲的编程实例

图 6-58 所示是一个产生 PWM 脉冲的程序，其实现的功能是：让 PLC 从 Q0.0 端子输出 PWM 脉冲，要求 PWM 脉冲的周期固定为 5s，初始脉宽为 0.5s，每周期脉宽递增 0.5s，当脉宽达到 4.5s 后开始递减，每周期递减 0.5s，直到脉宽为 0。之后重复上述过程。

该程序由主程序、SBR_0 子程序和 INT_0、INT_1 两个中断程序组成，SBR_0 子程序为 PWM 初始化程序，用来设置脉冲控制字节和初始脉冲参数，INT_0 中断程序用于实现脉宽递增，INT_1 中断程序用于实现脉宽递减。由于程序采用中断事件 0（I0.0 上升沿中断）产生中断，因此要将脉冲输出端子 Q0.0 与 I0.0 端子连接，这样在 Q0.0 端子输出脉冲上升沿时，I0.0 端子会输入脉冲上升沿，从而触发中断程序，实现脉冲递增或递减。

程序工作过程说明如下：

在主程序中，PLC 上电首次扫描时 SM0.1 触点接通一个扫描周期，子程序调用指令执行，转入执行 SBR_0 子程序。在子程序中，先将 M0.0 线圈置 1，然后设置脉冲的控制字节和初始参数，再允许所有的中断，最后执行高速脉冲输出 PLS 指令，让高速脉冲发生器按设定的控制字节和参数产生，并从 Q0.0 端子输出 PWM 脉冲，同时从子程序返回到主程序网络 2，由于网络 2 和网络 3 中的指令条件不满足，故程序执行网络 4，M0.0 常开触点闭合（在子程序中 M0.0 线圈被置 1），执行 ATCH 指令，将 INT_0 中断程序与中断事件 0（I0.0 上升沿中断）连接起来。当 Q0.0 端子输出脉冲上升沿时，I0.0 端子输入脉冲上升沿，中断事件 0 马上发出中断请求，系统响应该中断并执行 INT_0 中断程序。

在 INT_0 中断程序中，ADD_I 指令先将脉冲宽度值增加 0.5s，再执行 PLS 指令，让 Q0.0 端子输出完前一个 PWM 脉冲后按新设置的宽度输出下一个脉冲，接着执行中断分离 DTCH 指令，将中断事件 0 与 INT_0 中断程序分离，然后从中断程序返回主程序。在主程序中，又执行中断连接 ATCH 指令，将 INT_0 中断程序与中断事件 0 连接起来，在 Q0.0 端子输出第二个 PWM 脉冲上升沿时，又会因产生中断而再次执行 INT_0 中断程序，将脉冲宽度值再增加 0.5s，之后执行 PLS 指令让 Q0.0 端子输出的第三个脉冲宽度增加 0.5s。以后 INT_0 中断程序会重复执行，直到 SMW70 单元中的数值增加到 4500。

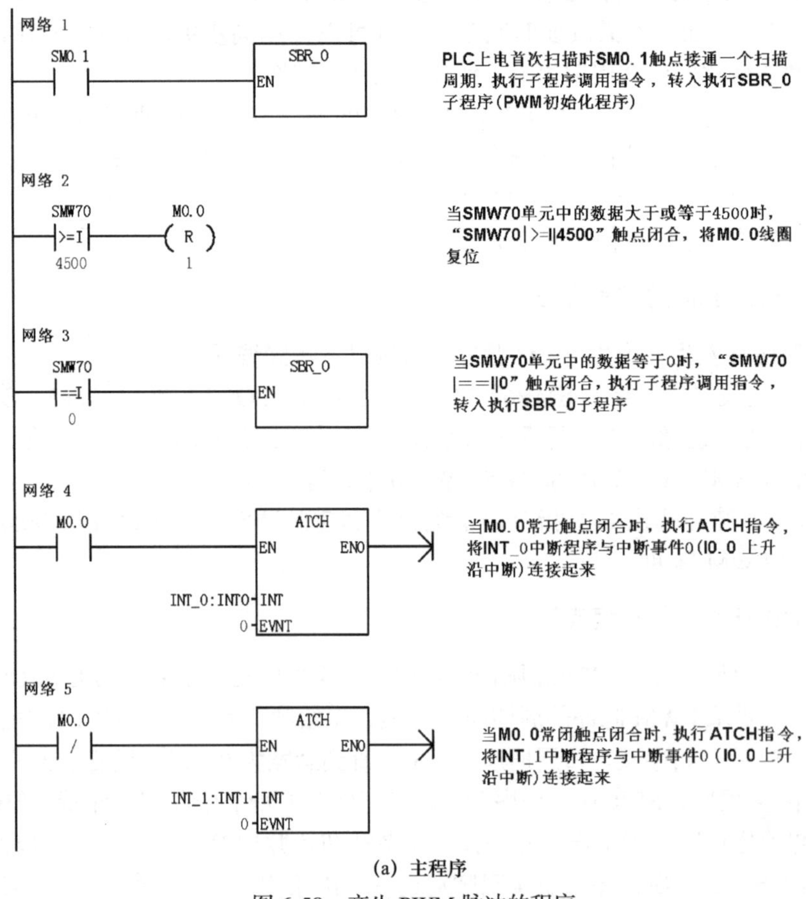


(a) 主程序

图 6-58　产生 PWM 脉冲的程序

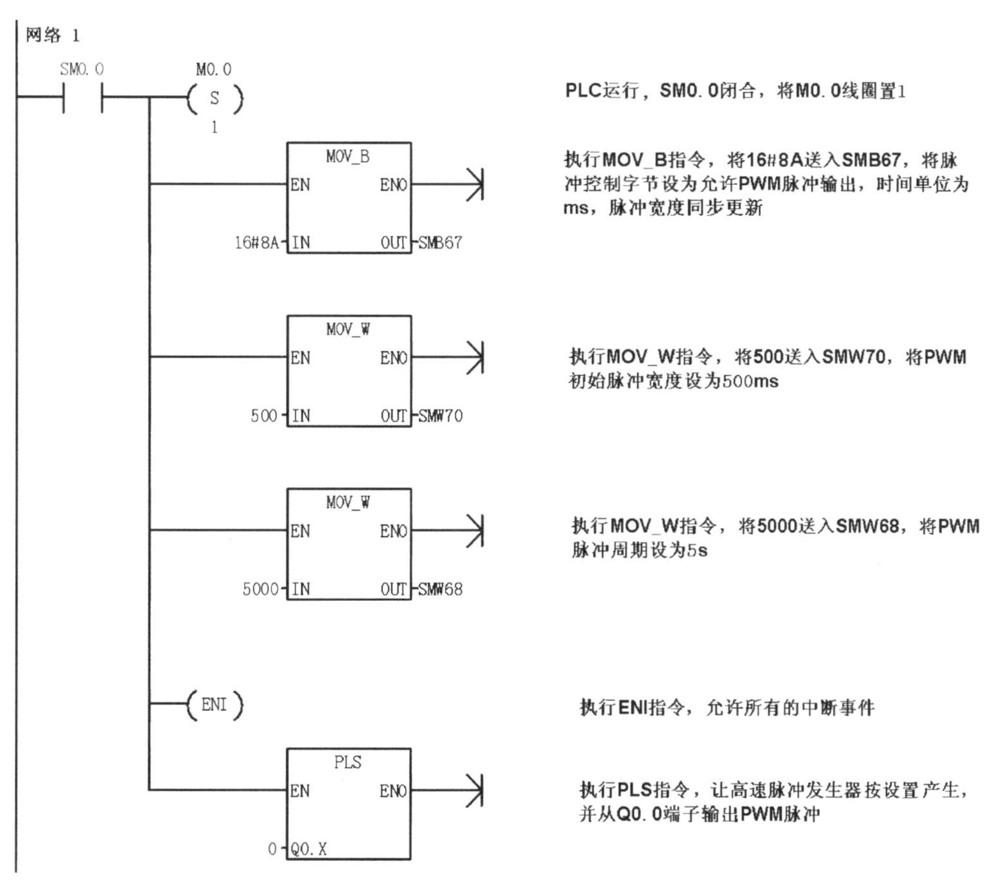


(b) SBR_0子程序（PWM初始化程序）

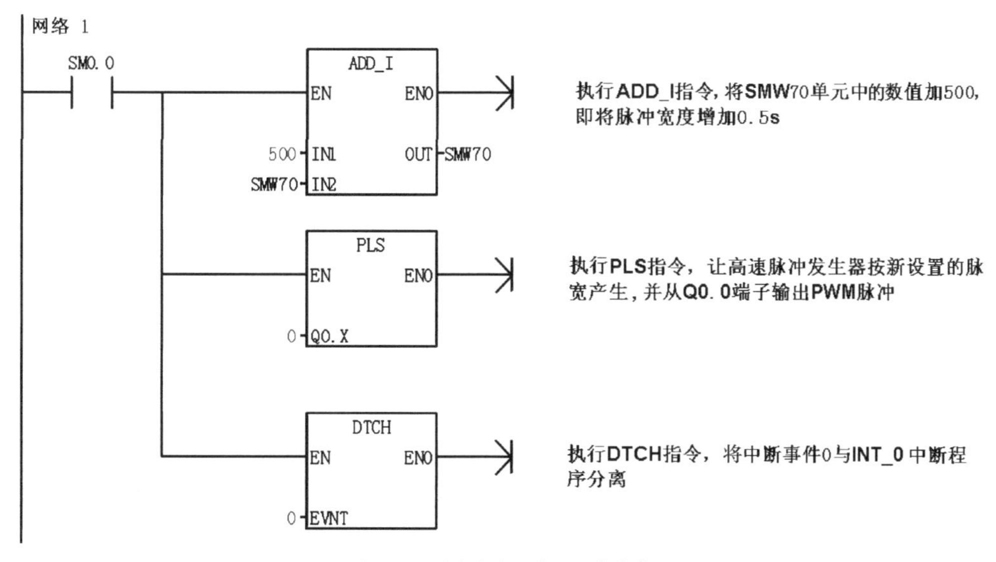


(c) INT_0中断程序（实现脉宽递增）

图 6-58　产生 PWM 脉冲的程序（续）

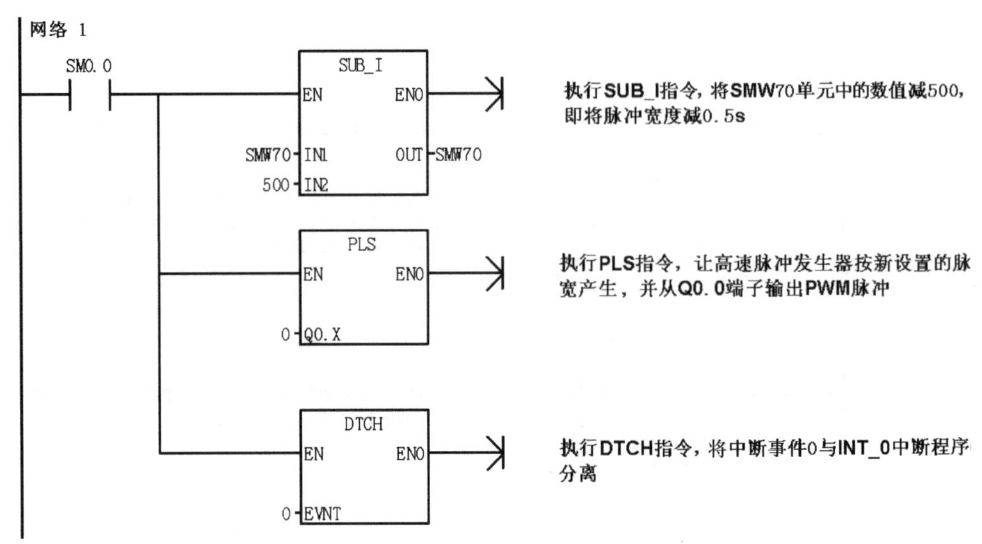


(d) INT_1中断程序（实现脉宽递减）

图 6-58　产生 PWM 脉冲的程序（续）

当 SMW70 单元中的数值增加到 4500 时，主程序中的“SMW70 | >=I | 4500”触点闭合，将 M0.0 线圈复位，网络 4 中的 M0.0 常开触点断开，ATCH 指令和 INT_0 中断程序无法执行，网络 5 中的 M0.0 常闭触点闭合，执行 ATCH 指令，将 INT_1 中断程序与中断事件 0 连接起来。当 Q0.0 端子输出脉冲上升沿（I0.0 端子输入脉冲上升沿）时，中断事件 0 马上发出中断请求，系统响应该中断，执行 INT_1 中断程序。

在 INT_1 中断程序中，先将脉冲宽度值减 0.5s，再执行 PLS 指令，让 Q0.0 端子输出 PWM 脉冲宽度减 0.5s，接着执行 DTCH 指令，分离中断，然后从中断程序返回主程序。在主程序中，执行网络 5 中的 ATCH 指令，将 INT_1 中断程序与中断事件 0 连接起来，在 Q0.0 端子输出 PWM 脉冲上升沿时，又会因产生中断而再次执行 INT_1 中断程序，将脉冲宽度值再减 0.5s。以后 INT_1 中断程序会重复执行，直到 SMW70 单元中的数值减少到 0。

当 SMW70 单元中的数值减少到 0 时，主程序中的“SMW70 | ==I | 0”触点闭合，子程序调用指令执行，转入执行 SBR_0 子程序，进行 PWM 初始化操作。

以后程序重复上述工作过程，从而使 Q0.0 端子输出先递增 0.5s、后递减 0.5s、周期为 5s 的连续 PWM 脉冲。

## 6.16 PID 指令及相关内容说明

### 6.16.1 PID 控制

**PID 的英文全称为 Proportion Integration Differentiation，PID 控制又称比例积分微分控制，是一种闭环控制。**下面以图 6-59 所示的恒压供水系统为例来说明 PID 控制原理。

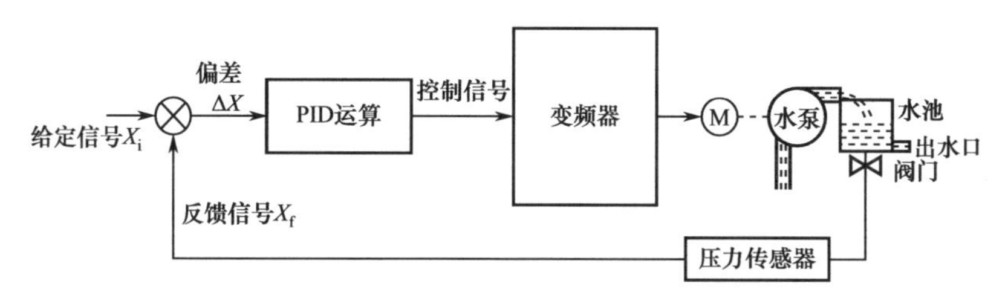


图 6-59　恒压供水系统的 PID 控制

电动机驱动水泵将水抽入水池，水池中的水除了经出水口提供用水外，还经阀门送到压力传感器，传感器将水压大小转换成相应的电信号 $X_f$，$X_f$ 被反馈到比较器与给定信号 $X_i$ 进行比较，得到偏差信号 $\Delta X$（$\Delta X = X_i - X_f$）。

若 $\Delta X>0$，则表明水压小于给定值，偏差信号经 PID 运算得到控制信号，控制变频器，使之输出频率上升，电动机转速加快，水泵抽水量增多，水压增大。

若 $\Delta X<0$，则表明水压大于给定值，偏差信号经 PID 运算得到控制信号，控制变频器，使之输出频率下降，电动机转速变慢，水泵抽水量减少，水压下降。

若 $\Delta X = 0$，则表明水压等于给定值，偏差信号经 PID 运算得到控制信号，控制变频器，使之输出频率不变，电动机转速不变，水泵抽水量不变，水压不变。

由于控制回路具有滞后性，故水压值总与给定值有偏差。例如，当用水量增多、水压下降时，$\Delta X>0$，控制电动机转速变快，水泵抽水量增大，但从压力传感器检测到水压下降到控制电动机转速加快、提高抽水量需要一定的时间。通过提高电动机转速恢复水压后，系统又要将电动机转速调回正常值，这也需要一定的时间，在这段回调时间内水泵抽水量会偏多，导致水压增大，又需进行反调。这样的结果是水池水压会在给定值上下波动（振荡），即水压不稳定。

在采用 PID 运算后可以有效减少控制环路滞后和过调问题（无法彻底消除）。**PID 运算包括 P 运算、I 运算和 D 运算。P（比例）运算是将偏差信号 $\Delta X$ 按比例放大，提高控制的灵敏度；I（积分）运算是对偏差信号进行积分运算，消除 P 运算比例引起的误差和提高控制精度，但积分运算使控制具有滞后性；D（微分）运算是对偏差信号进行微分运算，使控制具有超前性和预测性。**

## 6.16.2　PID 指令介绍

### 1. 指令说明

PID 指令说明如表 6-76 所示。

表 6-76　PID 指令说明

| 指令名称 | 梯形图 | 功能说明 | 操作数 | |
|---|---|---|---|---|
| | | | TBL | LOOP |
| PID 指令<br>(PID) | PID<br>EN ENO<br>????-TBL<br>????-LOOP | 从 TBL 指定首地址的参数表中取出有关值对 LOOP 回路进行 PID 运算。<br>TBL：PID 参数表的起始地址；<br>LOOP：PID 回路号 | VB<br>(字节型) | 常数 0 ～ 7<br>(字节型) |

### 2. PID 控制回路参数表

PID 运算由 P（比例）、I（积分）和 D（微分）三项运算组成，PID 运算公式如下：

$$M_n=[K_C\times(SP_n-PV_n)]+[K_C\times(T_S/T_I)\times(SP_n-PV_n)+M_x]+[K_C\times(T_D/T_S)\times(SP_n-PV_n)]$$

在上式中，$M_n$ 为 PID 运算输出值，$[K_C\times(SP_n-PV_n)]$ 为比例运算项，$[K_C\times(T_S/T_I)\times(SP_n-PV_n)+M_x]$ 为积分运算项，$[K_C\times(T_D/T_S)\times(SP_n-PV_n)]$ 为微分运算项。

要进行 PID 运算，须先在 PID 控制回路参数表中设置运算公式中的变量值。PID 控制回路参数表见表 6-77。在表中，过程变量（$PV_n$）相当于图 6-59 中的反馈信号，给定值（$SP_n$）相当于图 6-59 中的给定信号，输出值（$M_n$）为 PID 运算结果值，相当于图 6-59 中的控制信号。如果将过程变量（$PV_n$）的值存放在 VD200 双字单元，那么给定值（$SP_n$）、输出值（$M_n$）要分别存放在 VD204、VD208 单元。

表 6-77　PID 控制回路参数表

| 地址偏移量 | 变 量 名 | 格　式 | 类　型 | 说　明 |
|---|---|---|---|---|
| 0 | 过程变量（$PV_n$） | 实型 | 输入 | 取值范围为 0.0~1.0 |
| 4 | 给定值（$SP_n$） | 实型 | 输入 | 取值范围为 0.0~1.0 |
| 8 | 输出值（$M_n$） | 实型 | 输入/输出 | 取值范围为 0.0~1.0 |
| 12 | 增益值（$K_C$） | 实型 | 输入 | 比例常数，可正可负 |
| 16 | 采样时间（$T_S$） | 实型 | 输入 | 单位为秒，必须是正数 |
| 20 | 积分时间（$T_I$） | 实型 | 输入 | 单位为分钟，必须是正数 |
| 24 | 微分时间（$T_D$） | 实型 | 输入 | 单位为分钟，必须是正数 |
| 28 | 上一次积分值（$M_x$） | 实型 | 输入/输出 | 积分项前项，取值范围为 0.0~1.0 |
| 32 | 上一次过程变量（$PV_{n-1}$） | 实型 | 输入/输出 | 最近一次运算的过程变量 |

### 3. PID 运算项的选择

**PID 运算由 P（比例）、I（积分）和 D（微分）三项运算组成，可以根据需要选择其中的一项或两项进行运算。**

① 如果不需要积分运算，则在参数表中将积分时间（$T_I$）设为无限大，（$T_S/T_I$）值接近 0，虽然没有积分运算，但由于有上一次积分值 $M_x$，故积分项的值也不为 0。

② 如果不需要微分运算，则将微分时间（$T_D$）设为 0.0。

③ 如果不需要比例运算，但需要积分或微分回路，则可以把增益值（$K_C$）设为 0.0，系统会在计算积分项和微分项时，把增益值（$K_C$）当作 1.0 看待。

### 4. PID 输入量的转换与标准化

**PID 控制电路有两个输入量：给定值和过程变量。**给定值通常是人为设定的参照值，如设置的水压值；过程变量来自受控对象，如压力传感器检测到的水压值。**由于现实中的给定值和过程变量的大小、范围和工程单位可能不一样，故在执行 PID 指令进行 PID 运算前，必须先把输入量转换成标准的浮点型数值。**

PID 输入量的转换与标准化过程如下：

① 将输入量从 16 位整数值转换成 32 位实数（浮点数）。该转换程序如图 6-60 所示。

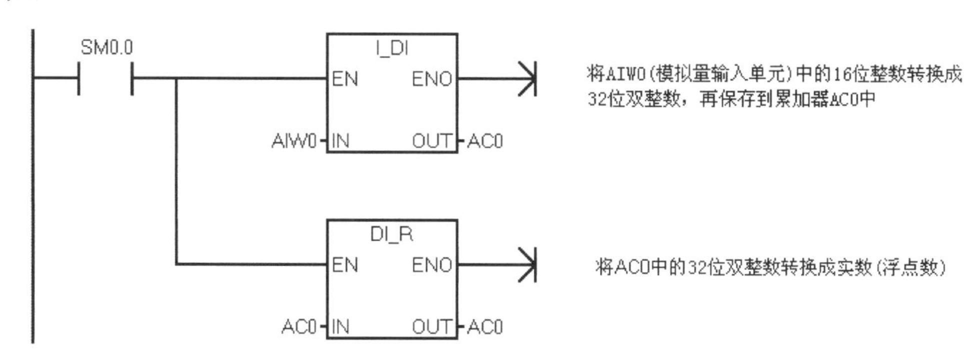


图 6-60　16 位整数值转换成 32 位实数

② 将实数转换成 0.0 ～ 1.0 的标准化数值。转换表达式为

输入量的标准化值＝输入量的实数值 / 跨度 + 偏移量

跨度通常取 32000（针对 0 ～ 32000 单极性数值）或 64000（针对 -32000 ～ +32000 双极性数值）；偏移量取 0.0（单极性数值）或 0.5（双极性数值）。该转换程序如图 6-61 所示。

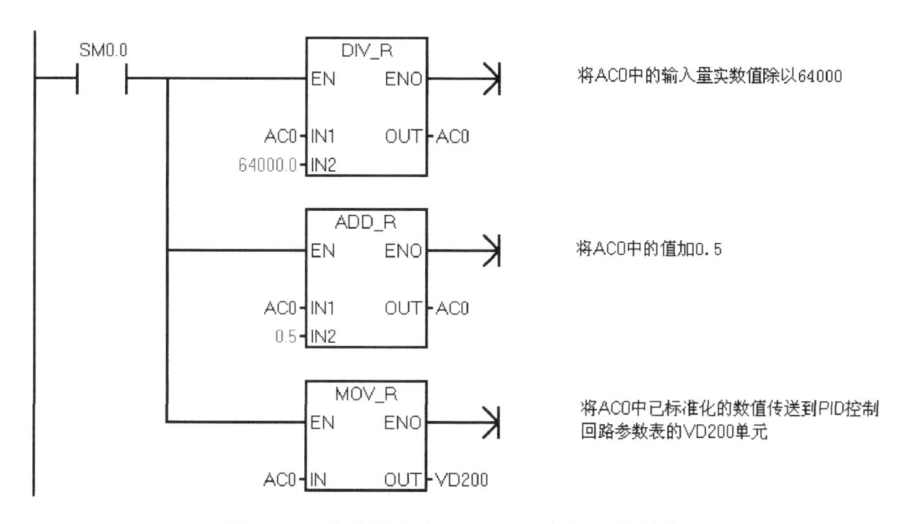


图 6-61　实数转换成 0.0 ～ 1.0 的标准化数值

### 5. PID 输出量的转换

在 PID 运算前，需要先将实际输入量转换成 0.0 ～ 1.0 的标准值，然后进行 PID 运算，PID 运算后得到的输出量也是 0.0 ～ 1.0 的标准值，由于这样的数值无法直接驱动 PID 的控制对象，因此需要将输出的标准值按比例转换成 16 位整数，再送到模拟量输出单元，通过模拟量输出端子输出。

PID 输出量的转换表达式为

PID 输出量整数值＝ (PID 运算输出量标准值 - 偏移量 )× 跨度

PID 输出量的转换程序如图 6-62 所示。

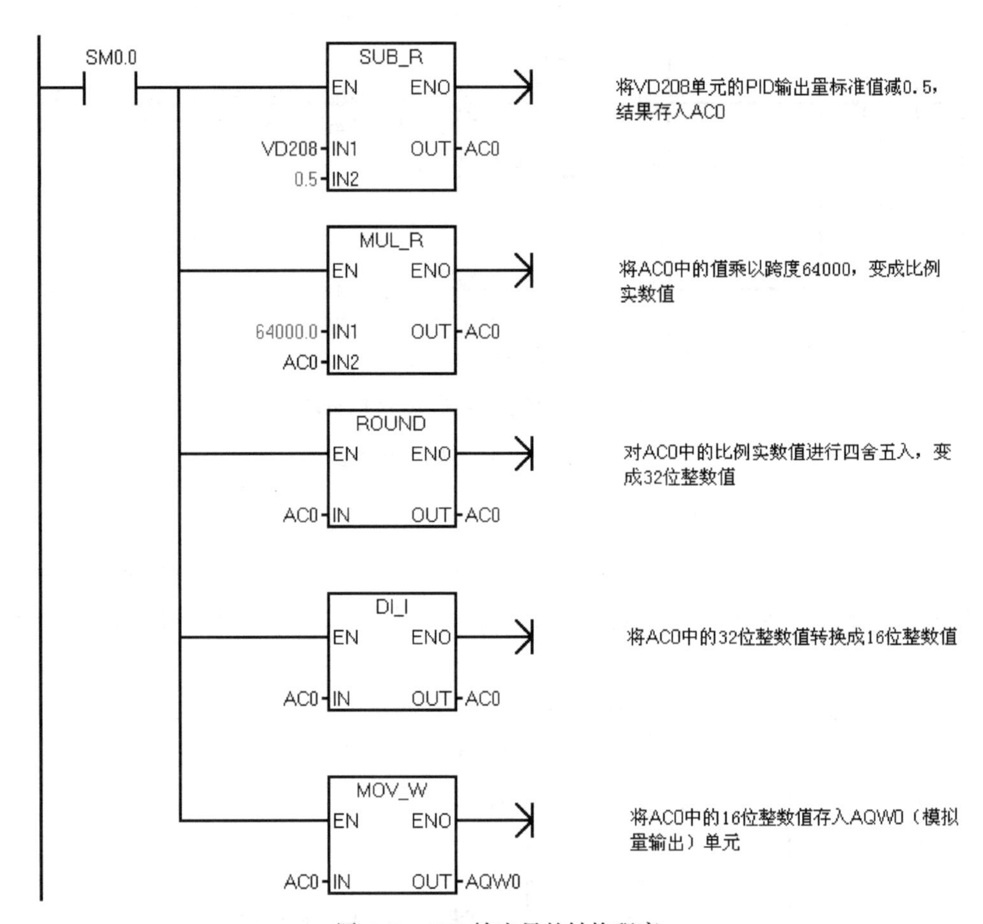


图 6-62　PID 输出量的转换程序

## 6.16.3　PID 指令应用举例

下面以图 6-59 所示的恒压供水系统为例来说明 PID 指令的应用。

**在编写 PID 控制程序前，首先要确定 PID 控制回路参数表的内容。参数表中的给定值 $SP_n$、增益值 $K_C$、采样时间 $T_S$、积分时间 $T_I$、微分时间 $T_D$ 需要在 PID 指令执行前输入，来自压力传感器的过程变量需要在 PID 指令执行前转换成标准化数值并存入过程变量单元。**参数表中的变量值不仅要根据具体情况来确定，还要在实际控制时反复调试以达到最佳控制效果。本例中的 PID 控制回路参数表的值见表 6-78，因为希望水箱水压维持在满水压的 70%，故将给定值 $SP_n$ 设为 0.7，不需要进行微分运算，将微分时间设为 0。

恒压供水系统的 PID 控制程序如图 6-63 所示。

表 6-78　PID 控制回路参数表的值

| 变量存储地址 | 变 量 名 | 数　　值 |
| --- | --- | --- |
| VB100 | 过程变量 $PV_n$ | 来自压力传感器，并经 A/D 转换和标准化处理得到的标准化数值 |
| VB104 | 给定值 $SP_n$ | 0.7 |
| VB108 | 输出值 $M_n$ | PID 回路的输出值（标准化数值） |
| VB112 | 增益值 $K_C$ | 0.3 |
| VB116 | 采样时间 $T_S$ | 0.1 |
| VB120 | 积分时间 $T_I$ | 30 |
| VB124 | 微分时间 $T_D$ | 0（关闭微分作用） |
| VB128 | 上一次积分值 $M_x$ | 根据 PID 运算结果更新 |
| VB132 | 上一次过程变量 $PV_{n-1}$ | 最近一次 PID 的变量值 |

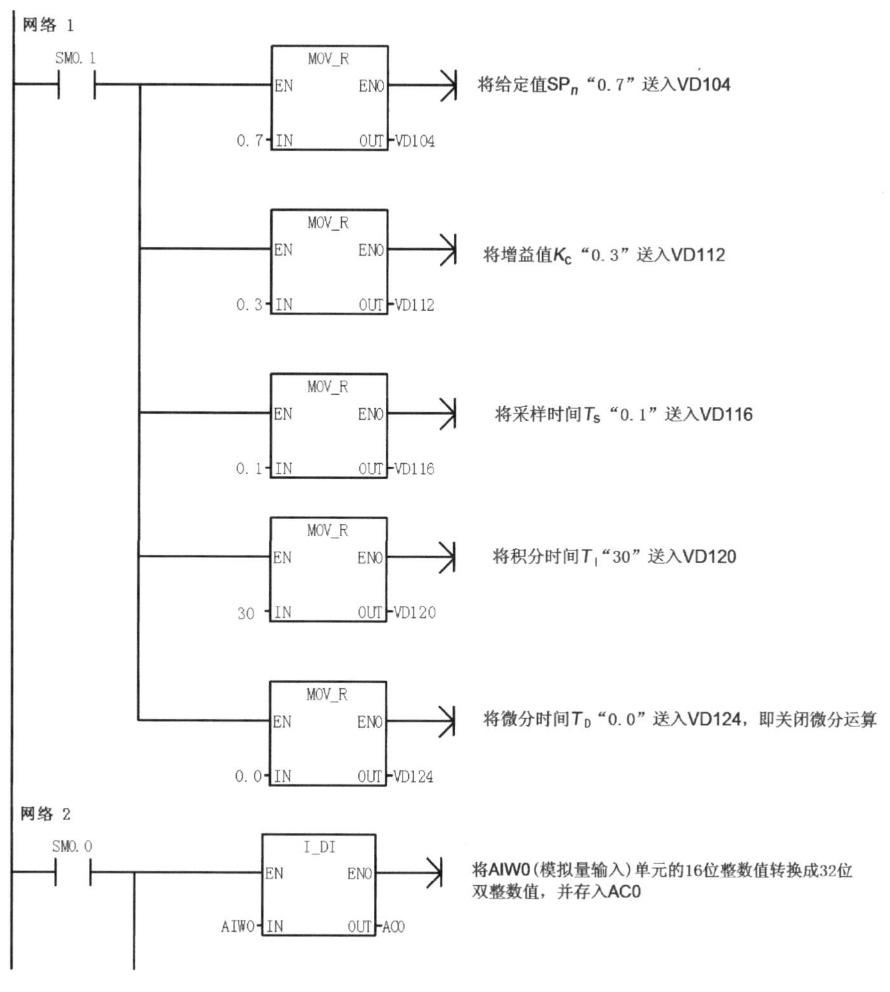


图 6-63　恒压供水系统的 PID 控制程序

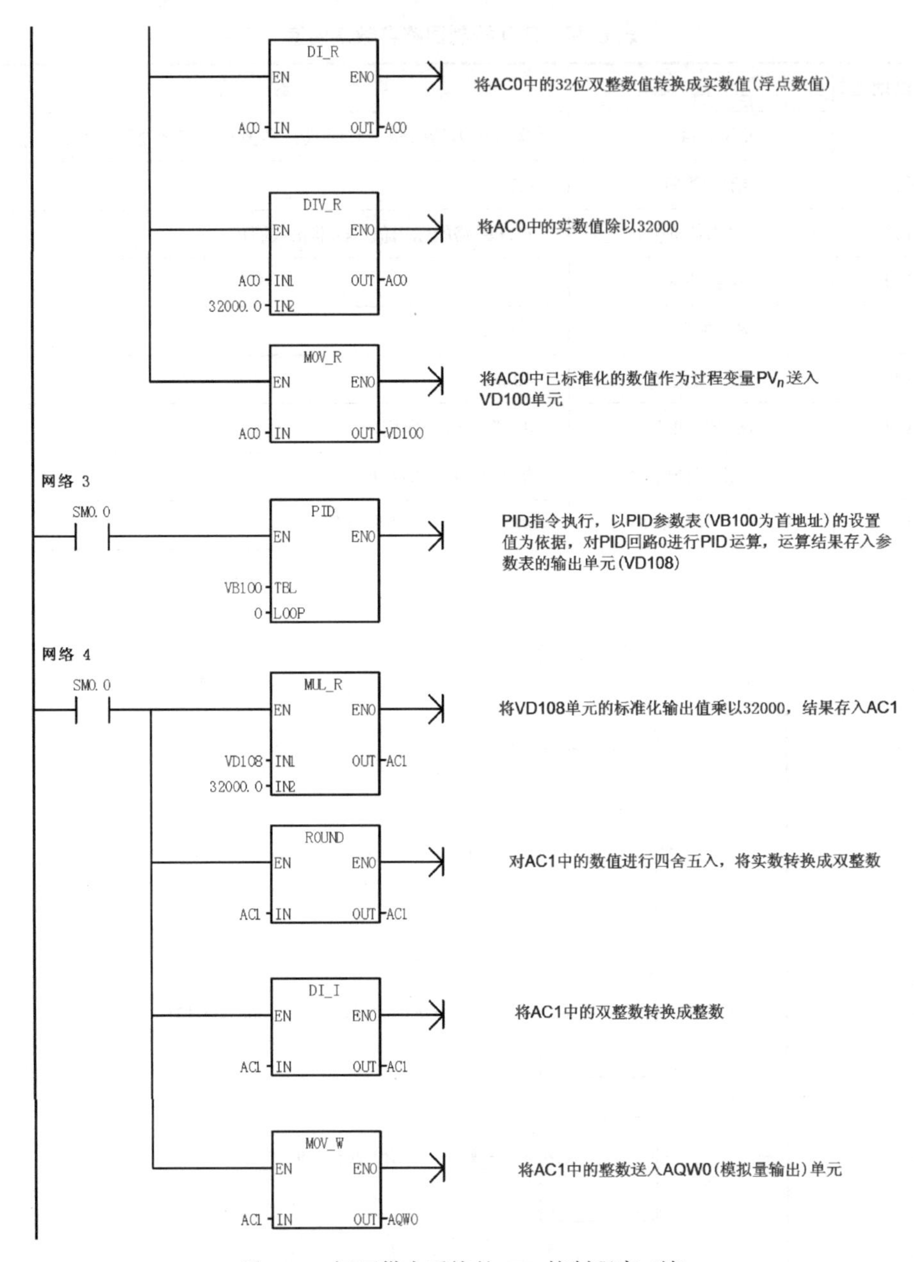


图 6-63　恒压供水系统的 PID 控制程序（续）

在程序中，网络 1 用于设置 PID 控制回路的参数表，包括设置给定值 $SP_n$、增益值 $K_C$、采样时间 $T_S$、积分时间 $T_I$ 和微分时间 $T_D$；网络 2 用于将模拟量输入 AIW0 单元中的整数值转换成 0.0 ~ 1.0 的标准化数值，并作为过程变量 $PV_n$ 存入参数表的 VD100 单元，AIW0 单元中的整数值由压力传感器产生的模拟信号经 PLC 的 A/D（模 / 数）转换模块转换而来；网络 3 用于启动系统，并从参数表取变量值进行 PID 运算，输出值 $M_n$ 存入参数表的 VD108 单元；网络 4 用于将 VD108 中的标准化输出值（0.0 ~ 1.0）按比例转换成相应的整数值（0 ~ 32000），再存入模拟量输出 AQW0 单元，AQW0 单元中的整数经 D/A（数 / 模）转换模块转换成模拟信号，以便控制变频器的工作频率，进而通过控制水泵电动机的转速来调节水压。

# 第7章 PLC 通信

在科学技术迅速发展的背景下，为了提高效率，越来越多的企业开始采用可编程设备（如工业控制计算机、PLC、变频器、数控机床等）。为了便于管理和控制，需要将这些设备连接起来，以实现分散控制和集中管理。若想实现这一点，就必须掌握这些设备的通信技术。

## 7.1 通信基础知识

**通信是指一地与另一地之间的信息传递。**PLC 通信是指 PLC 与计算机、PLC 与 PLC、PLC 与人机界面（触摸屏），以及 PLC 与其他智能设备之间的数据传递。

### 7.1.1 通信方式

#### 1. 有线通信和无线通信

**有线通信是指以导线、电缆、光缆、纳米材料等看得见的材料为传输媒质的通信。无线通信是指以看不见的材料（如电磁波）为传输媒质的通信，**常见的无线通信有微波通信、短波通信、移动通信和卫星通信等。

#### 2. 并行通信与串行通信

（1）并行通信

**同时传输多位数据的通信方式称为并行通信。**并行通信如图 7-1 所示，计算机中的 8 位数据 10011101 通过 8 条数据线同时送到外部设备中。并行通信的特点是数据传输速度快，但由于需要的传输线多，故成本高，只适合近距离的数据通信。PLC 主机与扩展模块之间通常采用并行通信。

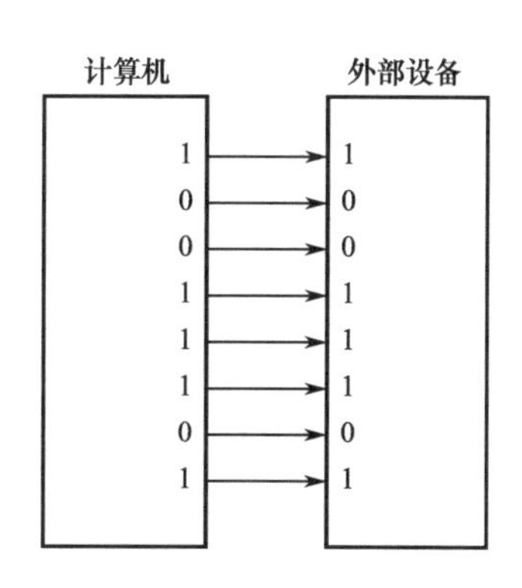

图 7-1　并行通信

（2）串行通信

**逐位依次传输数据的通信方式称为串行通信。**串行通信如图 7-2 所示，计算机中的 8 位数据 10011101 通过一条数据线逐位传送到外部设备中。串行通信的特点是数据传输速度慢，但由于只需要一条传输线，故成本低，适合远距离的数据通信。PLC 与计算机、PLC 与 PLC、PLC 与人机界面之间通常采用串行通信。

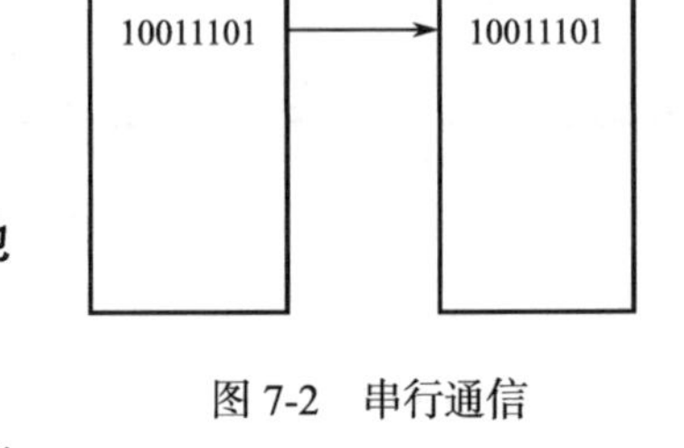


图 7-2　串行通信

### 3. 异步通信和同步通信

**串行通信又可分为异步通信和同步通信。PLC 与其他设备通常采用串行异步通信方式。**

（1）异步通信

**在异步通信中，数据是一帧一帧地传送的。**异步通信如图 7-3 所示，**这种通信是以帧为单位进行的数据传输，一帧数据传送完成后，既可以接着传送下一帧数据，也可以等待，等待期间为空闲位（高电平）。**

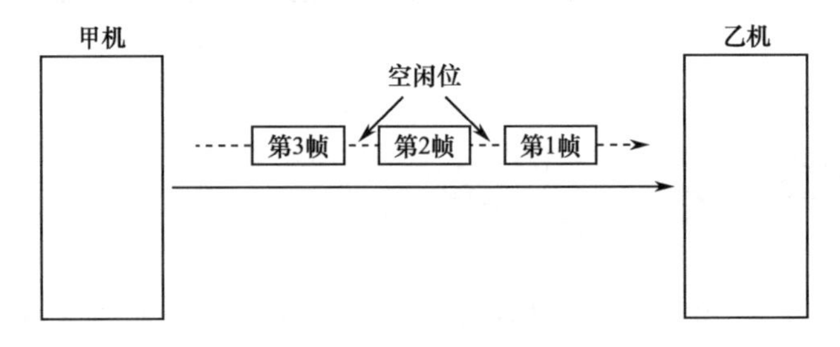


图 7-3　异步通信

串行通信时，数据是以帧为单位传送的，帧数据有一定的格式。帧数据格式如图 7-4 所示，从图中可以看出，**一帧数据由起始位、数据位、奇偶校验位和停止位组成。**

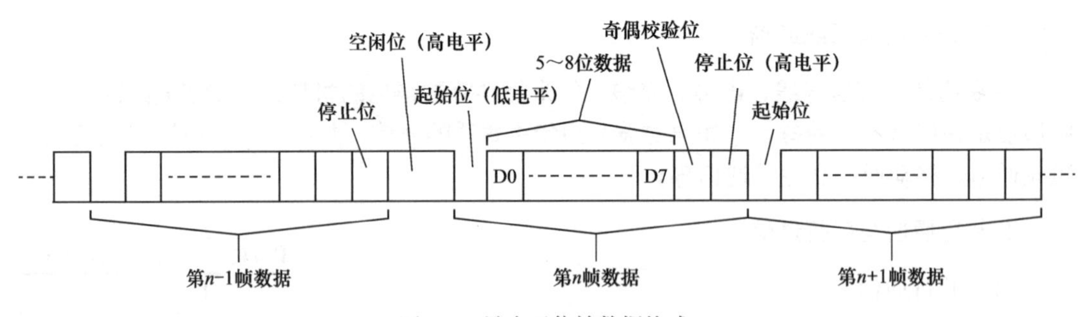


图 7-4　异步通信帧数据格式

**起始位：表示一帧数据的开始，起始位一定为低电平。**当甲机要发送数据时，先送一个低电平（起始位）到乙机，乙机接收到起始信号后，马上开始接收数据。

**数据位：它是要传送的数据，紧跟在起始位后面。**数据位的数据为 5 ～ 8 位，传送数据时是从低位到高位逐位进行的。

**奇偶校验位：该位用于检验传送的数据有无错误。**奇偶校验是检查数据传送过程中有无发生错误的一种校验方式，它分为奇校验和偶校验。奇校验是指数据和校验位中 1 的总个数为奇数，偶校验是指数据和校验位中 1 的总个数为偶数。

以奇校验为例，如果在发送设备传送的数据中有偶数个 1，为保证数据和校验位中 1 的总个数为奇数，应设奇偶校验位为 1。如果在传送过程中数据产生错误，其中一个 1 变为 0，那么传送到接收设备的数据和校验位中 1 的总个数为偶数，外部设备就知道传送过来的数据发生错误，会要求重新传送数据。

数据传送采用奇校验或偶校验均可，但要求发送端和接收端的校验方式一致。在帧数据中，奇偶校验位也可以不用。

**停止位：它表示一帧数据的结束**。停止位可以是 1 位、1.5 位或 2 位，但一定为高电平。

一帧数据传送结束后，既可以接着传送第二帧数据，也可以等待，等待期间数据线为高电平（空闲位）。如果要传送下一帧，则让数据线由高电平变为低电平（下一帧起始位开始），接收器就开始接收下一帧数据。

（2）同步通信

在异步通信中，由于每一帧数据发送前要用起始位，在结束时要用停止位，因此会占用一定的时间，导致数据传输速度较慢。为了提高数据传输速度，在计算机与一些高速设备数据通信时，常采用同步通信。同步通信的数据格式如图 7-5 所示。

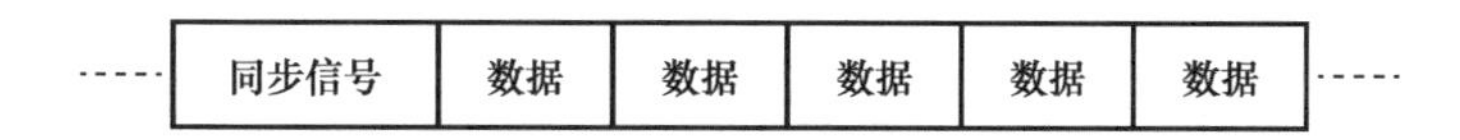


图 7-5　同步通信的数据格式

从图 7-5 中可以看出，在同步通信的数据后面取消了停止位，前面的起始位用同步信号代替，在同步信号后面可以跟很多数据，所以同步通信的传输速度快，但由于同步通信要求发送端和接收端严格保持同步（这需要用复杂的电路来保证），所以 PLC 不采用这种通信方式。

### 4. 单工通信、半双工通信、全双工通信

**在串行通信中，根据数据的传输方向不同，可分为三种通信方式：单工通信、半双工通信和全双工通信**。

（1）单工通信

单工通信如图 7-6（a）所示，数据只能由发送端（T）传输给接收端（R），**即在这种方式下，数据只能往一个方向传送**。

（2）半双工通信

半双工通信如图 7-6（b）所示，通信的双方都有发送器和接收器，由于只有一条数据线，所以双方不能在发送的同时进行接收，**即在这种方式下，数据可以双向传送，但在同一时间，只能往一个方向传送，只有一个方向的数据传送完成后，才能往另一个方向传送数据**。

（3）全双工通信

全双工通信如图 7-6（c）所示，**即在这种方式下，数据可以双向传送，通信的双方都有发送器和接收器，由于有两条数据线，所以双方在发送数据的同时可以接收数据**。

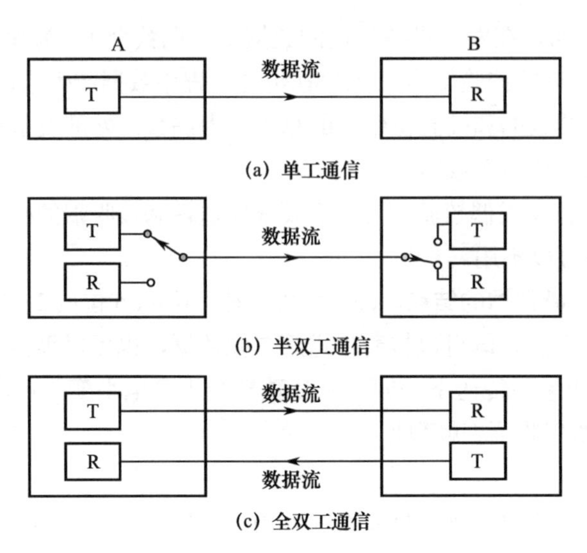


(a) 单工通信

(b) 半双工通信

(c) 全双工通信

图 7-6　三种通信方式

### 7.1.2　通信传输介质

**有线通信采用的传输介质主要有双绞线、同轴电缆和光缆。**这三种通信传输介质如图 7-7 所示。

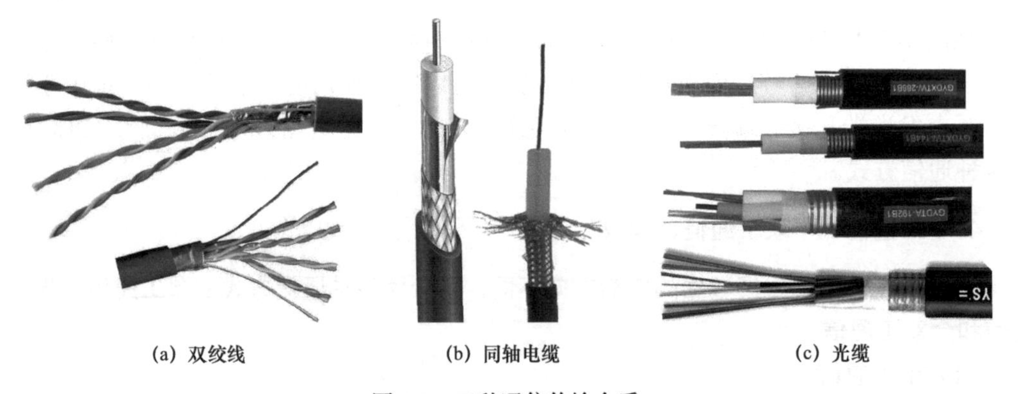

(a) 双绞线　　(b) 同轴电缆　　(c) 光缆

图 7-7　三种通信传输介质

（1）双绞线

双绞线是将两根导线扭绞在一起，以减少电磁波的干扰，如果再加上屏蔽套层，则抗干扰能力更好。双绞线的成本低、安装简单，RS232C、RS422A、RS485 和 RJ45 等接口多用双绞线电缆进行通信连接。

（2）同轴电缆

同轴电缆的结构是从内到外依次为内导体（芯线）、绝缘线、屏蔽层及外保护层。由于从截面看这四层构成了四个同心圆，故称为同轴电缆。根据通频带不同，同轴电缆可分为基带（50Ω）和宽带（75Ω）两种，其中基带同轴电缆常用于 Ethernet（以太网）中。同轴电缆的传送速率高、传输距离远，但价格较双绞线高。

（3）光缆

光缆由石英玻璃经特殊工艺拉成细丝结构，这种细丝的直径比头发丝还要细，一般直径为 8~10μm（单模光纤）或 50/62.5μm（多模光纤，50μm 为欧洲标准，62.5μm 为美国标准），但它能传输的数据量却是巨大的。

光纤是以光的形式传输信号的，其优点是传输的为数字的光脉冲信号，不会受电磁干扰，不怕雷击，不易被窃听，数据传输的安全性好，传输距离长，且带宽宽、传输速度快。但由于通信双方发送和接收的都是电信号，因此通信双方都需要价格昂贵的光纤设备进行光电转换。另外，光纤连接头的制作与光纤连接需要使用专业工具，并由专业的技术人员完成。

双绞线、同轴电缆和光缆的参数特性见表 7-1。

表 7-1　双绞线、同轴电缆和光缆的参数特性

| 特　性 | 双 绞 线 | 同轴电缆 | | 光　缆 |
|---|---|---|---|---|
| | | 基带（50Ω） | 宽带（75Ω） | |
| 传输速率 | 1~4Mbps | 1~10Mbps | 1~450Mbps | 10~500Mbps |
| 网络段最大长度 | 1.5km | 1~3km | 10km | 50km |
| 抗电磁干扰能力 | 弱 | 中 | 中 | 强 |

# 7.2 PLC 以太网通信

以太网是一种常见的通信网络，多台计算机通过网线与交换机连接起来就构成了一个以太网。以太网最多可连接 32 个网段、1024 个节点。以太网可实现高速（高达 100Mbps）、长距离（铜缆最远约为 1.5km，光纤最远约为 4.3km）的数据传输。

## 7.2.1　S7-200 SMART CPU 模块的以太网连接设备类型

S7-200 SMART CPU 模块具有以太网端口（俗称 RJ45 网线接口），既可以与编程计算机、HMI（又称触摸屏、人机界面等）和另一台 S7-200 SMART CPU 模块连接，也可以通过交换机与多台设备连接，以太网的连接电缆通常使用普通的网线。S7-200 SMART CPU 模块的以太网连接设备类型如图 7-8 所示。

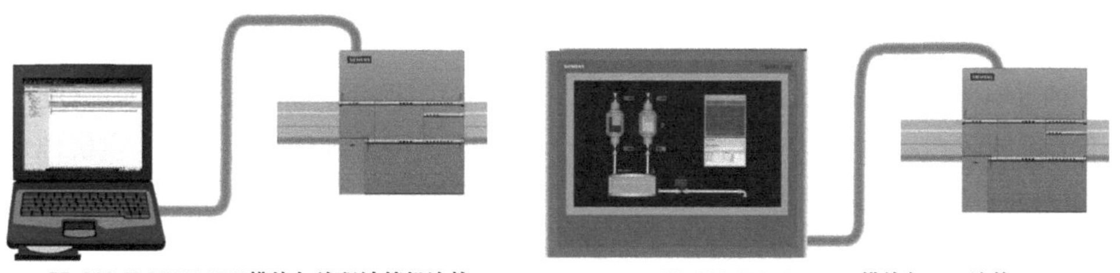


图 7-8　S7-200 SMART CPU 模块的以太网连接设备类型

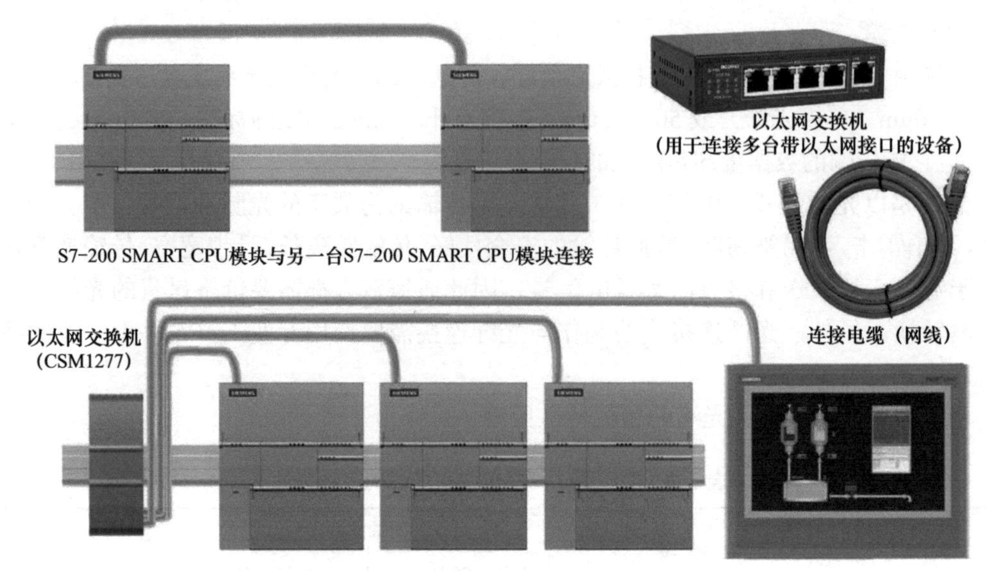


图 7-8　S7-200 SMART CPU 模块的以太网连接设备类型（续）

## 7.2.2　IP 地址的设置

**以太网中的各设备要进行通信，必须为每个设备设置不同的 IP 地址**，IP 是英文 Internet Protocol 的缩写，意思是“网络之间互连的协议”。

### 1. IP 地址的组成

**在以太网通信时，处于以太网中的设备都要有不同的 IP 地址，这样才能找到通信的对象**。图 7-9 所示是 S7-200 SMART CPU 模块的 IP 地址设置项，以太网 IP 地址由 IP 地址、子网掩码和默认网关组成，站名称是为了区分各通信设备而取的名称，可不填。

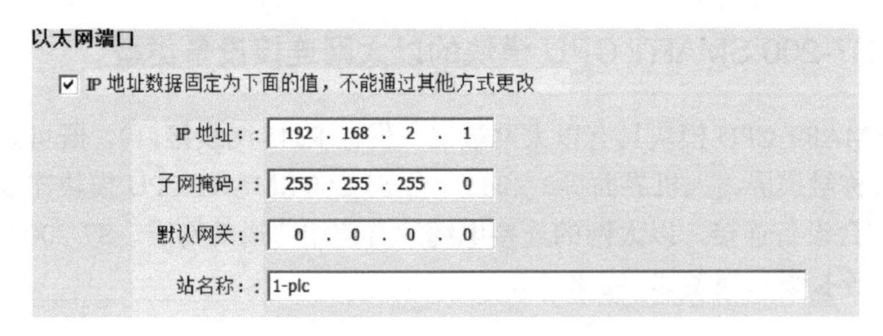


图 7-9　S7-200 SMART CPU 模块的 IP 地址设置项

IP 地址由 32 位二进制数组成，分为四组，每组 8 位（数值范围为 00000000 ～ 11111111），各组用十进制数表示（数值范围为 0 ～ 255），前三组为网络地址，后一组为主机地址（编号）。**如果两台设备 IP 地址的前三组数相同，则表示两台设备属于同一子网，同一子网内的设备主机地址不能相同，否则会产生冲突。**

子网掩码与 IP 地址一样，也由 32 位二进制数组成，分为四组，每组 8 位，各组用十进制数表示。**子网掩码用于检查以太网内的各通信设备是否属于同一子网**。在检查时，将子网掩码32位的各位与IP地址的各位进行相与运算（1•1=1，1•0=0，0•1=0，0•0=0），如果某两台设备的IP地址（如192.168.1.6和192.168.1.28）分别与子网掩码（255.255.255.0）进行相与运算，得到的结果相同（均为192.168.1.0），则表示这两台设备属于同一个子网。

**网关（Gateway）又称网间连接器、协议转换器，是一种具有转换功能，能将不同网络连接起来的计算机系统或设备（如路由器）**。同一子网（IP地址前三组数相同）的两台设备可以直接用网线连接起来进行以太网通信，同一子网的两台以上设备通信需要使用以太网交换机进行通信，但不需要用到网关；**如果两台或两台以上设备的IP地址不属于同一子网，则其通信就需要用到网关（路由器）**。网关可以将一个子网内的某设备发送的数据包发送到其他子网内的某设备内，反之亦可。如果通信设备处于同一个子网内，则不需要用到网关，不用设置网关地址。

### 2．计算机IP地址的设置及网卡型号查询

当计算机与S7-200 SMART CPU模块用网线连接起来后，就可以进行以太网通信，两者必须设置不同的IP地址。

计算机IP地址的设置（以Windows XP系统为例）操作如图7-10所示。在计算机桌面上双击“网上邻居”图标，弹出“网上邻居”窗口，单击窗口左边的“查看网络连接”，出现“网络连接”窗口，如图7-10（a）所示；在“本地连接”上右击，弹出快捷菜单，选择其中的“属性”，弹出“本地连接 属性”对话框，如图7-10（b）所示；在该对话框的“连接时使用”项可查看当前本地连接使用的网卡（网络接口卡）型号，在对话框的下方选中“Internet协议（TCP/IP）”项后，单击“属性”按钮，弹出“Internet协议（TCP/IP）属性”对话框，如图7-10（c）所示；选中“使用下面的IP地址”，再在下面设置IP地址（前三组数应与CPU模块的IP地址的前三组数相同）、子网掩码（设为255.255.255.0），如果计算机与CPU模块同属于一个子网，则不用设置网关，下面的DNS服务器地址也不用设置。

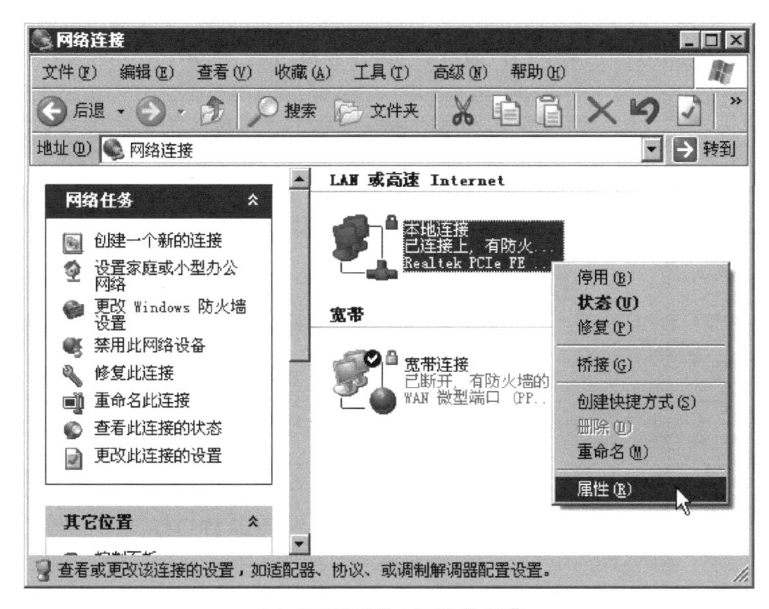


(a) 在快捷菜单中选择“属性”

图7-10　计算机IP地址的设置

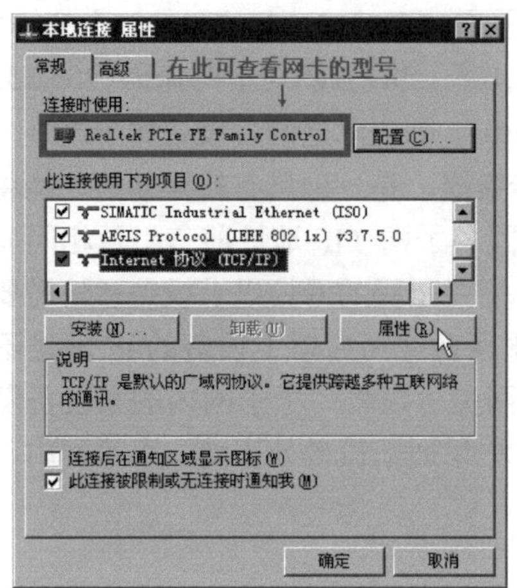


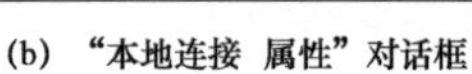
(b) “本地连接 属性”对话框

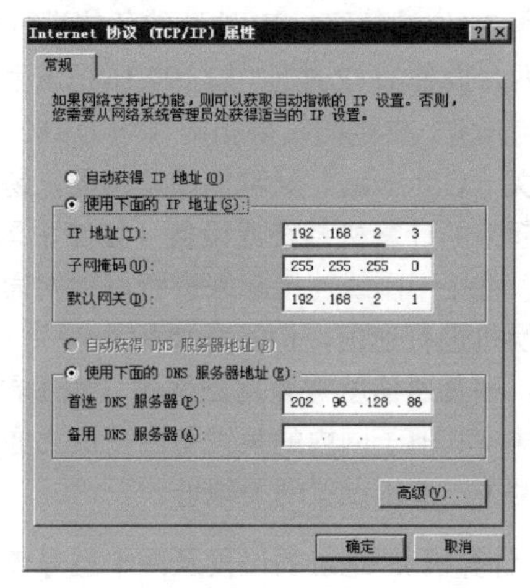


(c) “Internet协议（TCP/ IP）属性”对话框

图 7-10　计算机 IP 地址的设置（续）

### 3. CPU 模块的 IP 地址设置

S7-200 SMART CPU 模块的 IP 地址设置有三种方法。

（1）用编程软件的“通信”对话框设置 IP 地址

在 STEP 7-Micro/WIN SMART 软件中，双击项目指令树区域的“通信”，弹出“通信”对话框，如图 7-11（a）所示；在对话框中先选择计算机与 CPU 模块连接的网卡型号，再单击下方的“查找 CPU”按钮，计算机与 CPU 模块连接成功后，在“找到 CPU”下方会出现 CPU 模块的 IP 地址，如图 7-11（b）所示。如果要修改 CPU 模块的 IP 地址，可先在左边选中 CPU 模块的 IP 地址，然后单击右侧的“编辑”按钮，此时，“IP 地址”项变为可编辑状态，“编辑”按钮变成“设置”按钮，在输入新的 IP 地址后，单击“设置”按钮，CPU 模块的 IP 地址即可换成新的 IP 地址，如图 7-11（c）所示。

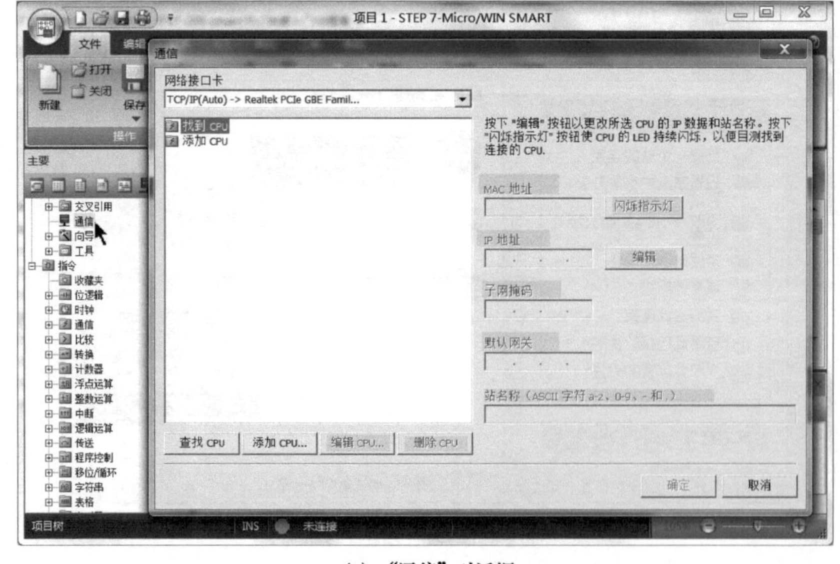


(a) “通信”对话框

图 7-11　用编程软件的“通信”对话框设置 IP 地址

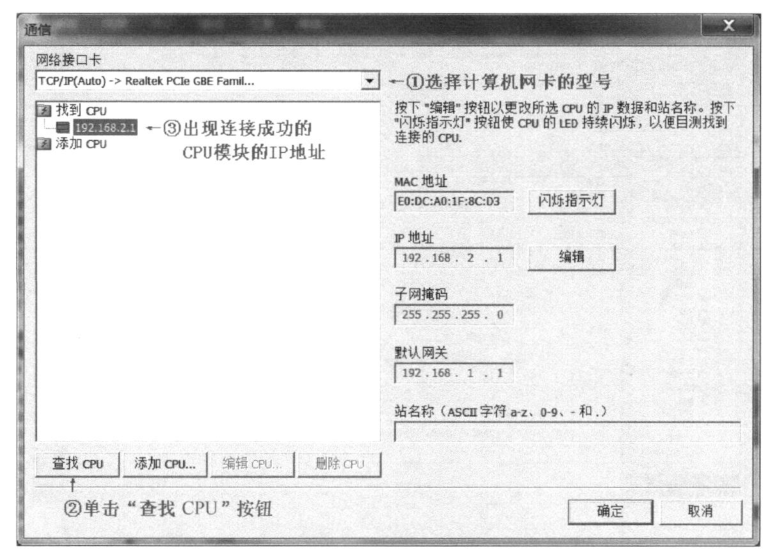


(b) 查找与计算机连接的CPU模块

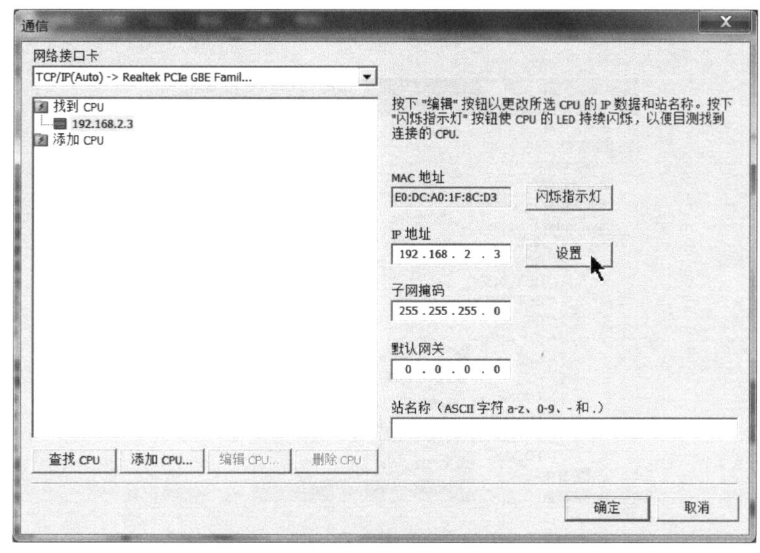


(c) 修改CPU模块的IP地址

图 7-11　用编程软件的“通信”对话框设置 IP 地址（续）

**注意：如果在系统块中设置了固定 IP 地址（又称静态 IP 地址），并下载到 CPU 模块中，则在“通信”对话框中是不能修改 IP 地址的。**

（2）用编程软件的“系统块”对话框设置 IP 地址

在 STEP 7-Micro/WIN SMART 软件中，双击项目指令树区域的“系统块”，弹出“系统块”对话框，如图 7-12（a）所示；在对话框中勾选“IP 地址数据固定为下面的值，不能通过其他方式更改”复选框，并对 IP 地址进行设置，如图 7-12（b）所示；单击“确定”按钮关闭对话框，并将系统块下载到 CPU 模块，从而为 CPU 模块设置了静态 IP 地址。

（3）在程序中使用 SIP_ADDR 指令设置 IP 地址

S7-200 SMART PLC 有 SIP_ADDR 指令和 GIP_ADDR 指令，如图 7-13 所示：SIP_ADDR 指令用于设置 IP 地址；GIP_ADDR 指令用于获取 IP 地址。

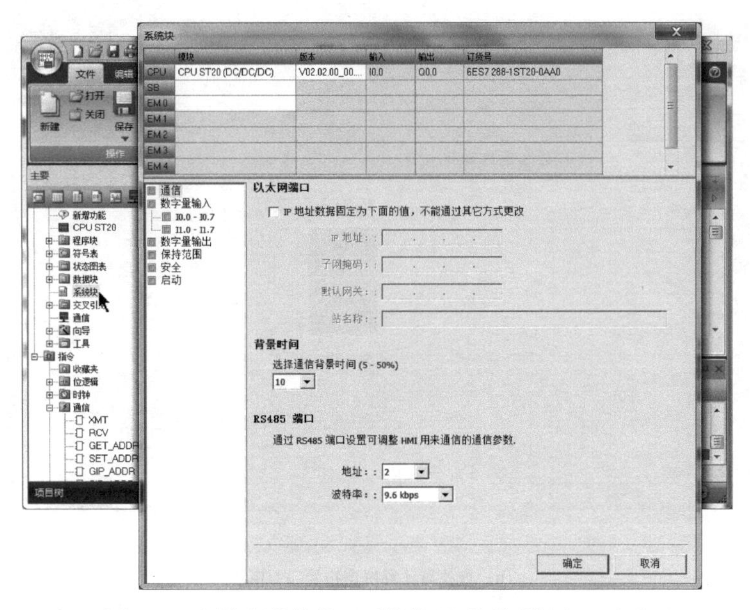


图 7-12　用编程软件的“系统块”对话框设置 IP 地址

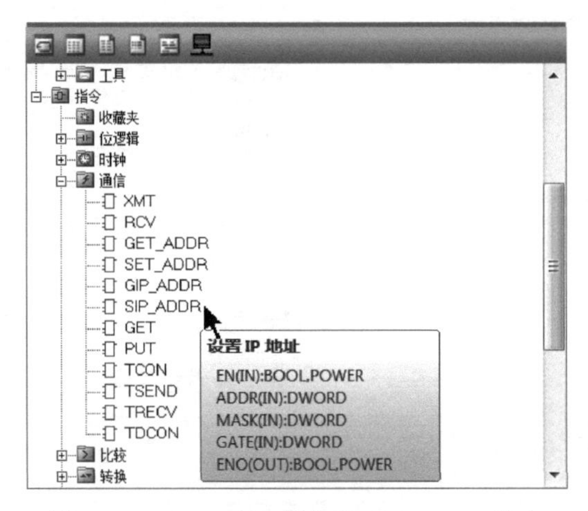


图 7-13　SIP_ADDR 指令和 GIP_ADDR 指令

### 7.2.3　以太网通信专用指令

S7-200 SMART PLC 的以太网通信专用指令有 4 条：SIP_ADDR 指令（用于设置 IP 地址）、GIP_ADDR 指令（用于获取 IP 地址）、GET 指令（用于从远程设备读取数据）和 PUT 指令（用于往远程设备写入数据）。

#### 1．SIP_ADDR、GIP_ADDR 指令

SIP_ADDR 指令用于设置 CPU 模块的 IP 地址，GIP_ADDR 指令用于获取 CPU 模块的 IP 地址。

SIP_ADDR、GIP_ADDR 指令说明如表 7-2 所示。

表 7-2　SIP_ADDR、GIP_ADDR 指令说明

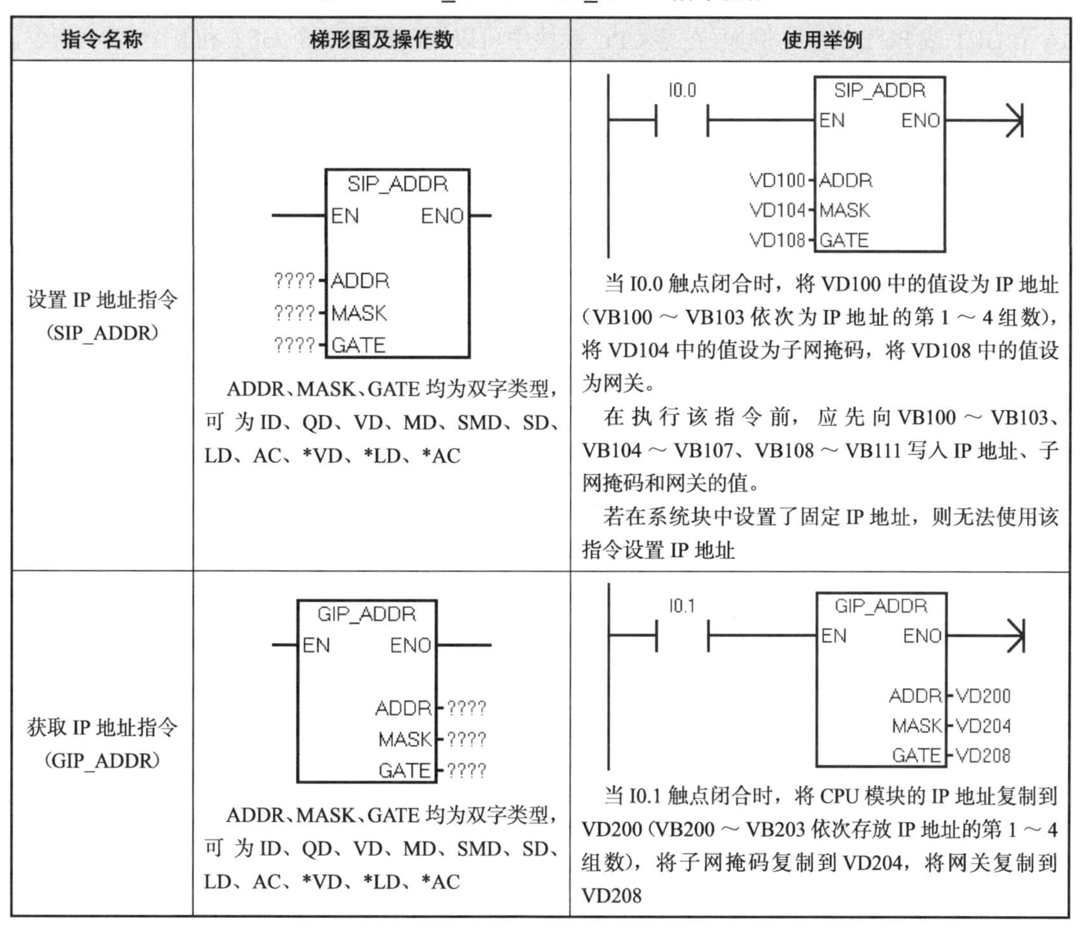

| 指令名称 | 梯形图及操作数 | 使用举例 |
|---|---|---|
| 设置 IP 地址指令（SIP_ADDR） | SIP_ADDR<br>EN　ENO<br>????-ADDR<br>????-MASK<br>????-GATE<br>ADDR、MASK、GATE 均为双字类型，可为 ID、QD、VD、MD、SMD、SD、LD、AC、*VD、*LD、*AC | I0.0<br>SIP_ADDR<br>EN　ENO<br>VD100-ADDR<br>VD104-MASK<br>VD108-GATE<br>当 I0.0 触点闭合时，将 VD100 中的值设为 IP 地址（VB100 ～ VB103 依次为 IP 地址的第 1 ～ 4 组数），将 VD104 中的值设为子网掩码，将 VD108 中的值设为网关。<br>在执行该指令前，应先向 VB100 ～ VB103、VB104 ～ VB107、VB108 ～ VB111 写入 IP 地址、子网掩码和网关的值。<br>若在系统块中设置了固定 IP 地址，则无法使用该指令设置 IP 地址 |
| 获取 IP 地址指令（GIP_ADDR） | GIP_ADDR<br>EN　ENO<br>ADDR-????<br>MASK-????<br>GATE-????<br>ADDR、MASK、GATE 均为双字类型，可为 ID、QD、VD、MD、SMD、SD、LD、AC、*VD、*LD、*AC | I0.1<br>GIP_ADDR<br>EN　ENO<br>ADDR-VD200<br>MASK-VD204<br>GATE-VD208<br>当 I0.1 触点闭合时，将 CPU 模块的 IP 地址复制到 VD200（VB200 ～ VB203 依次存放 IP 地址的第 1 ～ 4 组数），将子网掩码复制到 VD204，将网关复制到 VD208 |

## 2．GET、PUT 指令

**GET 指令用于通过以太网通信方式从远程站读取数据，PUT 指令用于通过以太网通信方式往远程站写入数据。**

（1）指令说明

GET、PUT 指令说明如表 7-3 所示。

表 7-3　GET、PUT 指令说明

| 指令名称 | 梯形图 | 功能说明 | 操作数 |
|---|---|---|---|
| 以太网读取数据指令（GET） | GET<br>EN　ENO<br>????-TABLE | 按照以 ???? 为首单元构成的 TABLE 表的定义，通过以太网通信方式从远程站读取数据 | TABLE 均为字节类型，可为 IB、QB、VB、MB、SMB、SB、*VD、*LD、*AC |
| 以太网写入数据指令（PUT） | PUT<br>EN　ENO<br>????-TABLE | 按照以 ???? 为首单元构成的 TABLE 表的定义，通过以太网通信方式将数据写入远程站 | |

在程序中使用的 GET 和 PUT 指令数量不受限制，但在同一时间内最多只能激活共 16 个 GET 或 PUT 指令。例如，在某 CPU 模块中可以同时激活 8 个 GET 和 8 个 PUT 指令，或者 6 个 GET 和 10 个 PUT 指令。

当执行 GET 或 PUT 指令时，CPU 与 GET 或 PUT 表中的远程 IP 地址建立以太网连接。该 CPU 可同时保持最多 8 个连接。连接建立后，该连接将一直保持到在 CPU 进入 STOP 模式为止。

针对所有与同一 IP 地址直接相连的 GET/PUT 指令，CPU 采用单一连接。例如，远程 IP 地址为 192.168.2.10，如果同时启用 3 个 GET 指令，则会在一个 IP 地址为 192.168.2.10 的以太网连接上按顺序执行这些 GET 指令。

如果尝试创建第 9 个连接（第 9 个 IP 地址），则 CPU 会先在所有连接中搜索，查找处于未激活状态时间最长的一个连接，并断开该连接，再与新的 IP 地址创建连接。

（2）TABLE 表说明

**在使用 GET、PUT 指令进行以太网通信时，需要先设置 TABLE 表，然后执行 GET 或 PUT 指令，CPU 模块按照 TABLE 表的定义，从远程站读取数据或往远程站写入数据。**

GET、PUT 指令的 TABLE 表说明见表 7-4。以通过 GET 指令将 TABLE 表指定为 VB100 为例，VB100 用于存放通信状态或错误代码，VB100 ～ VB104 按顺序存放远程站 IP 地址的四组数，VB105、VB106 为保留字节，须设为 0，VB107 ～ VB110 用于存放远程站待访问数据区的起始单元地址，VB111 用于存放远程站待访问的字节数量，VB112 ～ VB115 用于存放本地站待访问数据区的起始单元地址。

表 7-4　GET、PUT 指令的 TABLE 表说明

| 字节偏移量 | 位 7 | 位 6 | 位 5 | 位 4 | 位 3 | 位 2 | 位 1 | 位 0 |
|---|---|---|---|---|---|---|---|---|
| 0 | D（完成） | A（激活） | E（错误） | 0 | 错误代码 | | | |
| 1 | 远程站 IP 地址：IP 地址的第一组数 | | | | | | | |
| 2 | | | | | | | | |
| 3 | | | | | | | | |
| 4 | IP 地址的第四组数 | | | | | | | |
| 5 | 保留 =0（必须设置为零） | | | | | | | |
| 6 | 保留 =0（必须设置为零） | | | | | | | |
| 7 | 远程站待访问数据区的起始单元地址（I、Q、M、V、DB） | | | | | | | |
| 8 | | | | | | | | |
| 9 | | | | | | | | |
| 10 | | | | | | | | |
| 11 | 数据长度（远程站待访问的字节数量，PUT 为 1~212 个字节，GET 为 1~222 个字节） | | | | | | | |
| 12 | 本地站待访问数据区的起始单元地址（I、Q、M、V、DB） | | | | | | | |
| 13 | | | | | | | | |
| 14 | | | | | | | | |
| 15 | | | | | | | | |

在使用 GET、PUT 指令进行以太网通信时，如果通信出现问题，则可以查看 TABLE 表首字节单元中的错误代码，以了解通信出错的原因，TABLE 表的错误代码含义见表 7-5。

表 7-5　TABLE 表的错误代码含义

| 错误代码 | 含　义 |
| --- | --- |
| 0（0000） | 无错误 |
| 1 | PUT/GET 表中存在非法参数：<br>• 本地区域不包括 I、Q、M 或 V<br>• 本地区域的大小小于提供请求的数据长度<br>• 对于 GET，数据长度为零或大于 222 字节；对于 PUT，数据长度大于 212 字节<br>• 远程区域不包括 I、Q、M 或 V<br>• 远程 IP 地址是非法的（0.0.0.0）<br>• 远程 IP 地址为广播地址或组播地址<br>• 远程 IP 地址与本地 IP 地址相同<br>• 远程 IP 地址位于不同的子网 |
| 2 | 当前处于活动状态的 PUT/GET 指令过多（仅允许 16 个） |
| 3 | 无可用连接。当前所有连接都在处理未完成的请求 |
| 4 | 从远程 CPU 返回的错误：<br>• 请求或发送的数据过多<br>• STOP 模式下不允许对 Q 存储器执行写入操作<br>• 存储区处于写保护状态（请参见 SDB 组态） |
| 5 | 与远程 CPU 之间无可用连接：<br>• 远程 CPU 无可用的服务器连接<br>• 与远程 CPU 之间的连接丢失（CPU 断电、物理断开） |
| 6~9、A~F | 未使用（保留，以供将来使用） |

### 7.2.4　PLC 以太网通信实例详解

#### 1．硬件连接及说明

图 7-14 所示是一条由 4 台装箱机（分别用 4 台 S7-200 SMART PLC 控制）、1 台分流机（用 1 台 S7-200 SMART PLC 控制）和 1 台操作员面板 HMI 组成的黄油桶装箱生产线，装箱机和分流机之间通过以太网交换器连接，并用以太网方式通信，操作员面板 HMI 和分流机之间以串口连接并通信。

黄油桶装箱生产线在工作时，装箱机 PLC 用 VB100 单元存储本机的控制和出错等信息（比如 VB100.1=1 表示装箱机的纸箱供应不足），用 VB101、VB102 单元存储装箱数量，每台装箱机 PLC 都需要编写程序来控制和检测装箱机，并把有关信息存放到本机的 VB100、VB101、VB102 中。分流机 PLC 按 GET 表（TABLE）的定义用 GET 指令从各装箱机 PLC 读取控制和装箱数量信息，访问 1# ～ 4#（站 2 ～站 5）装箱机 PLC 的 GET 表的起始单元，分别为 VB200、VB220、VB240、VB260。分流机 PLC 按 PUT 表（TABLE）的定义用 PUT 指令将 0 发送到各装箱机 PLC 的 VB101、VB102，对装箱数量（装满 100 箱）清 0，以重新开始计算装箱数量，访问 1# ～ 4#（站 2 ～站 5）装箱机 PLC 的 PUT 表的起始单元，分别为 VB300、VB320、VB340、VB360。操作员面板 HMI 通过监控分流机 PLC 的 GET 表的有关单元值来显示各装箱机的工作情况，比如 1# 装箱机 PLC 的 VB100 单元的控制信息会被分流机用 GET 指令读入 VB216 单元，通过操作员面板 HMI 监控分流机 VB216 的各位值就能了解 1# 装箱机的一些工作情况。

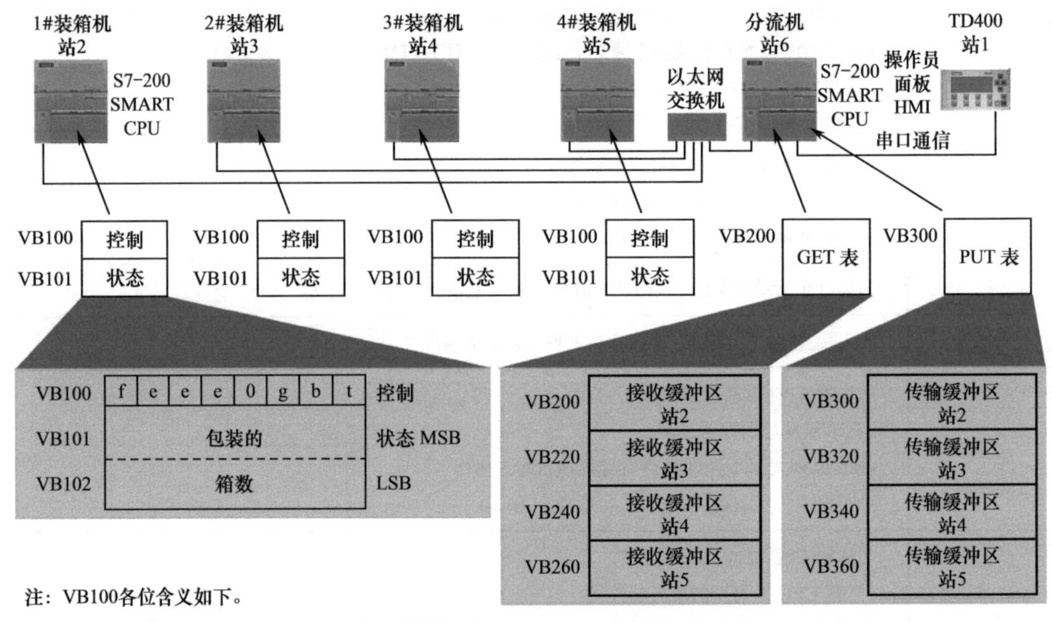


图 7-14　由装箱机、分流机和操作员面板 HMI 组成的黄油桶装箱生产线示意图

### 2. TABLE 表的设定

**在使用 GET、PUT 指令进行以太网通信时，必须先确定 TABLE 表的内容，然后编写程序设定好 TABLE 表，再执行 GET 或 PUT 指令，使之按设定的 TABLE 表进行以太网接收（读取）或发送（写入）数据。**表 7-6 所示为黄油桶装箱生产线分流机 PLC 与 1# 装箱机 PLC 进行以太网通信的过程中，在执行 GET 和 PUT 指令前设定的 TABLE 表，分流机 PLC 与 2# ～ 4# 装箱机 PLC 进行以太网通信的过程中，在执行 GET 和 PUT 指令前设定的 TABLE 表与此类似，仅各 TABLE 表分配的单元不同。

表 7-6 设定的 TABLE 表

<table>
<tr><th>GET_TABLE<br>缓冲区</th><th>位<br>7</th><th>位<br>6</th><th>位<br>5</th><th>位<br>4</th><th>位<br>3</th><th>位<br>2</th><th>位<br>1</th><th>位<br>0</th><th>PUT_TABLE<br>缓冲区</th><th>位<br>7</th><th>位<br>6</th><th>位<br>5</th><th>位<br>4</th><th>位<br>3</th><th>位<br>2</th><th>位<br>1</th><th>位<br>0</th></tr>
<tr><td>VB200</td><td>D</td><td>A</td><td>E</td><td>0</td><td colspan="4">错误代码</td><td>VB300</td><td>D</td><td>A</td><td>E</td><td>0</td><td colspan="4">错误代码</td></tr>
<tr><td>VB201</td><td colspan="3" rowspan="4">远程站 IP 地址（站 2）</td><td colspan="5">192</td><td>VB301</td><td colspan="3" rowspan="4">远程站 IP 地址（站 2）</td><td colspan="5">192</td></tr>
<tr><td>VB202</td><td colspan="5">168</td><td>VB302</td><td colspan="5">168</td></tr>
<tr><td>VB203</td><td colspan="5">50</td><td>VB303</td><td colspan="5">50</td></tr>
<tr><td>VB204</td><td colspan="5">2</td><td>VB304</td><td colspan="5">2</td></tr>
<tr><td>VB205</td><td colspan="8">保留 =0（必须设置为零）</td><td>VB305</td><td colspan="8">保留 =0（必须设置为零）</td></tr>
<tr><td>VB206</td><td colspan="8">保留 =0（必须设置为零）</td><td>VB306</td><td colspan="8">保留 =0（必须设置为零）</td></tr>
<tr><td>VB207</td><td colspan="8" rowspan="4">远程站待读数据区的起始单元地址（&VB100）</td><td>VB307</td><td colspan="8" rowspan="4">远程站待写数据区的起始单元地址（&VB101）</td></tr>
<tr><td>VB208</td><td>VB308</td></tr>
<tr><td>VB209</td><td>VB309</td></tr>
<tr><td>VB210</td><td>VB310</td></tr>
<tr><td>VB211</td><td colspan="8">远程站待读数据区的数据长度（3 个字节）</td><td>VB311</td><td colspan="8">远程站待写数据区的数据长度（2 个字节）</td></tr>
<tr><td>VB212</td><td colspan="8" rowspan="4">本地站存放读入数据的起始单元地址（&VB216）</td><td>VB312</td><td colspan="8" rowspan="4">待写入远程站的本地站数据起始单元地址（&VB316）</td></tr>
<tr><td>VB213</td><td>VB313</td></tr>
<tr><td>VB214</td><td>VB314</td></tr>
<tr><td>VB215</td><td>VB315</td></tr>
<tr><td>VB216</td><td colspan="8">存储从远程站读取的第 1 个字节（远程站 VB100，反映装箱机工作情况等）</td><td>VB316</td><td colspan="8">待写入远程站的本地站第 1 个字节数据（0，将装箱数量高 8 位清 0）</td></tr>
<tr><td>VB217</td><td colspan="8">存储从远程站读取的第 2 个字节（远程站 VB101，装箱数量高 8 位）</td><td>VB317</td><td colspan="8">待写入远程站的本地站第 2 个字节数据（0，将装箱数量低 8 位清 0）</td></tr>
<tr><td>VB218</td><td colspan="8">存储从远程站读取的第 3 个字节（远程站 VB102，装箱数量低 8 位）</td><td></td><td colspan="8"></td></tr>
</table>

### 3. 分流机 PLC 的程序及详解

分流机 PLC 通过 GET 指令从 1# ～ 4# 装箱机 PLC 的 VB100 单元读取装箱机的工作情况信息，从 VB101、VB102 读取装箱数量，当装箱数量达到 100 时，通过 GET 指令往装箱机 PLC 的 VB101、VB102 写入 0（清 0），让装箱机 PLC 重新开始计算装箱数量。

表 7-7 所示是写入分流机 PLC 的用于与 1# 装箱机 PLC 进行以太网通信的程序，1# 装箱机 PLC 的 IP 地址为 192.168.50.2。分流机 PLC 与其他各装箱机 PLC 进行以太网通信的程序与本程序类似，主要区别在于与各装箱机 PLC 通信的 GET、PUT 表不同（如 2# 装箱机 PLC 的 GET 表起始单元为 VB220，PUT 表起始单元为 VB320，表中的 IP 地址也与 1# 装箱机 PLC 不同）。

表 7-7　分流机 PLC 与 1# 装箱机 PLC 进行以太网通信的程序

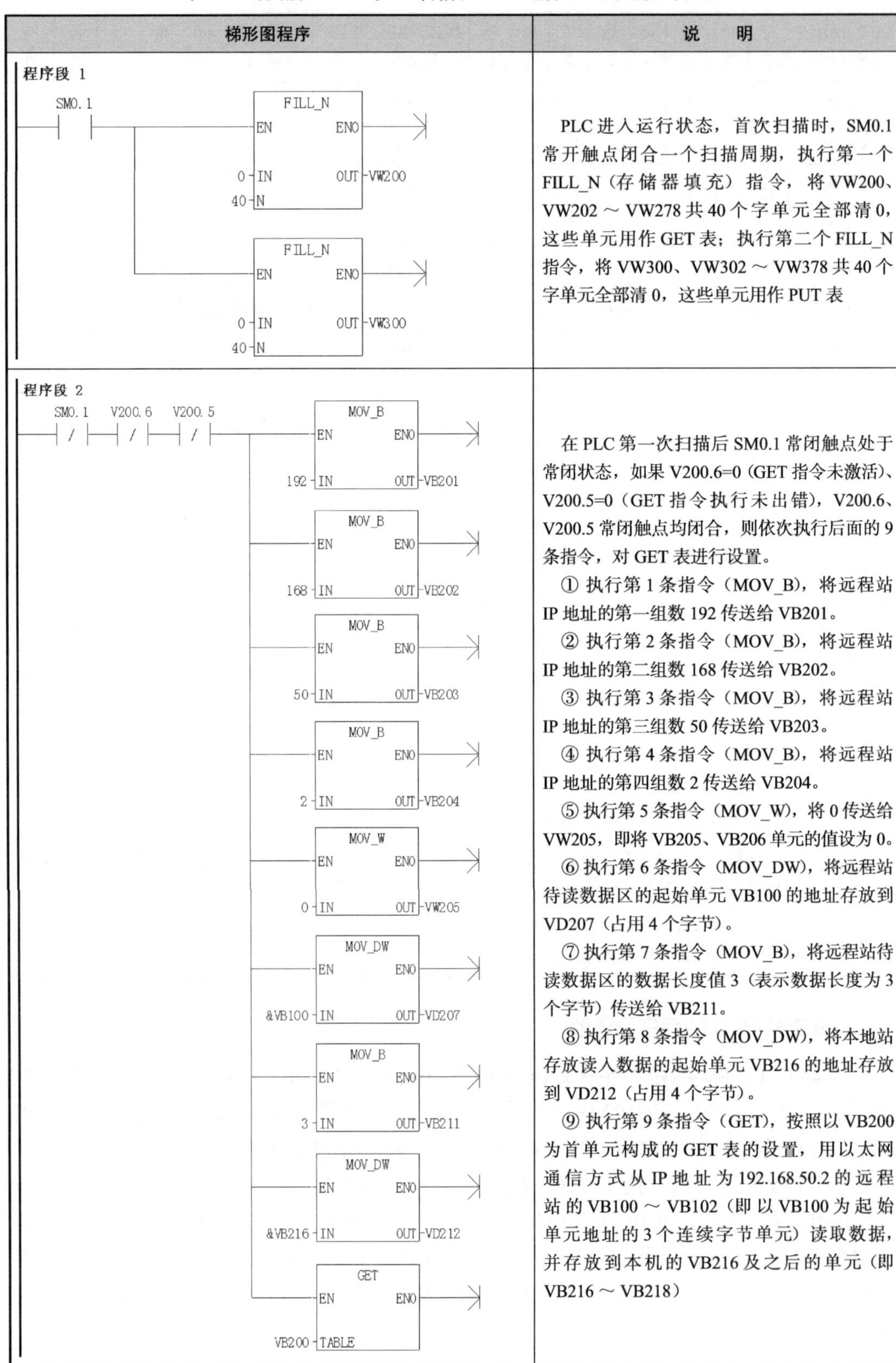


| 梯形图程序 | 说　明 |
| --- | --- |
| 程序段 1 | PLC 进入运行状态，首次扫描时，SM0.1 常开触点闭合一个扫描周期，执行第一个 FILL_N（存储器填充）指令，将 VW200、VW202 ～ VW278 共 40 个字单元全部清 0，这些单元用作 GET 表；执行第二个 FILL_N 指令，将 VW300、VW302 ～ VW378 共 40 个字单元全部清 0，这些单元用作 PUT 表 |
| 程序段 2 | 在 PLC 第一次扫描后 SM0.1 常闭触点处于常闭状态，如果 V200.6=0（GET 指令未激活）、V200.5=0（GET 指令执行未出错），V200.6、V200.5 常闭触点均闭合，则依次执行后面的 9 条指令，对 GET 表进行设置。<br>① 执行第 1 条指令（MOV_B），将远程站 IP 地址的第一组数 192 传送给 VB201。<br>② 执行第 2 条指令（MOV_B），将远程站 IP 地址的第二组数 168 传送给 VB202。<br>③ 执行第 3 条指令（MOV_B），将远程站 IP 地址的第三组数 50 传送给 VB203。<br>④ 执行第 4 条指令（MOV_B），将远程站 IP 地址的第四组数 2 传送给 VB204。<br>⑤ 执行第 5 条指令（MOV_W），将 0 传送给 VW205，即将 VB205、VB206 单元的值设为 0。<br>⑥ 执行第 6 条指令（MOV_DW），将远程站待读数据区的起始单元 VB100 的地址存放到 VD207（占用 4 个字节）。<br>⑦ 执行第 7 条指令（MOV_B），将远程站待读数据区的数据长度值 3（表示数据长度为 3 个字节）传送给 VB211。<br>⑧ 执行第 8 条指令（MOV_DW），将本地站存放读入数据的起始单元 VB216 的地址存放到 VD212（占用 4 个字节）。<br>⑨ 执行第 9 条指令（GET），按照以 VB200 为首单元构成的 GET 表的设置，用以太网通信方式从 IP 地址为 192.168.50.2 的远程站的 VB100 ～ VB102（即以 VB100 为起始单元地址的 3 个连续字节单元）读取数据，并存放到本机的 VB216 及之后的单元（即 VB216 ～ VB218） |

（续表）

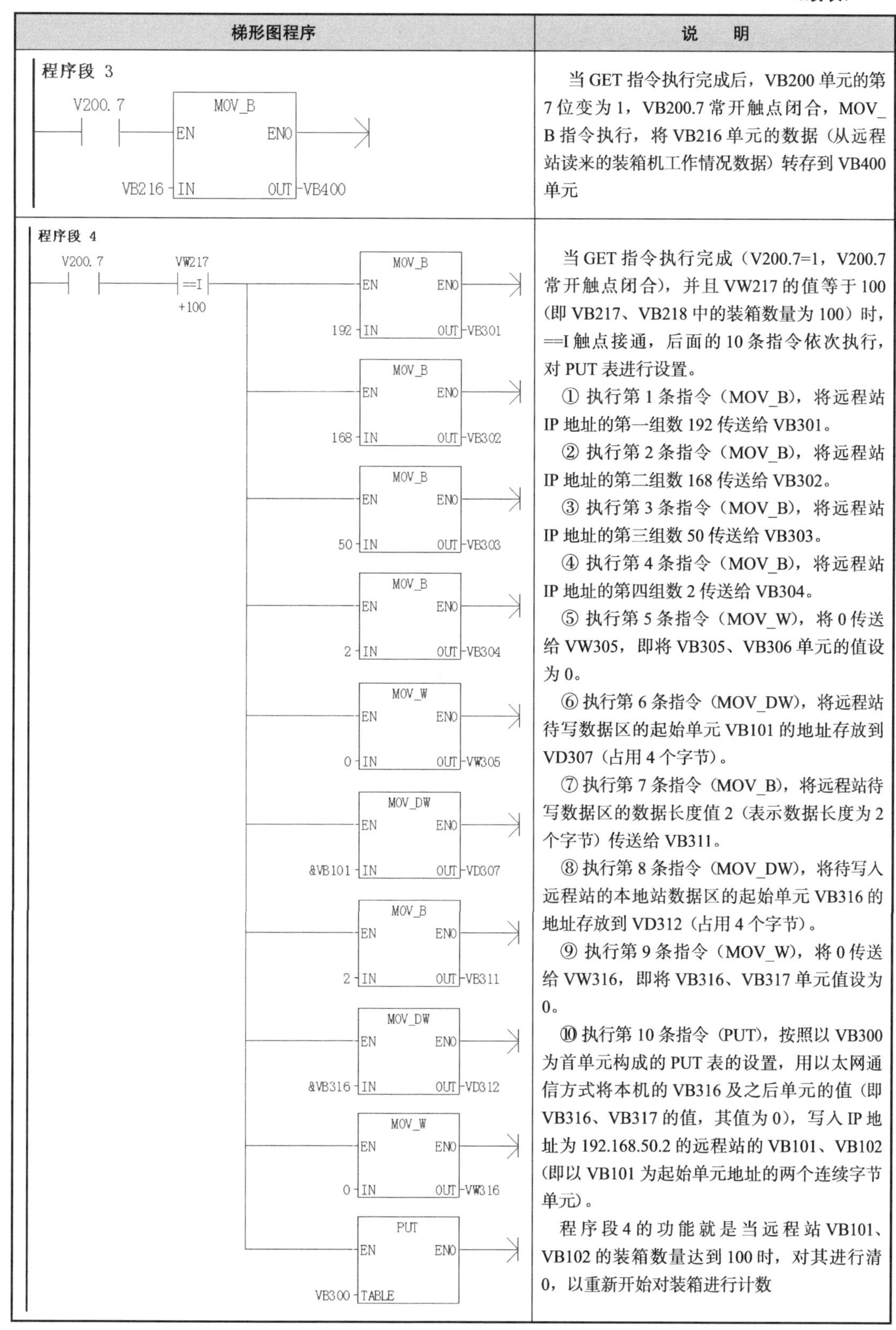

| 梯形图程序 | 说明 |
|---|---|
| 程序段 3<br>V200.7 — MOV_B（EN ENO）<br>VB216 — IN　OUT — VB400 | 当GET指令执行完成后，VB200单元的第7位变为1，VB200.7常开触点闭合，MOV_B指令执行，将VB216单元的数据（从远程站读来的装箱机工作情况数据）转存到VB400单元 |
| 程序段 4<br>V200.7 — VW217 ==I +100<br>MOV_B：192 — IN　OUT — VB301<br>MOV_B：168 — IN　OUT — VB302<br>MOV_B：50 — IN　OUT — VB303<br>MOV_B：2 — IN　OUT — VB304<br>MOV_W：0 — IN　OUT — VW305<br>MOV_DW：&VB101 — IN　OUT — VD307<br>MOV_B：2 — IN　OUT — VB311<br>MOV_DW：&VB316 — IN　OUT — VD312<br>MOV_W：0 — IN　OUT — VW316<br>PUT：VB300 — TABLE | 当GET指令执行完成（V200.7=1，V200.7常开触点闭合），并且VW217的值等于100（即VB217、VB218中的装箱数量为100）时，==I触点接通，后面的10条指令依次执行，对PUT表进行设置。<br>① 执行第1条指令（MOV_B），将远程站IP地址的第一组数192传送给VB301。<br>② 执行第2条指令（MOV_B），将远程站IP地址的第二组数168传送给VB302。<br>③ 执行第3条指令（MOV_B），将远程站IP地址的第三组数50传送给VB303。<br>④ 执行第4条指令（MOV_B），将远程站IP地址的第四组数2传送给VB304。<br>⑤ 执行第5条指令（MOV_W），将0传送给VW305，即将VB305、VB306单元的值设为0。<br>⑥ 执行第6条指令（MOV_DW），将远程站待写数据区的起始单元VB101的地址存放到VD307（占用4个字节）。<br>⑦ 执行第7条指令（MOV_B），将远程站待写数据区的数据长度值2（表示数据长度为2个字节）传送给VB311。<br>⑧ 执行第8条指令（MOV_DW），将待写入远程站的本地站数据区的起始单元VB316的地址存放到VD312（占用4个字节）。<br>⑨ 执行第9条指令（MOV_W），将0传送给VW316，即将VB316、VB317单元值设为0。<br>⑩ 执行第10条指令（PUT），按照以VB300为首单元构成的PUT表的设置，用以太网通信方式将本机的VB316及之后单元的值（即VB316、VB317的值，其值为0），写入IP地址为192.168.50.2的远程站的VB101、VB102（即以VB101为起始单元地址的两个连续字节单元）。<br>程序段4的功能就是当远程站VB101、VB102的装箱数量达到100时，对其进行清0，以重新开始对装箱进行计数 |

# 7.3 RS485/RS232 端口自由通信

自由端口模式是指用户通过编程来控制通信端口，以实现自定义通信协议的通信方式。在该模式下，通信功能完全由用户程序控制，所有的通信任务和信息均由用户编程来定义。

## 7.3.1 RS485/RS232 端口的电路结构

S7-200 SMART CPU 模块上除了有一个以太网接口外，还有一个 RS485 端口（端口 0），此外，还可以给 CPU 模块安装 RS485/RS232 信号板，增加一个 RS485/RS232 端口（端口 1）。

### 1. RS232C 端口

下面主要介绍 RS232C 端口（RS232 的改进版）。RS232C 端口是美国在 1969 年公布的串行通信接口，至今在计算机和 PLC 等工业控制中还被广泛使用。RS232C 端口如图 7-15 所示。

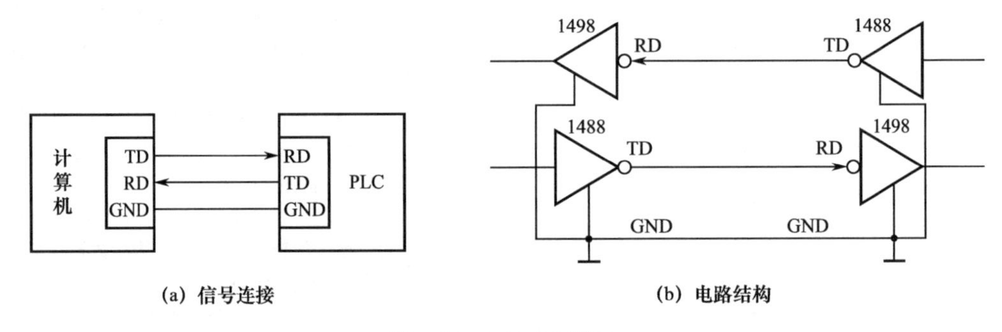


(a) 信号连接　(b) 电路结构

图 7-15　RS232C 端口

RS232C 有以下特点：

① 采用负逻辑，用 +5 ～ +15V 电压表示逻辑“0”，用 -5 ～ -15V 电压表示逻辑“1”。

② 只能采用一对一方式通信，最大通信距离为 15m，最高数据传输速率为 20Kbps。

③ 有 9 针和 25 针两种类型的端口，9 针端口使用更广泛。

④ 采用单端发送、单端接收电路，电路的抗干扰性较差。

### 2. RS485 端口

在介绍 RS485 端口之前，先来介绍 RS422A 端口。RS422A 端口采用平衡驱动差分接收电路作为端口电路，可使 RS422A 接口有较强的抗干扰性。如图 7-16 所示，该电路采用极性相反的两根导线传送信号，这两根导线都不接地，当 B 线电压较 A 线电压高时，规定传送高电平；当 A 线电压较 B 线电压高时，规定传送低电平，A、B 线的电压差可从零点几伏到近十伏。

**RS422A接口采用发送和接收分开处理的方式，数据传送采用4根导线，如图7-17所示，由于发送和接收独立，两者可同时进行，故RS422A通信是全双工方式。**与RS232C接口相比，RS422A的通信速率和传输距离有了很大的提高，在通信速率为10Mbps（最高）时最大通信距离为12m，在通信速率为100Kbps时最大通信距离可达1200m，一台发送端可接12个接收端。

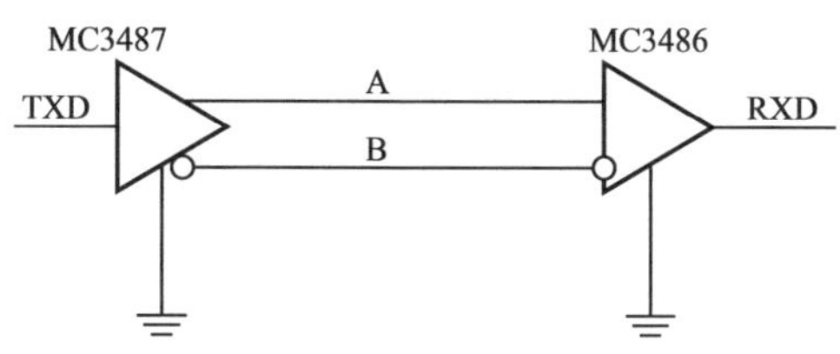


图7-16 平衡驱动差分接收电路

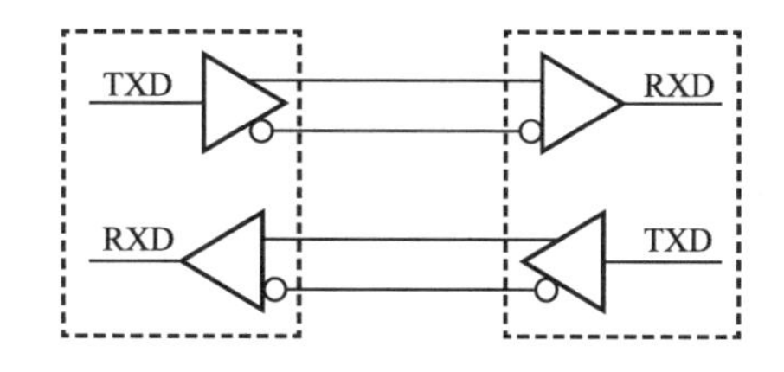


图7-17 RS422A接口的电路结构

**RS485是RS422A的变形，RS485端口只有一对平衡驱动差分信号线，如图7-18所示，发送和接收不能同时进行，属于半双工通信方式。**RS485端口与双绞线可以组成分布式串行通信网络，如图7-19所示，网络中最多可接32个站。

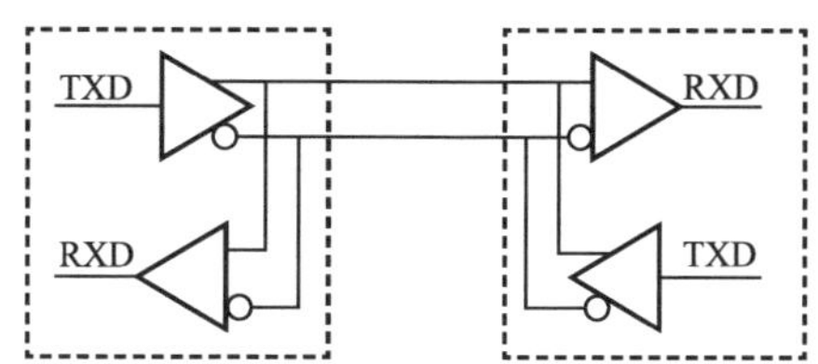


图7-18 RS485端口的电路结构

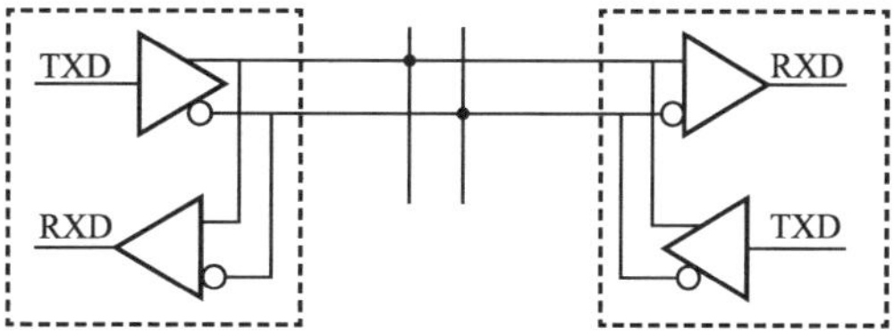

图7-19 RS485与双绞线组成分布式串行通信网络

RS485、RS422A、RS232C端口通常采用相同的9针D型连接器，但连接器中的9针功能定义有所不同，故不能混用。当需要将RS232C端口与RS422A端口连接通信时，两端口之间须有RS232C/RS422A转换器，转换器结构如图7-20所示。

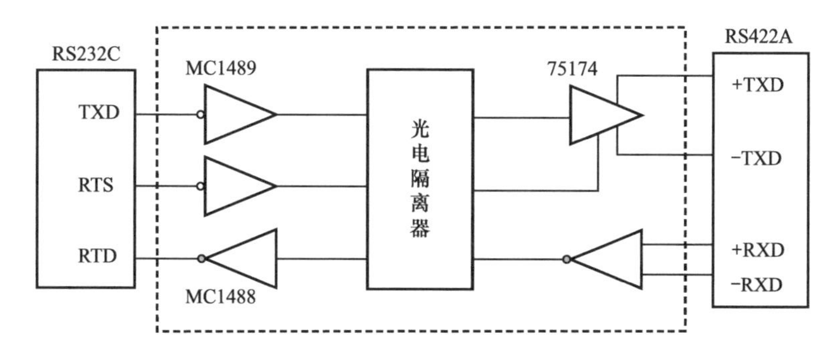


图7-20 RS232C/RS422A转换器结构

### 7.3.2 RS485/RS232 端口的引脚功能

#### 1. 自带 RS485 端口说明

S7-200 SMART CPU 模块自带一个与 RS485 标准兼容的 9 针 D 型通信端口，该端口也符合欧洲标准 EN50170 中的 PROFIBUS 标准。S7-200 SMART CPU 模块自带 RS485 端口（端口 0）的各引脚功能说明见表 7-8。

表 7-8 S7-200 SMART CPU 模块自带 RS485 端口（端口 0）的各引脚功能说明

| CPU 自带的 9 针 D 型 RS485 端口（端口 0） | 引脚编号 | 信　号 | 说　明 |
|---|---|---|---|
| 引脚 9 引脚 5 引脚 6 引脚 1 连接器外壳 | 1 | 屏蔽 | 机壳接地 |
| | 2 | 24V− | 逻辑公共端 |
| | 3 | RS485 信号 B | RS485 信号 B |
| | 4 | 请求发送 | RTS（TTL） |
| | 5 | 5V− | 逻辑公共端 |
| | 6 | 5V+ | +5V，100Ω 串联电阻 |
| | 7 | 24V+ | +24V |
| | 8 | RS485 信号 A | RS485 信号 A |
| | 9 | 不适用 | 10 位协议选择（输入） |
| | 连接器外壳 | 屏蔽 | 机壳接地 |

#### 2. RS485/RS232 端口说明

CM01 信号板上有一个 RS485/RS232 端口，在编程软件的系统块中可将其用作 RS485 端口或 RS232 端口。CM01 信号板可直接安装在 S7-200 SMART CPU 模块上，其 RS485/RS232 端口的各引脚采用接线端子方式，各引脚功能说明见表 7-9。

表 7-9 CM01 信号板的 RS485/RS232 端口说明

| CM01 信号板（SB）端口（端口 1） | 引脚编号 | 信　号 | 说　明 |
|---|---|---|---|
| 6ES7 288-5CM01-0AA0 X2 SB CM01 Tx/B RTS M Rx/A 5V X20 1 6 | 1 | 接地 | 机壳接地 |
| | 2 | Tx/B | RS232-Tx（发送端）/RS485-B |
| | 3 | 请求发送 | RTS(TTL) |
| | 4 | M 接地 | 逻辑公共端 |
| | 5 | Rx/A | RS232-Rx（接收端）/RS485-A |
| | 6 | +5V DC | +5V，100Ω 串联电阻 |

### 7.3.3 获取端口地址（GET_ADDR）指令和设置端口地址（SET_ADDR）指令

GET_ADDR、SET_ADDR 指令说明如表 7-10 所示。

**表 7-10 GET_ADDR、SET_ADDR 指令说明**

<table>
<tr><th rowspan="2">指令名称</th><th rowspan="2">梯形图</th><th rowspan="2">功能说明</th><th colspan="2">操作数</th></tr>
<tr><th>ADDR</th><th>PORT</th></tr>
<tr><td>获取端口地址指令（GET_ADDR）</td><td>GET_ADDR<br>EN ENO<br>????-ADDR<br>????-PORT</td><td>读取 PORT 端口所接设备的站地址（站号），并将站地址存放到 ADDR 指定的单元中</td><td rowspan="2">IB、QB、VB、MB、SMB、SB、LB、AC、*VD、*LD、*AC、常数（常数值仅对 SET_ADDR 指令有效）</td><td rowspan="2">常数：0 或 1。<br>CPU 自带 RS485 端口为端口 0。<br>CM01 信号板中的 RS232/RS485 端口为端口 1</td></tr>
<tr><td>设置端口地址指令（SET_ADDR）</td><td>SET_ADDR<br>EN ENO<br>????-ADDR<br>????-PORT</td><td>将 PORT 端口所接设备的站地址（站号）设为 ADDR 指定的值。<br>新地址不会永久保存，循环上电后，受影响的端口将返回到原来的地址（即系统块设定的地址）。</td></tr>
</table>

### 7.3.4 发送（XMT）和接收（RCV）指令

#### 1. 指令说明

发送和接收指令说明如表 7-11 所示。

**表 7-11 发送和接收指令说明**

<table>
<tr><th rowspan="2">指令名称</th><th rowspan="2">梯形图</th><th rowspan="2">功能说明</th><th colspan="2">操作数</th></tr>
<tr><th>TBL</th><th>PORT</th></tr>
<tr><td>发送指令（XMT）</td><td>XMT<br>EN ENO<br>????-TBL<br>????-PORT</td><td>将 TBL 表数据存储区的数据通过 PORT 端口发送出去。<br>TBL 端指定 TBL 表的首地址，PORT 端指定发送数据的通信端口</td><td rowspan="2">IB、QB、VB、MB、SMB、SB、*VD、*LD、*AC（字节型）</td><td rowspan="2">常数：0 或 1。<br>CPU 自带 RS485 端口为端口 0。<br>CM01 信号板中的 RS232/RS485 端口为端口 1</td></tr>
<tr><td>接收指令（RCV）</td><td>RCV<br>EN ENO<br>????-TBL<br>????-PORT</td><td>将 PORT 通信端口接收来的数据保存在 TBL 表的数据存储区中。<br>TBL 端指定 TBL 表的首地址，PORT 端指定接收数据的通信端口</td></tr>
</table>

**通过设置 SMB30（端口 0）和 SMB130（端口 1）可将 PLC 设为自由通信模式，**SMB30、SMB130 各位功能说明见表 7-12。**PLC 只有处于 RUN 状态时才能进行自由模式通信，但处于自由通信模式时，PLC 无法与编程设备通信；在 STOP 状态时自由通信模式被禁止，PLC 可与编程设备通信。**

表 7-12　SMB30、SMB130 各位功能说明

| 位　号 | 位定义 | 说　明 |
|---|---|---|
| 7 | 校验位 | 00= 不校验；01= 偶校验；10= 不校验；11= 奇校验 |
| 6 | | |
| 5 | 每个字符的数据位 | 0=8 位 / 字符；1=7 位 / 字符 |
| 4 | 自由口波特率选择（Kbps） | 000=38.4；001=19.2；010=9.6；011=4.8；100=2.4；101=1.2；110=115.2；111=57.6 |
| 3 | | |
| 2 | | |
| 1 | 协议选择 | 00=PPI 从站模式；01= 自由端口模式；10= 保留；11= 保留 |
| 0 | | |

## 2．发送指令使用说明

**发送指令可发送一个字节或多个字节（最多为 255 个），要发送的字节存放在 TBL 表中。**TBL 表（发送存储区）的格式如图 7-21 所示，**TBL 表中的首字节单元用于存放要发送字节的个数，该单元后面为要发送的字节，发送的字节不能超过 255 个。**

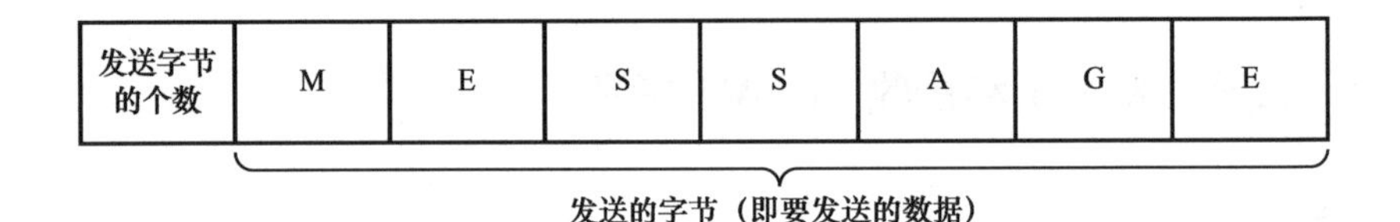


图 7-21　TBL 表（发送存储区）的格式

如果将一个中断程序连接到发送结束事件上，则在发送完存储区中的最后一个字符时，会产生一个中断，端口 0 对应中断事件 9，端口 1 对应中断事件 26。如果不使用中断来执行发送指令，则可通过监视 SM4.5 或 SM4.6 位值来判断发送是否完成。

如果将发送存储区的发送字节数设为 0 并执行 XMT 指令，则会发送一个间断语（BREAK），发送间断语和发送其他任何消息的操作是一样的。当间断语发送完成后，会产生一个发送中断，SM4.5 或 SM4.6 的位值可反映该发送操作状态。

## 3．接收指令使用说明

**接收指令可以接收一个字节或多个字节（最多为 255 个），接收的字节存放在 TBL 表中。**TBL 表（接收存储区）的格式如图 7-22 所示，**TBL 表中的首字节单元用于存放要接收字节的个数，该单元后面依次是起始字符、数据存储区和结束字符，起始字符和结束字符为可选项。**

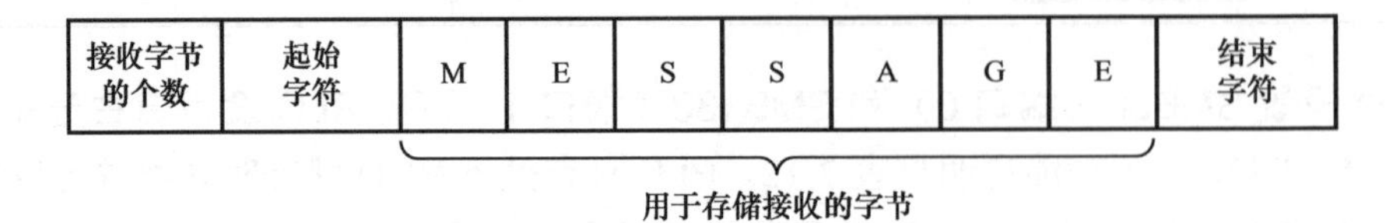


图 7-22　TBL 表（接收存储区）的格式

如果将一个中断程序连接到接收完成事件上，则在接收完存储区的最后一个字符时，会产生一个中断，端口 0 对应中断事件 23，端口 1 对应中断事件 24。如果不使用中断，则可通过监视 SMB86（端口 0）或 SMB186（端口 1）来判断接收是否完成。

接收指令允许设置接收信息的起始和结束条件，端口 0 由 SMB86 ～ SMB94 设置，端口 1 由 SMB186 ～ SMB194 设置。接收信息端口的状态与控制字节见表 7-13。

表 7-13 接收信息端口的状态与控制字节

| 端 口 0 | 端 口 1 | 说 明 |
| --- | --- | --- |
| SMBB6 | SMB186 | 接收消息状态字节（7 … 0）：n \| r \| e \| 0 \| 0 \| t \| c \| p<br>n：1= 接收消息功能被终止（用户发送禁止命令）<br>r：1= 接收消息功能被终止（输入参数错误、丢失启动或结束条件）<br>e：1= 接收到结束字符<br>t：1= 接收消息功能被终止（定时器时间已用完）<br>c：1= 接收消息功能被终止（实现最大字符计数）<br>p：1= 接收消息功能被终止（奇偶校验错误） |
| SMB87 | SMB187 | 接收消息控制字节（7 … 0）：en \| sc \| ec \| il \| c/m \| tmr \| bk \| 0<br>en：0= 接收消息功能被禁止<br>1= 允许接收消息功能<br>每次执行 RCV 指令时检查允许 / 禁止接收消息位<br>sc：0= 忽略 SMB88 或 SMB188<br>1= 使用 SMB88 或 SMB188 的值检测起始消息<br>ec：0= 忽略 SMB89 或 SMB189<br>1= 使用 SMB89 或 SMB189 的值检测结束消息<br>il：0= 忽略 SMW90 或 SMW190<br>1= 使用 SMW90 或 SMB190 的值检测空闲状态<br>c/m：0= 定时器是字符间定时器<br>1= 定时器是消息定时器<br>tmr：0= 忽略 SMW92 或 SMW192<br>1= 当 SMW92 或 SMW192 中的定时时间超出时终止接收<br>bk：0= 忽略断开条件<br>1= 用中断条件作为消息检测的开始 |
| SMB88 | SMB188 | 消息字符的开始 |
| SMB89 | SMB189 | 消息字符的结束 |
| SMW90 | SMW190 | 空闲线时间段按毫秒设定，空闲线时间用完后接收的第一个字符是新消息的开始 |
| SMW92 | SMW192 | 中间字符 / 消息定时器溢出值按毫秒设定，如果超过这个时间段，则终止接收消息 |
| SMB94 | SMB194 | 要接收的最大字符数（1~255 字节）。即使不使用字符计数消息终端，此处也必须设置为期望的最大缓冲区大小。 |

### 4. XMT（发送）、RCV（接收）指令使用举例

XMT、RCV 指令使用举例见表 7-14，其实现的功能是从 PLC 的端口 0 接收数据并存

放到以 VB100 为首单元的存储区（TBL 表）内，之后将以 VB100 为首单元的存储区内的数据从端口 0 发送出去。

表 7-14　XMT、RCV 指令使用举例

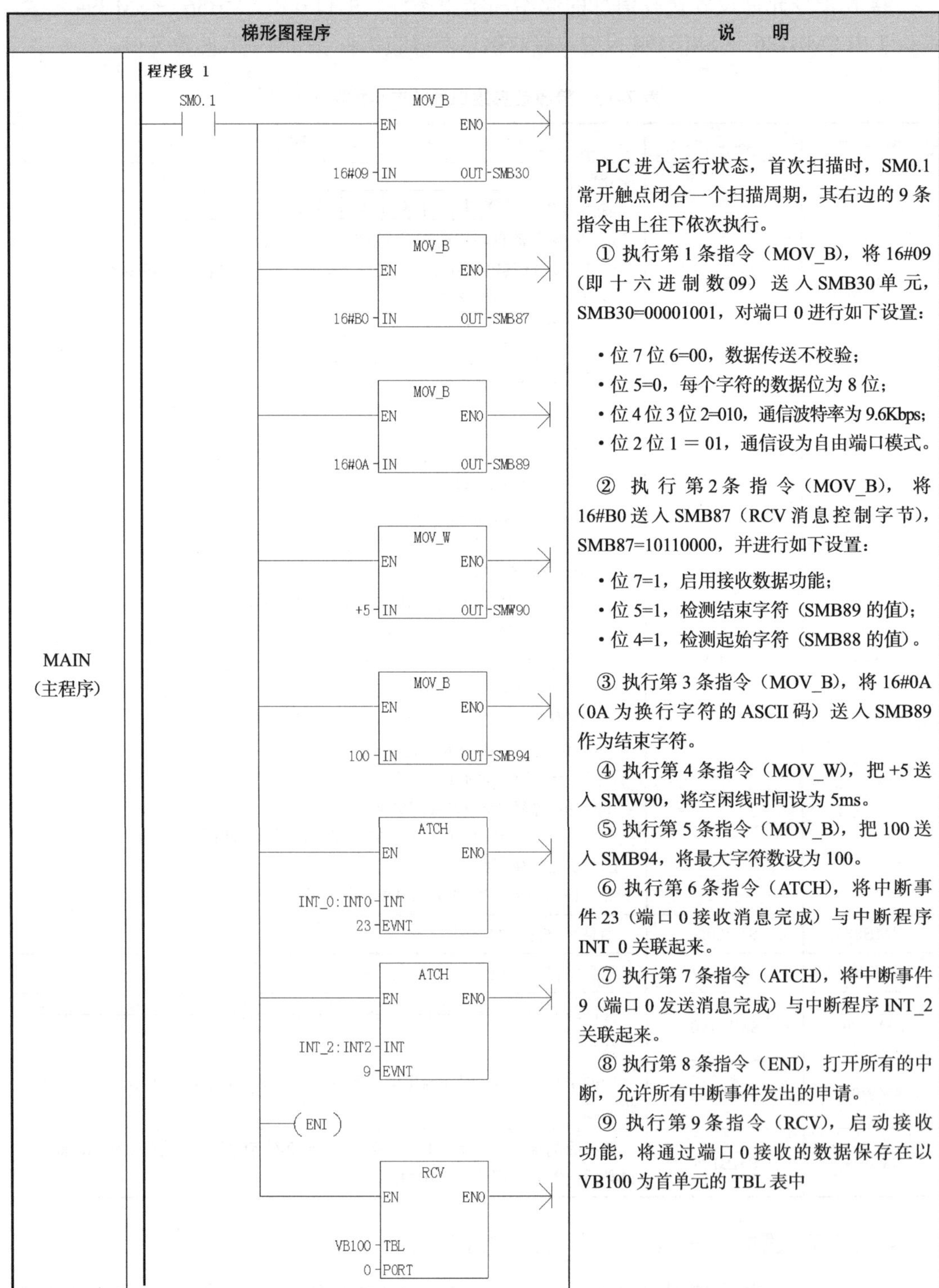

| 梯形图程序 | | 说　明 |
|---|---|---|
| MAIN<br>（主程序） | 程序段 1<br>SM0.1 常开触点 →<br>MOV_B：EN，ENO；16#09 - IN，OUT - SMB30<br>MOV_B：EN，ENO；16#B0 - IN，OUT - SMB87<br>MOV_B：EN，ENO；16#0A - IN，OUT - SMB89<br>MOV_W：EN，ENO；+5 - IN，OUT - SMW90<br>MOV_B：EN，ENO；100 - IN，OUT - SMB94<br>ATCH：EN，ENO；INT_0:INT0 - INT，23 - EVNT<br>ATCH：EN，ENO；INT_2:INT2 - INT，9 - EVNT<br>( ENI )<br>RCV：EN，ENO；VB100 - TBL，0 - PORT | PLC 进入运行状态，首次扫描时，SM0.1 常开触点闭合一个扫描周期，其右边的 9 条指令由上往下依次执行。<br>① 执行第 1 条指令（MOV_B），将 16#09（即十六进制数 09）送入 SMB30 单元，SMB30=00001001，对端口 0 进行如下设置：<br>• 位 7 位 6=00，数据传送不校验；<br>• 位 5=0，每个字符的数据位为 8 位；<br>• 位 4 位 3 位 2=010，通信波特率为 9.6Kbps；<br>• 位 2 位 1 = 01，通信设为自由端口模式。<br>② 执行第 2 条指令（MOV_B），将 16#B0 送入 SMB87（RCV 消息控制字节），SMB87=10110000，并进行如下设置：<br>• 位 7=1，启用接收数据功能；<br>• 位 5=1，检测结束字符（SMB89 的值）；<br>• 位 4=1，检测起始字符（SMB88 的值）。<br>③ 执行第 3 条指令（MOV_B），将 16#0A（0A 为换行字符的 ASCII 码）送入 SMB89 作为结束字符。<br>④ 执行第 4 条指令（MOV_W），把 +5 送入 SMW90，将空闲线时间设为 5ms。<br>⑤ 执行第 5 条指令（MOV_B），把 100 送入 SMB94，将最大字符数设为 100。<br>⑥ 执行第 6 条指令（ATCH），将中断事件 23（端口 0 接收消息完成）与中断程序 INT_0 关联起来。<br>⑦ 执行第 7 条指令（ATCH），将中断事件 9（端口 0 发送消息完成）与中断程序 INT_2 关联起来。<br>⑧ 执行第 8 条指令（END），打开所有的中断，允许所有中断事件发出的申请。<br>⑨ 执行第 9 条指令（RCV），启动接收功能，将通过端口 0 接收的数据保存在以 VB100 为首单元的 TBL 表中 |

（续表）

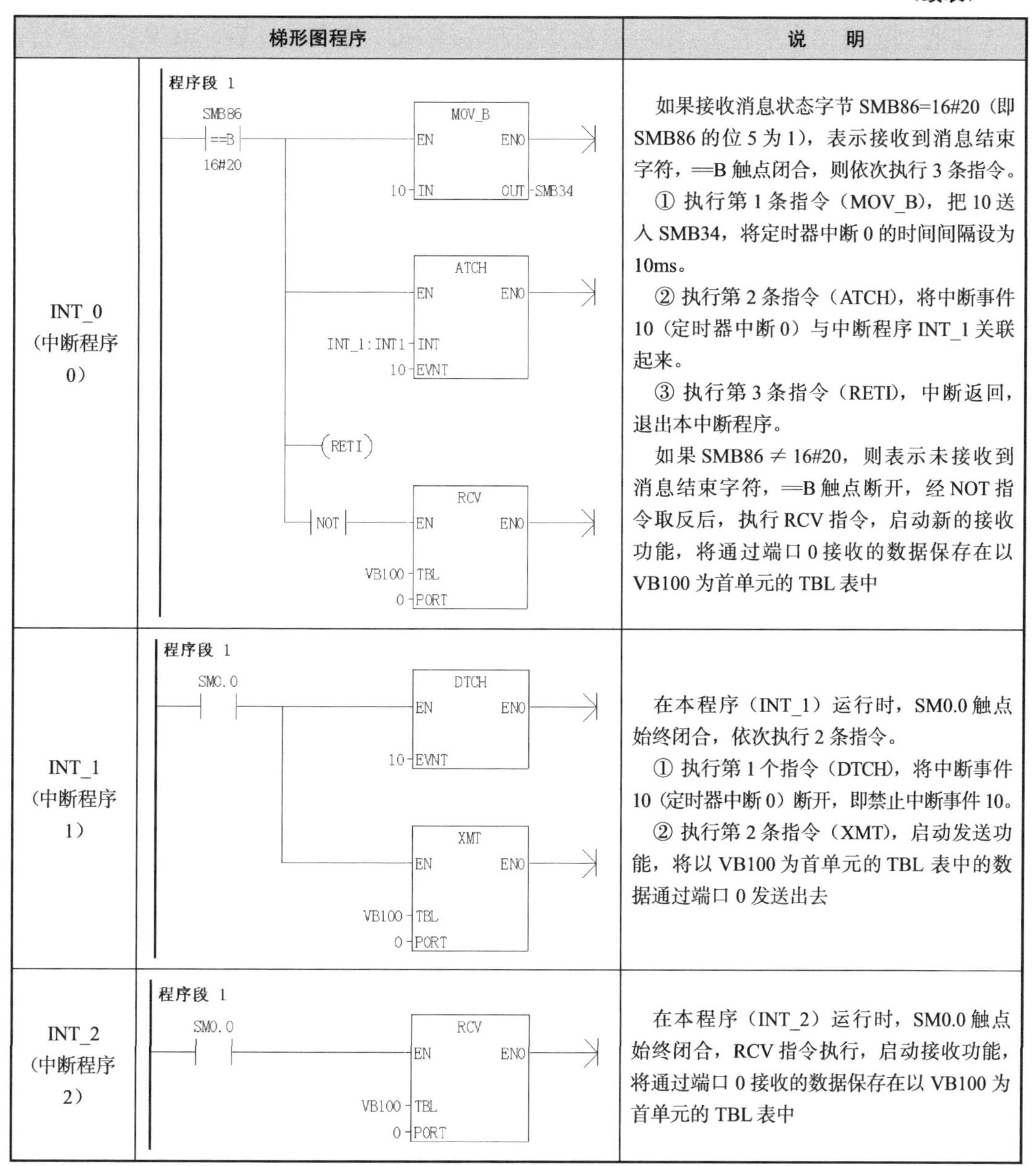

| | 梯形图程序 | 说　明 |
|---|---|---|
| INT_0（中断程序0） | 程序段 1<br>SMB86 ==B 16#20<br>MOV_B：EN ENO；10-IN OUT-SMB34<br>ATCH：EN ENO；INT_1:INT1-INT；10-EVNT<br>(RETI)<br>NOT<br>RCV：EN ENO；VB100-TBL；0-PORT | 如果接收消息状态字节SMB86=16#20（即SMB86的位5为1），表示接收到消息结束字符，==B触点闭合，则依次执行3条指令。<br>① 执行第1条指令（MOV_B），把10送入SMB34，将定时器中断0的时间间隔设为10ms。<br>② 执行第2条指令（ATCH），将中断事件10（定时器中断0）与中断程序INT_1关联起来。<br>③ 执行第3条指令（RETI），中断返回，退出本中断程序。<br>如果SMB86 ≠ 16#20，则表示未接收到消息结束字符，==B触点断开，经NOT指令取反后，执行RCV指令，启动新的接收功能，将通过端口0接收的数据保存在以VB100为首单元的TBL表中 |
| INT_1（中断程序1） | 程序段 1<br>SM0.0<br>DTCH：EN ENO；10-EVNT<br>XMT：EN ENO；VB100-TBL；0-PORT | 在本程序（INT_1）运行时，SM0.0触点始终闭合，依次执行2条指令。<br>① 执行第1个指令（DTCH），将中断事件10（定时器中断0）断开，即禁止中断事件10。<br>② 执行第2条指令（XMT），启动发送功能，将以VB100为首单元的TBL表中的数据通过端口0发送出去 |
| INT_2（中断程序2） | 程序段 1<br>SM0.0<br>RCV：EN ENO；VB100-TBL；0-PORT | 在本程序（INT_2）运行时，SM0.0触点始终闭合，RCV指令执行，启动接收功能，将通过端口0接收的数据保存在以VB100为首单元的TBL表中 |

在PLC上电进入运行状态时，SM0.1常开触点闭合一个扫描周期，主程序执行一次，先对RS485端口0进行设置，然后将中断事件23（端口0接收消息完成）与中断程序INT_0关联起来，将中断事件9（端口0发送消息完成）与中断程序INT_2关联起来，并开启所有的中断，执行RCV（接收）指令，启动端口0接收数据，接收的数据存放在以VB100为首单元的TBL表中。

一旦端口0接收数据完成，就会因触发中断事件23而执行中断程序INT_0。在中断程序INT_0中，如果接收消息状态字节SMB86的位5为1（表示已接收到消息结束字符），则==B触点闭合，将定时器中断0（中断事件10）的时间间隔设为

10ms，并把定时器中断 0 与中断程序 INT_1 关联起来；如果 SMB86 的位 5 不为 1（表示未接收到消息结束字符），则 ==B 触点断开，经 NOT 指令取反后，RCV 指令执行，启动新的数据接收功能。

由于在中断程序 INT_0 中将定时器中断 0（中断事件 10）与中断程序 INT_1 关联起来，故 10ms 后会因触发中断事件 10 而执行中断程序 INT_1。在中断程序 INT_1 中，先将定时器中断 0（中断事件 10）与中断程序 INT_1 断开，再执行 XMT（发送）指令，将以 VB100 为首单元的 TBL 表中的数据从端口 0 发送出去。

一旦端口 0 数据发送完成，就会因触发中断事件 9（端口 0 发送消息完成）而执行中断程序 INT_2。在中断程序 INT_2 中，执行 RCV 指令，启动端口 0 接收数据，接收的数据存放在以 VB100 为首单元的 TBL 表中。

在本例中，发送 TBL 表和接收 TBL 表分配的单元相同，实际通信编程时可根据需要设置不同的 TBL 表。另外，本例中没有编写发送 TBL 表的各单元的具体数据。

### 7.3.5 PLC 与打印机之间的通信（自由端口模式）

在 PLC 与打印机通信前，需要先利用编程软件编写相应的 PLC 通信程序，再将通信程序编译并下载到 PLC 中。图 7-23 为 PLC 与打印机通信程序，其实现的功能是：当 PLC 的 I0.0 端子输入 ON（如按下 I0.0 端子外接按钮）时，PLC 将有关数据通过端口 0 发送给打印机，打印机会打印文字“SIMATIC S7-200”；当 I0.1、I0.2 ～ I0.7 端子依次输入 ON 时，打印机会依次打印出“INPUT 0.1 IS SET!”“INPUT 0.2 IS SET!”…“INPUT 0.7 IS SET!”。由于在使用自由端口模式发送数据时，PLC 从端口 0 发送数据，不会从端口检测数据是否发送成功，因此即使 PLC 端口 0 没有连接打印机，PLC 也会从端口 0 发送数据。

图 7-23 所示的 PLC 与打印机通信程序由主程序和 SBR_0 子程序组成。在主程序中，PLC 首次上电扫描时，SM0.1 触点接通一个扫描周期，调用并执行 SBR_0 子程序。在子程序中，网络 1 的功能是先设置通信控制 SMB30，将通信速率设为 9.6Kbps、无奇偶校验、每字符 8 位，然后往首地址为 VB80 的 TBL 表中送入字符“SIMATIC S7-200”的 ASCII 码；网络 2 的功能是往首地址为 VB100 的 TBL 表中送入字符“INPUT 0.x IS SET!”的 ASCII 码，其中 x 的 ASCII 码由主程序送入。子程序执行完后，转到主程序的网络 2，当 PLC 处于 RUN 状态时，SM0.7 触点闭合，SM30.0 位变为 1，通信模式设为自由端口模式；在网络 3 中，当 I0.0 触点闭合时，执行 XMT 指令，将 TBL 表（VB80 ～ VB95 单元）中的“INPUT 0.0 IS SET!”发送给打印机；在网络 4 中，当 I0.1 触点闭合时，先执行 MOV_B 指令，将字符“1”的 ASCII 码送入 VB109 单元，再执行 XMT 指令，将 TBL 表中的“INPUT 0.1 IS SET!”发送给打印机；I0.2 ～ I0.7 触点闭合时的工作过程与 I0.1 触点闭合时相同，程序会将字符“INPUT 0.2 IS SET!”～“INPUT 0.7 IS SET!”的 ASCII 码发送给打印机。

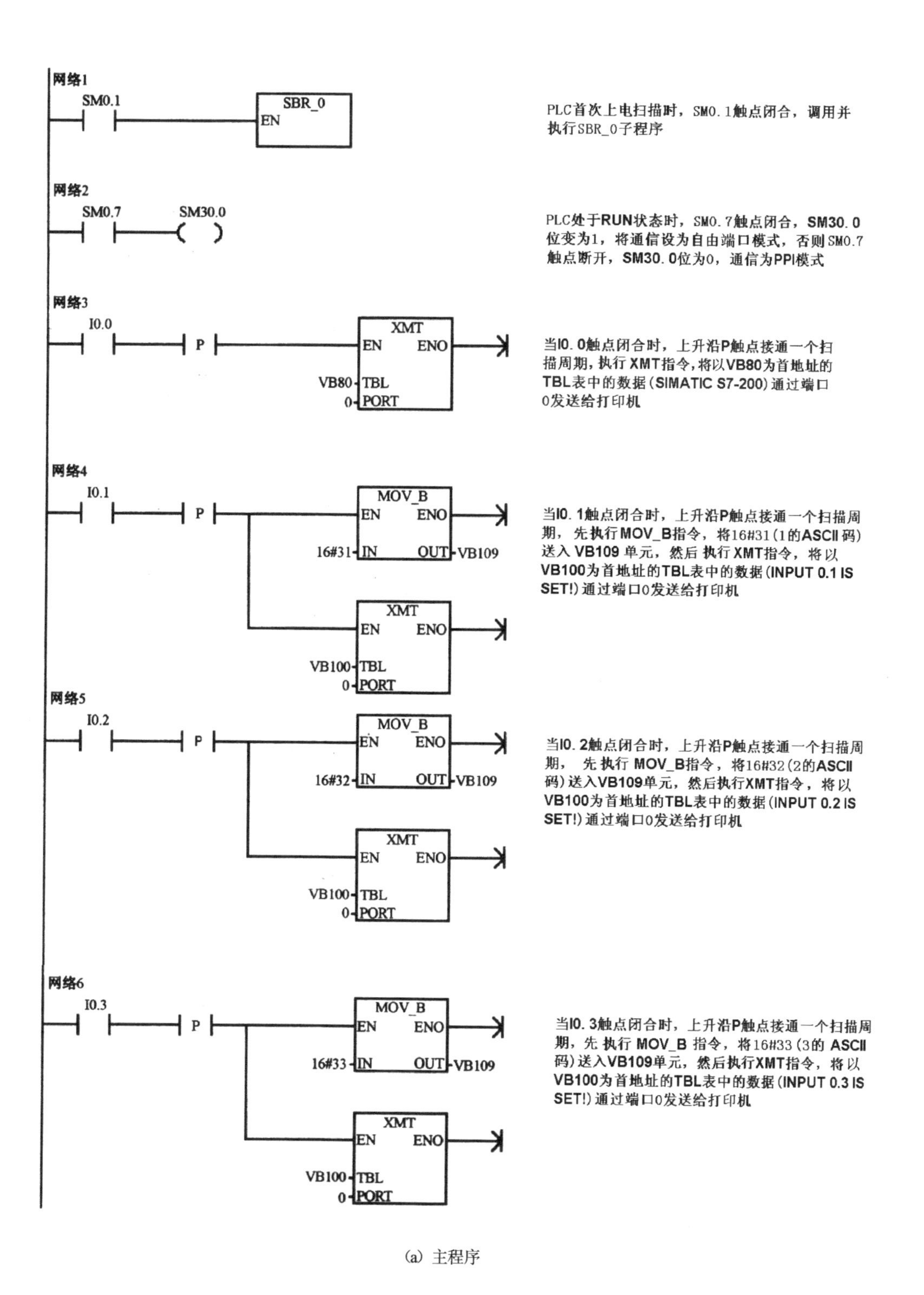


(a) 主程序

图7-23　PLC与打印机通信程序

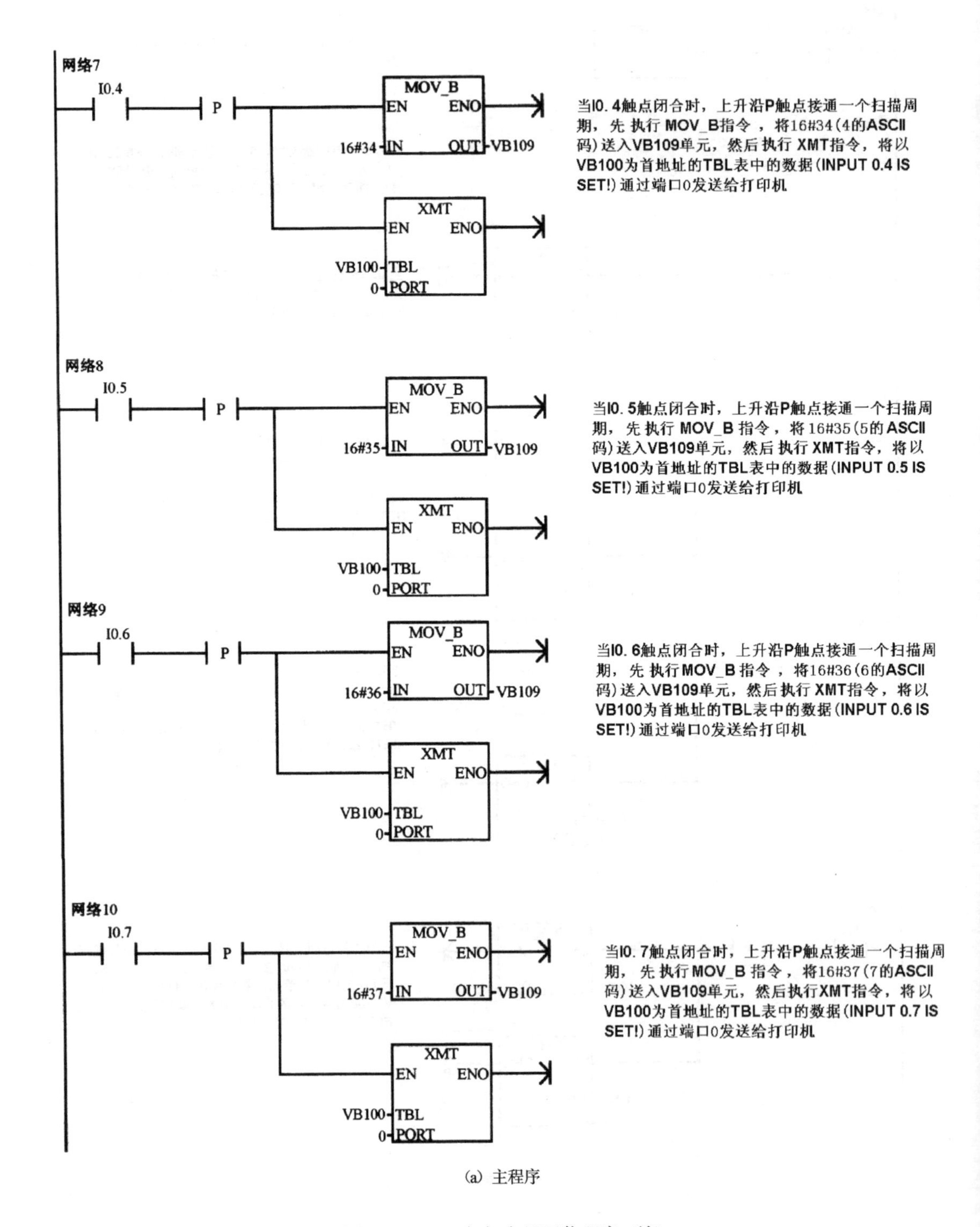


(a) 主程序

图 7-23 PLC 与打印机通信程序（续）

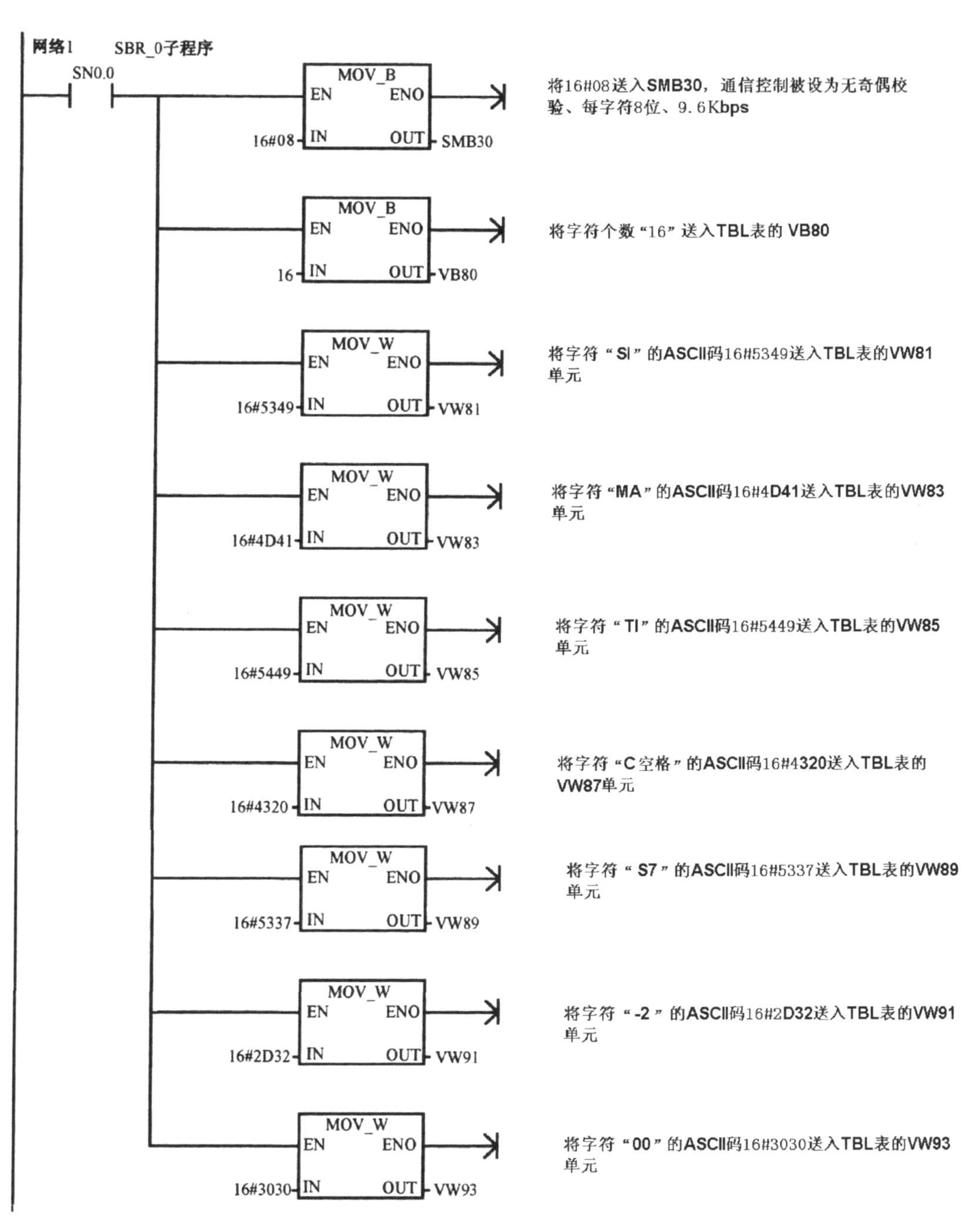


(b) SBR_0 子程序

图 7-23　PLC 与打印机通信程序（续）

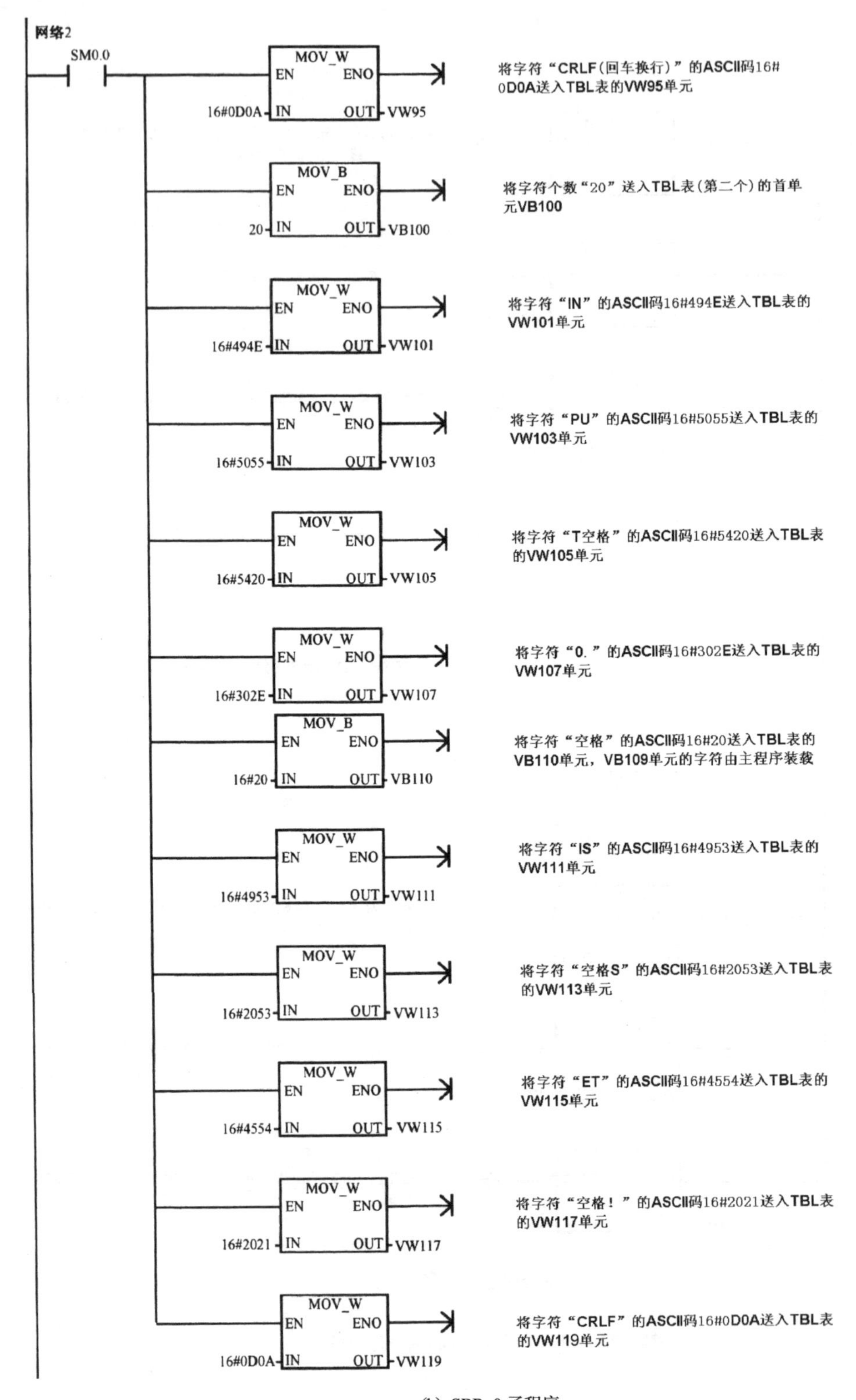


(b) SBR_0 子程序

图 7-23　PLC 与打印机通信程序（续）